普通高等教育"十一五"国家级规划教材
全国水利水电高职教研会推荐教材

水力学

（第2版）

主　编　张耀先　丁新求
副主编　邓小玲　张　劲　张伟丽
主　审　孙东坡　张红武

黄河水利出版社
·郑州·

内 容 提 要

本书是普通高等教育"十一五"国家级规划教材，是按照国家对高职高专人才培养的规格要求及高职高专教学特点编写完成的。全书共分十二章，包括绪论，水静力学，水流运动的基本原理，水流型态与水头损失，有压管道中的恒定流，明渠恒定均匀流，明渠恒定非均匀流，堰流和闸孔出流，水工建筑物下游水流衔接与消能，高速水流简介，相似原理与水工模型试验简介，渗流基础。各章附有例题、习题和常用图表，并配套有数学课件光盘。

本书适用于高等职业技术学院、普通高等专科学校水利水电工程、水文水资源工程、给水排水、水利工程监理、道路与桥梁、水土保持、水电站动力设备、水电站建筑、治河与防洪、城市水利等专业，并可用于成人专科学校以及普通本科院校的高等职业技术学院同类专业教学，还可供水利水电工程技术人员参考。

图书在版编目(CIP)数据

水力学/张耀先，丁新求主编. —郑州：黄河水利出版社，2008.6 (2017.6 修订版重印)

普通高等教育"十一五"国家级规划教材

ISBN 978-7-80734-438-4

Ⅰ. 水…　Ⅱ. ①张…②丁…　Ⅲ. 水力学-高等学校:技术学校-教材　Ⅳ. TV13

中国版本图书馆 CIP 数据核字(2008)第 078323 号

组稿编辑：王路平　电话：0371-66022212　E-mail：hhslwlp@163.com

出 版 社：黄河水利出版社　网址：www.yrcp.com

地址：河南省郑州市顺河路黄委会综合楼 14 层　邮政编码：450003

发行单位：黄河水利出版社

发行部电话：0371-66026940、66020550、66028024、66022620(传真)

E-mail：hhslcbs@126.com

承印单位：河南承创印务有限公司

开本：787 mm×1 092 mm　1/16

印张：18.25

字数：420 千字　印数：46 001—50 000

版次：2002 年 8 月第 1 版　印次：2017 年 6 月第 12 次印刷

2008 年 6 月第 2 版

2010 年 9 月修订版

定价：33.00 元

再版前言

本书是普通高等教育“十一五”国家级规划教材，是根据《国务院关于大力发展职业教育的决定》、教育部《关于全面提高高等职业教育教学质量的若干意见》等文件精神，以及教育部对普通高等教育“十一五”国家级规划教材建设的具体要求组织编写的。

2002 年 6 月第 1 版的《水力学》是由中国水利教育协会全国水利水电高职教研会 15 所院校共同组织编写的，教育部、财政部“示范院校建设”专项经费予以支持，是一本全国统编教材，该教材发行五年来，先后 3 次印刷，被全国许多水利专科院校采用，得到了较好的评价，2006 年列入了教育部“十一五”国家级规划教材，2008 年进行了修订再版。

再版后的《水力学》教材主要依据新修订的高职高专水利水电工程专业“水力学”课程大纲，本着适当够用的原则，篇幅上作了较大幅度的删减，在修订过程中力求概念清晰、深入浅出，降低了理论教学的难度，加强了实践环节，注重能力培养，强调新知识、新技术的应用，引入了最新规范和成果，配套了教师助教系统光盘，体现了高职高专教育特色，更加适应了当前教学改革的新形势。修改后的《水力学》在满足水利水电工程、水利工程专业为主的专业外，还可用于水利水电工程施工、水利工程监理、水文水资源、水土保持、城市水利等专业教学使用。

参加本书修订再版的有长沙理工大学丁新求（第一、十章）、山东水利职业学院者建伦（第二章）、山西水利职业技术学院张伟丽（第三章）、浙江同济科技职业技术学院王颖（第五章）、安徽水利水电职业技术学院吴长春（第四章）、四川水利职业技术学院朱李英（第十、四章）、杨凌职业技术学院张春娟（第六章）、山西水利职业技术学院麻媛（第七章）、广东水利电力职业技术学院张劲（第八章）、四川电力职业技术学院邓小玲（第九章）、长江工程职业技术学院邹林（第十二、五章）、沈阳农业大学高等职业技术学院章喆（第十一、二章）、黄河水利职业技术学院王俊（第十二章）、广西水利电力职业技术学院邓建华（第三、十一章）、华北水利水电学院水利职业学院何江（水力学助教系统光盘）。全书由张耀先、丁新求主编，张耀先统稿，邓小玲、张劲、张伟丽任副主编，本书由华北水利水电学院孙东坡教授、清华大学张红武教授主审。许多从事水力学教学与科研的同仁对本书修订提出了宝贵的意见，在此一并表示感谢。

由于水平有限，不足之处敬请批评指正。

编　者

2010 年 9 月

前 言

本书是根据教育部《关于加强高职高专人才培养工作意见》和《面向21世纪教育振兴行动计划》等文件精神，以及由全国水利水电高职教研会拟定教材编写规划，报水利部批准，用中央财政安排的“支持示范性职业技术学院建设”项目经费组织编写的水利水电类全国统编教材。

本教材主要按照高职高专水利水电工程及水利工程专业的“水力学”课程教学大纲编写的，考虑到高职高专教材统编尚属首次，在满足该两专业教学要求的基础上，我们同时参照给水排水、水利工程监理、道路与桥梁、水文水资源、水电站建筑、水土保持、水电站动力设备、治河与防洪等专业教学大纲的要求，增编了部分带*号章节选择内容，以供上述各专业教学选用。

本书在编写过程中力求概念清晰、深入浅出、联系实际，理论上以适当够用为度，不苛求学科的系统性和完整性。力求结合专业，突出实用，体现高职高专教育的特色。

参加本书编写的有长沙电力学院丁新求（第一、十章）、山东水利职业学院者建伦（第二、十二章）、黑龙江水利高等专科学校韩梅（第三、九章）、安徽水利水电职业技术学院吴延枝（第四、十三章）、福建水利电力学校陈柳玉（第五、八章）、杨凌职业技术学院张春娟（第六、七章）、黄河水利职业技术学院张耀先（第七、十一、六章）、广东水利电力职业技术学院张劲（第八、五章）、四川电力职业技术学院邓小玲（第九、三章）、沈阳农业大学高等职业技术学院章喆（第十三、四章）、黄河水利职业技术学院王俊（第十二、二章）。全书由张耀先、丁新求主编，张耀先统稿，邓小玲、张劲、韩梅任副主编。本书由华北水利水电学院孙东坡教授主审，清华大学张红武教授及许多水力学同仁对本书提供了许多宝贵意见，在此一并表示感谢。

由于编者水平有限，不足之处在所难免，恳请广大读者对本书的缺点和错误予以批评指正。

编 者

2002年6月

目　录

本教材配有教师用水力学助教系统光盘（由黄河水利出版社向教师免费提供）

第一章 绪 论

第一节 水力学的研究对象与任务

一、水力学的定义和研究对象

水力学是研究液体处于平衡和机械运动状态下的力学规律，并探讨运用这些规律解决工程实际问题的一门科学。在诸多种类的液体中，由于工程实际中接触最多的是水，本学科便以水作为液体研究的主要对象，故称之为水力学。水力学的基本原理和一般水力计算方法不仅适用于水，也同样适用于其他一些液体。

水力学由水静力学和水动力学两部分组成。水静力学主要研究液体处于静止（或相对静止）状态下的力学规律及其在工程实际中的应用；水动力学主要研究液体处于机械运动状态下的各种规律及其在工程实际中的应用。

二、水利工程中的水力学问题和任务

在水利工程建设中，水力学占有十分重要的地位，被广泛应用于各个领域，如水利工程建筑、水力发电工程、农田水利工程、机电排灌工程、港口工程、河道整治工程、给排水工程、水资源工程、环境保护工程等。在这些水利工程的勘测、设计、施工和运行管理等各个过程中，都需要解决大量的水力学问题，为其提供合理的依据。

为了明确水力学的任务，我们以水资源综合利用的水利枢纽工程为例，来了解一下工程实际中常见的水力学问题。

为了满足防洪、灌溉、航运、发电和养殖等各方面的需要，常在河道上筑坝以抬高上游水位，形成水库。同时，修建泄洪、通航、引水及输水建筑物、水电站等，组成水利枢纽。在规划设计时，就必须分析自然河势与天然水流形态，因势利导，妥善布局每一个建筑物，正确确定水库的各种水位和下泄流量；合理设计引水、输水和泄洪建筑物过水断面的形状、尺寸，以充分利用水资源，最大限度地发挥综合利用的效益。

在河道上筑坝后，坝上游水位将沿河道抬高形成水面曲线，导致河道两岸的农田、村庄及城镇有可能被淹没，必须依靠水力计算确定筑坝后水库的淹没范围，为解决库区移民和水库综合效益评估提供必要的依据。

水库蓄水后，大坝就会受到静水或动水压力的作用，在校核坝体稳定时，必须计算上、下游水对坝体的水压力。在坝前水压力的作用下，水库中的水还会有部分沿坝基土壤或岩石的缝隙向下游渗透，渗透对坝基的作用力也必须依靠水力计算来确定。

水库泄洪时，因溢流坝段上、下游水位差一般较大，水流下泄时往往具有较大的动能，必须采取有效的工程措施，消除多余有害的能量，防止或削弱高速下泄的水流对下游河床

的冲刷，以确保泄水建筑物的安全。

归纳上述枢纽工程中常见的水力学问题，大致可分为下述六个方面：一是水流对建筑物的作用力问题；二是建筑物的过流能力问题；三是水能利用和能量损失问题；四是河渠水面曲线计算问题；五是泄水建筑物下游水流的消能防冲问题；六是建筑物的渗流问题。此外，实际工程中还有一些特殊的水力学问题，如管、渠非恒定流问题，高速水流中的掺气、气蚀、脉动、振动和冲击波等问题，挟沙水流问题，有害物质的扩散对水资源的污染问题等。

所以，水力学的任务，就是研究液体处于平衡和机械运动状态下的各种基本规律，研究和提出运用这些基本规律来解决工程实际中所遇到的各类水力学问题的具体方法。

第二节 液体的基本特性和主要物理力学性质

一、液体的基本特性(易流性)

自然界的物质可分为固体、液体和气体三种存在形式。固体的主要特征，是具有固定的形状，在外力的作用下不容易变形。液体和气体统称为流体，流体的共同特征，是容易流动和变形，这种特性叫易流性。液体和气体的主要区别在于，液体在外力的作用下不易压缩，而气体在外力的作用下则容易压缩。

二、液体的主要物理力学性质

(一)液体的惯性

惯性是物体反抗改变其原有运动状态的一种特性。物体惯性的大小用质量度量，质量愈大的物体，惯性愈大，其反抗改变原有运动状态的能力也就愈强。设物体的质量为 m，加速度为 a，则惯性力为

$$F = - ma \tag{1-1}$$

质量的标准单位为 g 或 kg；加速度的单位为 m/s^2。

对于质量是均匀分布的均质液体，其单位体积的质量称为密度，即

$$\rho = \frac{m}{V} \tag{1-2}$$

式中 V——液体的体积。

密度的单位为 g/cm^3 或 kg/m^3。

(二)液体的万有引力特性

物体间相互吸引的特性叫万有引力特性。在物理学中我们已知，地球上的物体，都会受到地心引力的作用，这种地球对物体的引力就称为重量(或重力)。重量用 G 表示，重量的单位为 N 或 kN。对于质量为 m 的液体，其重量为

$$G = mg \tag{1-3}$$

式中 g——重力加速度，国际计量委员会规定 $g = 9.806\ 65\ m/s^2$ 为标准重力加速度，为简化计算，本教材采用 $g = 9.80\ m/s^2$。

对于均质液体，单位体积的重量称为容重，则容重

$$\gamma = \frac{G}{V} \tag{1-4}$$

容重的单位为 N/m^3 或 kN/m^3。在水力学中，容重有时也称为重度或重率。

由式(1-3)和式(1-4)，可得容重与密度的关系为

$$\gamma = \rho g \tag{1-5}$$

因为液体的体积随着温度和压强的变化而变化，故其容重与密度也将随之而发生变化，但变化很小。通常将水的容重和密度视为常数，在温度为 4 ℃、压强为一个大气压的条件下，水的容重为 9.806 65 kN/m^3，密度为 1 000 kg/m^3。在水力计算中，为简化计算，一般采用水的容重为 9.80 kN/m^3，密度为 1 000 kg/m^3；水银的容重为 133.3 kN/m^3。

【例 1-1】 已知某液体的体积为 6 m^3，密度为 983.3 kg/m^3，求该液体的质量和容重。

解 由式(1-2)得，液体的质量：

$$m = \rho V = 983.3 \times 6 = 5\ 899.8(\mathrm{kg})$$

由式(1-5)得，液体的容重：

$$\gamma = \rho g = 983.3 \times 9.80 = 9\ 636.3(\mathrm{N/m^3})$$

(三)液体的黏滞性

1. 黏滞性

液体在运动状态下，流层间存在着相对运动，从而产生内摩擦力，具有抵抗剪切变形的能力。液体这种产生内摩擦力，具有抵抗剪切变形能力的特性，称为液体的黏滞性。黏滞性只有在流层间存在相对运动时才显示出来，静止液体是不显示黏滞性的。也就是说，静止状态下的液体是不能承受切力来抵抗剪切变形的。

2. 牛顿内摩擦定律及黏滞系数

为了说明黏滞性的存在对水流运动的影响，现以明渠水流为例予以说明。当渠道中的水流作直线运动，且液体质点是有规则的分层流动不相互掺混时(这种流动称为“层流运动”，将在后续有关章节中予以讨论)，测得其垂线上的流速分布如图 1-1(a)所示。在渠道底部，由于黏滞性的存在，水流与边壁之间存在着附着力，液体质点的速度为零；距渠底愈远流速愈大，当忽略表面张力的影响时，自由表面上的流速最大。垂线上各点的流速不等，表明液体内部流层间存在着相对运动。

流层间的相对运动一经形成后，快层的质点将带动慢层的质点，从而在相邻流层的接触面上产生成对的内摩擦力，如图 1-1(b)所示的快、慢层接触面上的 T 与 T'，它们大小相等，方向相反，作用在不同流层上。内摩擦力一方面作用于质点上使其发生剪切变形运动；另一方面，对液体质点来说，它又是企图抵抗剪切变形运动的力。设图 1-1(a)所示的质团 $ABCD$ 上、下层中心处的流速分别为 $u + \mathrm{d}u$ 和 u。因为两流层的速度不等，经 $\mathrm{d}t$ 时段后，质团变形呈 $A'B'C'D'$形状，这种变形就是因为流层间的接触面上产生的内摩擦力作用的结果。内摩擦力的大小可由牛顿内摩擦定律确定，即

$$T = \mu A \frac{\mathrm{d}u}{\mathrm{d}y} \tag{1-6}$$

单位面积上的内摩擦力称为黏滞切应力，用 τ 表示，即

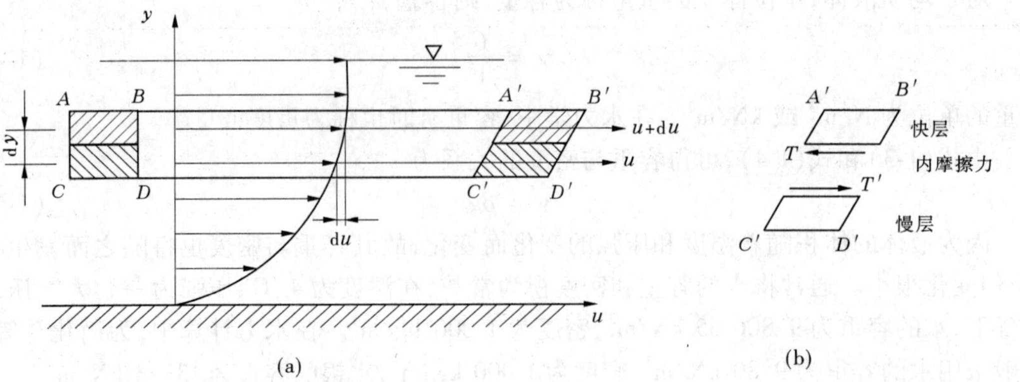

图 1-1

$$\tau = \frac{T}{A} = \mu \frac{du}{dy} \tag{1-7}$$

以上两式中 μ——动力黏滞系数，$N \cdot s/m^2$ 或 $Pa \cdot s$；

A——相邻流层间接触面的面积；

$\frac{du}{dy}$——流速梯度，它反映流速沿 y 方向的变化率。

式(1-6)或式(1-7)称为牛顿内摩擦定律。表明液体内摩擦力的大小与液体的性质和温度有关，与流速梯度有关，与接触面面积的大小成正比，与正压力无关。

动力黏滞系数 μ 值与液体的性质和温度有关，它反映了液体的性质对内摩擦力的影响，是度量液体黏滞性大小的物理量。μ 值大的黏滞性大，μ 值小的黏滞性小。

在水力学中，液体的黏滞性还可用另一种形式的黏滞系数 $\nu = \frac{\mu}{\rho}$ 来描述，ν 称为运动黏滞系数，ν 的单位为 cm^2/s 或 m^2/s。

设水温为 t，以℃计，水的运动黏滞系数可用下述经验公式求得：

$$\nu = \frac{0.017\ 75}{1 + 0.033\ 7t + 0.000\ 221t^2} \tag{1-8}$$

式中 ν 的单位为 cm^2/s。不同温度条件下水的 μ 和 ν 值见表 1-1。

应当指出，牛顿内摩擦定律只适用于切应力与流速梯度呈线性关系(即作层流运动)的“牛顿液体”(如水、某些油类、酒精、水银等)。对于非层流状态下的“牛顿液体”或“非牛顿液体”(如泥浆、血浆、牙膏、橡胶、尼龙以及生面团、浓淀粉糊等)，其内摩擦力的计算将更为复杂，考虑到水利类各专业的特点，本书对此不予讨论。

【例 1-2】 图 1-2 为一极薄平板，在厚度分别为 4 cm 的两种油层中以 $u = 0.8$ m/s 的速度运动。已知动力黏滞系数 $\mu_上$ 为 $\mu_下$ 的 2 倍，两层油在平板上产生的总切应力 $\tau = 30$ N/m^2。试求上、下油层的动力黏滞系数 $\mu_上$ 及 $\mu_下$ 各为若干。

解 已知：$y = 0.04$ m，$u = 0.8$ m/s，$\tau = 30$ N/m^2

表 1-1　不同温度条件下水的物理性质

温度 (℃)	容重 γ (kN/m^3)	密度 ρ (kg/m^3)	动力黏滞系数 μ (10^{-3} Pa·s)	运动黏滞系数 ν (10^{-6} m^2/s)	压缩系数 β (10^{-9} 1/Pa)	弹性系数 K (10^9 Pa)	表面张力系数 σ (N/m)
0	9.805	999.9	1.781	1.785	0.495	2.02	0.075 6
5	9.807	1 000.0	1.518	1.519	0.485	2.06	0.074 9
10	9.804	999.7	1.306	1.306	0.476	2.10	0.074 2
15	9.798	999.1	1.139	1.139	0.465	2.15	0.073 5
20	9.789	998.2	1.002	1.003	0.459	2.18	0.072 8
25	9.777	997.0	0.890	0.893	0.450	2.22	0.072 0
30	9.764	995.7	0.798	0.800	0.444	2.25	0.071 2
40	9.730	992.2	0.653	0.658	0.439	2.28	0.069 6
50	9.689	988.0	0.547	0.553	0.437	2.29	0.067 9
60	9.642	983.2	0.466	0.474	0.439	2.28	0.066 2
70	9.589	977.8	0.404	0.413	0.444	2.25	0.064 4
80	9.530	971.8	0.354	0.364	0.455	2.20	0.062 6
90	9.466	965.3	0.315	0.326	0.467	2.14	0.060 8
100	9.399	958.4	0.282	0.294	0.483	2.07	0.058 9

$$\frac{du}{dy} = \frac{u}{y} = \frac{0.8}{0.04} = 20(1/s)$$

由 $\tau = \mu \frac{du}{dy}$ 得

$$\tau = \tau_{上} + \tau_{下} = (\mu_{上} + \frac{1}{2}\mu_{上}) \frac{du}{dy}$$

则 $$30 = 1.5\mu_{上} \times 20$$

$$\mu_{上} = \frac{20}{20} = 1.00(N \cdot s/m^2)$$

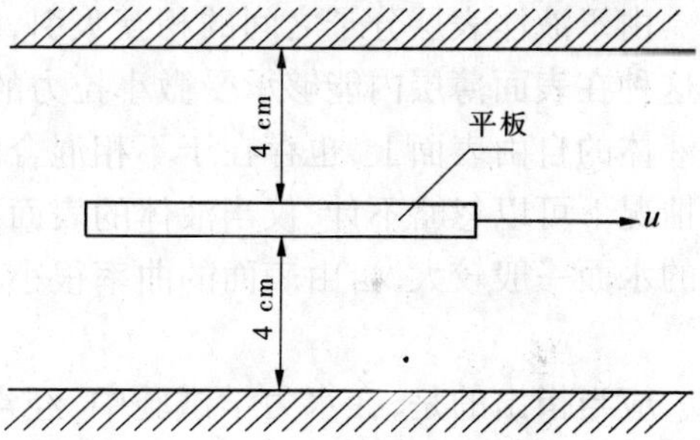

图 1-2

$$\mu_{下} = \frac{1}{2}\mu_{上} = 0.50\ N \cdot s/m^2$$

(四)液体的压缩性

1. 压缩性

液体不能承受拉力,只能承受压力,抵抗体积压缩变形,当压力除去后又恢复原状,消除变形。液体具有的这种性质称为液体的压缩性,亦可称之为弹性。

2. 体积压缩系数和体积弹性系数

液体压缩性的大小可用体积压缩系数 β 来表示。设质量一定的液体,其体积为 V,当压强增加 dp 时,体积相应减小 dV,其体积的相对压缩值为 $\frac{dV}{V}$,则体积压缩系数为

$$\beta = -\frac{\frac{dV}{V}}{dp} \tag{1-9}$$

由于液体的体积总是随压强的增大而减小的,则 dV 与 dp 的符号总是相反的,规定 β 取正值,故上式的右端冠以负号。该式表明,β 值愈小愈不易压缩。体积压缩系数 β 的单位为 m^2/N 或 $1/Pa$。

在材料力学中,我们已经知道,弹性系数的一般定义为应力与应变之比。若用 K 表示液体的体积弹性系数,可见体积压缩系数的倒数就是体积弹性系数,即

$$K = \frac{1}{\beta} \tag{1-10}$$

K 的单位为 N/m^2 或 Pa。K 值愈大则表明液体愈不易压缩,当 $K\to\infty$ 时就表示液体绝对不可压缩,也就是不存在弹性变形。

液体的体积压缩系数和体积弹性系数与液体的性质有关,同一种液体的 β 和 K 值也随温度和压强的变化而变化,但变化不大,一般视为常数。不同温度下的 β 和 K 值见表 1-1。对于水,在普通水温的情况下,每增加一个标准大气压强,水的体积比原体积缩小约 1/21 000,可见水的压缩性是很小的。在实际应用中,除某些特殊问题外,通常情况下,我们认为液体是不可压缩的,即认为液体的体积和密度是不随温度和压力的变化而变化的。

(五)液体的表面张力特性

1. 表面张力特性

由于液体表层分子之间的相互吸引,因此使得液体表层形成拉紧收缩的趋势。液体的这种在表面薄层内能够承受微小拉力的特性,称为表面张力特性。表面张力不仅存在于液体的自由表面上,也存在于不相混合的两层液体之间的接触面上。表面张力很小,通常情况下可以忽略不计,仅当液体的表面曲率很大时才需考虑。由于水利工程中所接触到的水面一般较大,自由表面的曲率很小,故在水力学问题中,一般不考虑表面张力的影响。

应当指出的是,在水力学试验中,经常使用玻璃管(测压管)测量水压强或水面高度,当玻璃管的内径较小时,则必须考虑由于表面张力引起的毛细管现象所造成的影响,如图 1-3所示。

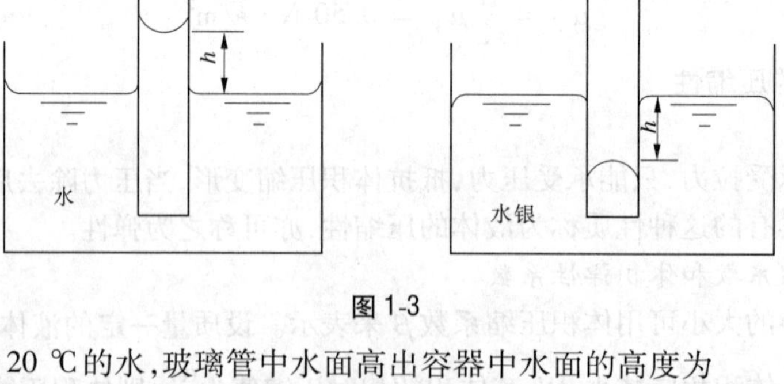

图 1-3

对于温度为 20 ℃的水,玻璃管中水面高出容器中水面的高度为

$$h = \frac{29.8}{d}(\mathrm{mm}) \tag{1-11}$$

对于温度为 20 ℃的水银,玻璃管中水银面低于容器中水银面的高度为

$$h = \frac{10.15}{d}(\text{mm}) \tag{1-12}$$

以上两式中　d——玻璃管的内径，mm。

由以上两式可见，d 愈小时 h 愈大。所以，试验用的测压管内径不宜太小，一般以 $d \geqslant$ 10 mm 内径的玻璃管为宜，否则应考虑由毛细管作用所带来的试验误差。

2. 表面张力系数

液体表面张力的大小，可以用表面张力系数来度量。液面上单位长度所受的拉力称为表面张力系数，用 σ 表示，σ 的单位为 N/m。表面张力系数的大小与液体的性质、温度以及表面接触情况有关。与空气相接触的水面在不同温度情况下的表面张力系数 σ 值，见表 1-1。

第三节　连续介质假说与理想液体的概念

一、连续介质假说

液体和其他物质一样，基本结构都是由分子所组成。由于分子间距的存在，分子与分子之间就具有一定的空隙。此外，组成液体的分子还在不停地进行着复杂的分子热运动，由于分子在空间分布上的不连续性和分子热运动在时间上的随机性，致使液体的各项物理量在空间和时间上均呈现不连续变化，给液体运动的研究带来了困难。

由于水力学主要是为工程服务的，所以并不需要研究液体分子的微观运动，而只需研究整个液流宏观的机械运动规律。同时，由于液体分子之间的空隙与我们所研究的液体范围相比要小得多，例如水在标准状态下，相邻的分子间距约为 3×10^{-8} cm，可见水的分子间距是相当微小的。因此，在水力学的研究中，将液体假设成为一种由无数没有微观运动的质点所组成且毫无空隙地充满所占据空间的连续体。这种抽象化了的液体模型，就是 1753 年由欧拉提出来的连续介质假说。

在连续介质假说的基础上，认为液体是均质的，液体质点的物理性质在液体内部各部分是相等的，同一质点各方向上是相同的，即认为液体具有均质各向同性。

有了连续介质假说，则液体中的一切物理量（如速度、加速度、压强、密度等）均可视为空间坐标和时间的连续函数，这为运用高等数学中的连续函数理论来研究液体的运动规律提供了很大的方便。

长期的生产实践和科学试验证明，在连续介质假说条件下所得到的结论与客观实际十分相符，完全能够满足工程实际的需要。因此，在水力学的研究中，除某些特殊问题外，一般都是以连续介质假说为基础的。即认为液体是一种易流动的，不易压缩的，均质且各向同性的连续性介质。

二、理想液体的概念

通过前面对液体物理性质的讨论，我们已经知道，实际液体除存在其他一些物理性质外，还具有黏滞性、压缩性和表面张力特性，这些特性均不同程度地影响液体的运动。其中，黏滞性是液体最突出、最重要的物理特性，它对液体运动的影响极为复杂，也给用数学方法描述和研究液体的运动带来了很大的困难。为了简化问题，便于分析和研究，水力学引进了一种研究液体运动的简化模型——理想液体。理想液体就是指绝对不可压缩、不能膨胀、没有黏滞性，也没有表面张力特性的液体。这种液体与固体的性质相近，就可以把固体运动的规律引入到液体去。显然，理想液体并不是实际液体，只是为了研究方便而引出的一种理想化了的液流模型。由于实际液体的压缩性、膨胀性和表面张力均很小，与理想液体差别不大，但黏滞性是否存在则是理想液体和实际液体最重要的差别。除了少数液流问题黏滞性的影响本来就很小，可作为理想液体来考虑外，一般先按理想液体考虑，得出结论，再按实际液体考虑，修正由黏滞性的影响而带来的偏差。

第四节　作用于液体上的力

液体无论处于平衡或运动状态，均受到各种力的作用。作用于液体上的力，按其物理性质的不同有惯性力、重力、弹性力、摩擦力和表面张力等。为便于分析液体的运动规律，在水力学中，又按其作用特点将这些力分为面积力和质量力两种类型。

一、面积力

面积力是指作用于液体的表面上，其大小与受作用液体的表面积成比例的力，如一部分液体对另一部分液体在其接触面上产生的水压力、液层与液层之间产生的内摩擦力、固体边界对液体的摩擦力、边界对液体的反作用力等都属于面积力。根据面积力与作用面之间的关系，面积力又可分为垂直于作用面的压力和平行于作用面的切力两种。由于面积力作用在液体的表面上，故又称为表面力。

面积力的大小既可用总作用力来度量，也可用单位面积上所受的力来度量，如单位面积上的压力（压强）和单位面积上的切力（切应力）等。

二、质量力

质量力是指作用于所研究液体的每一个质点上，其大小与液体的质量成比例的力，如惯性力、重力等。对于均质液体，因液体的质量与其体积成正比，故质量力又称为体积力。与面积力一样，质量力的大小除可用总作用力来度量外，也常用单位质量液体上所受的质量力来度量，这种单位质量液体上所受的质量力称为单位质量力，其单位为 m/s^2。设质量为 m 的液体，其上所作用的总质量力为 F，则单位质量力为

$$f = \frac{F}{m} \tag{1-13}$$

若设总质量力 F 在各个坐标轴上的投影为 F_x、F_y、F_z，单位质量力 f 在相应坐标轴上的投影为 X、Y、Z，则有

$$X = \frac{F_x}{m} \qquad Y = \frac{F_y}{m} \qquad Z = \frac{F_z}{m} \tag{1-14}$$

如取 z 轴与铅垂方向一致且规定向上为正，则作用于单位质量液体上的重力在各坐

标轴上的分力为：$X=Y=0, Z=-mg/m=-g$。

本章小结

1. 水力学的定义

水力学是研究液体处于平衡和机械运动状态下的力学规律，并探讨运用这些规律解决工程实际问题的一门科学。

2. 液体的主要物理力学性质

液体的惯性。惯性的大小用质量或单位体积内的质量来度量。

液体的万有引力特性。万有引力的大小用重量或容重来度量。

均质液体的质量与密度、重量与容重的关系为：$\rho=\frac{m}{V}, \gamma=\frac{G}{V}, \gamma=\rho g$。

液体的黏滞性。①黏滞性的定义：液体具有抵抗剪切变形的能力的特性。②牛顿内摩擦定律。对于作层流运动的牛顿液体，流层间的内摩擦力 T 或单位面积上的内摩擦力 τ 为 $T=\mu A\frac{du}{dy}$ 或 $\tau=\mu\frac{du}{dy}$，称为牛顿内摩擦定律。③液体的运动黏滞系数和动力黏滞系数之间的关系为 $\nu=\frac{\mu}{\rho}$。

液体的压缩性。液体的体积压缩系数 β 与体积弹性系数 K 之间的关系为 $\beta=\frac{1}{K}=\frac{-\frac{dV}{V}}{dp}$。

液体的表面张力特征。

3. 连续介质假说与理想液体的概念

(1) 连续介质假说：假设液体是由无数没有微观分子运动的质点所组成且无空隙地充满所占据空间的连续体。

(2) 理想液体的概念：易流动的、绝对不可压缩、不能膨胀、没有黏滞性也没有表面张力特性的液体。

4. 作用于液体上的力

(1) 作用于液体上的力可分为 $\begin{cases}\text{面积力（如水压力、摩擦力等）}\\ \text{质量力（如惯性力、重力等）}\end{cases}$。

(2) 单位质量力 $f=\frac{F}{m}$；f 在 x、y、z 轴上的投影 $X=\frac{F_x}{m}, Y=\frac{F_y}{m}, Z=\frac{F_z}{m}$。

习　题

1-1　“液体在静止状态下不存在黏滞性”，这种说法对吗，为什么？

1-2　固体之间的摩擦力与液体流层之间的内摩擦力有何区别？

1-3　引入连续介质假说和理想液体的概念有何实际意义？

1-4　体积为 1.5 m^3 的水银，试求其重量和密度各为若干。

1-5　已知液体的密度为 997.0 kg/m^3，动力黏滞系数 $\mu = 8.9 \times 10^{-4}$ Pa · s，问其容重和运动黏滞系数各为多少？

1-6　两间距为 1.5 mm 的水平平行板之间充满 $\gamma = 735$ N/m^3 的液体，上板固定，下板在 $\tau = 1.4$ N/m^2 的切应力作用下，以 $u = 0.4$ m/s 的速度平移，试求液体的动力黏滞系数 μ 和运动黏滞系数 ν。

第二章　水静力学

液体的静止状态有两种：一是液体相对地球处于静止状态，我们称之为静止状态，如水库、蓄水池中的水；二是指液体对地球有相对运动，但与容器之间没有相对运动，我们称之为相对静止状态，如做加速运动的油罐车中的油。由于静止状态液体质点间无相对运动，黏滞性表现不出来，故而内摩擦力为零，表面力只有压力。

水静力学的任务是研究静止液体的平衡规律及其实际应用。主要内容是静水压强的特性及其基本规律，静水压强的测算，平面壁、曲面壁静水总压力的求解方法。研究的思路是：先介绍某一点的静水压力即静水压强，再了解某一铅垂线上的压力分布，然后研究某一平面或曲面上的静水压力，最后分析某一物体上的静水压力，即按"点"、"线"、"面"、"体"的顺序进行讲述。

第一节　静水压强及其特性

一、静水压强

静止液体对与其接触的壁面有压力作用，如水对闸门、大坝坝面、水池池壁及池底都有水压力的作用。就是在液体内部，一部分液体对相邻的另一部分液体也有压力的作用。我们把静止液体作用在与之接触的表面上的压力称为静水压力，常以大写英文字母 P 表示，受压面面积常以字母 A 表示。

在图 2-1 所示的平板闸门上，围绕 K 点取微小面积 ΔA，作用在 ΔA 上的静水压力为 ΔP，则 ΔA 面上单位面积所受的平均静水压力为

$$\bar{p} = \frac{\Delta P}{\Delta A}$$

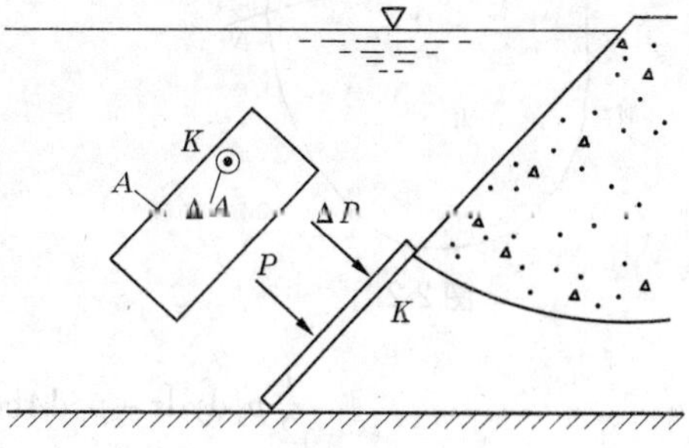

图 2-1

$\bar{p}$ 称为 ΔA 面上的平均静水压强，它只表示 ΔA 面上受力的平均值，只有在受力均匀的情况下，才真实反映受压面上各点的水压力状况。通常受压面上的受力是不均匀的，所以必须建立点静水压强的概念。

在图 2-1 中，当 ΔA 无限缩小趋于 K 点时，即 ΔA 趋于 0 时，比值$\frac{\Delta P}{\Delta A}$趋于某一极限值，该极限值即为 K 点的静水压强，静水压强以小写英文字母 p 表示。

$$p = \lim_{\Delta A \to 0} \frac{\Delta P}{\Delta A}$$

静水压力的单位为牛(N)或千牛(kN),静水压强的单位为牛/米^2(N/m^2)或千牛/米^2(kN/m^2)。牛/米^2 又称帕斯卡(Pa)。

二、静水压强的特性

静水压强有两个重要特性:

(1)静水压强的方向与受压面垂直并指向受压面。在静止液体中取出一块水体 M,如图 2-2 所示。用 N—N 面将其分割成Ⅰ、Ⅱ两部分。取出第Ⅱ部分为脱离体,在N—N面任取一点 A,假如其所受静水压强 p 的方向是任意方向,则 p 可以分解成法向力 p_n 和切向力 p_τ。由液体的性质知:静止液体不能承受剪切力,也不能承受拉力,p_τ 的存在必然会使 A 点的液体沿 N—N 面运动,这与静水的前提不符,故 p_τ 只能为 0。同理,如 p_n 不是指向受压面,而是背向受压面,则液体将受到拉力,静止状态也要受到破坏,也与静水的前提不符,所以静水压强的方向只能垂直并指向受压面。

(2)静水中任何一点上各个方向的静水压强大小均相等,其大小与作用面的方位无关。在处于相对平衡的液体中取一个微小的四面体 $OABC$ 来研究,见图 2-3。四面体的三个边 OA、OB、OC 是相互垂直的,令它们分别与 OX、OY、OZ 轴重合,长度各为 dx、dy、dz。作用于四面体的 4 个表面 OBC、OAC、OAB 及 ABC 上的平均静水压强为 p_x、p_y、p_z 和 p_n,四面体所受的质量力仅有重力。以 dA 代表△ABC 的面积,由于液体处于静止状态,所以四面体在 3 个坐标方向上所受外力的合力应等于 0,即

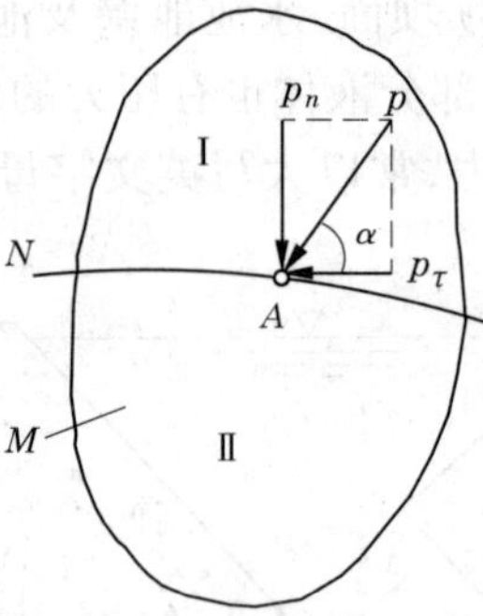

图 2-2

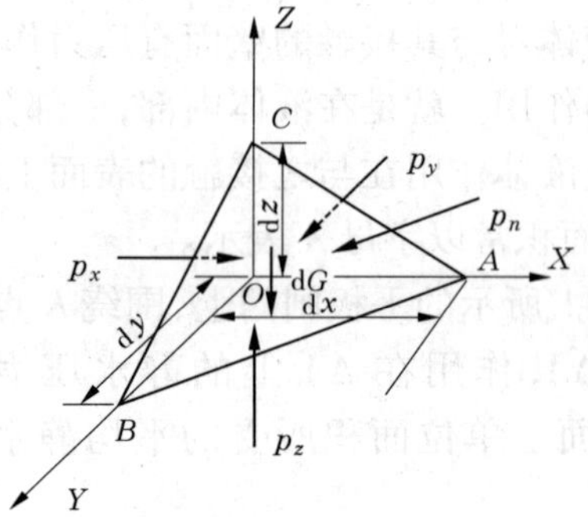

图 2-3

$$\frac{1}{2}p_x dydz - p_n dA\cos(n,x) = 0$$

$$\frac{1}{2}p_y dxdz - p_n dA\cos(n,y) = 0$$

$$\frac{1}{2}p_z dxdy - p_n dA\cos(n,z) - \frac{1}{6}\gamma dxdydz = 0$$

当 dx、dy、dz 向 O 点缩小而趋近于 0 时,p_x、p_y、p_z 和 p_n 变为作用于同一点 O 而方向不同的静水压力,此时$\frac{1}{6}\gamma dxdydz$ 属第三阶无限小值,它相对于前两项可以略去不计,且由于

$$\mathrm{d}A\cos(n,x) = \frac{1}{2}\mathrm{d}y\mathrm{d}z$$

$$\mathrm{d}A\cos(n,y) = \frac{1}{2}\mathrm{d}x\mathrm{d}z$$

$$\mathrm{d}A\cos(n,z) = \frac{1}{2}\mathrm{d}y\mathrm{d}x$$

由以上证明可知

$$p_x = p_y = p_z = p_n \tag{2-1}$$

即静水中任何一点上各个方向的静水压强大小均相等，与作用面的方位无关。静水压强的第二个特性也表明，静水中各点压强的大小仅是空间坐标的函数，或者说仅随空间位置的变化而改变，即

$$p = p(x,y,z) \tag{2-2}$$

第二节　静水压强的基本规律

一、静水压强的基本方程

如图 2-4 所示，我们通过力学分析的方法探讨静水压强的变化规律。在所受质量力仅有重力作用的静止液体中，我们研究位于水面下铅直线上任意两点 1、2 处压强 p_1 和 p_2 间的关系。围绕 1、2 两点分别取微小面积 ΔA，取以 ΔA 为底面积、Δh 为高的铅直小圆柱水体为脱离体，因 ΔA 是微小面积，故可以认为其上各点的压强是相等的，如图 2-4(a) 所示。图中 p_0 为水表面压强；h_1、h_2 分别为 1、2 两点的水深；G 为小水柱的重量(重力)。

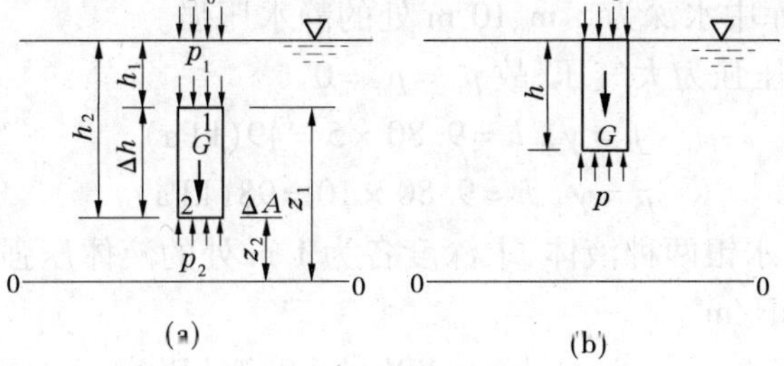

图 2-4

从脱离体受力分析知，铅直方向共受 3 个力：

圆柱上表面的静水压力　　$P_1 = p_1\Delta A$

圆柱下表面的静水压力　　$P_2 = p_2\Delta A$

小水柱体的重力　　$G = \gamma\Delta A\Delta h$

因是静止水体，铅直方向合力必为 0，取向上方向为正，列力的平衡方程，得

$$p_2\Delta A - p_1\Delta A - \gamma\Delta A\Delta h = 0$$

等式两端同除以 ΔA，可得任意两点静水压强的基本关系式为

$$p_2 = p_1 + \gamma\Delta h \tag{2-3}$$

式(2-3)表明，在(质量力)仅有重力作用的静水中，任意两点的静水压强关系为：下

面一点的压强等于上面一点的压强加上水容重与两点之间的水深差的乘积；或者是上面一点的压强等于下面一点的压强减去水容重与两点之间的水深差的乘积（特殊情况下，如两点位于同一水平面，$\Delta h=0$，则 $p_1=p_2$）。显然，水深越大，压强越大。水深每增加 1 m，静水压强就增大 $\gamma\Delta h=9.8\ \text{kN/m}^3\times 1\ \text{m}=9.8\ \text{kN/m}^2$。

如把铅直小圆柱向上移至上表面于水面上，如图 2-4（b）所示，$h_1=0$，$h_2=h=\Delta h$，$p_1=p_0$，$p_2=p$，则式（2-3）可写成

$$p=p_0+\gamma h \tag{2-4}$$

这是常用的静水压强基本方程式，它表明：（质量力）仅有重力作用下的静水中任一点的静水压强，等于水面压强加上液体的容重与该点水深的乘积。

特别指出的是，当液体表面的压强 $p_0=p_a$（大气压）时，为简化计算，式（2-4）$p=p_0+\gamma h$ 中的 p_0 按零计，即 $p_0=p_a=0$，只计算液体产生的压强。则静水压强方程式可写为

$$p=\gamma h \tag{2-5}$$

式（2-5）表明静水中任一点的压强与该点在水下淹没的深度成线性关系。

我们也可以采用物理学中取基准面 0—0 的方法，来表示静水中任一点所处的位置。静水中任一点距 0—0 基准面的高度，称为该点的位置高度。则式（2-3）中 $\Delta h=z_1-z_2$，见图 2-4（a），可得

$$p_2=p_1+\gamma(z_1-z_2)$$

即

$$z_1+\frac{p_1}{\gamma}=z_2+\frac{p_2}{\gamma} \tag{2-6}$$

式（2-6）是静水压强分布规律的另一表达形式。它表明在静止液体中，位置高度与压强的关系，即位置高度 z 愈小，静水压强愈大；位置高度 z 愈大，静水压强愈小。

【例 2-1】 求水库中水深为 5 m、10 m 处的静水压强。

解 因水库表面压强为大气压，故 $p_0=p_a=0$

水深 5 m 处 $p=\gamma_{水}h=9.80\times 5=49(\text{kPa})$

水深 10 m 处 $p=\gamma_{水}h=9.80\times 10=98(\text{kPa})$

【例 2-2】 有水、水银两种液体，求深度各为 1 m 处的液体压强。已知液面为大气压作用，且 $\gamma_{汞}=133.3\ \text{kN/m}^3$。

解

$$p=\gamma_{水}h=9.80\times 1=9.8(\text{kPa})$$

$$p=\gamma_{汞}h=133.3\times 1=133.3(\text{kPa})$$

【例 2-3】 图 2-5 中，画出 AB 面上和 BC 面上 B 点压强的方向。

解 B 点是平面 AB 和平面 BC 转折处的一点，又称拐点，对 AB 平面上 B 点的压强 p_1 通过 B 点，垂直指向 AB 平面；BC 上 B 点的压强 p_1' 通过 B 点，垂直指向 BC，且 $p_1'=p_1$。

二、静水压强方程式的意义

（一）静水压强方程式的几何意义

在图 2-6 的容器中，任取两点 1 点和 2 点，并在该高度边壁上开小孔且外接垂直向上的开口玻璃管，通称测压管，可看到各测压管均有水柱升起，测压管中的水面必升至与容器中的水面处于同一水平面。

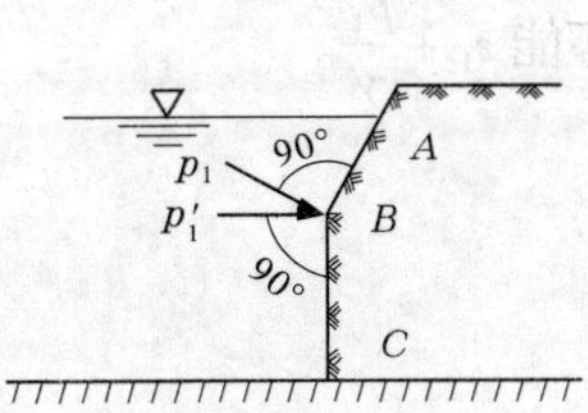

图 2-5

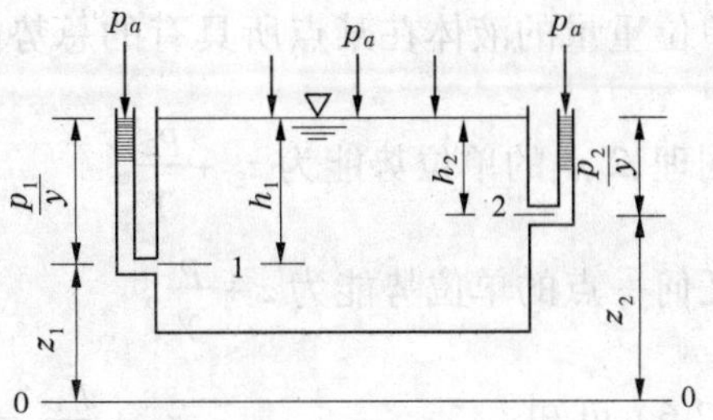

图 2-6

因液面上为大气压，故容器内 1、2 两点的静水压强分别为

$$p_1 = \gamma h_1 \qquad p_2 = \gamma h_2$$

因此，测压管中水面上升的高度

$$h_1 = \frac{p_1}{\gamma} \qquad h_2 = \frac{p_2}{\gamma}$$

水力学中，通常称 z 为位置高度（或位置水头），$\frac{p}{\gamma}$为测压管高度（或压强水头）。$z + \frac{p}{\gamma}$为测压管水头。

显然，图 2-6 中当 0—0 基准面确定后，水表面到 0—0 基准面的距离是不变的。因此，式(2-6)的几何意义在于：静止液体所受质量力仅为重力时，液体内部任何一点的测压管水头等于常数，即

$$z + \frac{p}{\gamma} = \mathrm{C} \tag{2-7}$$

C 值的大小，取决于基准面的选取，基准面选定，C 值即确定。

式(2-7)也表明了连通器原理：均质、连通的静止液体中，水平面必是等压面，即 $z_1 = z_2$时，必然 $p_1 = p_2$。

（二）静水压强方程式的物理意义

物理学中，质量为 m 的物体在高度为 z 的位置，具有的位置势能为 mgz。同理，质量为 m 的液体在距 0—0 基准面高度为 z_1 的位置上，也具有位置势能 mgz_1（见图 2-6）。在研究液体时常取单位重量的液体作为研究对象，则单位重量的液体在某点所具有的位置势能简称单位位能，即

$$z_1 = \frac{mgz_1}{mg}$$

液体除具有位置势能外，其压力也具有做功的本领，称为压力势能，见图 2-6。质量为 m 的液体在 1 点所受的静水压强为 $p_1 = \gamma h_1$，在 p_1 的作用下，液体在测压管内上升高度为$\frac{p_1}{\gamma}$，压力势能转化为高度为$\frac{p_1}{\gamma}$的位置势能。所以，其压力势能为 $mg\,\frac{p_1}{\gamma}$，单位重量液体在某点具有的压力势能简称为单位压能，即

$$\frac{p_1}{\gamma} = \frac{mg\,\frac{p_1}{\gamma}}{mg}$$

单位重量的液体在某点所具有的总势能，简称单位势能 $z_1+\frac{p_1}{\gamma}$。

同理，2 点的单位势能为 $z_2+\frac{p_2}{\gamma}$。

任何一点的单位势能为 $z+\frac{p}{\gamma}$。

由式(2-6)可知

$$z_1+\frac{p_1}{\gamma}=z_2+\frac{p_2}{\gamma}=C \tag{2-8}$$

所以，静水压强方程式的物理意义为：静止液体所受质量力仅为重力时，液体内部任何一点对同一基准面的单位势能为一常数。这反映了静止液体内部的能量守恒定律。

静水压强基本方程 $p=p_0+\gamma h$ 则反映了帕斯卡定律，它表明：在静止液体中，表面的气体压强 p_0，可不变大小地传递到液体中的任何一点。油压千斤顶、万吨水压机等很多机械设备，就是根据这一定律制作的。

三、绝对压强、相对压强、真空压强及真空高度

地球表面大气所产生的压强称为大气压强，试验测定为 1.033 6 kgf/cm^2，用国际单位制表示为 101.3 kN/m^2，称为一个标准大气压，以 atm 表示。在水力学计算及工程中，为计算方便，一般取 1.0 kgf/cm^2，即大气压为 98 kN/m^2，为工程大气压，以 p_a 表示。因为自然界中一切水利设施都受到大气压的作用，例如闸门的上、下游面，同时受一个大气压作用，所以为简化水力计算，两侧都可以不计入大气压，即视 $p_a=0$，而只计算液体压强。

（一）绝对压强 $p_{绝}$

计算压强时，因起算基准的不同，可表示为绝对压强与相对压强。以没有空气的绝对真空为零基准计算出的压强，称绝对压强。也就是说，在水力计算中要计入大气压，即在计算中碰到大气压 p_a 就按 $p_a=98$ kN/m^2 计算。绝对压强用符号 $p_{绝}$ 表示。

（二）相对压强 p

以大气压作为零基准计算出的压强，称相对压强。也就是说，在水力计算中不计入大气压，按 $p_a=0$ 计算。若不加特殊说明，静水压强即指相对压强，直接以 p 表示。

对同一点压强，用 $p_{绝}$ 计算和用 p 计算虽然其计算结果数值不同，但却表示的是同一个压强，压强本身的大小并没有发生变化，只是计算的零基准发生了变化。用 p 计算比用 $p_{绝}$ 计算少加了一个大气压。

【例 2-4】 求水库水深为 1 m 处 A 点的压强 p_A。

解 基本方程 $p=p_0+\gamma h$

用相对压强计算（或者说求 A 点的相对压强）则不计入大气压，即

$$p_0=p_a=0 \qquad p_A=0+9.8\times1=9.8(\text{kN/m}^2)$$

用绝对压强计算（或者说求 A 点的绝对压强 $p_{A绝}$），则计入大气压，即

$$p_0=p_a=98\ \text{kN/m}^2 \qquad p_{A绝}=98+9.8\times1=107.8(\text{kN/m}^2)$$

同是 A 点压强，p_A 没有计入大气的压力，因此使计算简化。

显然，二者关系为

$$p = p_{绝} - p_a \tag{2-9}$$

(三)真空压强及真空高度

先从试验来认识真空现象。在图 2-7 中,插入两端开口玻璃管,管内外液面必在同一水平面上;再把玻璃管一端装上橡皮球,并将球内气体排出,再放入液体中,管内的液面就会上升而高于容器内的液面。管内液面下 B 点与管外水面处于同一水平面,为等压面,即 $p_B = p_a$,由静压方程可得

$$p_B = p_0 + \gamma h_1$$

即

$$p_0 = p_B - \gamma h_1 = p_a - \gamma h_1 \tag{2-10}$$

式中 p_a——大气压。如按绝对压强计算,得

$$p_{0绝} = 98 - \gamma h_1$$

表明 $p_{0绝}$ 小于大气压,我们把绝对压强小于大气压的那部分压强,称真空压强,用 $p_{真}$ 表示,也称真空值,即

$$p_{真} = p_a - p_{绝} \tag{2-11}$$

式(2-10)如按相对压强计算,则

$$p_0 = -\gamma h_1$$

表明相对压强出现了负值,或称负压。当相对压强出现负压时,负压的绝对值称为真空压强,即

$$p_{真} = -p \qquad (p < 0) \tag{2-12}$$

真空值也可以用所相当的液柱高度来表示,称真空高度,即

$$h_{真} = \frac{p_{真}}{\gamma} \tag{2-13}$$

图 2-8 表明了绝对压强、相对压强和真空值之间的关系。

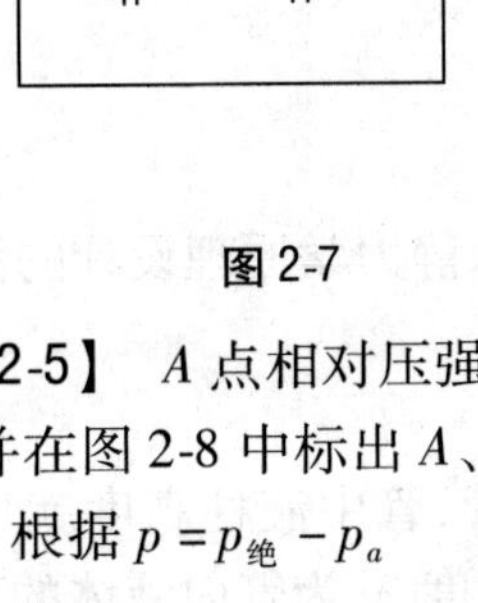

图 2-7

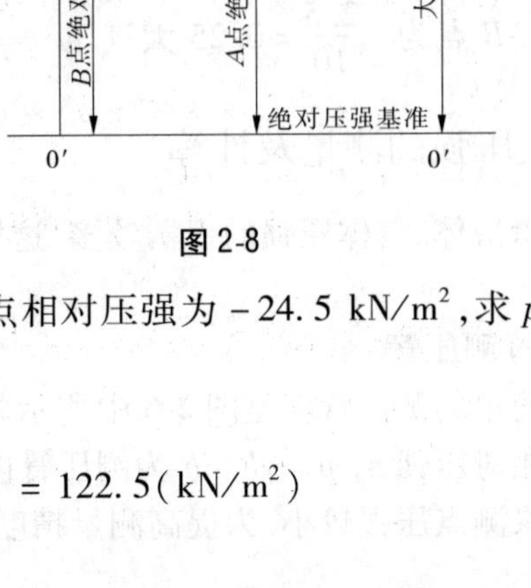

图 2-8

【例 2-5】 A 点相对压强为 24.5 kN/m², B 点相对压强为 −24.5 kN/m²,求 $p_{A绝}$、$p_{B绝}$ 和 $p_{B真}$,并在图 2-8 中标出 A、B 两点。

解 根据 $p = p_{绝} - p_a$ $\quad p_{真} = p_a - p_{绝} = -p$

得

$$p_{A绝} = p_a + p_A = 98 + 24.5 = 122.5(\text{kN/m}^2)$$

$$p_{B真} = -p_B = -(-24.5) = 24.5(\text{kN/m}^2)$$

$$p_{B绝} = p_a - p_{B真} = 98 - 24.5 = 73.5(\text{kN/m}^2)$$

见图 2-8 中 A、B 两点。

【例 2-6】 求水库水深为 2.5 m 处的相对压强、绝对压强。

解 方程 $p = p_0 + \gamma h$

取相对压强 $p_0 = p_a = 0$ $p = 0 + 9.8 \times 2.5 = 24.5(\text{kN/m}^2)$

取绝对压强 $p_{0绝} = p_a = 98(\text{kN/m}^2)$ $p = 98 + 9.8 \times 2.5 = 122.5(\text{kN/m}^2)$

第三节 压强的单位和量测

一、压强的单位

(一)以应力单位表示

压强用单位面积上受力的大小,即应力单位表示,这是压强的基本表示方法,单位为 N/m^2,又称为 Pa(帕),$1\ \text{Pa} = 1\ \text{N/m}^2$,kPa 为 $1 \times 10^3\ \text{N/m}^2$,可记为 $1\ \text{kN/m}^2$。

(二)以大气压表示

工程中规定:1 工程大气压 = 98 kPa。

(三)水柱高表示

由于水的容重 γ 为常量,水柱高 $h(=\frac{p}{\gamma})$ 的数值就反映了压强的大小。

三者关系:1 工程大气压 = 98 kPa,相当于10 m水柱。

另外,也可用汞柱高表示:1 工程大气压相当于 735.7 mm 汞柱。

所谓"相当于",是指一个工程大气压所产生的压力是 98 kN/m^2(98 kPa),相当于 10 m 水柱或是 735.7 mm 汞柱所产生的压力(98 kPa)。

须指出,98 kPa 相当于 10 m 水柱,不可以 98 kPa = 10 m 水柱。

【例 2-7】 A 点压强为 24.5 kPa,B 点压强为 2.5 m 水柱高,各用另两类单位表示。

解 A 点为 $\frac{24.5}{98} = 0.25$ 大气压 $10 \times \frac{24.5}{98} = 2.5$(m 水柱)

B 点为 $\frac{2.5}{10} = 0.25$ 大气压 $98 \times \frac{2.5}{10} = 24.5$(kPa)

二、压强的测量及计算

测量液体、气体压强的仪器较多,这里仅介绍一些利用水静力学原理设计的液体测压计。

(一)测压管

最简单的测压管就是图 2-6 中所示的一端开口的玻璃管,管中液柱高度就反映了所测点的相对压强 p,$p = \gamma h$。h 为测压管内液面上升的垂直高度,γ 为管内液体的容重。

如果测点压强较小,为提高测量精度,可以用加大标尺读数的方法。将测压管倾斜放置，如图 2-9 所示。

此时用于计算压强的测压管高度 $h=L\sin\alpha$，A 点的相对压强为

$$p_A=\gamma L\sin\alpha$$

也可以用 γ 较小的轻质液体，以便获得较大的测压管高度 h。

（二）U 形水银测压计

当测点压强较大时，可利用 γ 值较大的 U 形水银测压计，用 γ_m 表示水银的容重。见图 2-10。求被测点 A 点的压强 p_A，过程如下：第一步先找出 U 形管中的等压面 1—2，第二步对等压面列静水压强方程，第三步解方程求得 p_A。由静压方程得

$$p_1=p_A+\gamma b$$

$$p_2=\gamma_m h_m \quad \text{（按相对压强计算）}$$

因 $p_1=p_2$，得
$$p_A+\gamma b=\gamma_m h_m$$

则
$$p_A=\gamma_m h_m-\gamma b$$

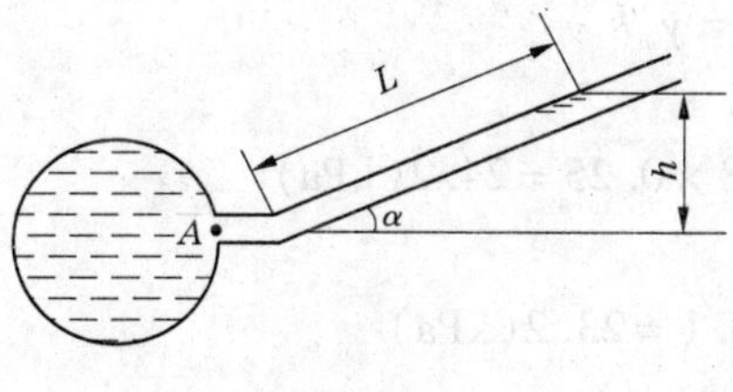

图 2-9

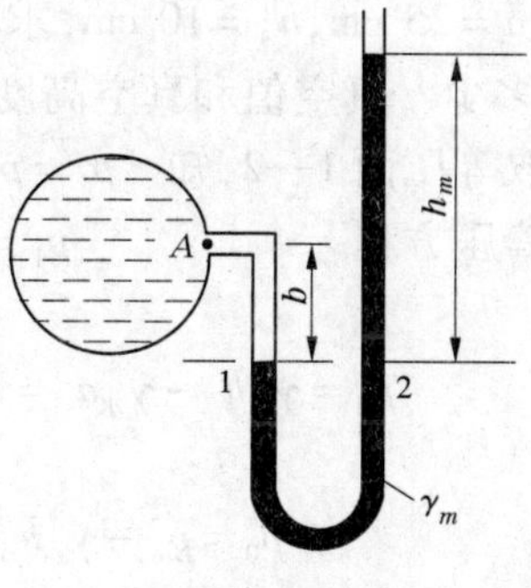

图 2-10

（三）压差计（比压计）

为测输水管道上两断面的压强差，可在两断面之间连接压差计。压差计一般并不直接测出任意两点间压强的大小，而直接找出两点间压差。压差小时用空气压差计，见图 2-11；压差大时用水银压差计，见图 2-12。一般空气压差计管内的气压 $p_0\neq p_a$，计算中认为空气中各点 p_0 都相等。压差的求解仍是先找等压面，再列静水压强基本方程。

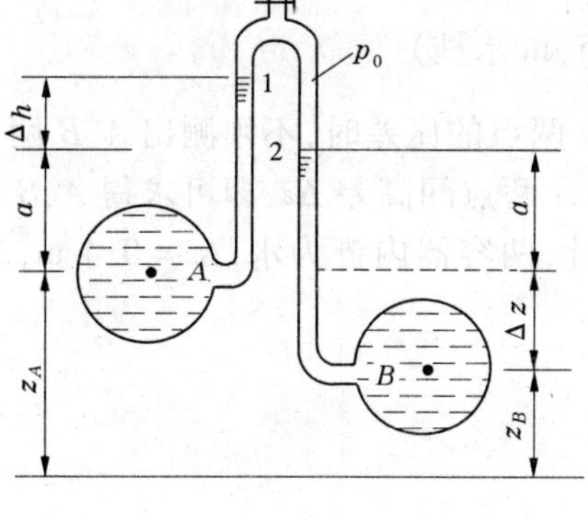

图 2-11

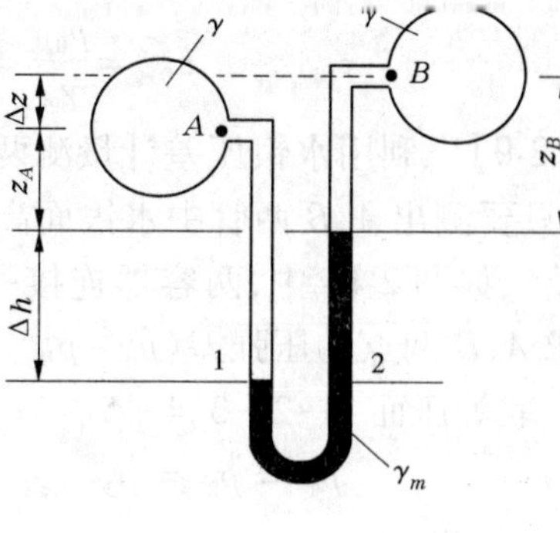

图 2-12

图 2-11 利用空气压差计来测定两管道 A、B 两点间的压强差，左右两测管内液面的压

强均为p_0，故可视为“等压面”，此时只要测出左右支管中液柱之差Δh和A、B两点间的高差Δz，即可求出A、B两点间的压强差。

由静压方程得　　1 点　　$p_0 = p_A - \gamma a - \gamma \Delta h$

　　　　　　　　2 点　　$p_0 = p_B - \gamma a - \gamma \Delta z$

$$p_A - \gamma a - \gamma \Delta h = p_B - \gamma a - \gamma \Delta z$$

$$p_A - p_B = \gamma \Delta h - \gamma \Delta z$$

又图 2-12 中的等压面 1—2，由静压方程得

$$p_1 = p_A + \gamma z_A + \gamma \Delta h$$

$$p_2 = p_B + \gamma z_B + \gamma_m \Delta h$$

因$p_1 = p_2$　得　　$p_A - p_B = (\gamma_m - \gamma)\Delta h + \gamma \Delta z$

【例 2-8】　利用 U 形测压计量测容器中液体某点A的压强，只要测出和A点相连支管中水银面和A点间的高差a，两管间液面差h，即可求得A点的压强。如图 2-13 所示，$h = 20$ cm，$a = 25$ cm，$h_A = 10$ cm，求A点压强p_A、液面压强p_0。如$h = 0$，其他数据不变，p_A、p_0又是多少？真空值和真空高度是多少？

解　取等压面 1—2，知　$p_1 = p_2$

根据静压方程　　$p_1 = p_A + \gamma_水 a \qquad p_2 = \gamma_m h$

则
$$p_A + \gamma_水 a = \gamma_m h$$

得
$$p_A = \gamma_m h - \gamma_水 a = 133.3 \times 0.2 - 9.8 \times 0.25 = 24.2\text{(kPa)}$$

又
$$p_A = p_0 + \gamma_水 h_A$$

则
$$p_0 = p_A - \gamma_水 h_A = 24.2 - 9.8 \times 0.1 = 23.2\text{(kPa)}$$

当$h = 0$，其他数据不变时

$$p_A = \gamma_m h - \gamma_水 a = 0 - 9.8 \times 0.25 = -2.45\text{(kPa)}$$

$$p_0 = p_A - \gamma_水 h_A = -2.45 - 9.8 \times 0.1 = -3.43\text{(kPa)}$$

A点和液面都出现负压。当相对压强出现负压时，其绝对值就是真空值。

则真空值　　$p_{A真} = 2.45$ kPa　　　$p_{0真} = 3.43$ kPa

则真空高度　　$h_{A真} = \dfrac{p_{A真}}{\gamma_水} = \dfrac{2.45}{9.8} = 0.25$（m 水柱）

$$h_{0真} = \frac{p_{0真}}{\gamma_水} = \frac{3.43}{9.8} = 0.35\text{（m 水柱）}$$

【例 2-9】　利用水银压差计量测两管之间A、B两点的压差时，不须测出A、B两点的压强值，只要测出A、B两管中水银面高差Δh和A、B两点间高差Δz，即可求得A、B两点间的压差。如图 2-14 中，两容器连接一水银压差计，两容器内皆为水，$\Delta z = 0.4$ m，$\Delta h = 0.3$ m，求A、B两点的压强差$(p_A - p_B)$。

解　取等压面 1—2—3，4—5

则
$$p_1 = p_2 = p_3 \qquad p_4 = p_5$$

$$p_2 = p_1 = p_A - \gamma h$$

$$p_4 = p_5 = p_B - \gamma \Delta z - \gamma h - \gamma \Delta h$$

$$p_3 = p_4 + \gamma_m \Delta h = p_B - \gamma \Delta z - \gamma h - \gamma \Delta h + \gamma_m \Delta h$$

由 $$p_2 = p_3$$

整理得
$$p_A - p_B = (\gamma_m - \gamma)\Delta h - \gamma\Delta z$$
$$= (133.3 - 9.8) \times 0.3 - 9.8 \times 0.4$$
$$= 33.1(\text{kPa})$$

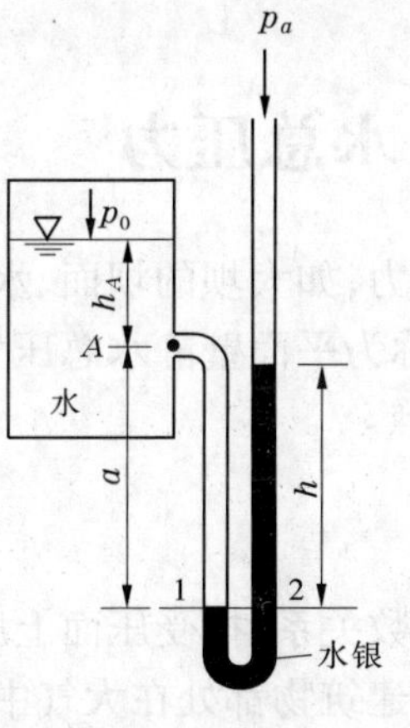

图 2-13

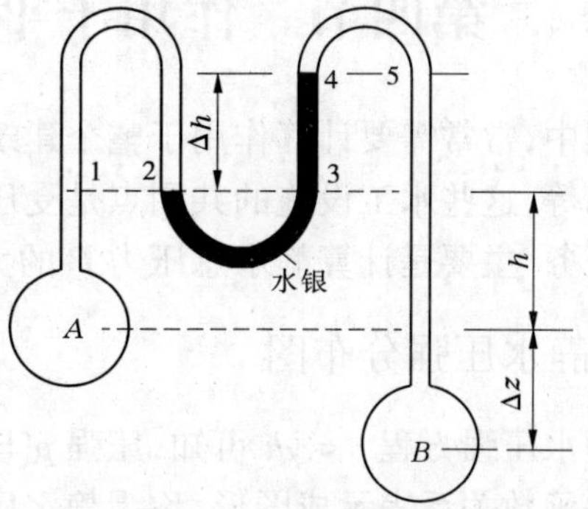

图 2-14

由以上的计算过程可知，水银压差计读数 Δh，仅与容器中 A、B 两点的压强差和两点位置高差 Δz 有关，与测压管的安装高度无关，变化水银测压计本身的安装高度，不会影响 Δh 的大小，即不会影响压强差的数值。

（四）金属压力表*

除了液体测压计外，在工农业生产和日常生活中的各种给排水设施上，常装有各种类型的金属压力表，测量液体的压强，其中使用较多的一种是管环式压力表（又称弹簧管式压力表）。该表因装卸方便，读数直观，所以应用较普遍。在锅炉房、泵站、自来水公司等各种输水管道上常可见到。其构造见图 2-15，主要有弹簧管、指针、连杆、表盘、机座等几部分组成。其弹簧管是由椭圆形横剖面的铜管或钢管制成，并弯曲成具有弹性的环状管，管的一端固定且与被测量的液体相连，管的另一端为封闭的自由端，通过连杆、传动系统与表指针相连。当大于大气压的液体进入弹簧管后，由于环状管具有弹性，其自由端受压而发生变形向外伸张，带动指针转动，在表盘的刻度上指示压力读数；当进入弹簧管的压力液体为负压时，原理一样，只是作用方向相反，弹簧管变形向内收缩，表针指示真空值读数。

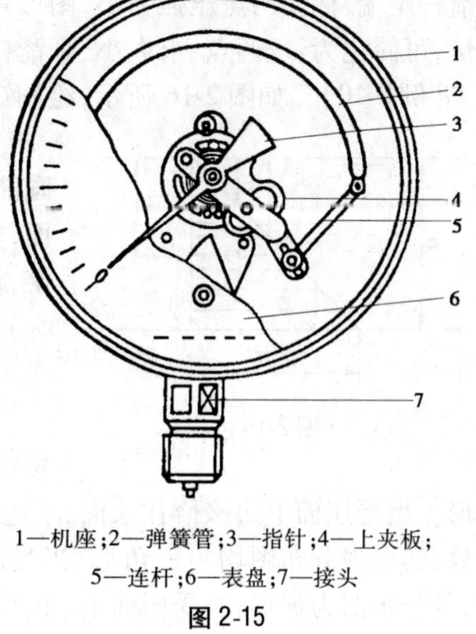

1—机座；2—弹簧管；3—指针；4—上夹板；
5—连杆；6—表盘；7—接头

图 2-15

压力表盘上标有压强单位 MPa(10^6 Pa)和精度等级,如普通压力表 2.5 级,表示该表的测值与实际值的误差不超出实际值的 ±2.5%。

另有弹簧式压力表、隔膜式压力表、风箱式压力表,原理与此相同,不再介绍。一般说来,金属压力表精度不高,灵敏度偏低,需定期率定才可使用。须指出,金属压力表所指示的压强读数,都是相对压强。

第四节　作用于平面壁上的静水总压力

工程中,常常需要计算作用于整个建筑物上的静水总压力,如大坝的坝面、水池池壁、平板闸门等,这些水工设施的共同点是受压面都是平面,故称为平面壁静水总压力。水力计算的任务,主要是计算静水总压力 P 的大小、方向和作用点。

一、静水压强分布图

由静水压强方程 $p=\gamma h$ 可知,压强 p 与水深 h 呈线性函数关系,把受压面上压强与水深的这种函数关系表示成图形,称为静水压强分布图。因为建筑物都处在大气中,各个方向的大气压是互相抵消的,计算中只涉及相对压强,所以只需画出相对压强分布图。其绘制原则是:

(1)用有向线段(称箭头)长度代表该点静水压强的大小。

(2)用箭头方向表示静水压强的方向,必须垂直并指向受压面。

因 p 与 h 为一次方关系,故在水深方向静水压强系直线分布,只要给出两个点的压强即可确定此直线。具体做法:可选受压面最上和最下两点,用 $p=\gamma h$ 算出其大小,再定性绘出两点的箭杆长度(压强小,箭杆短;压强大,箭杆则长;压强相等,箭杆等长),然后连接箭杆尾端,标注两点压强大小,图形内部再画若干箭头,即得静水压强分布图。为便于记忆,可简化为:选两点、求大小、画箭杆、连箭尾、标数字、画中间(画内部箭杆)。

【例 2-10】 如图 2-16 所示,绘制矩形闸门 AB 平面的静水压强分布图。

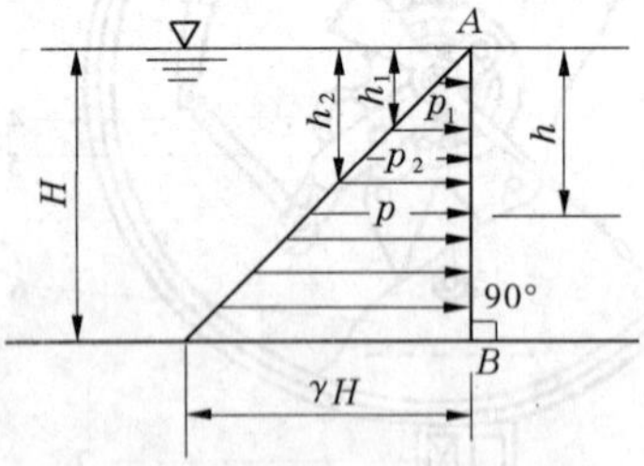

图 2-16

解　选两点,A 点和 B 点;求大小,$p_A=0$,$p_B=\gamma H$;画箭杆,A 点箭杆长度为 0,B 点箭杆垂直并指向 AB 面,长度为 γH;连箭尾,连接 AB 两点箭杆的尾端;标数字,标注 B 点箭杆所表示的压强数据 γH($p_A=0$ 不必标);画中间,图形内部画若干箭杆表示各点压强的分布。工程中常见的几种情况,见图 2-17。

矩形受压面的静水压强分布图,因其在液体中的位置不同,而总共有三种图形:直角三角形、直角梯形、矩形。当受压面上边缘恰在水面,下边缘在水面以下时,不论受压面是垂直安放还是倾斜安放,其压强分布图均为三角形;当受压面上、下边缘都在水面以下,上边缘高于下边缘时,其分布图为梯形;当受压面上、下边缘都在水面下,且水平放置时,其压强分布图为矩形。复杂一些的图形只不过是这三种图形的组合而已。记住这三种图形及受压面的位置,就可以很快画出分布图。

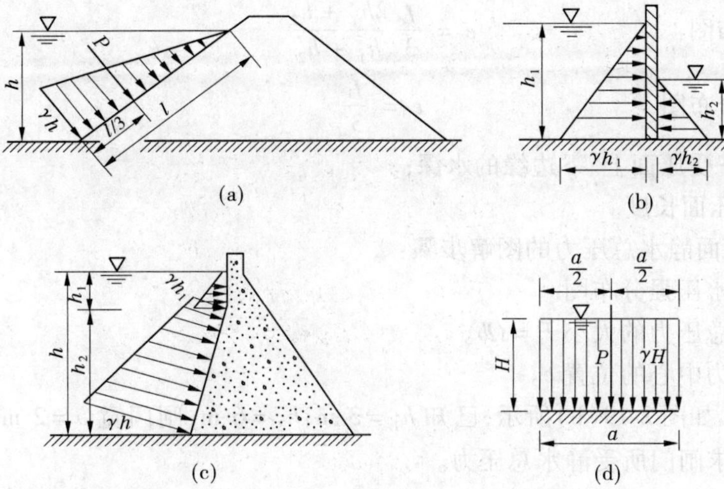

图 2-17

二、作用在矩形平面壁上的静水总压力的图解法

(一)静水总压力的大小

平面上静水总压力 P 的大小,应等于分布在平面上各点静水压力的总和,即求 P 的大小就是求该平行分布力系的合力。图 2-18 中某一斜置平板闸门 AB,绕 Oy 轴转 90°后的可见宽度 AF 为 b。AF 平行于水面,A 点的水深为 h_1,B 点的水深为 h_2,AB 长度为 L。在水面下任一深度取微面积 dA,$dA=bdy$,因微平面 dA 上各点压强均为 p,微小面积单位宽度上的力为 pdy,则作用在单位宽度上的静水总压力应等于静水压强分布图的面积 Ω,整个矩形平面的静水总压力等于压强分布图面积 Ω 乘以受压面宽度 b

$$P=\Omega\cdot b \qquad (2\text{-}14)$$

当压强分布图为梯形时

即
$$P=\frac{\gamma}{2}(h_1+h_2)bL \qquad (2\text{-}15)$$

若压强分布图为三角形,则

$$P=\frac{\gamma}{2}hbL \qquad (2\text{-}16)$$

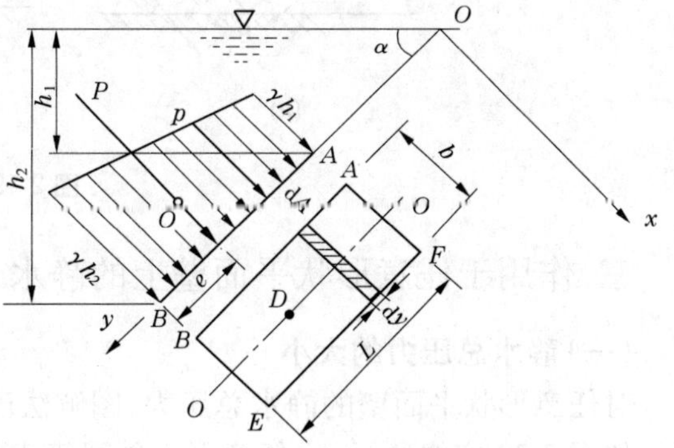

图 2-18

(二)静水总压力的方向和作用点

根据静水压强的特性,静水压强的方向总是垂直指向受压面,因此静水总压力的方向必然垂直并指向受压平面。

对受压平面的分布力系,应用合力矩定理可推知:总压力 P 的作用点 D(又称压力中心)必位于受压面纵向对称轴 $O—O$ 轴上,同时总压力 P 的作用线必然通过压强分布图的形心 O。压力中心的位置用压力中心 D 至受压面底边缘的距离 e 表示,见图 2-18 和图 2-19。

对梯形分布图 $$e = \frac{L}{3}\frac{2h_1 + h_2}{h_1 + h_2} \tag{2-17}$$

对三角形分布图 $$e = \frac{L}{3} \tag{2-18}$$

式中 h_1、h_2——受压面上、下边缘的水深；

L——受压面长度。

矩形受压平面静水总压力的图解步骤：

(1)绘出静水压强分布图。

(2)求静水总压力的大小 $P = \Omega b$。

(3)确定压力中心的位置 e。

【例 2-11】 如图 2-19(b)所示，已知 $h_1 = 3$ m，$h_2 = 6$ m，闸门宽 $b = 2$ m，长 $L = 5$ m，$\gamma = 9.8$ kN/m^3，求闸门所受静水总压力。

解 绘压强分布图见图 2-19(b)

$$P = \Omega b = \frac{\gamma}{2}(h_1 + h_2)bL = \frac{9.8}{2} \times (3 + 6) \times 2 \times 5 = 441(\text{kN})$$

$$e = \frac{L}{3} \times \frac{2h_1 + h_2}{h_1 + h_2} = \frac{5}{3} \times \frac{2 \times 3 + 6}{3 + 6} = 2.22(\text{m})$$

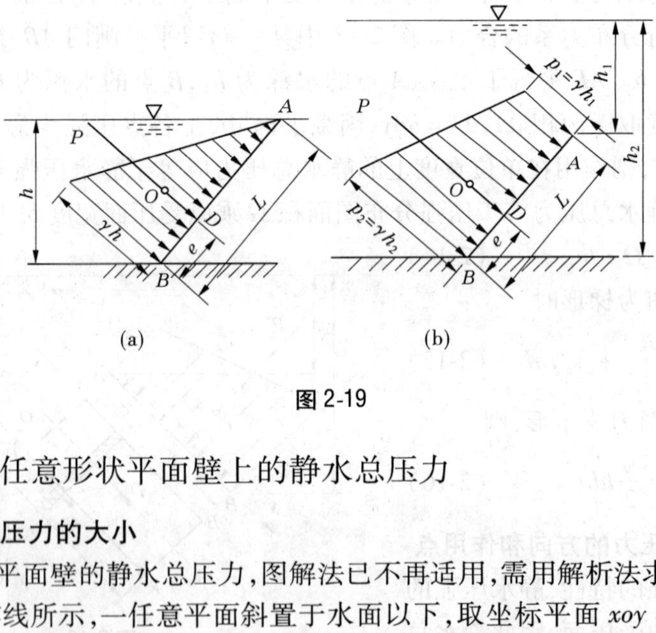

图 2-19

三、作用于任意形状平面壁上的静水总压力

(一)静水总压力的大小

对任意形状平面壁的静水总压力，图解法已不再适用，需用解析法求解。

如图 2-20 实线所示，一任意平面斜置于水面以下，取坐标平面 xoy 与受压面重合，ox 轴垂直于纸面，oy 轴沿平面方向，将 ox 轴绕 oy 轴转 90°，就把任意受压面转展在纸面上。图中各字母的意义分别是：

A：面积；h_C：受压面形心在水下的深度；y_C：受压面形心沿 y 轴的距离；C：受压面形心点；D：总压力作用点；h_D：总压力作用点在水下的深度；y_D：总压力作用点沿 y 轴的距离；α：受压面与水面的交角。

把受压平面分成许多个微小平面，任取一微小面积 dA，其所处水深为 h，因 dA 极小，

可认为 dA 上各点压强都等于 γh，则 dA 上的静水总压力为

$$dP = p dA = \gamma h dA$$

根据平行力系求合力的原理，整个受压平面上的静水总压力，应等于各微小平面上 dP 的总和，通过积分可得

$$P = \int_A dP = \int_A \gamma h dA = \int_A \gamma y \sin\alpha dA = \gamma \sin\alpha \int_A y dA$$

由工程力学知，ydA 为微小平面 dA 对 ox 轴的静面矩，$\int_A ydA$ 为受压面的各微小平面 dA 对 ox 轴的静面矩的和，它等于受压面的面积乘上该面积形心到 ox 轴的距离 y_C，即 $y_C A$。因此

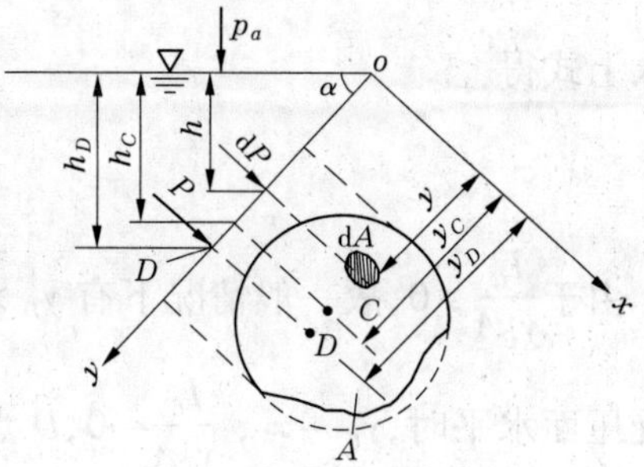

图 2-20

$$P = \gamma \sin\alpha y_C A = \gamma h_C A = p_C A \tag{2-19}$$

式中　h_C——受压面形心 C 点的水深，$h_C = y_C \sin\alpha$；

p_C——受压面形心 C 点的静水压强，$p_C = \gamma h_C$；

A——受压面面积。

式(2-19)是任意形状平面壁上静水总压力的计算公式。它表明任意形状平面壁上所受静水总压力的大小，等于受压平面形心点的静水压强与受压平面面积的乘积。

(二)静水总压力的方向和作用点

根据静水压强的特性，静水总压力的方向必然垂直并指向受压平面。

工程中受压面常为具有纵向对称轴的对称平面，见图 2-20 虚线所示的圆平面，静水总压力的作用点必位于对称轴上，一般无须计算 x_D，所以求得 y_D 后就可确定作用点的位置。

可根据合力矩定理推求 y_D，即由各分力(微小面积上静水总压力 dP)对 ox 轴的力矩之和，等于合力(总压力 P)对 ox 轴的力矩的关系来推求。

图 2-20 上受压面各微小面积上静水总压力 dP 对 ox 轴的力矩总和：

$$\int_A y dP = \int_A y \gamma h dA = \int_A y \gamma y \sin\alpha dA = \gamma \sin\alpha \int_A y^2 dA = \gamma \sin\alpha I_{ox}$$

式中的 $I_{ox} = \int_A y^2 dA$ 为受压面对 ox 轴的惯性矩。

总压力 P 对 ox 轴的力矩为

$$P y_D = \gamma h_C A y_D = \gamma y_C \sin\alpha A y_D$$

由合力矩定理可得

$$\gamma \sin\alpha I_{ox} = \gamma y_C \sin\alpha A y_D$$

$$y_D = \frac{I_{ox}}{y_C A}$$

设 I_C 为面积 A 对通过其形心且与 ox 平行的轴的惯性矩，由工程力学的平行移轴原理得

$$I_{ox} = I_C + y_C{}^2 A$$

代入上式得

$$y_D = y_C + \frac{I_C}{y_C A} \tag{2-20}$$

由于$\frac{I_C}{y_C A} > 0$，故一般情况下有 $y_D > y_C$，即作用点（压力中心）在受压面形心以下，只有当受压面水平时，$y_C \to \infty$，$\frac{I_C}{y_C A} \to 0$，D 点才与 C 点重合。

对圆形受压平面 $$I_C = \pi r^4/4 \tag{2-21}$$

对矩形受压平面 $$I_C = bL^3/12 \tag{2-22}$$

式中 r——圆的半径；

b——受压面宽度；

L——受压面长度。

其他常见平面静水总压力及其作用点位置计算，请参阅表 2-1。

表 2-1 常见平面图形的 A、y_C 及 I_{Cx} 的值

几何图形名称		面积 A	y_C	对通过形心点 Cx 轴的惯性矩 I_{Cx}
矩 形	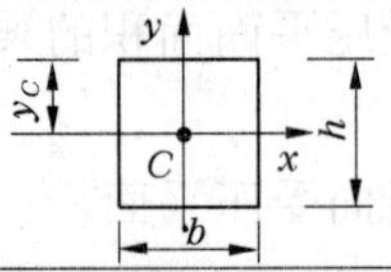	bh	$\frac{h}{2}$	$\frac{bh^3}{12}$
三角形	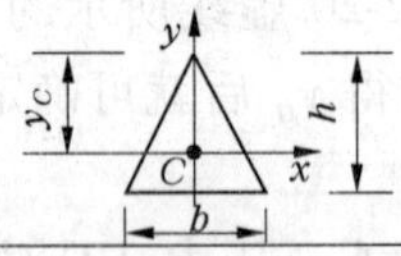	$\frac{bh}{2}$	$\frac{2h}{3}$	$\frac{bh^3}{36}$
梯 形	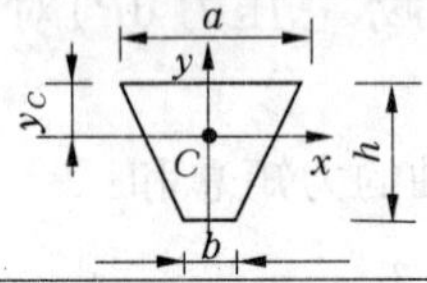	$\frac{h(a+b)}{2}$	$\frac{h}{3}(\frac{a+2b}{a+b})$	$\frac{h^3}{36}(\frac{a^2+4ab+b^2}{a+b})$
圆	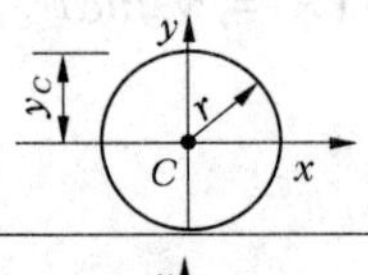	πr^2	r	$\frac{1}{4}\pi r^4$
半 圆	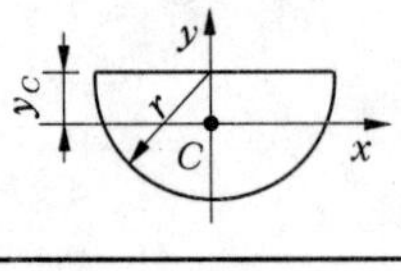	$\frac{1}{2}\pi r^2$	$\frac{4r}{3\pi} = 0.424\ 4r$	$\frac{9\pi^2-64}{72\pi} r^4 = 0.109\ 8r^4$

【例 2-12】 如图 2-20 所示，若该平面为圆形平板闸门，半径 $r = 0.5$ m，$\alpha = 45°$，闸门上边缘距水面深度为 1 m，求闸门所受静水总压力。

解 $h_C = 1 + r\sin\alpha = 1 + 0.5 \times \sin 45° = 1.35$（m）

$$P=\gamma h_C A=9.8\times1.35\times0.5^2\times3.14=10.39(\mathrm{kN})$$

$$I_C=\frac{\pi r^4}{4}=\frac{1}{4}\times3.14\times0.5^4=0.049(\mathrm{m}^4)$$

$$y_C=\frac{1}{\sin\alpha}+r=\frac{1}{\sin45°}+0.5=1.91(\mathrm{m})$$

$$y_D=y_C+\frac{I_C}{y_C A}=1.91+\frac{0.049}{1.91\times3.14\times0.5^2}=1.94(\mathrm{m})$$

第五节　作用于曲面壁上的静水总压力

一、静水总压力的两个分力

水工建筑物中常碰到受压表面为曲面的情况，如弧形闸门、拱坝坝面、闸墩及边墩等。其水压力计算归为曲面壁静水总压力的求解。因曲面上各点静水压强的方向垂直指向作用面，即曲面上各点的内法线方向，所以各点压力互不平行，求平面壁静水总压力的方法这里不再适用。因此，我们采用力学中“先分解，后合成”的原则求解静水总压力 P。

现以弧形闸门 AB 为例，讨论静水总压力计算问题，见图 2-21。

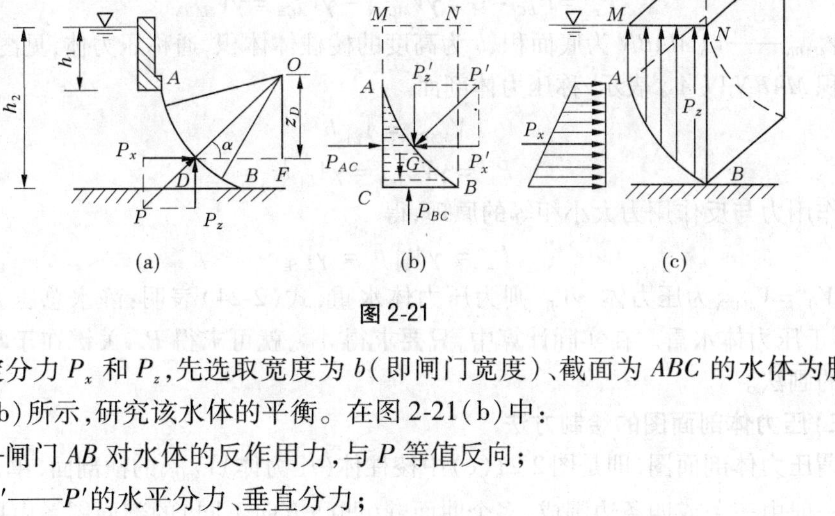

图 2-21

为确定分力 P_x 和 P_z，先选取宽度为 b（即闸门宽度）、截面为 ABC 的水体为脱离体，如图 2-21(b) 所示，研究该水体的平衡。在图 2-21(b) 中：

P'——闸门 AB 对水体的反作用力，与 P 等值反向；

P_x'、P_z'——P' 的水平分力、垂直分力；

P_{AC}、P_{BC}——作用在 AC 面、BC 面的静水总压力；

G——脱离体的水重。

（一）静水总压力的水平分力

因脱离体在水平方向是静止的，故该方向合力为 0，即

$$P_x'=P_{AC}$$

根据作用力与反作用力大小相等、方向相反的原理，闸门受到的水平分力为

$$P_x=P_x'=P_{AC}$$

上式表明：曲面壁静水总压力的水平分力 P_x 等于曲面壁上铅直投影面上的静水总压力。其铅直投影面为矩形平面，故可以按确定平面壁静水总压力的方法（如图解法）来求 P_x，即

$$P_x = \Omega b \tag{2-23}$$

式中　Ω——AB 曲面的铅垂投影面上的静水压强分布图面积；

　　b——AB 曲面的宽度。

该图中
$$P_x = \frac{1}{2}\gamma(h_2^2 - h_1^2)b$$

也可用解析法公式(2-19)求解　$P_x = p_C A$

（二）静水总压力的铅直分力

脱离体在铅直方向是静止的，故铅垂方向合力为0，即

$$P_z' = P_{BC} - G$$

P_{BC}是 BC 平面上受到的静水总压力，BC 平面是以 BC 和 b 为边长的矩形平面面积，以 A_{BC}表示，所处水深为 h_2，故其面上各点的压强都等于 γh_2。

则
$$P_{BC} = \gamma h_2 A_{BC} = \gamma V_{MCBN}$$

式中　V_{MCBN}——以 $MCBN$ 为底面积、b 为高度的棱柱体体积。

$$G = \gamma V_{ACB}$$

式中　V_{ACB}——以 ACB 为底面积、b 为高度的棱柱体体积。

$$P_z' = P_{BC} - G = \gamma V_{MCBN} - \gamma V_{ACB} = \gamma V_{MABN}$$

式中　V_{MABN}——以 $MABN$ 为底面积、b 为高度的棱柱体体积，通称压力体，见图 2-21(c)。

面积 $MABN$ 以 $A_{剖}$ 表示，称压力体剖面。

则
$$V_{MABN} = A_{剖}\, b$$

得
$$P_z' = \gamma V_{MABN} = \gamma A_{剖}\, b$$

由作用力与反作用力大小相等的原理，得

$$P_z = \gamma A_{剖}\, b = \gamma V_{压} \tag{2-24}$$

式中的 $V_{压} = V_{MABN}$为压力体，$\gamma V_{压}$ 则为压力体水重，式(2-24)表明：静水总压力的铅垂分力 P_z 等于压力体水重。在实际计算中，只要求得 $A_{剖}$，就可求得 P_z，关键在于掌握压力体剖面图的画法。

（三）压力体剖面图的绘制方法

所谓压力体剖面图，即是图 2-21(c)中棱柱体（压力体）V_{MABN}的横剖面，单个曲面壁的剖面图一般由三条或四条边围成，多个曲面壁（凹凸方向不同）的剖面图系由单个曲面壁的剖面图合成而来（面积相等、方向相反部分抵消），故关键要掌握单个曲面壁剖面图的画法。画图步骤：

第一步，画曲面线本身（指曲面壁本身的弧线）。

第二步，由曲面壁的上、下边缘（或是左右边缘）向水面线或其延长线做垂线。

第三步，由水面线或水面线的延长线将图形封闭。

第四步，压力体的方向是曲面上部受压，方向向下；下部受压，方向向上。

须指出，第二步容易出错的地方是易向地面（即向下）做垂线；正确的画法应该是向

水面或水面的延长线做垂线。

对多个凹凸面的曲面，按 P_z 方向不同，分段画，再合成。

【例 2-13】 画图 2-21(a)中 AB 曲面壁的压力体剖面图。

解 第一步，画 AB 曲面线本身。

第二步，由 A 点和 B 点向水面线的延长线做垂线。

第三步，画水面线的延长线和垂线相交于 M、N 两点。

第四步，曲面下部受压压力体方向向上。

最后，再在图形内画若干箭头，箭头方向向上，即得剖面图如图 2-21(c)所示 A_{MABN}。

为便于记忆，可以将作图四步骤总结为：第一步，画曲面；第二步，作垂线；第三步，水平封闭；第四步，判方向。

【例 2-14】 画出下列 AB 曲面壁的压力体剖面图，如图 2-22 所示。

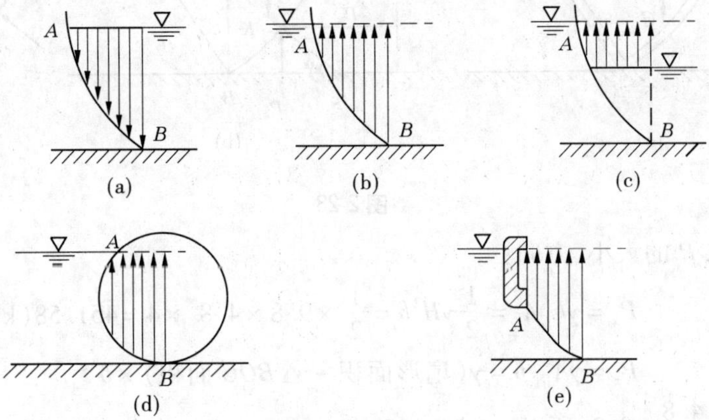

图 2-22

二、曲面壁上的静水总压力

由图 2-21(a)，根据力三角形法得总压力

$$P = \sqrt{P_x^2 + P_z^2} \tag{2-25}$$

总压力的方向为曲面的内法线方向，即通过曲面的曲率中心垂直指向受压面，与水平方向的夹角为 α(沿半径方向)：

$$\alpha = \arctan \frac{P_z}{P_x} \tag{2-26}$$

总压力作用点，是总压力作用线和曲面的交点 D。D 在铅垂方向的位置以受压曲面曲率中心至该点的铅垂距离 z_D 表示

$$z_D = R\sin\alpha \tag{2-27}$$

求总压力 P 的步骤：

(1)先画出 $A_{剖}$ 图。

(2)求 $P_x = p_C A$，$P_z = \gamma A_{剖} b$，$P = \sqrt{P_x^2 + P_z^2}$。

(3)求 $\alpha=\arctan\frac{P_z}{P_x}, z_D=R\sin\alpha$。

【例 2-15】 如图 2-23 所示弧形闸门，$R=6.0$ m，门宽 $b=4.0$ m，闸前水深 $H=4.8$ m，门轴直径 $d=16.0$ cm，闸门中心与水面同高，闸门自重 $G=294$ kN，其重心位于 $r=0.8R$ 处，用钢索提升闸门，门轴转动摩擦系数 $f=0.3$。试求：

(1)作用于弧形闸门上的静水总压力。

(2)开启闸门的提升力 T。

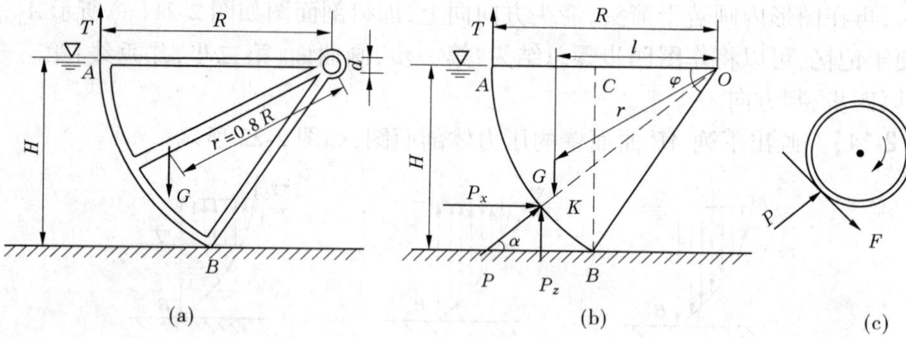

图 2-23

解 (1)求 P 的大小、方向：

水平分力 $$P_x=\gamma h_C A=\frac{1}{2}\gamma H^2 b=\frac{1}{2}\times 9.8\times 4.8^2\times 4=451.58(\text{kN})$$

铅直分力 $$P_z=\gamma A_{剖}\ b=\gamma(\text{扇形面积}-\triangle BOC\ \text{面积})\times b$$

$\sin\varphi=\frac{H}{R}=\frac{4.8}{6}=0.8$，所以 $\varphi=53.13°$

扇形面积 $=\frac{\pi R^2}{360°}\varphi=\frac{3.14\times 6^2}{360°}\times 53.13°=16.68(\text{m}^2)$

$OC=R\cos\varphi=6\times\cos 53.13°=3.6(\text{m})$

$\triangle BOC$ 面积 $=\frac{1}{2}H\times OC=1/2\times 4.8\times 3.6=8.64(\text{m}^2)$

则 $$P_z=9.8\times(16.68-8.64)\times 4=315.17(\text{kN})$$

总压力 $$P=\sqrt{P_x^2+P_z^2}=\sqrt{451.58^2+315.17^2}=550.69(\text{kN})$$

$$\alpha=\arctan\frac{P_z}{P_x}=\arctan\frac{315.17}{451.58}=34.9°$$

(2)求 T：

T 对圆心的力矩应等于重力 G 和总压力 P 对圆心的阻力矩，才可以提起闸门。

P 对轴的摩擦力矩为 $Pf\frac{\text{d}}{2}$。

重力对轴的力矩为 Gl，其中 $l=r\cos\frac{\varphi}{2}=0.8\times 6\times\cos\frac{53.13°}{2}=4.29(\text{m})$

由合力矩定理得 $$TR=Pf\frac{d}{2}+Gl$$

则 $T=\frac{Pf\frac{d}{2}+Gl}{R}=\frac{550.69\times0.3\times\frac{0.16}{2}+294\times4.29}{6}=212.4(\text{kN})$

三、浮力

图 2-24(a)中,船体浸没在水面以下的体积如图中阴影部分所示,船底为曲面,由曲面壁静水总压力的求解方法,其铅垂分力为

$$P_z=\gamma V_{压}$$

式中的 $V_{压}$ 是压力体体积,即船体浸没在水下部分的体积,则 $\gamma V_{压}$ 是船体所排开的水体重量,因 P_z 方向铅垂向上,所以通常称 P_z 为浮力。可知,物体在静止液体中所受到的浮力,等于物体所排开的液体重量。这就是阿基米德原理。对于完全浸没在水中的物体,这一原理同样适用,见图 2-24(b)。

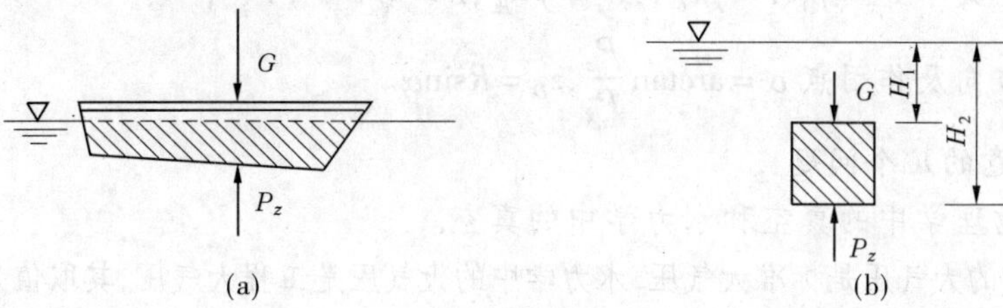

图 2-24

在图 2-24 中,物体在铅垂方向除受浮力外,还受到重力 G 的作用。当 $G>P_z$ 时,物体将下沉,一直沉到底部为止,称为沉体;当 $G=P_z$ 时,物体可以在液体中任何深度保持平衡,如图 2-24(b)所示,因可以潜没于水中,称为潜体;当 $G<P_z$ 时,物体浮在水面之上,使浮力减小到与重力相平衡,如图 2-24(a)所示,这称为浮体。

本章小结

1 应了解的概念

(1)静水压强的两个特性;

(2)静水压强方程的几何意义和物理意义;

(3)$p_{绝}$、p、$p_{真}$ 的定义及其相互关系;

(4)静水压强的三种单位。

2. 应掌握静水压强的量测(方程 $p=p_0+\gamma h$)

原理:利用等压面、静水压强方程求解压强。

步骤:

(1)取等压面;

(2)对等压面及相关测点列静水压强基本方程;

(3)利用静水压强基本方程确定的两点压强之间的关系,分别从左、右两方向等压面推算求得压强。

3. 应熟练掌握平面壁静水总压力的计算

掌握图解法(只适用矩形受压平面)和解析法(适用任意形状平面)求解平面壁静水总压力。

求 P 步骤:

(1) 画出受压平面的静水压强分布图;

(2) 图解法 $P=\Omega b$(也可用解析法 $P=\gamma h_C A$);

(3) 作用点:三角形分布图 $e=\frac{L}{3}$,梯形分布图 $e=\frac{L}{3}\frac{2h_1+h_2}{h_1+h_2}$。

4. 应熟练掌握曲面壁静水总压力的计算

求解步骤:

(1) 画出受压曲面压力体剖面图;

(2) 总压力的大小 $P_x=p_C A=\gamma h_C A$,$P_z=\gamma V_{压}$,$P=\sqrt{P_x{}^2+P_z{}^2}$;

(3) 总压力方向及作用点 $\alpha=\arctan\frac{P_z}{P_x}$,$z_D=R\sin\alpha$。

5. 本章应注意的几个问题

(1) 应区别物理学中的真空和水力学中的真空。

(2) 物理学中的大气压是标准大气压,水力学中的大气压是工程大气压,其取值是不同的。

(3) 液体的势能不仅有位置势能,还有压力势能。

(4) 测压管高度(压强水头)是 $\frac{p}{\gamma}$,它不等于测压管水头 $z+\frac{p}{\gamma}$。

(5) 要注意区分压力中心 D、受压面形心 C 和压强分布图的形心 O。

(6) 要注意区分 $P=\Omega b$ 中 Ω 是压强分布图的面积,$P=p_C A$ 中 A 是受压面的面积。

习 题

2-1 基本方程 $z+\frac{p}{\gamma}=C$ 中,压强是相对压强还是绝对压强,或二者均可,为什么?

2-2 静水压强分布图应绘成绝对压强分布图还是相对压强分布图,为什么?

2-3 使用图解法和解析法求静水总压力时,对受压平面的形状各有无限制,为什么?

2-4 "只有当受压面为水平面时,压力中心才与受压面的形心相重合"对吗? 试举例说明。

2-5 试分析图 2-25 中静水压强分布图错在哪里?

2-6 如图 2-26 所示,两种液体盛在同一容器中,且 $\gamma_1<\gamma_2$,在容器侧壁装了两根测压管,试问:①图中所标明的测压管中水位对吗? 应该哪个高,和原水面是否齐平,为什么? ②标出 1、2 点的测压管高度和测压管水头。

2-7 长为 l、宽为 b 的平板,如图 2-27 所示以四种不同位置放在静水中,试问:

(1) 图 2-27(a)、图 2-27(b) 中板上所受的静水总压力是否相等,为什么?

(2) 图 2-27(c)、图 2-27(d) 中两板上的静水总压力作用点离水面沿斜板方向的距离

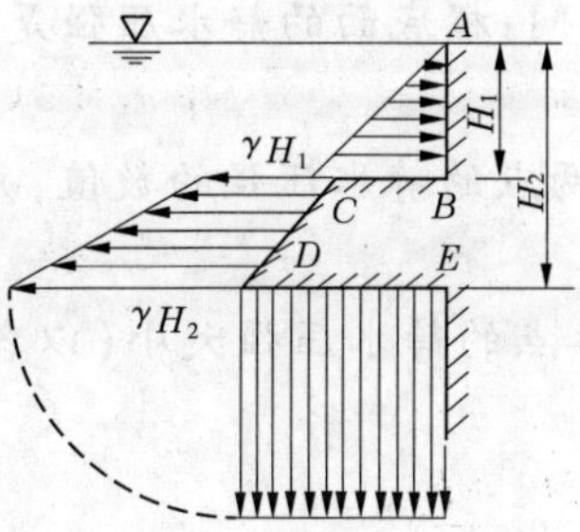

图 2-25

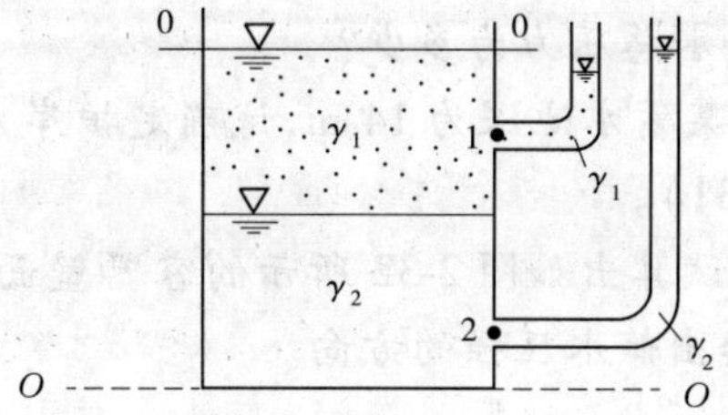

图 2-26

是否相等,为什么?

2-8 如图 2-28 所示的几个不同形状的容器,放置在桌面上,容器内的水深 h 是相等的,容器底面积 A 亦相等。问:

(1)容器底面的静水压强是否相同,静水压强的大小与容器形状有无关系?

(2)容器底面所受的静水总压力是否相等,它与容器所盛水的总重量有无关系?

(3)桌面上所受的压强与总压力和水对容器底部作用的压强与总压力是否相同?

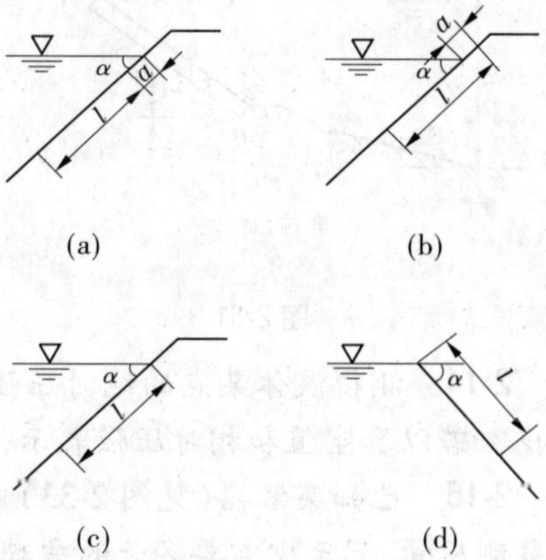

图 2-27

2-9 半径为 r 的两个半球面(若不考虑球壁厚度),在如图 2-29 所示的装置情况下,所受的铅直总压力如何求解,它们所受的铅直总压力是否相同?

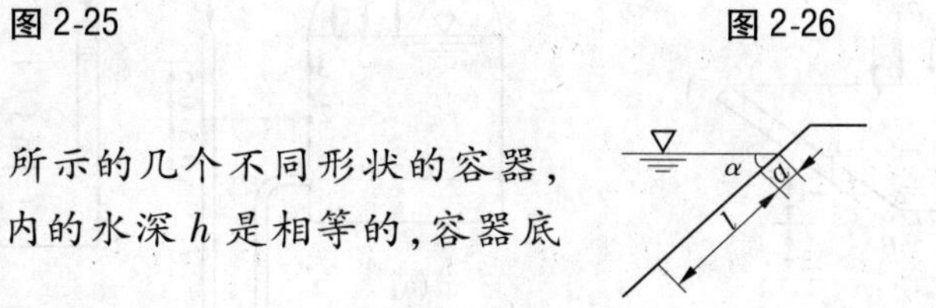

图 2-28

2-10 半径为 r 的 3 个球体,当处于图 2-30 的位置时,问所受的浮力是否相同,为什么?

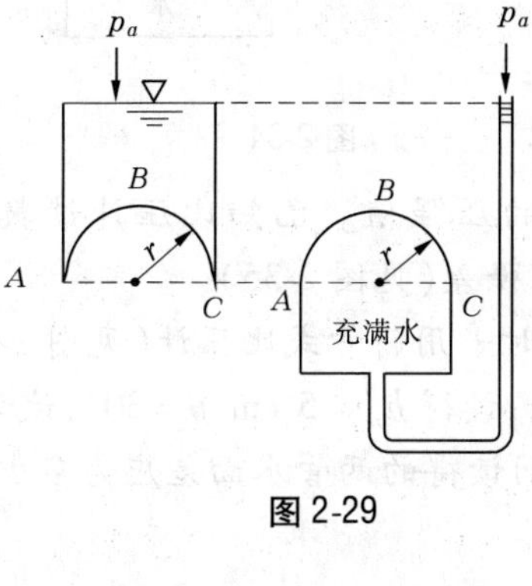

图 2-29

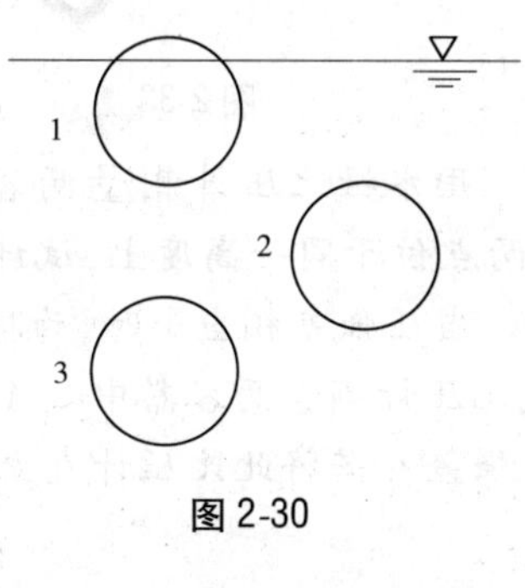

图 2-30

2-11 容器底面积为 2 m^2，当容器水深 $h=1$ m 时，问：桶底面的静水压强是多少，桶底所受的静水总压力为多少？

2-12 某蓄水池深为 14 m，试确定护岸 AB 上 1、2 两点的静水压强的数值，并绘出方向(见图 2-31)。

2-13 试算出如图 2-32 所示的容器壁面上 1～5 各点的静水压强大小(以各种单位表示)，并绘出静水压强的方向。

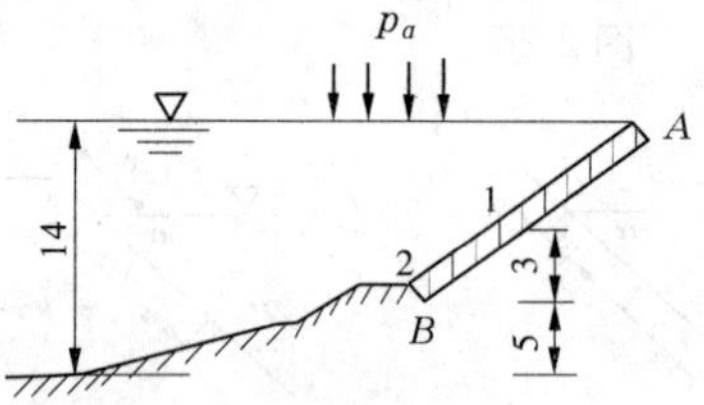

单位：m

图 2-31

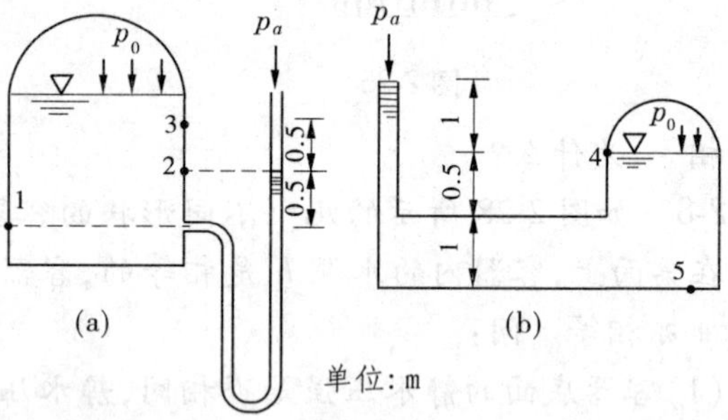

单位：m

图 2-32

2-14 测得液体某点的绝对压强为 200 mm 水银柱高，问：其绝对压强用千帕表示，为多少？若以真空值和相对压强表示，其数值为多少？

2-15 已知某容器(见图 2-33)中 A 点的相对压强为 0.8 工程大气压，设在此高度上安装测压管，问至少需要多长的玻璃管？如果改装水银测压计，问水银柱高度 h_p 为若干(已测得 $h'=0.2$ m)？

2-16 测量某容器中 A 点的压强值，如图 2-34 所示。已知：$z=1$ m，$h=2$ m，求 A 点的相对压强，并用绝对压强和真空高度(若 $p_A<p_a$ 时)表示。

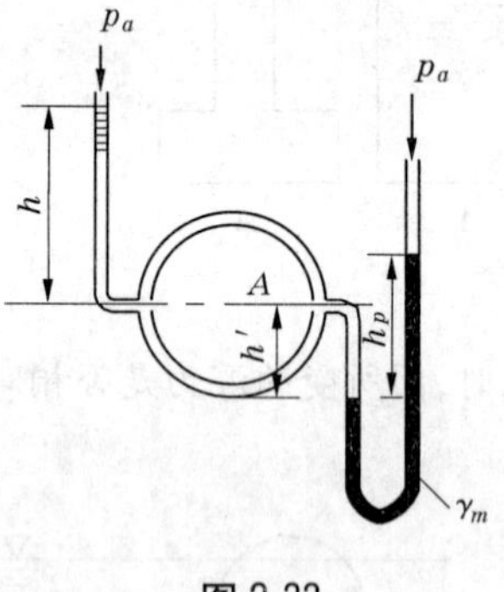

图 2-33

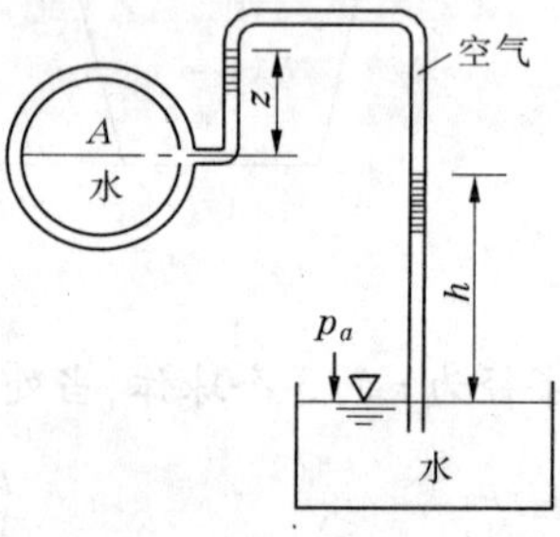

图 2-34

2-17 用水银比压计测量两容器中 1、2 两点的压强值。已知比压计读数 $h=350$ mm，1、2 两点位于同一高度上，试计算 1、2 两点的压强差(见图 2-35)。

2-18 当压强差相当小时，为提高测量精度，有时采用斜管式比压计(见图 2-36)。若用斜管式比压计测量两容器中心 A、B 两点的压强差，读得 $h_m'=5$ cm、$\theta=30°$，试计算 B、A 两点的压强差？若将此比压计直立起来($\theta=90°$)，问读得的两管水面差应为多少？

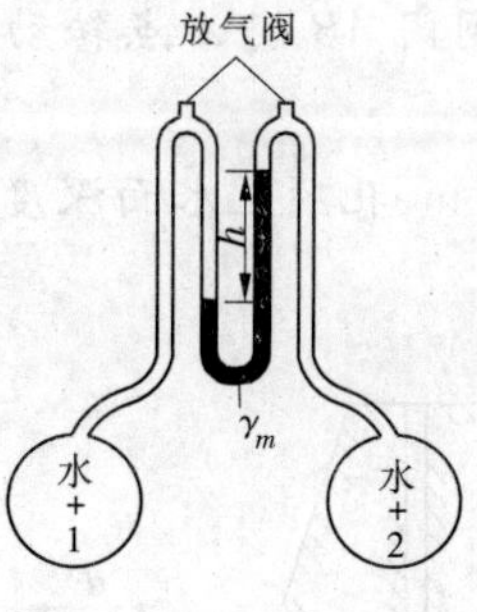

图 2-35

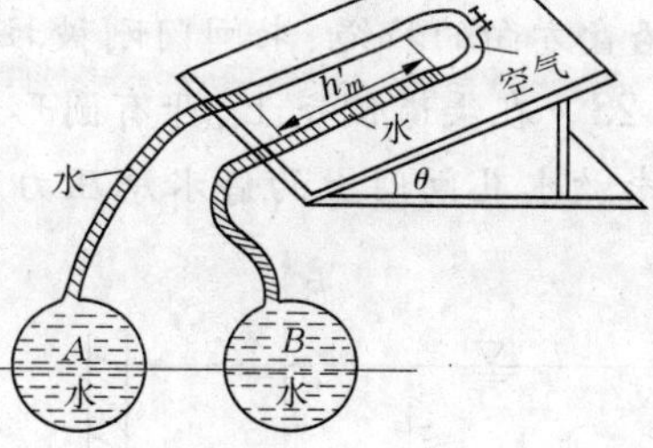

图 2-36

2-19 试绘制下列挡水面 $ABCDEF$ 上的压强分布图(见图 2-37)。

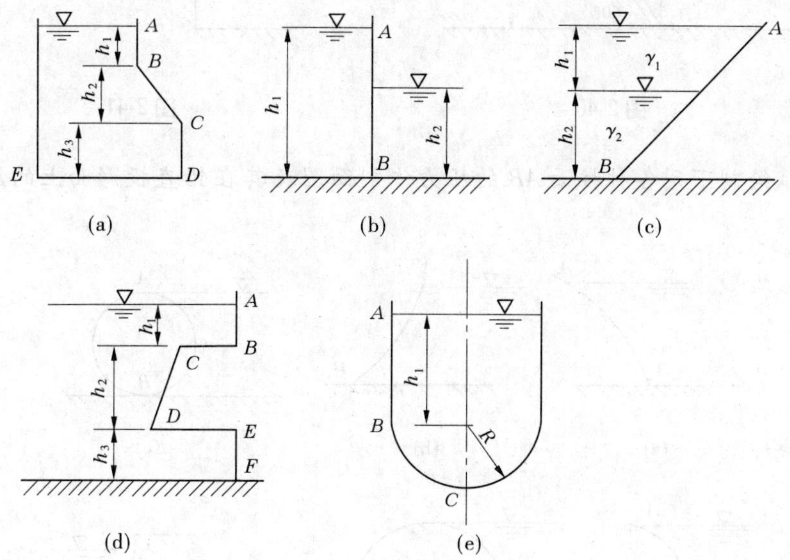

图 2-37

2-20 有一混凝土坝,坝上游水深 $h=24$ m,求每米宽坝面所受的静水总压力及压力中心(见图 2-38)。

2-21 渠道上有一平面闸门(见图 2-39),宽 $b=4.0$ m,闸门在水深 $H=2.5$ m 下工作。求当闸门斜放 $\alpha=60°$ 时受到的静水总压力、当闸门铅直时所受的静水总压力。

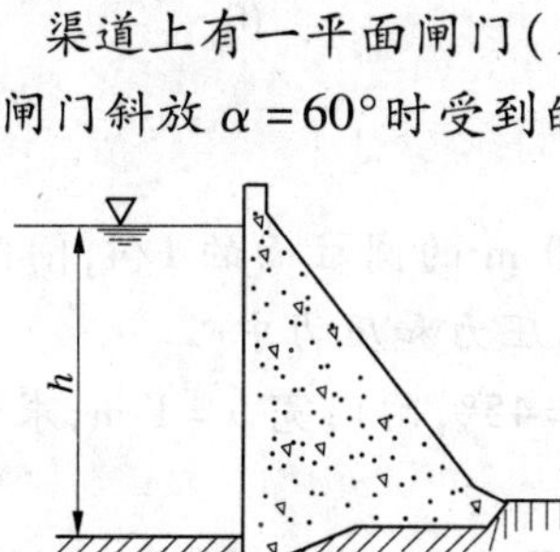

图 2-38

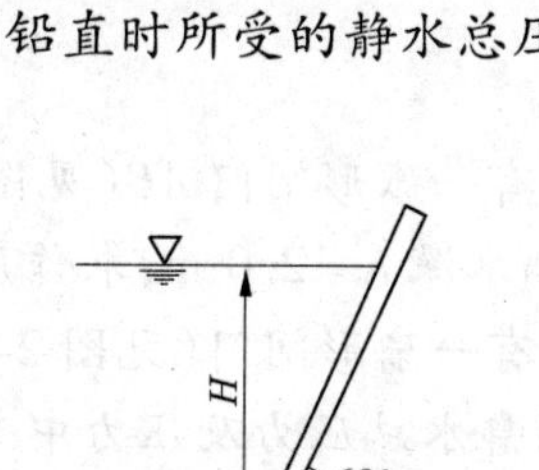

图 2-39

2-22 图 2-40 为一平板闸门,闸门宽 $b=4$ m,闸门顶部水深 $h_1=2$ m,闸门下游水面与闸门顶部同高，水深 $h_2=4$ m，闸门与水平面的夹角 $\alpha=60°$，闸门 AB 绕 A 点转动，B 点有一铅直方向的拉绳，求闸门刚被拉动时的拉力 F。

2-23　在渠道侧壁上，开有圆形放水孔，放水孔直径 $d=0.5$ m，孔顶至水面深度 $h=2$ m，试求放水孔闸门上的静水总压力及作用点位置（见图 2-41）。

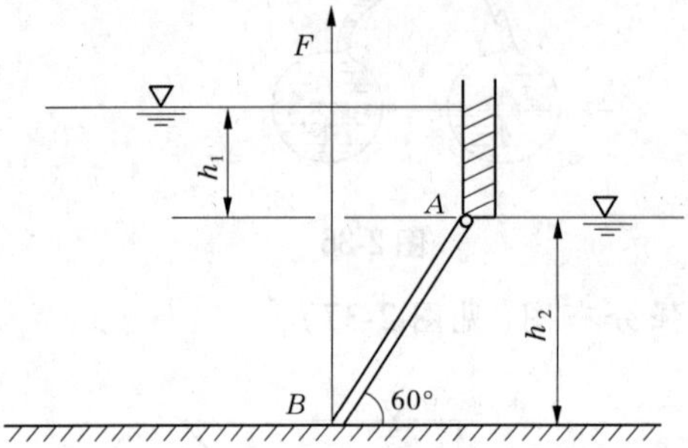

图 2-40

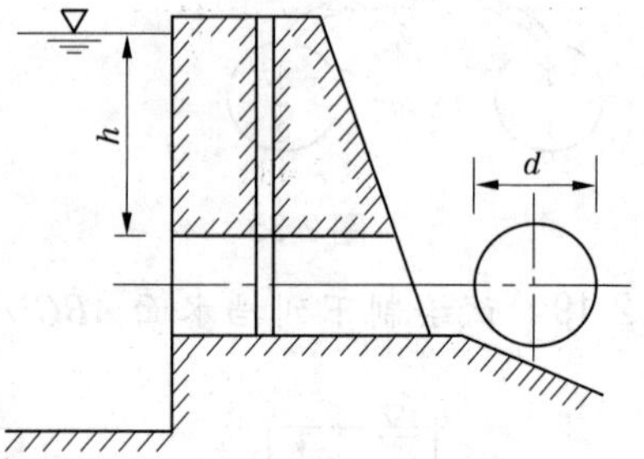

图 2-41

2-24　试绘制下列各种柱面 AB 的压力体剖面图及其在铅直投影面上的压强分布图（见图 2-42）。

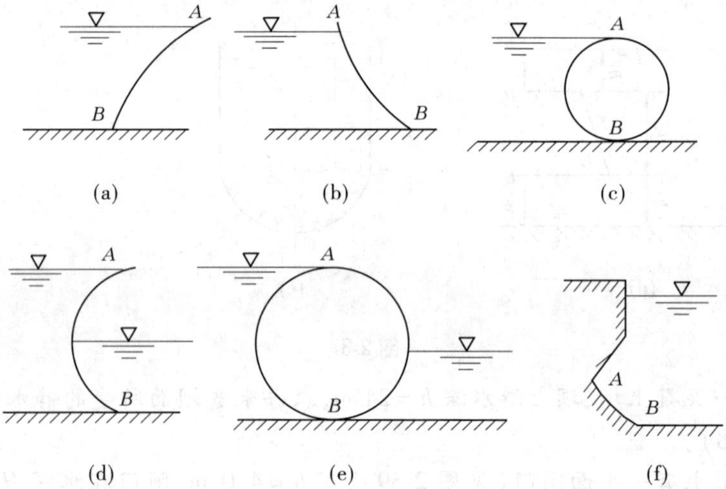

图 2-42

2-25　有一弧形闸门 AB（见图 2-43）为半径 $R=2.0$ m 的圆柱面的 1/4，闸门宽 $b=4$ m，圆柱面挡水深 $h=2.0$ m，求作用在 AB 面上的静水总压力和压力中心。

2-26　有一扇形闸门（见图 2-44），已知 $h=3$ m，$\alpha=45°$，闸门宽 $b=1$ m，求作用在扇形闸门上的静水总压力及压力中心。

2-27　某弧形闸门 AB，宽 $b=4$ m，圆心角 $\varphi=\angle AOB=45°$，半径 $R=2$ m，闸门的转轴与水面齐平（见图 2-45），求作用在闸门上的静水总压力及压力中心。

2-28　直径为 0.4 m 的圆球浮标半浮在水上，问这个圆球浮标的重量是多少？

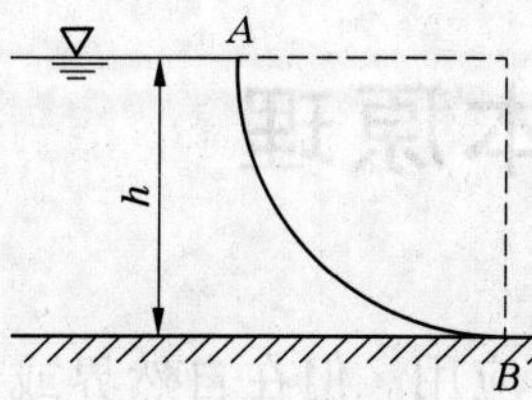

图 2-43

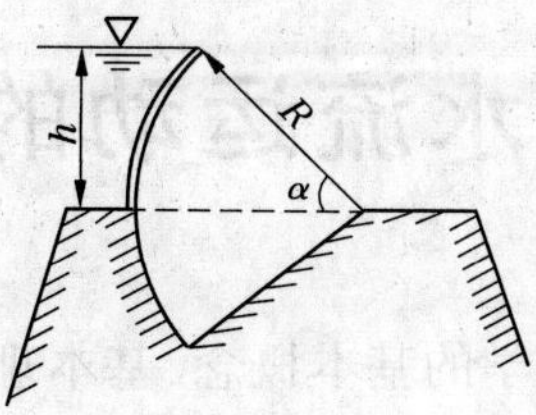

图 2-44

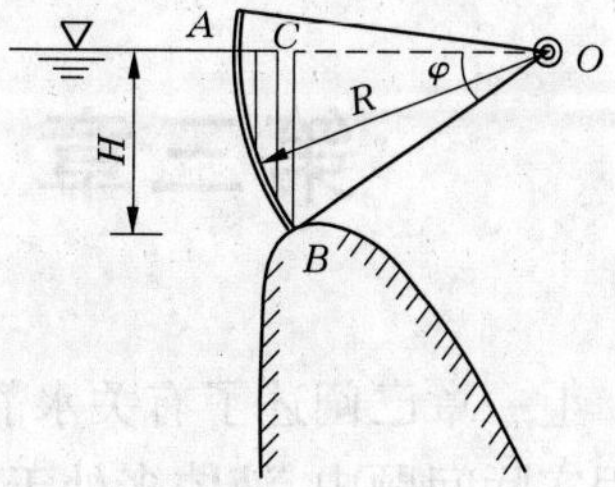

图 2-45

第三章 水流运动的基本原理

上一章已阐述了有关水静力学的基本概念、基本理论及其应用。但在自然界或许多工程实际问题中,液体多处于运动状态。因此,从本章开始将转入有关水流运动问题的讨论。

实际工程中的水流尽管千差万别,变化万千,但理论和实践都证明,它们必须遵循物质机械运动的普遍规律,如在物理学或理论力学中已学习过的质量守恒定律、动能定理和动量定理等。

本章作为水流运动问题的开端,重点介绍描述液体运动的方法和有关水流运动的基本概念,讨论并建立一元恒定流的连续性方程、能量方程、动量方程。至于如何应用这些规律解决具体边界条件特定形式的水流运动,将在以后各章中分别讨论。

本章是水力学的理论核心内容,它将为以后各章的学习打下良好的基础。

第一节 描述水流运动的两种方法

一、描述水流运动的两种方法

水流运动时,表征液体运动的各种物理量称为运动要素,常遇到的运动要素有流速、压强、加速度、切应力、液体的密度和容重等。这些运动要素一般除了与空间坐标位置 x、y、z 有关外,还需要考虑时间的影响,即

$$\left.\begin{aligned} p &= p(x,y,z,t) \\ u &= u(x,y,z,t) \\ a &= a(x,y,z,t) \end{aligned}\right\}$$

式中 t——时间;

u——液体质点流速,简称点流速;

a——液体质点加速度。

另外,液体又是由无数质点构成的连续介质的流动。因此,要想从理论上研究液体运动规律,首先要解决的问题就是用什么样的方法来描述液体的运动。

水力学中描述水流运动有两种方法,即迹线法和流线法。

(一)迹线法

这种方法就是像物理学中研究固体运动那样,把液体中各质点作为研究对象,跟踪每个质点,考察分析质点所经过的轨迹以及运动要素的变化规律,把每个液体质点的运动情况综合起来获得整个液体运动的规律。

利用迹线法研究液体运动实质上与研究一般固体力学方法相同,它着眼于液体中的各个质点,这种方法概念清晰,简单易懂。但它只适用于研究液体质点作某些有规则的运

动，如波浪运动，而对于其他形式的运动，因为液体质点的运动轨迹非常复杂，用该方法分析水流运动时，还会遇到许多较难解决的数学问题。另外，从实用上讲，大多数情况下并不需要知道各质点的来龙去脉，而仅需了解某一固定区域的流动状况，所以这种方法在水力学上一般采用的不多。而普遍采用较为简便实用的流线法。

（二）流线法

流线法是把充满液体质点的空间作为研究对象，不再跟踪每个质点，而是把注意力集中在考察分析水流中的水质点在通过固定空间点时的速度、压强的变化情况，来获得整个液体运动的规律。

由于流线法是以流动的空间作为研究对象，所以通常把液体流动所占据的空间称为流场。显然，处于运动中的全部液体质点，在同一时刻占据着流场中各自的空间点。不同的液体质点具有各自的速度、压强、密度等水力要素，所以这些水力要素是空间点位置坐标(x,y,z)的函数。对于同一空间点，不同时刻将由具有不同水力要素的液体质点所占据，所以它们也是时间 t 的函数。这样，在整个流场中，液体运动的水力要素将是空间坐标(x,y,z)和时间 t 的函数。

（三）迹线与流线

用迹线法描述液体运动，是研究个别液体质点在不同时刻的运动情况，由此引出了迹线的概念。所谓迹线就是指液体质点在运动过程中不同时刻所占据位置的连线，也就是液体质点运动的轨迹线。

用流线法描述液体运动，要考察同一时刻液体质点在不同空间点的运动情况，由此引出了流线的概念。所谓流线，就是指某一瞬时在流场中绘出的一条空间曲线，在该曲线上所有液体质点在该时刻的流速矢量都与这一曲线相切。由此可见，流线能够表示出某时刻各点的流动方向。

流线可用下述方法绘制：设想某一瞬时，在流场中任取一点 a，该液体质点的流速矢量为 u_1（见图 3-1），再在该矢量上取距点 a 很近的点 b，点 b 的流速矢量为 u_2……继续作下去，就构成一条折线 $abcde$……若折线上相邻各点的距离趋近于零，则折线 $abcde$……将成为一条曲线，此曲线即为流线。

根据流线的概念，可知流线有以下特征：

（1）流线上所有各质点的切线方向就代表了该点的流动方向。

（2）一般情况下，流线既不能相交，也不能是折线，而只能是一条连续光滑的曲线。这是因为如果有两条流线相交，则在交点处，流速就会有两个方向；如果流线为折线，则在转折点处，同样将出现有两个流动方向的矛盾现象，所以流线只能是一条光滑曲线。

（3）流线上的液体质点只能沿着流线运动。这是因为水质点的流速是与流线相切的，在流线上不可能有垂直于流线的速度分量，所以液体质点不可能有横越流线的流动。

某一瞬时，在运动液体的整个空间绘出的一系列流线所构成的图形，称为流线图，它可形象地描绘出该瞬时整个液流的流动趋势。流线图不仅能够反映空间点上液体质点的流速方向，对于不可压缩液体，流线图的疏密程度还能反映该时刻流场中各点的速度大小。流线愈密集的地方，流速愈大；流线愈稀疏的地方，流速愈小。同时，它的形状受到固体边界形状、离边界远近等因素的影响（见图 3-2）。

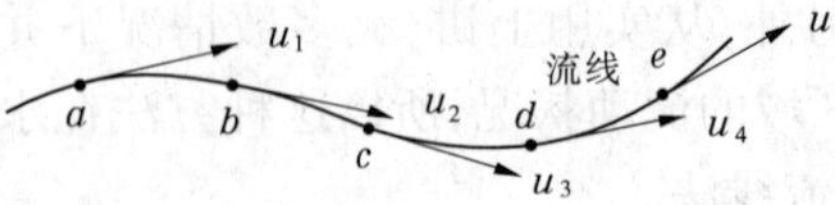

图 3-1

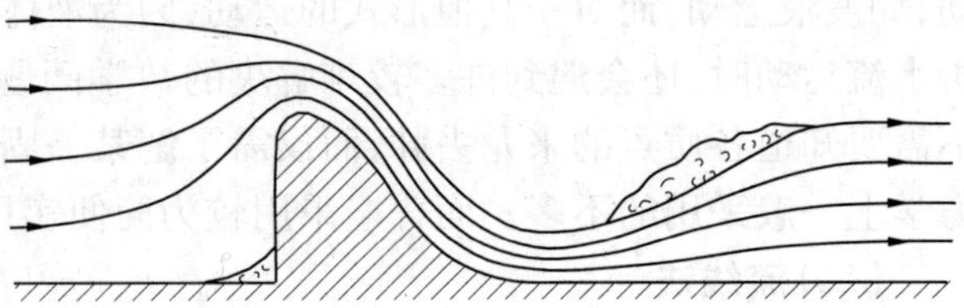

图 3-2

二、流管、微小流束、总流、过水断面

（一）流管

在流场中任取一封闭曲线，通过封闭曲线上各点画出许许多多条流线所构成的管状结构，称为流管。根据流线特征，流管内液体质点不能穿越流管壁流动。

（二）微小流束

充满以流管为边界的一束液流，称为微小流束（见图 3-3）。微小流束过水断面面积很微小，它上面各点的运动要素在同一时刻一般可认为是相等的。由于微小流束的外包面是流管，所以微小流束与束外液体无能量、质量和动量的交换。由于液体不可压缩，因此从微小流束流入和流出的质量、能量和动量应一样。

（三）总流

在已给定的流动边界内，无数微小流束的总和，称为总流。任何一个具有一定大小尺寸边界（如自来水管、渠道及天然河道）的实际液流，都是总流。

（四）过水断面

与微小流束或总流流线正交的液流横断面，称为过水断面。过水断面可为平面，也可为曲面。在流线相互平行时，过水断面为平面；否则过水断面则为曲面（见图 3-4）。

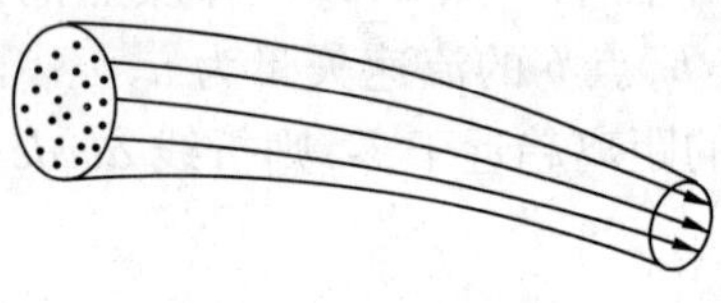

图 3-3

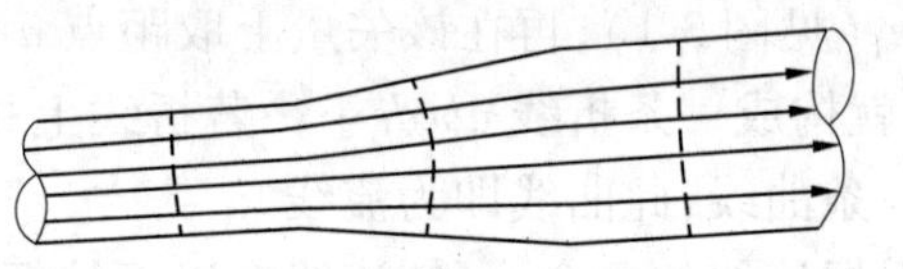

图 3-4

三、水流的运动要素

（一）流量

单位时间内通过某一过水断面的液体体积，称为流量，用 Q 表示。其单位为米^3/秒（m^3/s）或升/秒（L/s）。

假设在总流中任取一微小流束，其过水断面面积为 dA，流速为 u，则该微小流束的流量为

$$dQ = u\mathrm{d}A \tag{3-1}$$

设总流的过水断面面积为 A，则总流的流量应等于无数个微小流束的流量之和，即

$$Q = \int_Q \mathrm{d}Q = \int_A u\mathrm{d}A \tag{3-2}$$

若流速 u 在过水断面上的分布已知，则可通过积分求得通过该过水断面的流量。

(二)断面平均流速

在总流中，过水断面上各点的流速 u 一般并不一定相同，且断面流速分布不易确定。为使研究方便，实际工程中通常引入断面平均流速的概念。

设想过水断面上各点的流速都均匀分布，且等于 v(见图 3-5)，按这一流速计算所得的流量与按各点的真实流速计算所得的流量相等，则把流速 v 定义为该断面的平均流速，即

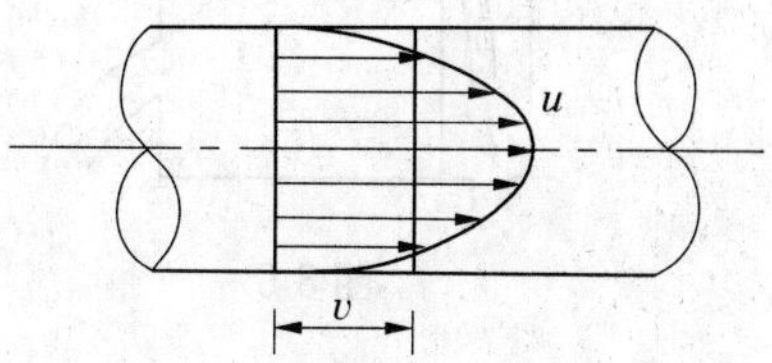

图 3-5

$$Q = \int_A u\mathrm{d}A = vA \tag{3-3}$$

所以

$$v = \frac{\int_A u\mathrm{d}A}{A} = \frac{Q}{A} \tag{3-4}$$

可见，总流的流量 Q 等于断面平均流速 v 与过水断面面积 A 的乘积。

(三)动水压强

液体运动时，液体中任意点上的压强称为动水压强。

理想液体流动时与实际液体静止时，均不产生内摩阻力。因此，其任意一点各方向的压强与受压面的方位无关。但对于实际液体的运动，由于黏滞力与压应力同时存在，此时，动水压强的大小一般将不再与作用面的方位无关，即从各方向作用于一点的动水压强并不相等。但动水在各个方向的变化受黏滞力的影响很小，而且从理论上可以证明，对于实际液体，任意一点任取彼此垂直 3 个方向上动水压强的平均值，是一个不随 3 个彼此垂直方向选取而变化的常数。通常所说的实际液体某点的动水压强，即指 3 个方向压强的平均值。

四、水流运动的类型

(一)恒定流与非恒定流

根据液流的运动要素是否随时间变化，可将液流分为恒定流与非恒定流。

液体运动时，若任何空间点上所有的运动要素都不随时间而改变，这种水流称为恒定流。换句话说，在恒定流情况下的任一空间点上，无论哪个液体质点通过，其运动要素均不随时间而变化，它只是空间坐标的连续函数。就流速和动水压强而言，可表示为

$$\left.\begin{aligned} u_x &= u_x(x,y,z) \\ u_y &= u_y(x,y,z) \\ u_z &= u_z(x,y,z) \\ p &= p(x,y,z) \end{aligned}\right\}$$

液体运动时，若任何空间点上有一运动要素随时间发生了变化，这种水流称为非恒定流。例如，在水箱侧壁上开有孔口，当箱内水面保持不变(即 H 为常数)时，孔口泄流的形

状、尺寸及运动要素均不随时间而变，这就是恒定流(见图3-6)。反之，箱中水位由H_1连续下降到H_2，此时，泄流形状、尺寸、运动要素都随时间而变化，这就是非恒定流(见图3-7)。

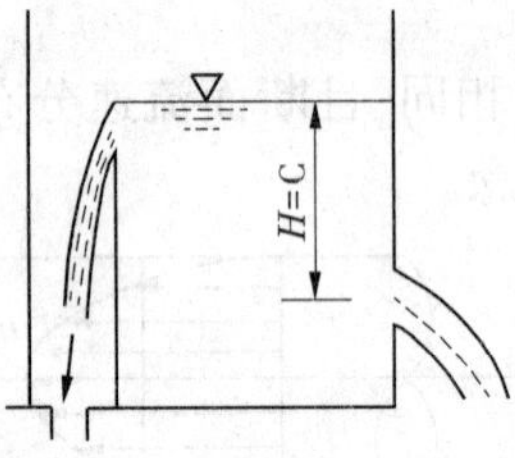

图3-6

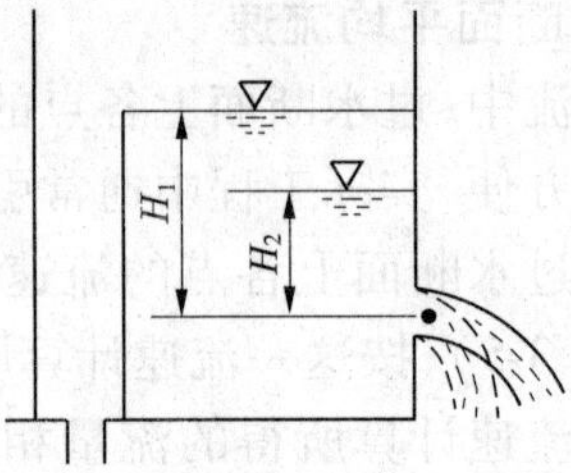

图3-7

由于恒定流时运动要素不随时间而改变，则流线形状也不随时间而变化，此时，流线与迹线重合，水流运动的分析比较简单，本章只研究恒定流。

(二)均匀流与非均匀流

在恒定流中，可根据液流的运动要素是否沿程变化，将液流分为均匀流与非均匀流。

若同一流线上液体质点流速的大小和方向均沿程不变地流动，称为均匀流。液体在直径不变的长直管中的流动，或在断面形状、尺寸沿程不变的长直渠道中的流动，均为均匀流。

在均匀流中，沿同一根流线的流速分布是均匀的，所以流线是一组互相平行的直线，此时过水断面为平面。

当液流流线上各质点的运动要素沿程发生变化，流线不是彼此平行的直线时，称为非均匀流。液体在收缩管、扩散管或弯管中的流动，以及液体在断面形状、尺寸改变的渠道中的流动，均为非均匀流。

(三)渐变流与急变流

在非均匀流中，根据流线的不平行程度和弯曲程度，可将其分为渐变流与急变流。渐变流是指流线接近于平行直线的流动(见图3-8)。此时，各流线的曲率很小(即曲率半径R较大)，流线间的夹角也很小，它的极限情况就是流线为平行直线的均匀流。

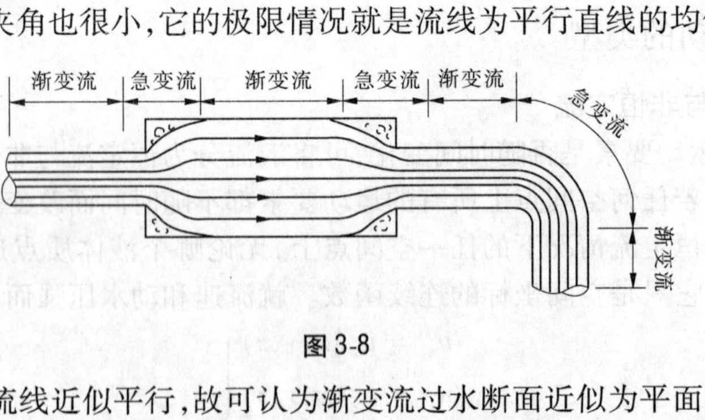

图3-8

由于渐变流中流线近似平行，故可认为渐变流过水断面近似为平面。

急变流是指流线的曲率较大，流线之间的夹角也较大的流动。此时，流线已不再是一组平行的直线，因此过水断面为曲面。管道转弯、断面扩大或收缩使水面发生急剧变化处的水流，均为急变流。

（四）有压流、无压流、射流

根据液流在流动过程中有无自由表面，可将其分为有压流与无压流。

液体沿流程整个周界都与固体壁面接触，而无自由表面的流动称为有压流。它主要是依靠压力作用而流动，其过水断面上任意一点的动水压强一般与大气压强不等。例如，自来水管和有压涵管中的水流，均为有压流。

若液体沿流程一部分周界与固体壁面接触，另一部分与空气接触，具有自由表面的流动，称为无压流。它主要是依靠重力作用而流动，因无压流液面与大气相通，故又可称为重力流或明渠流。例如，河渠中的水流和无压涵管中的水流，均为无压流。

水流从管道末端的喷嘴流出，射向某一固体壁面的流动，称为射流。射流四周均与大气相接触。

（五）一元流、二元流、三元流

在工程实际中，实际水流的运动一般极为复杂，它的运动要素是空间位置坐标和时间的函数（对于恒定流，则仅是空间位置坐标的函数）。根据液流运动要素依据空间自变量的个数，可将液流分为一元流、二元流和三元流。

如果水流运动要素只与一个空间自变量有关，这种水流称为一元流。例如，微小流束，因它的运动要素只与流程坐标有关，故微小流束为一元流。对于总流，严格地讲，都不是一元流，但若把过水断面上与点的坐标有关的运动要素（如流速、压强等）进行断面平均，如用断面平均流速去代替过水断面上各点的流速，这时总流也可视为一元流。

如果水流运动要素与两个空间自变量有关，这种水流称为二元流。例如一矩形断面的顺直明渠，当渠底宽很大，两侧边界影响可忽略不计时，其运动要素（如点流速）仅在沿程方向和水深方向变化。

如果水流运动要素与三个空间自变量有关，这种水流称为三元流。严格地讲，任何实际水流都是三元流，如天然河道以及断面形状、尺寸沿程变化的人工渠道中的水流。

从理论上讲，只有按三元流来分析水流现象才符合实际，但此时水力计算较为复杂，难以求解。因而在实际工程中，常结合具体水流运动特点，采用各种平均方法（如最常见的断面平均法），将三元流简化为一元流或二元流，由此而引起的误差，可通过修正系数来加以校正。

第二节　恒定总流连续性方程

水流运动和其他物质运动一样，也必须遵循质量守恒定律。恒定流连续性方程，实质上就是质量守恒定律在水流运动中的具体体现。

在恒定流中任取一段微小流束作为研究对象（见图3-9），设断面1—1过水断面面积为 $\mathrm{d}A_1$，流速为 u_1，断面2—2过水断面面积为 $\mathrm{d}A_2$，流速为 u_2。考虑到：

（1）在恒定流条件下，微小流束的形状与位置不随时间而改变。

（2）液体一般可视为不可压缩的连续介质，其密度为常数。

（3）液体质点不可能从微小流束的侧壁流入或流出。

这样，根据质量守恒定律，在 $\mathrm{d}t$ 时段内，流入断面1—1的水体的质量应等于流出断

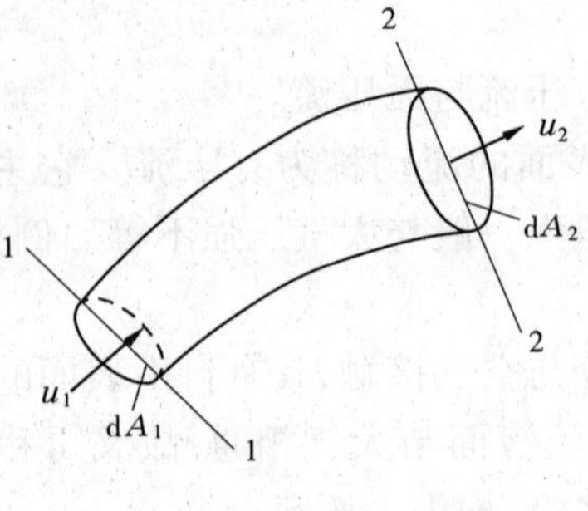

图 3-9

面2—2的水体的质量，即

$$\rho u_1 dA_1 dt = \rho u_2 dA_2 dt$$

消去 ρdt 得 $u_1 dA_1 = u_2 dA_2$

或 $$u_1 dA_1 = u_2 dA_2 = dQ = 常数 \tag{3-5}$$

式(3-5)为恒定流微小流束的连续性方程。

总流是无数个微小流束的总和，将微小流束的连续性方程在总流过水断面上积分，便可得到总流的连续性方程，即

$$\int_Q dQ = \int_{A_1} u_1 dA_1 = \int_{A_2} u_2 dA_2$$

引入断面平均流速后成为

$$Q = v_1 A_1 = v_2 A_2 = 常数 \tag{3-6}$$

或 $$\frac{v_2}{v_1} = \frac{A_1}{A_2} \tag{3-7}$$

式(3-7)即为恒定总流的连续性方程。式中的 v_1 与 v_2 分别表示过水断面 A_1 及 A_2 的断面平均流速。连续性方程表明：

(1)对于不可压缩的恒定总流，流量沿程不变。

(2)如果断面沿流程变化，则任意两个过水断面的平均流速的大小与过水断面面积成反比。断面大的地方流速小，断面小的地方流速大。

上述总流的连续性方程是在流量沿程不变的条件下建立的，若沿程有流量汇入或分出，则连续性方程在形式上需作相应的变化。当有流量汇入时(见图 3-10)，其连续性方程为

$$Q_1 + Q_3 = Q_2 \tag{3-8}$$

当有流量分出时(见图 3-11)，其连续性方程为

$$Q_1 = Q_2 + Q_3 \tag{3-9}$$

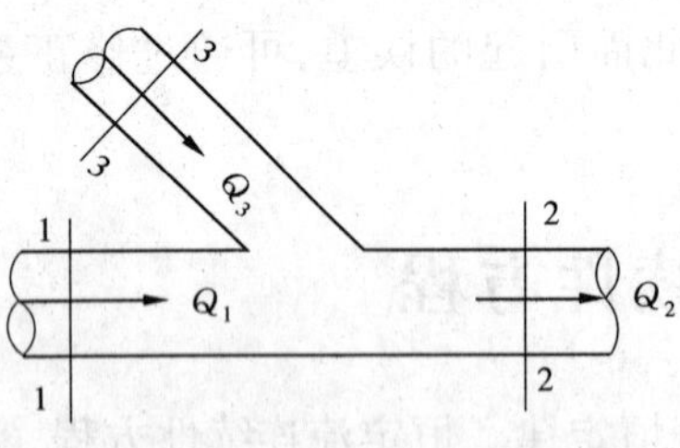

图 3-10

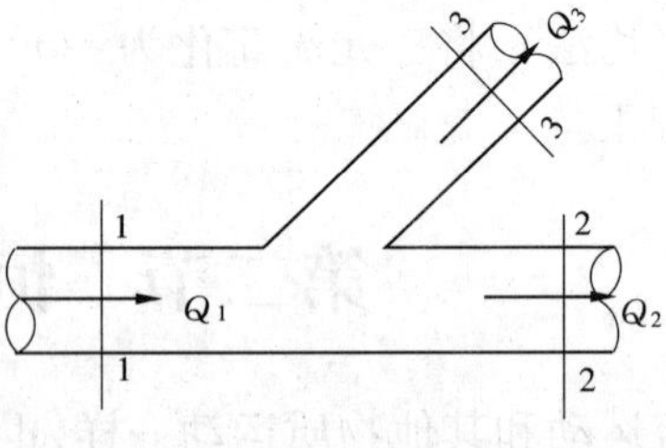

图 3-11

【例 3-1】 有一变直径圆管(见图 3-12)，已知断面 1—1 直径 $d_1 = 200$ mm，断面平均流速 $v_1 = 0.5$ m/s；断面 2—2 直径 $d_2 = 100$ mm。试求：

(1)断面 2—2 的断面平均流速 v_2；

(2)管中流量 Q。

解 (1)求流速 v_2：

根据恒定总流连续性方程

$$v_1A_1 = v_2A_2$$

而 $$A_1 = \frac{\pi}{4}d_1^2 \qquad A_2 = \frac{\pi}{4}d_2^2$$

于是 $$v_2 = v_1\frac{d_1^2}{d_2^2} = 0.5 \times (\frac{0.2}{0.1})^2 = 2(\text{m/s})$$

（2）求管中流量：

$$Q = v_1A_1 = v_1 \times \frac{\pi}{4}d_1^2 = 0.5 \times \frac{3.14}{4} \times 0.2^2 = 0.015\,7(\text{m}^3/\text{s})$$

【例 3-2】 一分岔管路（见图 3-13），已知管径 $d_1 = d_2 = 200$ mm，$d_3 = 100$ mm，断面平均流速 $v_1 = 4$ m/s，$v_2 = 3$ m/s，试求断面平均流速 v_3。

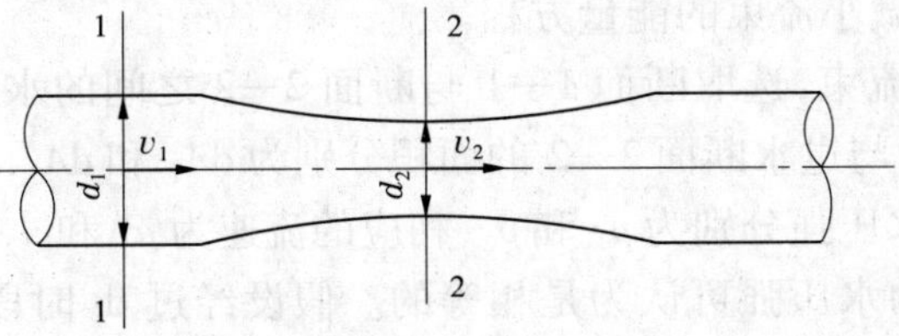

图 3-12

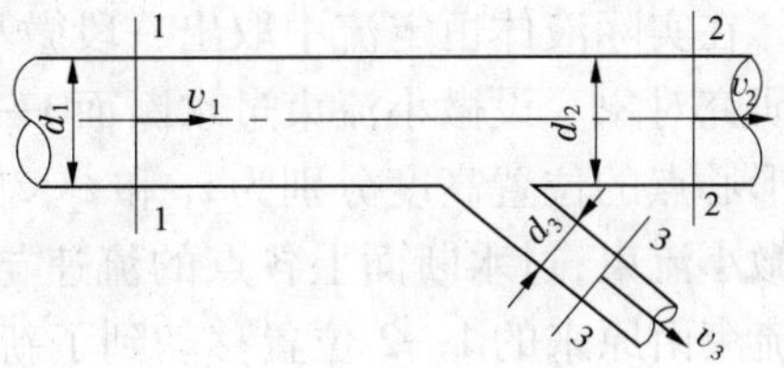

图 3-13

解 根据连续性方程：

$$Q_1 = Q_2 + Q_3$$

即 $$v_1A_1 = v_2A_2 + v_3A_3$$

其中 $$Q_1 = v_1A_1 = v_1\frac{\pi d_1^2}{4} = 4 \times \frac{3.14 \times 0.2^2}{4} = 0.125\,6(\text{m}^3/\text{s})$$

$$Q_2 = v_2A_2 = v_2\frac{\pi d_2^2}{4} = 3 \times \frac{3.14 \times 0.2^2}{4} = 0.094\,2(\text{m}^3/\text{s})$$

$$A_3 = \frac{\pi d_3^2}{4} = \frac{3.14 \times 0.1^2}{4} = 0.007\,85(\text{m}^3)$$

$$v_3 = \frac{v_1A_1 - v_2A_2}{A_3} = \frac{0.125\,6 - 0.094\,2}{0.007\,85} = 4(\text{m/s})$$

第三节 恒定总流的能量方程

恒定流的连续性方程虽然揭示了液流断面平均流速与过水断面面积之间的关系，但却不能解决工程实际中常涉及到的作用力和能量问题。为此，还需进一步研究液体运动所遵循的其他规律。恒定流的能量方程就是应用能量转化与守恒原理，分析液体运动时动能、压能和位能三者之间的相互关系。它为解决实际工程的水力计算问题奠定了理论基础。

一、微小流束的能量方程

由物理学动能定理可知:运动液体动能的增量,等于同一时段内作用于运动液体上各外力对液体作功的代数和,即

$$\sum M = \frac{1}{2}mu_2^2 - \frac{1}{2}mu_1^2$$

式中 $\sum M$——所有外力对物体作功的总和;

u_1——物体处于起始位置时的速度;

u_2——在外力作用下,物体运动到新位置时的速度;

m——运动物体的质量。

下面就根据动能定理来分析恒定流微小流束的能量方程。

在实际液体恒定流中取出一段微小流束,选取断面 1—1 与断面 2—2 之间的水体作为研究对象。设微小流束过水断面 1—1 与过水断面 2—2 的面积分别为 dA_1 和 dA_2,其断面形心点的位置高度分别为 z_1 和 z_2,动水压强分别为 p_1 和 p_2,相应的流速为 u_1 和 u_2。对于微小流束,过水断面上各点的流速与动水压强可认为是相等的。假设经过 dt 时段,微小流束由原来的 1—2 位置移动到了新的位置 1′—2′,则断面 1—1 与断面 2—2 所移动的距离分别为

$$dl_1 = u_1 dt \qquad dl_2 = u_2 dt$$

由图 3-14 可见,1′—2 是 dt 时段内运动液体始末共有流段,这段微小流束水体虽有液体质点的流动和替换,但由于所选取的微小流束为恒定流,1′—2 段水体的形状、体积和位置都不随时间发生变化。所以,要研究微小流束从 1—2 位置移动到 1′—2′位置时,只需研究微小流束从 1—1′段移动到 2—2′位置的运动就可以了。

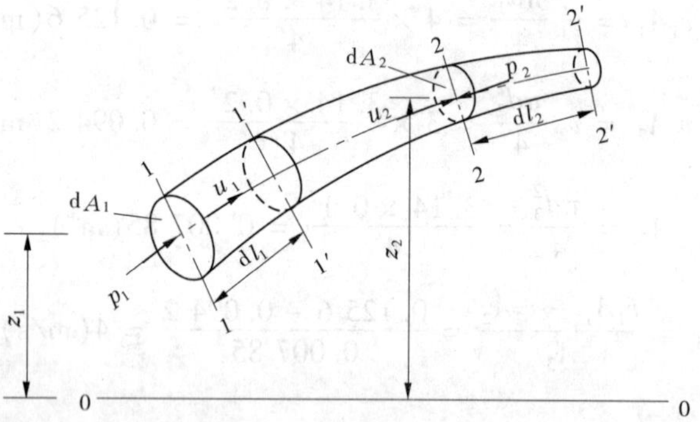

图 3-14

(一)动能的增量

在恒定流条件下,共有流段 1′—2 的质量和各点的流速不随时间而变,因而其动能也不随时间变化,所以微小流束段动能的增量就等于流段 2—2′段动能与 1—1′段动能之差。

根据质量守恒原理,流段 2—2′与 1—1′的质量相等,即 $m = \rho dV = \rho dQ dt = \frac{\gamma}{g} dQ dt$,于是动能的增量可表示为

$$\frac{1}{2}mu_2^2-\frac{1}{2}mu_1^2=\frac{\gamma \mathrm{d}Q\mathrm{d}t}{2g}(u_2^2-u_1^2)=\gamma \mathrm{d}Q\mathrm{d}t(\frac{u_2^2}{2g}-\frac{u_1^2}{2g})$$

(二)外力作功

对微小流束作功的力有动水压力、重力和微小流束在运动过程中所受到的摩擦阻力。

1. 压力作功

作用于微小流束上的动水压力有两端断面上的动水压力和微小流束侧表面上的动水压力。由于微小流束侧表面上的动水压力与水流运动方向垂直,故不作功。

作用于过水断面 1—1 上的动水压力 $p_1\mathrm{d}A_1$ 与水流运动方向相同,故为正功;作用于过水断面 2—2 上的动水压力 $p_2\mathrm{d}A_2$ 与水流运动方向相反,故为负功。于是压力所作的功为

$$p_1\mathrm{d}A_1\mathrm{d}l_1-p_2\mathrm{d}A_2\mathrm{d}l_2=p_1\mathrm{d}A_1u_1\mathrm{d}t-p_2\mathrm{d}A_2u_2\mathrm{d}t=\mathrm{d}Q\mathrm{d}t(p_1-p_2)$$

2. 重力作功

微小流束段 1—1′和 2—2′的位置高度差为(z_1-z_2),重力对共有段 1′—2 不作功。于是液体从 1—1′移动到 2—2′时重力所作的功为

$$\mathrm{d}G(z_1-z_2)=\gamma \mathrm{d}V(z_1-z_2)=\gamma \mathrm{d}Q\mathrm{d}t(z_1-z_2)$$

3. 阻力作功

对于实际液体,由于黏滞性的存在,液体运动时必须克服内摩擦阻力,消耗一定的能量,故阻力所作的功为负功。设阻力对单位重量液体所作的功为 h'_w,则对于所研究的微小流束由 1—1′位置移动到 2—2′位置,阻力所作的功为

$$-\gamma \mathrm{d}Q\mathrm{d}th'_w$$

所以,外力对微小流束所作的功,应为以上三项外力作功的代数和,即

$$\gamma \mathrm{d}Q\mathrm{d}t(z_1-z_2)+\mathrm{d}Q\mathrm{d}t(p_1-p_2)-\gamma \mathrm{d}Q\mathrm{d}th'_w$$

根据动能定理,则有:

$$\gamma \mathrm{d}Q\mathrm{d}t(z_1-z_2)+\mathrm{d}Q\mathrm{d}t(p_1-p_2)-\gamma \mathrm{d}Q\mathrm{d}th'_w=\gamma \mathrm{d}Q\mathrm{d}t(\frac{u_2^2}{2g}-\frac{u_1^2}{2g})$$

将以上各项同时除以 $\gamma \mathrm{d}Q\mathrm{d}t$,得单位重量液体功和能之间的关系式:

$$z_1-z_2+\frac{p_1}{\gamma}-\frac{p_2}{\gamma}-h'_w=\frac{u_2^2}{2g}-\frac{u_1^2}{2g}$$

整理得

$$z_1+\frac{p_1}{\gamma}+\frac{u_1^2}{2g}=z_2+\frac{p_2}{\gamma}+\frac{u_2^2}{2g}+h'_w \tag{3-10}$$

这就是恒定流微小流束的能量方程,该式是由瑞士的物理学家和数学家伯诺里在 1738 年首次推导出来的,故又称为恒定流微小流束的伯诺里方程。

二、动水压强的分布规律

一般情况下,实际液体中某点的动水压强与受压面方向有关,过水断面动水压强的分布规律与静水压强的分布规律也有所不同,但在某些特殊情况下,如均匀流和渐变流中却可以认为动水压强具有与静水压强同样的特性,实际液体中某点的动水压强与受压面方

向无关,且过水断面上动水压强的分布符合静水压强直线分布规律。

(一)均匀流中过水断面上的动水压强分布规律

对均匀流,流线为一组平行直线,因而过水断面为平面。在均匀流过水断面 $n—n$ 上任意两相邻流线间取一长为 $\mathrm{d}l$,高为 $\mathrm{d}z$,底面积为 $\mathrm{d}A$,与铅垂方向夹角为 θ 的微小柱体(见图 3-15),设该微小柱体两端面形心点处的动水压强分别为 p 与 $p+\mathrm{d}p$。下面分析沿 $n—n$ 轴向作用于微小柱体上的力。

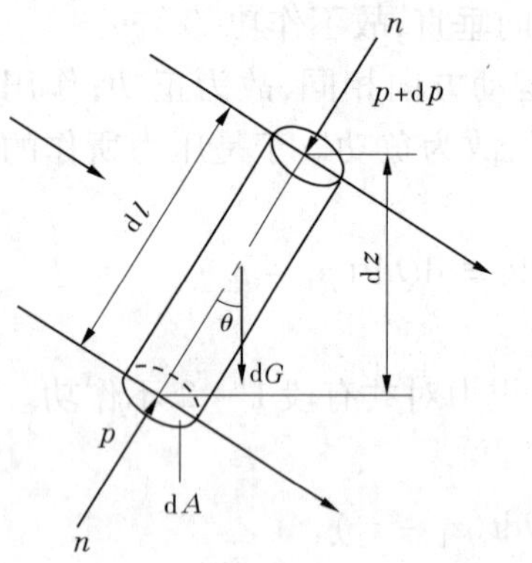

图 3-15

(1)柱体两端面上的动水压力分别为 $p\mathrm{d}A$ 和 $(p+\mathrm{d}p)\mathrm{d}A$;

(2)柱体自重沿 $n—n$ 方向的分力为

$$\mathrm{d}G\cos\theta = \gamma \mathrm{d}l\mathrm{d}A\cos\theta = \gamma \mathrm{d}A\mathrm{d}z$$

(3)柱体侧面上的动水压力以及水流的内摩擦力均与轴线 $n—n$ 正交,故沿 $n—n$ 方向投影为零;

(4)均匀流中流速沿程不变,流线为平行直线,柱体在 $n—n$ 方向所受的惯性力为零。由 $n—n$ 轴向力的平衡方程,得

$$p\mathrm{d}A - (p+\mathrm{d}p)\mathrm{d}A - \gamma \mathrm{d}A\mathrm{d}z = 0$$

化简后得

$$\gamma \mathrm{d}z + \mathrm{d}p = 0$$

积分后得

$$z + \frac{p}{\gamma} = \mathrm{C} \tag{3-11}$$

式(3-11)表明,均匀流过水断面上的动水压强分布规律与静水压强分布规律相同,即在同一过水断面上各点相对于同一基准面的测压管水头(或单位势能)为一常数,例如图 3-16中,同一过水断面 1—1 上 d、e、f 三点相对于同一 0—0 基准面,单位势能都为 C_1,断面 2—2 上 g、h、l 三点相对于 0—0 断面,单位势能都为 C_2。但是应该注意,对于不同的过水断面 1—1 和 2—2 而言,测压管水头是不相同的,即 $\mathrm{C}_1 \neq \mathrm{C}_2$。

(二)渐变流段内过水断面上的动水压强分布规律

对于渐变流,由于流线间的夹角很小,流线近似成平行直线,沿 $n—n$ 轴向的加速度近似为零,惯性力的影响可忽略,此时沿渐变流过水断面仅有压力和重力的作用,这与液体静止时和均匀流时的受力情况完全一致。因此,可以认为渐变流断面上各点的动水压强也符合静水压强分布规律,或同一过水断面上各点的测压管水头(单位势能)为一常数。

但应注意,上述关于均匀流或渐变流过水断面上动水压强分布规律的结论,只适用于有一定固体边界约束(如管壁和渠壁)的水流。当液体从管道末端流入大气时,出口附近的液流也符合均匀流或渐变流的条件(见图 3-17),但因该断面周界均与大气相通,断面周界上各点的动水压强为零,因而此种情况下过水断面上的动水压强分布不符合静水压强分布规律。

(三)急变流段内动水压强的分布规律

在急变流中,因流线的曲率较大,液体质点作曲线运动而产生的离心惯性力的影响已不能忽略。因此,过水断面上动水压强的分布规律将不再服从静水压强分布规律。

对于一上凸曲面边界的急变流(见图 3-18),因离心力的方向与重力方向相反,因而

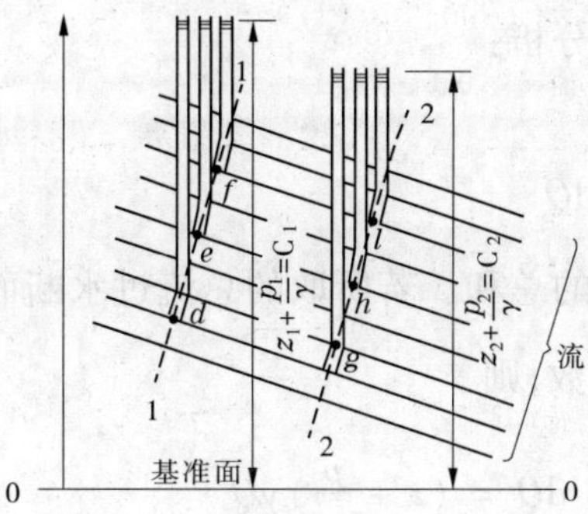

图 3-16

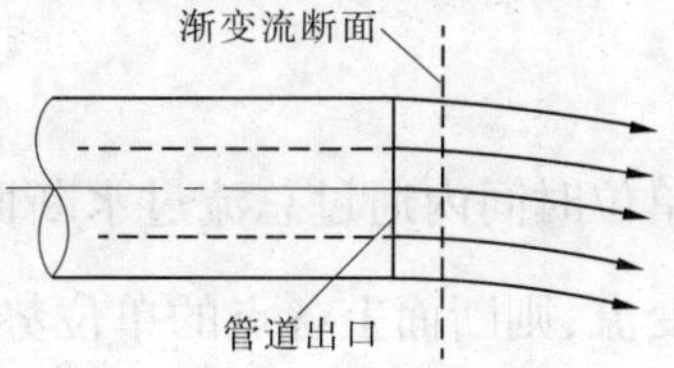

图 3-17

使过水断面上的动水压强比相同水深的静水压强小。反之,对于一下凹曲面边界的急变流(见图 3-19),因离心力的方向与重力方向相同,因而使过水断面上的动水压强比相同水深的静水压强大。图 3-18 与图 3-19 中的虚线部分均表示静水压强分布,实线部分均表示实际的动水压强分布。

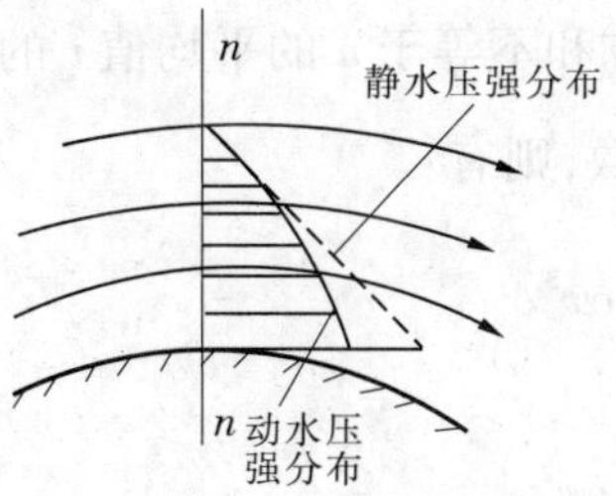

图 3-18

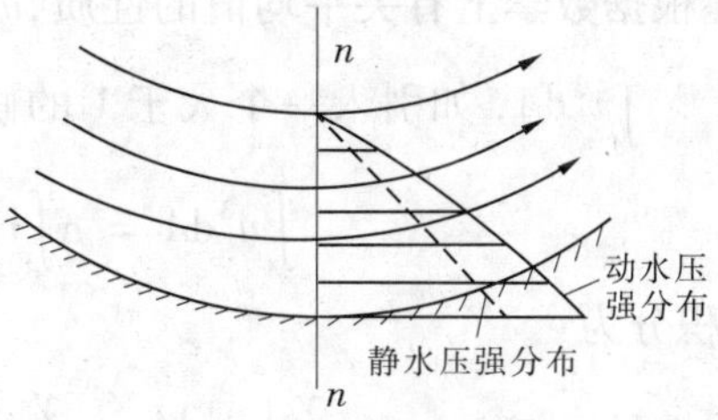

图 3-19

三、恒定总流的能量方程

微小流束的能量方程只能反映微小流束内部或边界上各点的流速和压强的变化,为了解决工程实际问题,还需将微小流束的能量方程加以推广,得出恒定总流的能量方程。

微小流束能量方程中的各项,表示过水断面 dA 上单位重量液体所具有的能量。将式(3-10)两边同乘以单位时间内通过微小流束液体的重量 γdQ,可得

$$\left(z_1+\frac{p_1}{\gamma}+\frac{u_1^2}{2g}\right)\gamma\mathrm{d}Q=\left(z_2+\frac{p_2}{\gamma}+\frac{u_2^2}{2g}+h'_w\right)\gamma\mathrm{d}Q \tag{3-12}$$

如对式(3-12)进行积分,就可得到单位时间内通过总流两过水断面的总能量之间的关系式为

$$\int_Q\left(z_1+\frac{p_1}{\gamma}+\frac{u_1^2}{2g}\right)\gamma\mathrm{d}Q=\int_Q\left(z_2+\frac{p_2}{\gamma}+\frac{u_2^2}{2g}+h'_w\right)\gamma\mathrm{d}Q$$

上式可变为

$$\gamma\int_Q\left(z_1+\frac{p_1}{\gamma}\right)\mathrm{d}Q+\gamma\int_Q\frac{u_1^2}{2g}\mathrm{d}Q=\gamma\int_Q\left(z_2+\frac{p_2}{\gamma}\right)\mathrm{d}Q+\gamma\int_Q\frac{u_2^2}{2g}\mathrm{d}Q+\gamma\int_Q h'_w\mathrm{d}Q \tag{a}$$

由上式可见，共有 3 种形式积分，现分别加以分析：

（1）势能类积分：

$$\gamma\int_Q (z + \frac{p}{\gamma})\mathrm{d}Q$$

它表示单位时间内通过总流过水断面的液体势能的总和。若所取的总流过水断面为均匀流或渐变流，则断面上各点的单位势能 $z + \frac{p}{\gamma}$ = 常数，则

$$\gamma\int_Q (z + \frac{p}{\gamma})\mathrm{d}Q = \gamma(z + \frac{p}{\gamma})\int_Q \mathrm{d}Q = (z + \frac{p}{\gamma})\gamma Q$$

（2）动能类积分：

$$\gamma\int_Q \frac{u^2}{2g}\mathrm{d}Q = \gamma\int_A \frac{u^2}{2g}u\mathrm{d}A = \frac{\gamma}{2g}\int_A u^3\mathrm{d}A \tag{b}$$

它表示单位时间内通过总流过水断面动能的总和。一般情况下，总流过水断面上各点的流速是不相等的，且分布规律不易确定，所以直接积分该项较困难。这时，可考虑用断面平均流速代替断面上各点的流速 u 来表示动能，即用$\frac{\gamma}{2g}\int_A v^3\mathrm{d}A$ 来代替$\frac{\gamma}{2g}\int_A u^3\mathrm{d}A$，但二者实际并不相等。根据数学上有关平均值的性质，u 的立方和不等于 u 的平均值 v 的立方和，可证明：$\int_A u^3\mathrm{d}A > \int_A v^3\mathrm{d}A$，如引入一个大于 1 的修正系数，则有：

$$\int_A u^3\mathrm{d}A = \alpha\int_A v^3\mathrm{d}A = \alpha v^3 A$$

于是动能类积分为

$$\frac{\gamma}{2g}\int_A u^3\mathrm{d}A = \frac{\gamma}{2g}\alpha v^3 A = \frac{\alpha v^2}{2g}\gamma Q \tag{c}$$

式中的 α 称为动能修正系数，表示过水断面上实际流速积分与按断面平均流速积分计算所得结果之比，即

$$\alpha = \frac{\int_A u^3\mathrm{d}A}{v^3 A}$$

α 值取决于总流过水断面上的流速分布情况，流速分布愈均匀，α 值愈接近于 1。当水流为均匀流或渐变流时，一般可取 $\alpha = 1.05 \sim 1.10$，实际工程计算中，常取 $\alpha = 1.0$。

（3）损失能量类积分：

$$\gamma\int_Q h'_w\mathrm{d}Q$$

它表示单位时间内总流从 1—1 过水断面流到 2—2 过水断面间的机械能损失的总和。设 h_w 为总流单位重量液体在这两断面间的平均机械能损失，则

$$\gamma\int_Q h'_w\mathrm{d}Q = h_w\gamma Q \tag{d}$$

将上述各分类积分结果式(b)、式(c)、式(d)代入式(a)，得

$$(z_1 + \frac{p_1}{\gamma})\gamma Q + \frac{\alpha_1 v_1^2}{2g}\gamma Q = (z_2 + \frac{p_2}{\gamma})\gamma Q + \frac{\alpha_2 v_2^2}{2g}\gamma Q + h_w\gamma Q$$

将上式各项除以 γQ，得

$$z_1 + \frac{p_1}{\gamma} + \frac{\alpha_1 v_1^2}{2g} = z_2 + \frac{p_2}{\gamma} + \frac{\alpha_2 v_2^2}{2g} + h_w \tag{3-13}$$

式(3-13)即为不可压缩液体恒定总流的能量方程(伯诺里方程)。它能够反映总流各断面上单位重量液体的平均位能、平均压能和平均动能之间的能量转化关系。同时，它也是研究水流运动规律应用最广，极为重要的方程。

四、能量方程的意义

(一)能量方程的意义

实际液体恒定总流能量方程与微小流束能量方程相比，形式上很类似，但二者又存在差别。总流能量方程中用断面平均流速 v 代替了微小流束过水断面上的点流速 u，相应地引入了动能修正系数 α 来加以修正。同时，又以两流段间平均水头损失 h_w 代替了微小流束的水头损失 h'_w。

总流能量方程式中各项的意义如下：

z——总流过水断面上单位重量液体所具有的位能，简称为单位位能，几何上称为位置高度或位置水头；

$\frac{p}{\gamma}$——总流过水断面上单位重量液体所具有的压能，简称为单位压能，几何上称为测压管高度或压强水头；

$z + \frac{p}{\gamma}$——总流过水断面上单位重量液体所具有的平均势能，几何上称为测压管水头，通常又称 $z + \frac{p}{\gamma} = H_p$；

$\frac{\alpha v^2}{2g}$——总流过水断面上单位重量液体所具有的平均动能，几何上称为流速水头；

$H = z + \frac{p}{\gamma} + \frac{\alpha v^2}{2g}$——总流过水断面上单位重量液体的总能量，即总机械能，几何上称为总水头；

h_w——总流单位重量液体在始末两断面间沿流程的平均能量损失，即机械能损失，几何上称为水头损失。

以上各项水头的单位都是长度单位，一般用 m 来表示。

设 H_1 和 H_2 分别表示总流中任意两过水断面上液流所具有的总水头，根据能量方程式：

$$H_1 = H_2 + h_w$$

即

$$H_1 - H_2 = h_w \tag{3-14}$$

可见，因为水流在流动过程中要产生能量损失，所以水流只能从总机械能大的地方流向总机械能小的地方。

对于理想液体，$h_w = 0$，则 $H_1 = H_2$，即总流中任何过水断面上总水头保持不变。

(二)能量方程的图示

由于总流能量方程中各项均表示单位重量液体所具有的能量或水头,且各项的单位都是长度单位,因此可用几何线段来表示,使能量沿流程的转化情况更形象、更直观地体现出来。

图 3-20 即为一段总流机械能转化的图示。首先选取基准面 0—0,并画出总流的中心线。总流各断面中心点离基准面的高度就代表了该断面的位置水头 z,所以总流的中心线就表示位置水头 z 沿程的变化,即位置水头线。

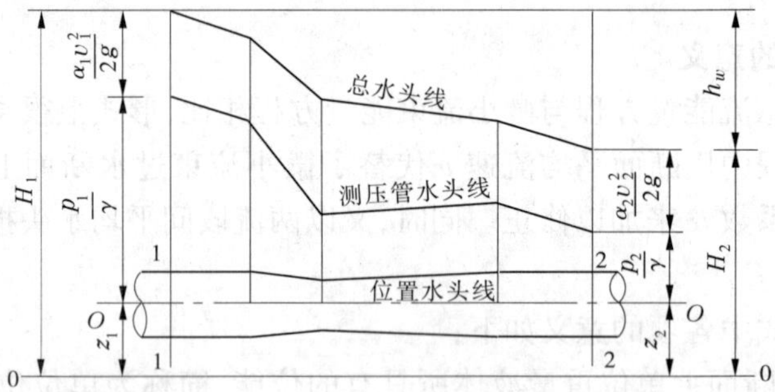

图 3-20

在各断面的中心向上作铅垂线,并在铅垂线上截取高度等于中心点压强水头的 p/γ 线段,得到测压管水头$(z+p/\gamma)$,即各断面上测压管水面离基准面的高度,如将各断面的测压管水头用线连起来,这条线称为测压管水头线。测压管水头线和位置水头线之间的铅垂距离反映了压强水头沿流程的变化情况。如测压管水头线在位置水头线以上,压强为正;反之为负。

在铅垂线所标示的测压管水头以上截取高度等于流速水头$\frac{\alpha v^2}{2g}$的线段,得到该断面的总水头 $H=z+\frac{p}{\gamma}+\frac{\alpha v^2}{2g}$,各断面总水头的连线称为总水头线。它反映了总流总机械能沿流程的变化情况。

根据能量方程,实际液体一定存在水头损失,因而总流的总水头线为一条逐渐下降的直线或曲线。总水头线沿流程的下降情况可用单位流程上的水头损失,即水力坡度 J 来表示。若总水头线为直线时

$$J=\frac{H_1-H_2}{L}=\frac{h_w}{L} \tag{3-15}$$

当总水头线为曲线时,水力坡度为变值,在某一断面处可表示为:

$$J=\frac{\mathrm{d}h_w}{\mathrm{d}L}=-\frac{\mathrm{d}H}{\mathrm{d}L} \tag{3-16}$$

因为总水头增量 dH 一定为负值,为使水力坡度为正值,所以上式中要加负号。

由于总流几何边界条件的沿程变化,必将引起动能和势能的相互转化,所以测压管水头线可以沿程下降或上升,也可沿程不变。它沿流程的变化情况可用单位流程上测压管水头的降低值或升高值,即测压管坡度 J_P 来表示。当测压管水头线为直线时

$$J_P = \frac{(z_1 + \frac{p_1}{\gamma}) - (z_2 + \frac{p_2}{\gamma})}{L} \tag{3-17}$$

当测压管水头线为曲线时

$$J_P = -\frac{\mathrm{d}H_P}{\mathrm{d}L} \tag{3-18}$$

对于河渠中的渐变流，其测压管水头线就是水面线。

能量方程的这种图示方法，常运用于长距离有压输水管道的水力设计中，用来帮助分析水流现象，找出实际水流的变化规律。

第四节　能量方程的应用条件及应用举例

一、能量方程的应用条件及注意事项

（一）能量方程的应用条件及注意事项

1. 能量方程的应用条件

总流能量方程应用广泛，能够解决很多工程实际问题，但在推导过程中引入了一些限制条件，故能量方程在应用时需满足以下条件：

（1）水流必须是恒定流。

（2）液体为不可压缩液体，即 ρ = 常数。

（3）建立能量方程时，两个计算过水断面应满足均匀流或渐变流的条件（只受重力这一质量力作用，无惯性力存在），但两个过水断面之间的水流也可为急变流。

（4）两个过水断面间，无流量的分出与加入。

（5）两过水断面间，水流没有能量的输出与输入。

但因总流能量方程中各项，均指单位重量液体的能量，所以在水流有分支或汇合的情况下，仍可分别对每一支水流建立能量方程式。对于汇流情况（见图 3-21）可建立断面 1—1 与断面 3—3 和断面 2—2 与断面 3—3 的能量方程如下：

$$z_1 + \frac{p_1}{\gamma} + \frac{\alpha_1 v_1^2}{2g} = z_3 + \frac{p_3}{\gamma} + \frac{\alpha_3 v_3^2}{2g} + h_{w1-3}$$

$$z_2 + \frac{p_2}{\gamma} + \frac{\alpha_2 v_2^2}{2g} = z_3 + \frac{p_3}{\gamma} + \frac{\alpha_3 v_3^2}{2g} + h_{w2-3}$$

对于分流情况（见图 3-22）可建立断面 1—1 与断面 2—2 和断面 1—1 与断面 3—3 的能量方程如下：

$$z_1 + \frac{p_1}{\gamma} + \frac{\alpha_1 v_1^2}{2g} = z_2 + \frac{p_2}{\gamma} + \frac{\alpha_2 v_2^2}{2g} + h_{w1-2}$$

$$z_1 + \frac{p_1}{\gamma} + \frac{\alpha_1 v_1^2}{2g} = z_3 + \frac{p_3}{\gamma} + \frac{\alpha_3 v_3^2}{2g} + h_{w1-3}$$

2. 能量方程应用注意事项

为了更好地应用能量方程进行有关的水力计算，还应注意以下几点：

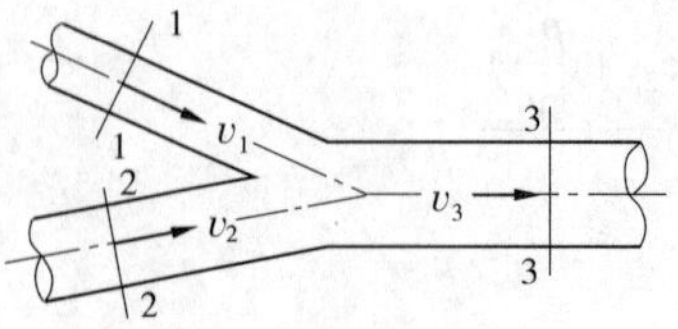

图 3-21

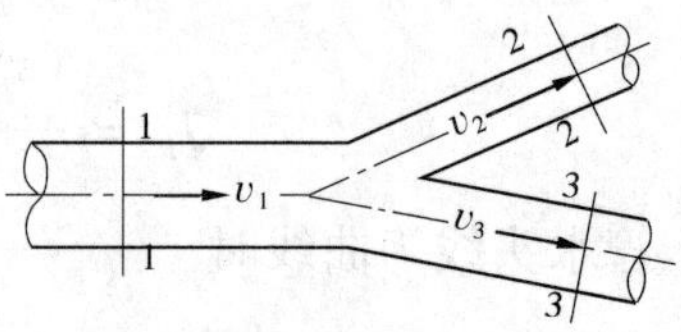

图 3-22

(1)基准面的选取。基准面原则上可任意选取,但必须为水平面,同时考虑到计算方便。另外,对于两个不同的过水断面,必须选取同一基准面。

(2)计算断面的选取。计算断面必须满足均匀流或渐变流条件,还应注意要把计算断面选在已知条件较多,含有待求未知量的断面上。

(3)计算点的选取。由于计算断面选在了均匀流或渐变流断面上,此时断面上各点的 $z+\frac{p}{\gamma}=C$,而且动能$\frac{\alpha v^2}{2g}$为断面上的平均值。所以,计算点原则上也可任意选取,但考虑到计算方便,一般情况下,管流取管轴中心为代表点,明渠则取自由表面上的点为代表点。

(4)压强计算标准的选取。方程中的动水压强 p_1 和 p_2 可采用绝对压强作为计算标准,也可采用相对压强作为计算标准,但同一能量方程的两个断面必须采用同一计算标准。考虑到计算方便,一般多采用相对压强。

(5)动能修正系数值的选取。严格地讲,方程两边的 α_1 与 α_2 通常并不相等,也不等于 1.0。但因它们的数值相差不大,对均匀流或渐变流,大多数情况下取 $\alpha_1=\alpha_2=1.0$。

应用能量方程时还应具体问题具体分析,若方程中同时出现较多的未知量,应考虑与其他方程联立求解。

【例 3-3】 图 3-23 为水流经溢流坝前后的水流纵断面图。设坝的溢流段较长,上下游每米宽的流量相等。当坝顶水头为 1.5 m 时,上游断面 1—1 的流速 $v_1=0.8$ m/s,坝址断面 2—2 处的水深为 0.42 m,下游断面 3—3 处的水深为 2.2 m。

(1)分别求断面 1—1、断面 2—2、断面 3—3 处单位重量水体的势能、动能和总机械能。

(2)求断面 1—1 至断面 2—2 的水头损失和断面 2—2 至断面 3—3 的水头损失。

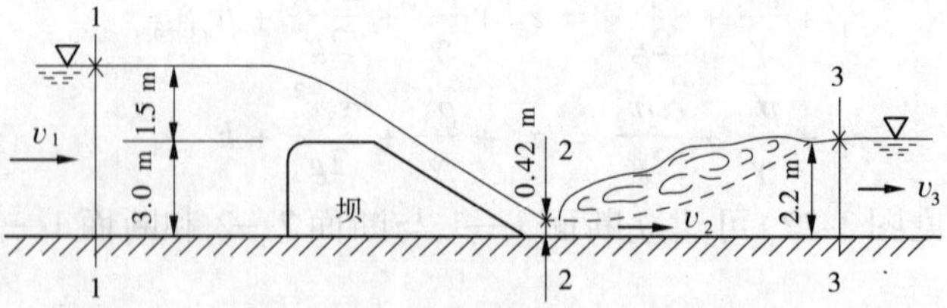

图 3-23

解 (1)列断面 1—1 和断面 2—2 连续性方程:$v_1A_1=v_2A_2$。

$$v_2=\frac{A_1}{A_2}v_1=\frac{bh_1}{bh_2}v_1=\frac{h_1}{h_2}v_1=\frac{4.5}{0.42}\times 0.8=8.57(\text{m/s})$$

列断面 1—1 和断面 3—3 连续性方程:$v_1A_1=v_3A_3$。

$$v_3 = \frac{A_1}{A_3}v_1 = \frac{bh_1}{bh_3}v_1 = \frac{h_1}{h_3}v_1 = \frac{4.5}{2.2} \times 0.8 = 1.64(\mathrm{m/s})$$

以河床底部为基准面,计算点选在自由表面上,取 $\alpha_1 = \alpha_2 = \alpha_3 = 1.0$,计算各断面能量。

断面 1—1:

单位势能 $z_1 + \frac{p_1}{\gamma} = 4.5 + 0 = 4.50(\mathrm{m})$

单位动能 $\frac{v_1^2}{2g} = \frac{0.8^2}{19.6} = 0.0326(\mathrm{m})$

单位总机械能 $H_1 = z_1 + \frac{p_1}{\gamma} + \frac{v_1^2}{2g} = 4.50 + 0.0326 = 4.53(\mathrm{m})$

断面 2—2:

单位势能 $z_2 + \frac{p_2}{\gamma} = 0.42 + 0 = 0.42(\mathrm{m})$

单位动能 $\frac{v_2^2}{2g} = \frac{8.57^2}{19.6} = 3.75(\mathrm{m})$

单位总机械能 $H_2 = z_2 + \frac{p_2}{\gamma} + \frac{v_2^2}{2g} = 0.42 + 3.75 = 4.17(\mathrm{m})$

断面 3—3:

单位势能 $z_3 + \frac{p_3}{\gamma} = 2.2 + 0 = 2.20(\mathrm{m})$

单位动能 $\frac{v_3^2}{2g} = \frac{1.64^2}{19.6} = 0.137(\mathrm{m})$

单位总机械能 $H_3 = z_3 + \frac{p_3}{\gamma} + \frac{v_3^2}{2g} = 2.20 + 0.137 = 2.34(\mathrm{m})$

(2)计算水头损失

$$h_{w1-2} = H_1 - H_2 = 4.53 - 4.17 = 0.36(\mathrm{m})$$
$$h_{w2-3} = H_2 - H_3 = 4.17 - 2.34 = 1.83(\mathrm{m})$$

【例 3-4】 一水位不变的敞口水箱,通过下部一条直径 $d = 200$ mm 的管道向外供水(见图 3-24),已知水箱水位与管道出口断面中心的高差为 3.5 m,管道水头损失为 3 m。试求管道出口的流速和流量。

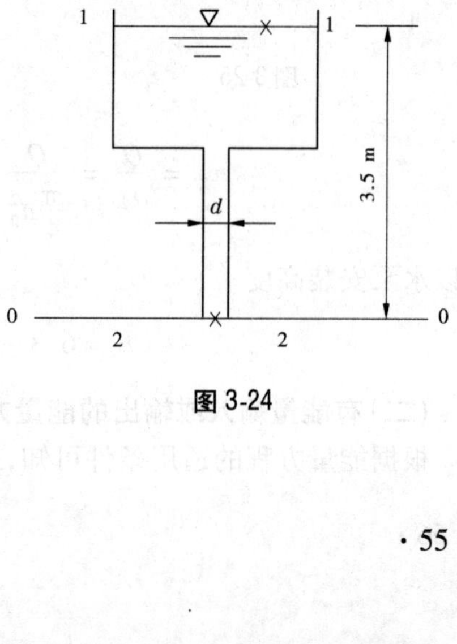

图 3-24

解 以通过出口断面中心的水平面 0—0 为基准面,选取水箱自由表面断面 1—1 和管道出口断面 2—2 作为计算断面,计算点分别选在断面 1—1 的水面上和断面 2—2 的轴线上,列断面 1—1和断面 2—2 的能量方程:

$$z_1+\frac{p_1}{\gamma}+\frac{\alpha_1 v_1^2}{2g}=z_2+\frac{p_2}{\gamma}+\frac{\alpha_2 v_2^2}{2g}+h_w$$

式中：$z_1=3.5\ \text{m};\frac{p_1}{\gamma}=0;z_2=0;\frac{p_2}{\gamma}=0;h_w=3\ \text{m}$。

由于水箱水面比管道出口断面大得多，其断面平均流速比管道出口平均流速小得多，故可认为$\frac{\alpha_1 v_1^2}{2g}\approx 0$，取$\alpha_2=1.0$代入能量方程，得

$$3.5+0+0=0+0+\frac{v_2^2}{2g}+3$$

整理后得
$$\frac{v_2^2}{2g}=0.5$$

管道出口流速为

$$v_2=\sqrt{2g\times 0.5}=\sqrt{2\times 9.8\times 0.5}=3.13(\text{m/s})$$

管中流量为

$$Q=v_2A_2=v_2\times\frac{\pi}{4}d^2=3.13\times\frac{3.14}{4}\times 0.2^2=0.098\ 3(\text{m}^3/\text{s})$$

【例3-5】 一水泵（见图3-25）的抽水量$Q=30$ L/s，吸水管的直径$d=150$ mm，水泵进口允许真空值$p_{真}=6.8$ m，吸水管内的水头损失$h_w=1.0$ m，试求此水泵在水面以上的安装高度h_s。

解 取水池断面0—0为基准面，以断面1—1和水泵进口处断面2—2作为计算断面，计算点分别选在水池水面和断面2—2的中心点上，列出其能量方程：

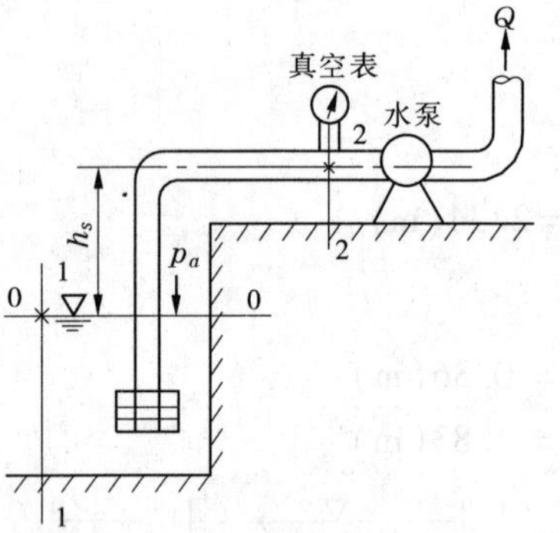

图3-25

$$z_1+\frac{p_1}{\gamma}+\frac{\alpha_1 v_1^2}{2g}=z_2+\frac{p_2}{\gamma}+\frac{\alpha_2 v_2^2}{2g}+h_{w1-2}$$

式中：$z_1=0;\frac{\alpha_1 v_1^2}{2g}\approx 0;z_2=h_s$；取$\alpha_2=1.0$。

按相对压强计算 $\frac{p_1}{\gamma}=0$ $\frac{p_2}{\gamma}=-6.8$ m

将以上条件代入能量方程

$$0+0+0=h_s-6.8+\frac{v_2^2}{2g}+h_{w1-2}$$

$$v_2=\frac{Q}{A_2}=\frac{Q}{\frac{\pi}{4}d_2^2}=\frac{0.03}{\frac{3.14}{4}\times 0.15^2}=1.699(\text{m/s})$$

所以水泵安装高度

$$h_s=6.8-\frac{1.699^2}{2\times 9.8}-1.0=5.653(\text{m})$$

（二）有能量输入或输出的能量方程*

根据能量方程的适用条件可知，式(3-13)只适用于两断面之间的液流沿程无能量输

入或输出的情况。实际上,在工程实际中有时也会遇到沿程两个断面间有能量输入或输出问题,此时恒定总流的能量方程应改写为

$$z_1+\frac{p_1}{\gamma}+\frac{\alpha_1 v_1^2}{2g}\pm H_t=z_2+\frac{p_2}{\gamma}+\frac{\alpha_2 v_2^2}{2g}+h_{w1-2} \tag{3-19}$$

式中　H_t——流段内单位重量液体获得或失去的能量。

对于水泵管路系统(见图3-26),式(3-19)中 H_t 项取正号,这是因为当水力机械为水泵时,泵的叶轮带动液流一起旋转,动力机械对水流作功,使水流的能量增加了,即单位重量液体从水泵获得了能量 H_t,此 H_t 称为水泵的扬程。以0—0为基准面,列断面1—1和断面2—2能量方程,则式(3-19)中

$$z_1+\frac{p_1}{\gamma}=0 \qquad z_2+\frac{p_2}{\gamma}=z \qquad \frac{\alpha_1 v_1^2}{2g}\approx\frac{\alpha_2 v_2^2}{2g}\approx 0$$

则有

$$H_t=z+h_{w1-2} \tag{3-20}$$

式中　z——提水高度,即上、下游水面高差;

h_{w1-2}——全部管路中的水头损失,但不包括水泵内的水头损失。

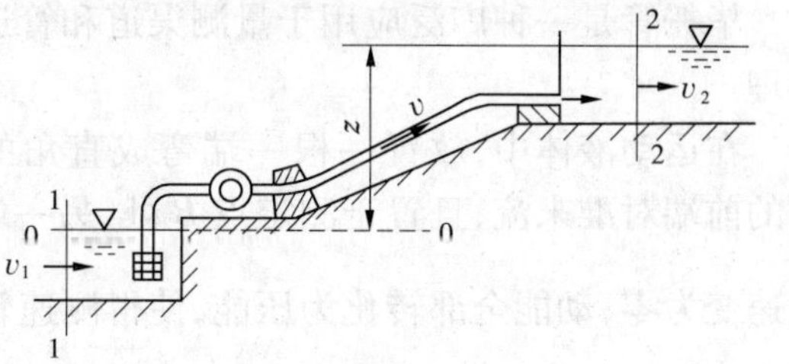

图3-26

因为单位时间内通过水泵的水流重量为 γQ,单位重量水体从水泵获得的净能量为 H_t,所以单位时间内水流实际获得的总能量为 γQH_t。另外,水流通过水泵时存在水头损失、机械磨损和漏损等现象。可见,水泵所作的功应大于水流实际获得的总能量。如用小于1的水泵效率 η_P 来综合反映这种影响,则原动力机每秒给予水泵的功,也就是水泵的轴功率 N_P 为

$$N_P=\frac{\gamma QH_t}{\eta_P} \tag{3-21}$$

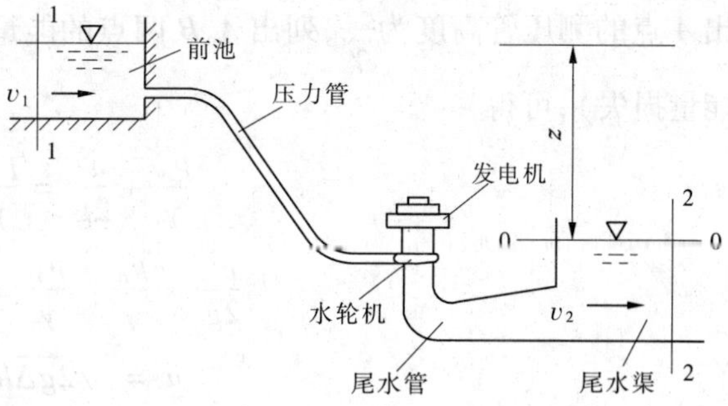

图3-27

对于水轮机管路系统(见图3-27),式(3-19)中的 H_t 应取负号。这是因为水流冲击水轮机的叶轮使其旋转,水流对水力机械作功,水流能量减少了,即单位重量液流被水轮机取走了能量 H_t。此 H_t 称为水轮机的有效水头。对水轮机管路系统运用能量方程,得

$$H_t=\left(z_1+\frac{p_1}{\gamma}+\frac{\alpha_1 v_1^2}{2g}\right)-\left(z_2+\frac{p_2}{\gamma}+\frac{\alpha_2 v_2^2}{2g}\right)-h_{w1-2}$$

上式中　$\frac{\alpha_1 v_1^2}{2g}\approx\frac{\alpha_2 v_2^2}{2g}\approx 0 \qquad z_1+\frac{p_1}{\gamma}=z \qquad z_2+\frac{p_2}{\gamma}=0$

则有

$$H_t=z-h_{w1-2} \tag{3-22}$$

式中 z——水轮机的作用水头，即上、下游水位差；

h_{w1-2}——管路系统的水头损失，但不包括水轮机系统内的损失。

水流通过水轮机输出单位重量水体能量为 H_t，单位时间内通过水轮机的水流重量为 γQ，则单位时间内水流通过水轮机输出的总能量为 γQH_t。由于水轮机运行中水流和机械的摩阻、渗漏等影响，实际输出功率要小些，如用小于 1 的水轮机效率 η_t 来综合反映这种影响，则水轮机的实际功率 N_t 为

$$N_t = \eta_t \gamma Q H_t \tag{3-23}$$

式(3-21)、式(3-23)中，γ 的单位为 N/m^3；Q 的单位为 m^3/s；H_t 的单位为 m，则 N_P、N_t 的单位为 N · m/s = W，功率的单位也常用马力表示，1 马力 = 735 W = 0.735 kW。

二、能量方程应用举例

运用恒定流能量方程可以分析和解决许多具体问题，下面分别以毕托管测流速和文德里流量计为例来加以说明。

(一)毕托管测流速

毕托管是一种广泛应用于量测渠道和管道中水流流速的仪器。现分析毕托管测流速原理。

在运动液体中，放置一根一端弯成直角的两端开口的细管，即测速管(见图 3-28)。它的前端对准来流，且置于测定点 B 处，另一端垂直向上。这时，B 点水流受弯管的阻挡，流速变为零，动能全部转化为压能，使得测速管中水面上升高度为$\frac{p_B}{\gamma}$(即 B 点的相对压强水头)。这时 B 点称为液流的滞止点(或驻点)。在过 B 点的同一水平流线的上游，取一与 B 点极为接近的 A 点，流速为 u，并在 A 点附近位置的管壁上另装一测压管，从中即可测出 A 点的测压管高度为$\frac{p_A}{\gamma}$，列出 A、B 两点的能量方程(A、B 两点相距很近，可忽略二者间能量损失)，可得

$$\frac{p_A}{\gamma} + \frac{u^2}{2g} = \frac{p_B}{\gamma}$$

即

$$\frac{u^2}{2g} = \frac{p_B}{\gamma} - \frac{p_A}{\gamma} = \Delta h$$

则

$$u = \sqrt{2g\Delta h} \tag{3-24}$$

实际工程中采用的毕托管并不是用上述两根管进行两次测量，而是把两根管子并入同一根弯管当中(见图 3-29)，其中与前端迎流孔相通的是测速管，与侧面测压孔(一般有 4 至 8 个)相通的是测压管。考虑到前端孔与侧面孔的位置不同，因而测得的不是同一点上的能量，以及考虑到毕托管放入液流中所产生的扰动影响，所以使用时应引入修正系数 μ，即

$$u = \mu \sqrt{2g\Delta h} \tag{3-25}$$

μ 称为毕托管的修正系数，可由试验测定，一般 μ 为 0.98 ~ 1.0，在毕托管说明书上都给出了该值。当毕托管使用过久或测量精度要求较高时，μ 值应重新率定。

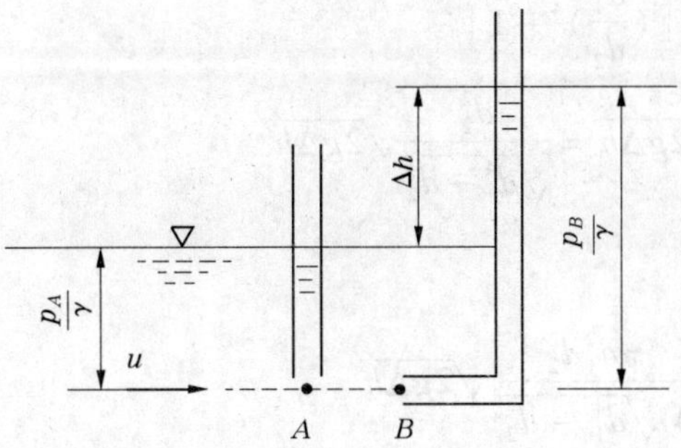

图 3-28

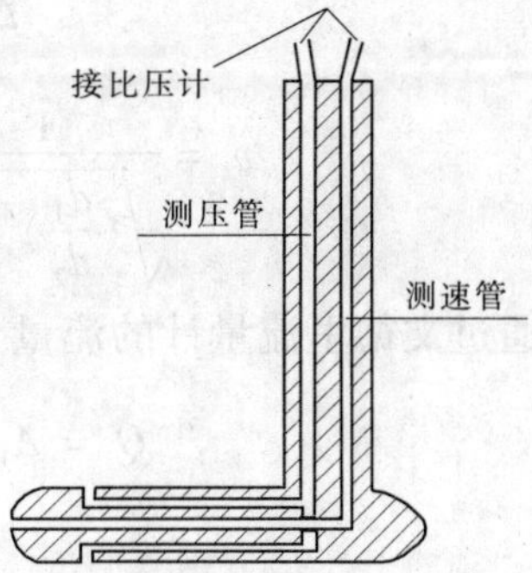

图 3-29

(二)文德里流量计

文德里流量计是一种量测有压管道中液体流量大小的装置,它由上游收缩段、中间断面最小的喉管段和下游扩散段3部分组成(见图3-30)。在测量某管道中通过的流量时,把文德里流量计连接在管段当中,要求两端的直径和管道的直径相等,并在断面1—1和断面2—2处各安装一根测压管(也可直接设置差压计)。当液体流经文德里管的喉管段时,由于管径收缩引起动能增大,而压能相应减小。因而,在测得两测压管水面高差 Δh 后,再根据能量方程即可计算出管中的流量,其原理如下:

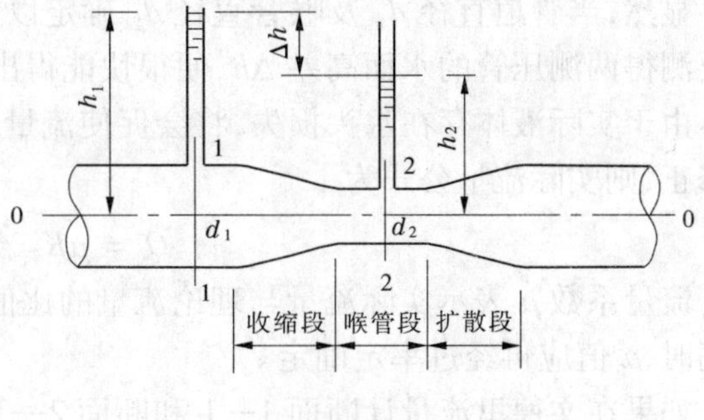

图 3-30

假定水管是水平放置的,以管轴线所在的平面0—0为基准面,建立断面1—1和断面2—2能量方程(暂不考虑水头损失影响):

$$z_1+\frac{p_1}{\gamma}+\frac{\alpha_1 v_1^2}{2g}=z_2+\frac{p_2}{\gamma}+\frac{\alpha_2 v_2^2}{2g}$$

上式中　$z_1=z_2=0$　$\frac{p_1}{\gamma}=h_1$　$\frac{p_2}{\gamma}=h_2$

设 $\alpha_1=\alpha_2=1.0$

则

$$h_1-h_2=\frac{v_2^2}{2g}-\frac{v_1^2}{2g}$$

式中的 h_1-h_2 即为两断面的测压管水头差 Δh。

设断面1—1和断面2—2处管道直径分别为 d_1、d_2,根据连续性方程可知:

$$v_1A_1=v_2A_2$$

$$v_2=v_1\frac{A_1}{A_2}=v_1\left(\frac{d_1}{d_2}\right)^2$$

将 v_2 与 v_1 的关系式代入前式,得

$$\Delta h = \frac{v_1^2}{2g}\left[\left(\frac{d_1}{d_2}\right)^4 - 1\right]$$

或
$$v_1 = \frac{1}{\sqrt{\left(\frac{d_1}{d_2}\right)^4 - 1}}\sqrt{2g\Delta h} = \frac{d_2^2}{\sqrt{d_1^4 - d_2^4}}\sqrt{2g\Delta h}$$

所以通过文德里流量计的流量为

$$Q = A_1 v_1 = \frac{\pi d_1^2 d_2^2}{4\sqrt{d_1^4 - d_2^4}}\sqrt{2g\Delta h}$$

令
$$K = \frac{\pi d_1^2 d_2^2}{4\sqrt{d_1^4 - d_2^4}}\sqrt{2g}$$

则
$$Q = K\sqrt{\Delta h} \tag{3-26}$$

显然,当管道直径 d_1 及喉管直径 d_2 确定以后,K 为一定值,可以预先计算出。因此,只要测得两测压管的水面高差 Δh,便很快能得出流量 Q 值。

由于实际液体存在水头损失,将会促使流量减小,因而在式(3-26)中应引入一系数加以修正,则实际流量公式为

$$Q = \mu K\sqrt{\Delta h} \tag{3-27}$$

流量系数 μ 表示实际流量与理论流量的比值,一般为 0.95 ~0.98。当量测需要精度较高时,μ 值应再经过率定确定。

如果在文德里流量计断面 1—1 和断面 2—2 处直接安装水银差压计(见图 3-31),由差压计原理可知:

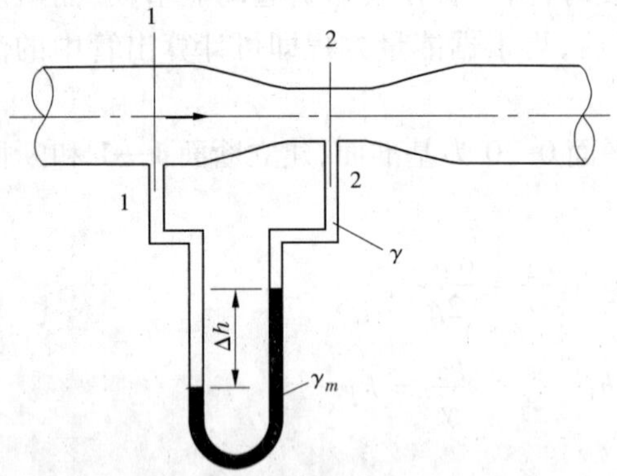

图 3-31

$$\frac{p_1}{\gamma} - \frac{p_2}{\gamma} = \frac{\gamma_m - \gamma}{\gamma}\Delta h = 12.6\Delta h$$

式中的 Δh 为水银差压计两支管中水银面的高差,此时文德里流量计的流量为

$$Q = \mu K\sqrt{12.6\Delta h} \tag{3-28}$$

【例 3-6】 如图 3-31 所示,文德里管进口直径 $d_1 = 100$ mm,喉管直径 $d_2 = 50$ mm,若已知文德里管的流量系数 $\mu = 0.98$,水银差压计读数 $\Delta h = 4.5$ cm。试求管道中水的实际流量 Q。

解 根据已知条件,可计算出该文德里管的常数为

$$K = \frac{\pi {d_1}^2 {d_2}^2}{4\sqrt{{d_1}^4 - {d_2}^4}}\sqrt{2g} = \frac{3.14 \times 0.1^2 \times 0.05^2}{4\sqrt{0.1^4 - 0.05^4}}\sqrt{2 \times 9.8} = 0.008\ 97$$

则
$$Q = \mu K\sqrt{12.6\Delta h} = 0.98 \times 0.008\ 97\sqrt{12.6 \times 0.045}$$
$$= 0.006\ 62(\text{m}^3/\text{s}) = 6.62\ \text{L/s}$$

第五节　恒定总流的动量方程

利用前面介绍的连续性方程和能量方程，已经能够解决许多实际水力学问题，但对于某些较复杂的水流运动问题，尤其是涉及到计算水流与固体边界间的相互作用力问题，如水流作用于闸门的动水总压力，以及水流经过弯管时，对管壁产生的作用力等计算问题，用连续性方程和能量方程则无法求解，而必须建立动量方程来解决这些问题。

动量方程实际上就是物理学中的动量定理在水力学中的具体体现，它反映了水流运动时动量变化与作用力间的相互关系，其特点是可避开计算急变流范围内水头损失这一复杂的问题，使急变流中水流与边界面之间的相互作用力问题较方便地得以解决。

一、动量方程式的推导及适用条件

(一)动量方程式的推导

由物理学可知，物体的质量 m 与速度 $\vec{v}$ 的乘积称为物体的动量。动量是矢量，其方向与流速方向相同。物体在外力作用下，速度会发生改变，同时动量也随之变化。动量定理可表述为：运动物体单位时间内动量的变化等于物体所受外力的合力。现将动量定理用于恒定流中，推导恒定流的动量方程。

在不可压缩的恒定流中，任取一渐变流微小流束段 1—2（见图 3-32）。设断面 1—1 和断面 2—2 的过水断面面积和流速分别为 dA_1、dA_2 和 u_1、u_2，经过 dt 时段后，微小流束由原来的 1—2 位置运动到了新的位置 1′—2′处，从而发生了变化。设其动量的变化为 $d\vec{k}$，它应等于流段 1′—2′与流段 1—2 内的动量之差。

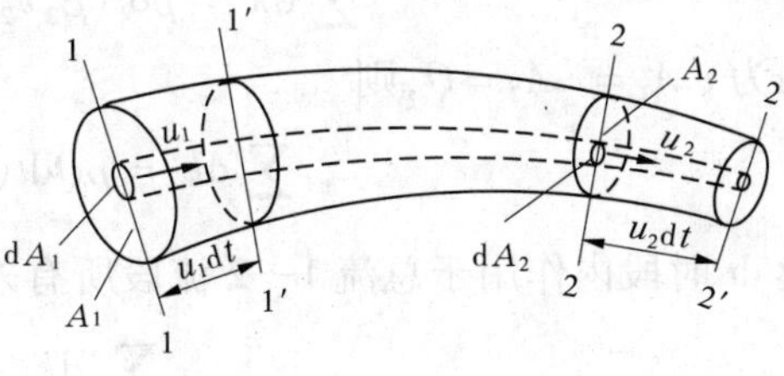

图 3-32

因为水流为不可压缩的恒定流，所以对于公共部分 1′—2 段来讲，虽存在着质点的流动和替换现象，但它的形状、位置以及液体的质量、流速等均不随时间发生变化，故动量也不随时间发生改变。这样，在 dt 时段内，1′—2′段的水流动量与 1—2 段的动量之差实际上即为 2—2′段的动量与 1—1′段的动量之差。

在 dt 时段内，通过 1—1′段的水体质量为 $\rho u_1 dt dA_1$，通过 2—2′段的水体质量为 $\rho u_2 dt dA_2$，对于不可压缩液体，根据连续性方程可知，$\rho u_1 dt dA_1 = \rho u_2 dt dA_2 = \rho dQ dt$，则微小流束段的动量变化为

$$d\vec{k} = \rho dQ dt(\vec{u}_2 - \vec{u}_1)$$

设总流两个过水断面的面积分别为 A_1 与 A_2，将上述微小流束的动量变化 $d\vec{k}$ 沿相应的总流过水断面进行积分，即可得到总流在 dt 时段内动量的变化量为

$$\sum \mathrm{d}\vec{k} = \int_Q \rho \mathrm{d}Q \mathrm{d}t(\vec{u}_2 - \vec{u}_1) = \int_Q \rho \mathrm{d}Q \mathrm{d}t \vec{u}_2 - \int_Q \rho \mathrm{d}Q \mathrm{d}t \vec{u}_1$$

$$= \rho \mathrm{d}t\left(\int_{A_2} \vec{u}_2 u_2 \mathrm{d}A_2 - \int_{A_1} \vec{u}_1 u_1 \mathrm{d}A_1\right) \tag{a}$$

由于实际液体过水断面上的流速分布不均匀，且不易求得，故考虑用断面平均流速 v 来代替断面上不均匀分布的流速 u，以便计算总流的动量。在渐变流情况下，过水断面上各点流速 u 近似互相平行，与平均流速 v 的方向基本一致，但按平均流速计算的动量与按实际流速 u 计算的动量并不相等，需引入一个动量修正系数 β 来加以修正，即

$$\int_A \vec{u} u \mathrm{d}A = \beta \vec{v} v A \tag{b}$$

动量修正数 β 为

$$\beta = \frac{\int_A u^2 \mathrm{d}A}{v^2 A} \tag{3-29}$$

由此可见，动量修正系数，是表示单位时间内通过总流过水断面的单位质量液体实际动量与单位时间内以相应的断面平均流速通过的动量的比值。同样可以证明 β 值大于 1，且大小决定于过水断面的流速分布。通常在渐变流中，$\beta = 1.02 \sim 1.05$。在工程实际中，为简便起见，一般采用 $\beta = 1.0$。

将式(b)代入式(a)得

$$\sum \mathrm{d}\vec{k} = \rho \mathrm{d}t(\beta_2 \vec{v}_2 v_2 A_2 - \beta_1 \vec{v}_1 v_1 A_1)$$

因为 $v_1 A_1 = v_2 A_2 = Q$，则

$$\sum \mathrm{d}\vec{k} = \rho Q \mathrm{d}t(\beta_2 \vec{v}_2 - \beta_1 \vec{v}_1) \tag{c}$$

设 $\mathrm{d}t$ 时段内作用于总流 1—2 流段所有外力的矢量和为 $\sum \vec{F}$，将式(c)代入动量定理

$$\frac{\sum \mathrm{d}\vec{k}}{\mathrm{d}t} = \sum \vec{F}$$

得

$$\sum \vec{F} = \rho Q(\beta_2 \vec{v}_2 - \beta_1 \vec{v}_1) \tag{3-30}$$

式(3-30)即为不可压缩液体恒定总流的动量方程。它表明，单位时间内作用于所研究总流流段上的所有外力的矢量和，应等于该流段通过下游断面流出动量与通过上游断面流入动量的矢量差。

由于速度为矢量，动量也为矢量，所以动量方程是一个矢量方程，在计算实际问题中，常写成直角坐标轴上的投影表达式，即

$$\left.\begin{aligned}\sum F_x &= \rho Q(\beta_2 v_{2x} - \beta_1 v_{1x})\\ \sum F_y &= \rho Q(\beta_2 v_{2y} - \beta_1 v_{1y})\\ \sum F_z &= \rho Q(\beta_2 v_{2z} - \beta_1 v_{1z})\end{aligned}\right\} \tag{3-31}$$

式中的 v_{2x}、v_{2y}、v_{2z} 和 v_{1x}、v_{1y}、v_{1z} 分别为总流下游过水断面 2—2 和上游过水断面 1—1 的平均流速 $\vec{v}_2$ 和 $\vec{v}_1$ 在三个坐标方向上的投影。$\sum F_x$、$\sum F_y$、$\sum F_z$ 为作用在断面 1—1 与断面

2—2间液体上的所有外力在三个坐标轴方向投影的代数和。

(二)动量方程式的适用条件

1. 应注意的条件

上面给出的动量方程,是在一定条件下推导出来的,因此在应用时应注意以下条件:

(1)液流为恒定流,即输入和输出动量的只有上、下游两个过水断面,输入和输出的流量应相等。

(2)液体为连续、不可压缩的液体。

(3)所选的两个过水断面必须为渐变流断面,但两个断面间的流段可以为急变流。

实际上,动量方程也可以推广应用于沿程水流有分支或汇合的情况。例如,对某一分叉管路(见图 3-33),可以把管壁以及上下游过水断面所组成的封闭段作为脱离体(图中虚线所示)来应用动量方程。此时,对该脱离体建立动量方程应为

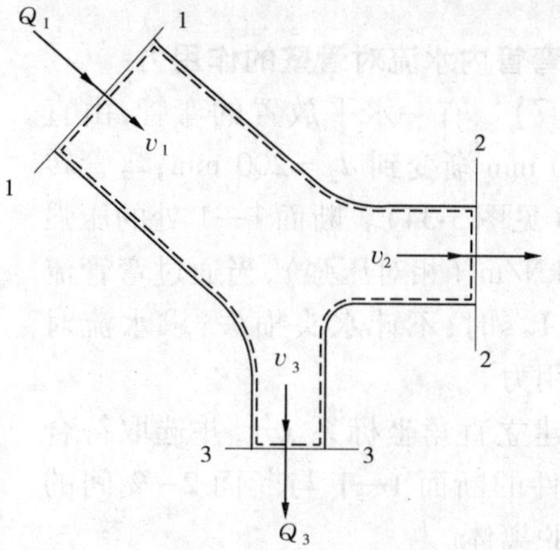

图 3-33

$$\rho Q_2\beta_2\vec{v}_2 + \rho Q_3\beta_3\vec{v}_3 - \rho Q_1\beta_1\vec{v}_1 = \sum\vec{F} \tag{3-32}$$

式中 v_1、v_2、v_3——断面 1—1、断面 2—2、断面 3—3 三个过水断面上的平均流速;

$\sum F$——作用于脱离体上的合外力。

2. 应注意的问题

动量方程在实际工程中应用十分广泛,为了便于求解,应注意以下几个问题:

(1)选取脱离体。根据问题需要,选取液流某一包含已知条件和待求量的流段作为脱离体,流段上下游端的过水断面为渐变流断面。过水断面的动量修正系数均可取1.0。

(2)选取坐标轴。动量方程为矢量方程,式中的流速和作用力都是有方向的。因此,在应用动量方程时需选定坐标轴,坐标轴原则上可任意选取,但应考虑到计算方便。矢量投影与坐标轴方向一致取正,反之则取负。

(3)分析外力。分析并标出作用在脱离体上的外力,一般包括以下几种外力:

1)两端过水断面上的动水压力 P_1 及 P_2。因为流段两端的过水断面为渐变流断面,则两个过水面上的动水压力可按静水压力方法计算,即 $P = p_c A$(p_c 为断面形心处压强)。

2)重力 G。它等于脱离体内液体的重量。

3)固体边界表面作用于脱离体上的作用力 F。这个力与水流作用于固体边界的动水总作用力 F'大小相等,方向相反,即 $F' = F$。通常 F 为要求解的力,如其方向不确定时,可先假定某一方向,若求得该力为正值,表明假定方向正确,否则,该力的实际方向与假定方向相反。

(4)计算动量改变。计算动量改变量时,一定是流出的动量减去流入的动量。切记

不可颠倒。

(5)联立其他方程求解。动量方程可求解许多情况下水流与固体边界的相互作用力问题,应用时,一般需配合使用连续性方程和能量方程。

二、动量方程应用举例

(一)弯管内水流对管壁的作用力

【例 3-7】 有一水平放置的弯管,由直径 $d_1=300$ mm 渐变到 $d_2=200$ mm,弯管转角 $\theta=60°$(见图 3-34)。断面 1—1 处的压强为$p_1=35$ kN/m^2(相对压强),当通过弯管流量$Q=150$ L/s时,不计水头损失,求水流对弯管的作用力。

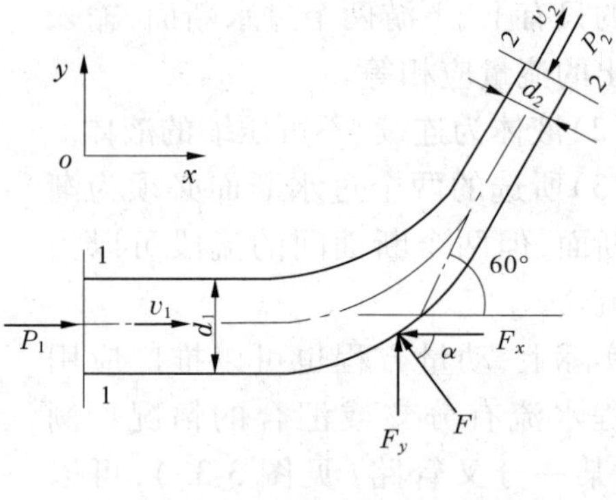

图 3-34

解 建立直角坐标系 xoy,并选取符合渐变流条件的断面 1—1 与断面 2—2 间的水体作为脱离体。

分析作用在脱离体内液体上的力,其中包括:过水断面 1—1 和断面 2—2 上的动水压力 P_1 和 P_2;脱离体内水体重力,因弯管水平放置,故重力沿 x 轴和 y 轴没有分力;弯管对水流的作用力 F,此力为待求量,它实际上是水流对弯管作用力 F'的反作用力,二者大小相等,方向相反。假定 F_x 与 F_y 的方向,如计算结果为正值,说明假设方向是正确的,否则,则表示实际方向与假定方向相反。

分别列出 x 轴方向和 y 轴方向的动量方程,并取动量修正系数 $\beta_1=\beta_2=1.0$。

(1)x 轴方向的动量方程为

$$P_1-P_2\cos60°-F_x=\rho Q(v_2\cos60°-v_1)$$

由连续性方程求得

$$v_1=\frac{Q}{A_1}=\frac{150\times10^{-3}}{\frac{\pi}{4}\times0.3^2}=2.12(\text{m/s})$$

$$v_2=\frac{Q}{A_2}=\frac{150\times10^{-3}}{\frac{\pi}{4}\times0.2^2}=4.78(\text{m/s})$$

为确定 P_2,再以管轴线为基准面,列断面1—1和断面 2—2 能量方程,并取动能修正系数 $\alpha_1=\alpha_2=1.0$,则

$$0+\frac{p_1}{\gamma}+\frac{v_1^2}{2g}=0+\frac{p_2}{\gamma}+\frac{v_2^2}{2g}$$

$$\frac{p_2}{\gamma}=\frac{p_1}{\gamma}+\frac{v_1^2}{2g}-\frac{v_2^2}{2g}=\frac{35}{9.8}+\frac{2.12^2}{2\times9.8}-\frac{4.78^2}{2\times9.8}=2.64(\text{m})$$

$$p_2=2.64\times9.8=25.8(\text{kN/m}^2)$$

所以 $$P_1=p_1A_1=p_1\frac{\pi d_1^2}{4}=35\times\frac{3.14\times0.3^2}{4}=2.47(\text{kN})$$

$$P_2 = p_2 A_2 = p_2 \frac{\pi d_2^2}{4} = 25.8 \times \frac{3.14 \times 0.2^2}{4} = 0.81(\text{kN})$$

$$F_x = P_1 - P_2\cos60° - \rho Q(v_2\cos60° - v_1)$$
$$= 2.47 - 0.81 \times 0.5 - 1 \times 0.15 \times (4.78 \times 0.5 - 2.12)$$
$$= 2.067 - 0.04 = 2.03(\text{kN})$$

(2)y 轴方向的动量方程为

$$-P_2\sin60° + F_y = \rho Q(v_2\sin60° - 0)$$

所以
$$F_y = P_2\sin60° + \rho Q v_2 \sin60°$$
$$= 0.81 \times 0.866 + 1 \times 0.15 \times 4.78 \times 0.866$$
$$= 0.703 + 0.621 = 1.32(\text{kN})$$

(3)合力为

$$F = \sqrt{F_x^2 + F_y^2} = \sqrt{2.03^2 + 1.32^2} = 2.421(\text{kN})$$

F_x、F_y 都为正值,说明所设的 F 方向正确。

(4)合力方向为

$$\alpha = \arctan\frac{F_y}{F_x} = \arctan\frac{1.32}{2.03} = 33.03°$$

所以,水流对弯管的作用力 $F' = F$,方向与 F 相反,与 x 轴方向的夹角为 33.03°。

(二)水流对溢流坝面的水平总作用力

【例 3-8】 某溢流坝(见图 3-35)上游渐变流断面 1—1 处的水深 $h_1 = 2.0$ m,下游渐变流过水断面 2—2 处的水深 $h_2 = 0.8$ m,若忽略水头损失,试求水流作用于 1 m 坝宽上的水平推力。

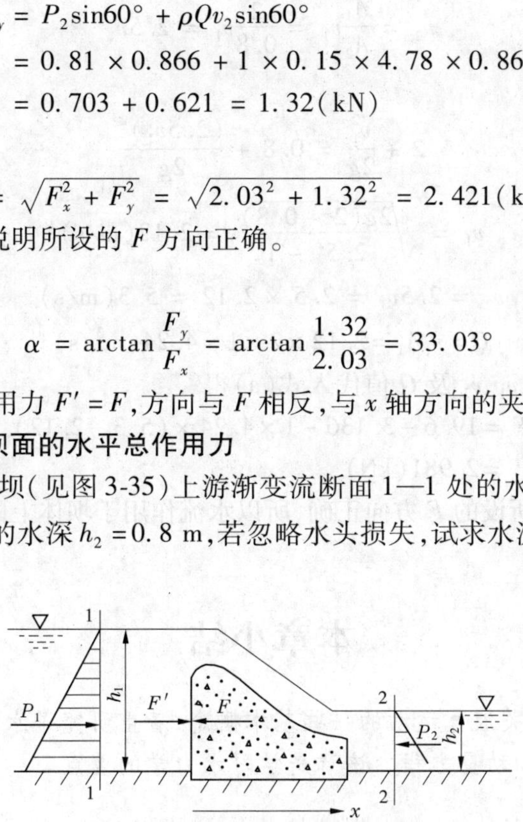

图 3-35

解 建立 x 轴方向坐标,并选取渐变流断面 1—1 和断面 2—2 之间的水体为脱离体。脱离体内水体沿 x 轴方向所受的外力有:过水断面 1—1 和断面 2—2 上的动水压力 P_1 和 P_2;溢流坝对水流的作用力 F,它实际上是水流对溢流坝面水平推力 F'的反作用力。取动量修正系数 $\beta_1 = \beta_2 = 1.0$,列出 x 轴方向的动量方程为

$$\rho Q(v_2 - v_1) = P_1 - P_2 - F$$

则
$$F = P_1 - P_2 - \rho Q(v_2 - v_1) \tag{a}$$

断面 1—1 动水压力为

$$P_1 = \frac{1}{2}\gamma {h_1}^2 b = \frac{1}{2} \times 9.8 \times 2^2 \times 1 = 19.6(\text{kN})$$

断面2—2动水压力为

$$P_2 = \frac{1}{2}\gamma h_2^{\ 2} b = \frac{1}{2} \times 9.8 \times 0.8^2 \times 1 = 3.136(\mathrm{kN})$$

为求流量，以渠底部0—0面为基准面，取动能修正系数 $\alpha_1 = \alpha_2 = 1.0$，列出断面1—1和断面2—2能量方程，得

$$h_1 + \frac{v_1^2}{2g} = h_2 + \frac{v_2^2}{2g} \tag{b}$$

由连续性方程可得

$$v_2 = \frac{A_1}{A_2}v_1 = \frac{2}{0.8}v_1 = 2.5v_1 \tag{c}$$

将式(c)代入式(b)得

$$2 + \frac{v_1^2}{2g} = 0.8 + \frac{(2.5v_1)^2}{2g}$$

故

$$v_1 = \sqrt{\frac{2g(2-0.8)}{2.5^2 - 1}} = 2.12(\mathrm{m/s})$$

$$v_2 = 2.5v_1 = 2.5 \times 2.12 = 5.3(\mathrm{m/s})$$

$$Q = v_1 A_1 = 2.12 \times 2 \times 1 = 4.24(\mathrm{m^3/s})$$

将已求得的 P_1、P_2、v_1、v_2 及 Q 值代入式(a)得

$$F = 19.6 - 3.136 - 1 \times 4.24 \times (5.3 - 2.12) = 2.981(\mathrm{kN})$$

因 F 为正值，说明所设的 F 方向正确，所以水流作用于坝体上的水平推力 $F' = 2.981$ kN，方向与 F 相反。

本章小结

本章首先建立了有关液体运动的一些基本概念，着重研究了水流运动的三大方程，即连续性方程、能量方程和动量方程。该章是学习水力学的重点。

1. 基本概念

(1)描述液体运动的方法。描述液体运动的方法有迹线法和流线法。前者是以液流中个别液体质点为着眼点，而后者是以固定空间点为着眼点，水力学普遍采用流线法来研究水流的运动。

(2)描述液体运动的几个物理量：流管→微小流束→总流→过水断面→流量→断面平均流速。过水断面面积 A、断面平均流速 v 和流量 Q 之间关系可表示为

$$Q = vA$$

(3)水流运动分类。按液流的运动要素是否随时间变化，可将液流分为恒定流与非恒定流；按流线是否为相互平行的直线，可将液流分为均匀流与非均匀流；按流线的不平行程度和弯曲程度，可将液流分为渐变流与急变流；按液流与固体边界接触的状况，可将液流分为有压流、无压流和射流；按水流运动要素与空间自变量有关的个数，又可将液流分为一元流、二元流、三元流。它们之间的关系如下：

液流
- 有压流→恒定流
  - 均匀流
  - 非均匀流
    - 渐变流
    - 急变流
- 无压流→非恒定流→非均匀流

2. 实际液体恒定流的连续性方程

在不可压缩恒定总流中，如沿流程没有分出与加入的水流，则通过各过水断面的流量为一常数，即

$$v_1A_1 = v_2A_2 = Q = 常数$$

因此，水流断面平均流速与过水断面面积成反比，即

$$\frac{v_1}{v_2} = \frac{A_2}{A_1}$$

3. 实际液体恒定流的能量方程（伯诺里方程）

对于不可压缩的，沿程没有能量输入或输出的，仅受重力作用的实际液体，恒定总流的能量方程形式为

$$z_1 + \frac{p_1}{\gamma} + \frac{\alpha_1 v_1^2}{2g} = z_2 + \frac{p_2}{\gamma} + \frac{\alpha_2 v_2^2}{2g} + h_w$$

该式反映了总流各过水断面上平均位能 z、平均压能 $\frac{p}{\gamma}$ 和平均动能 $\frac{\alpha v^2}{2g}$ 之间的能量转化关系。

应用能量方程时要注意，过水断面必须选在渐变流断面上，压强计算的标准基准面和断面上的代表点均可任意选择（以计算方便为宜）。

4. 实际液体恒定总流的动量方程

对于不可压缩的恒定总流，动量方程式的形式如下：

$$\sum \vec{F} = \rho Q(\beta_2 \vec{v}_2 - \beta_1 \vec{v}_1)$$

该式表明：单位时间内，研究流段流出的动量与流入的动量之差，等于作用于这个流段上所有外力的总和。

在直角坐标系中，恒定总流的动量方程式三个投影式为

$$\left.\begin{aligned} \sum F_x &= \rho Q(\beta_2 v_{2x} - \beta_1 v_{1x}) \\ \sum F_y &= \rho Q(\beta_2 v_{2y} - \beta_1 v_{1y}) \\ \sum F_z &= \rho Q(\beta_2 v_{2z} - \beta_1 v_{1z}) \end{aligned}\right\}$$

应用动量方程时应注意，脱离体两端的过水断面必须取在渐变流断面上。

5. 本章应注意的几个概念

（1）渐变流断面的特性：$z + \frac{p}{\gamma} = C$，即渐变流断面上压强分布规律和静止液体一样。

（2）水流的位能、压能、动能三者可以相互转化，但总能量只能沿程减少。

（3）动量方程是一个矢量式，$\sum \vec{F}$、$\vec{v}$ 都是有方向的。

(4) 动量方程求出的是边界对水的作用力 F，水对边界的作用力 F' 与之大小相等，方向相反。

习 题

3-1 如图 3-36 所示，水流通过由两段等截面及一段变截面组成的管道，如果上游水位保持不变，试问：

(1) 当阀门 T 开度一定时，各段管中是恒定流还是非恒定流？

(2) 当阀门逐渐关闭时，这时管中为恒定流还是非恒定流？

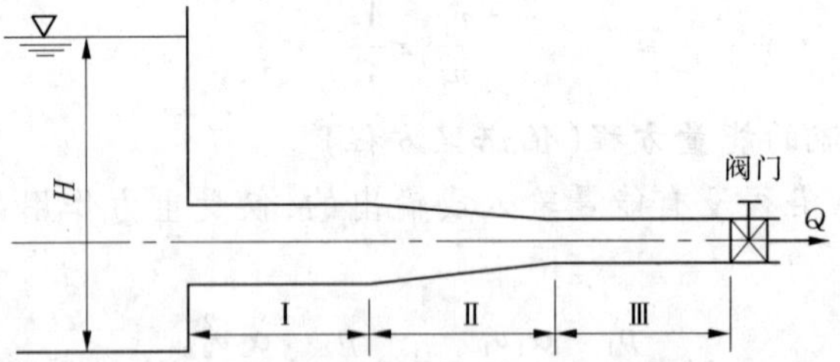

图 3-36

3-2 有人认为均匀流和渐变流一定是恒定流，急变流一定是非恒定流，这种说法对否，并说明理由。

3-3 有一变直径圆管，已知断面 1—1、断面 2—2 的直径分别是 d_1 和 d_2，问两断面平均流速之比为 1∶2 时，其直径成什么比例？

3-4 拿两张薄纸，平行提到手中，当用嘴顺纸间间隙吹气时，问薄纸是不动、靠拢，还是张开，为什么？

3-5 在火车站站台上等车，在火车马上就要进站的时候，从水力学的角度解释，为什么广播员要乘客站在候车黄线以外，以保安全。

3-6 如图 3-37 所示，两轮船在水中航行。按水上航运规定，两船距离不能相距过近，从水力学的角度解释，这是为什么？

3-7 飞机的机翼的剖面如图 3-38 所示，当飞机快速穿过空气时，会产生一个什么方向的力？

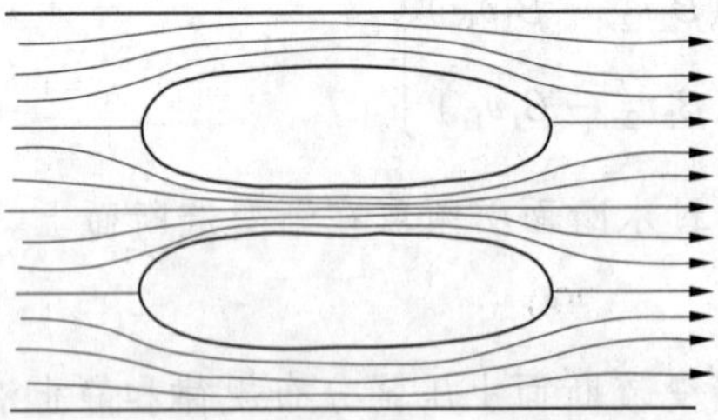

图 3-37

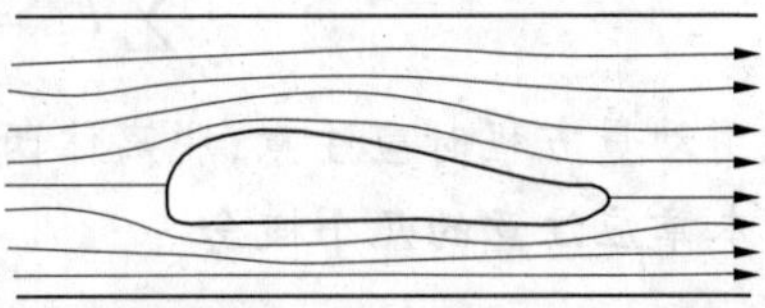

图 3-38

3-8 对水流流向问题有如下一些说法："水一定是从高处向低处流"、"水一定从压强大的地方向压强小的地方流”、“水一定是从流速大的地方向流速小的地方流”，这些说法是否正确，为什么？正确的说法应该是怎样？

3-9　如图 3-39 所示的隧洞，在出口处装一闸门，其底面是水平的，直径均为 d，试问：

(1) a、b、c 三点压强是在闸门关闭时大，还是开门时大？

(2) 开门后试比较三点压强的大小，并说明原因。

3-10　有一等直径的弯管如图 3-40 所示，试问：水流由低处流向高处的 AB 管段中，断面平均流速 v 是否会沿程减小；在由高处流向低处的 BC 段中，断面平均流速 v 是否会沿程增大，为什么？

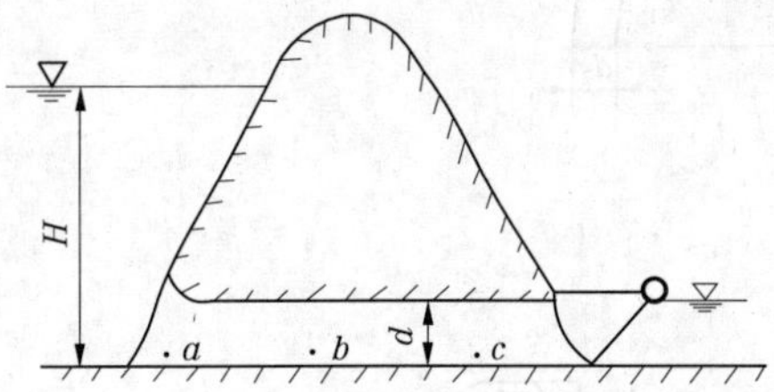

图 3-39

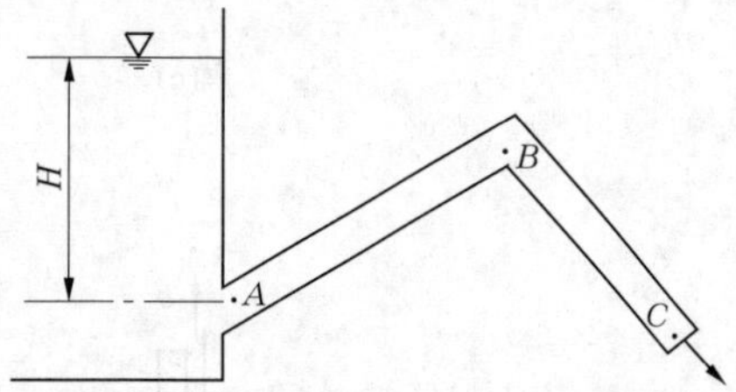

图 3-40

3-11　在如图 3-41 所示的装置中，当 H 不变，逐渐加大末端闸阀开启度，使 A 点流速不断加大时，h 会如何改变，容器中的液体是否可能被吸入 AB 管中？

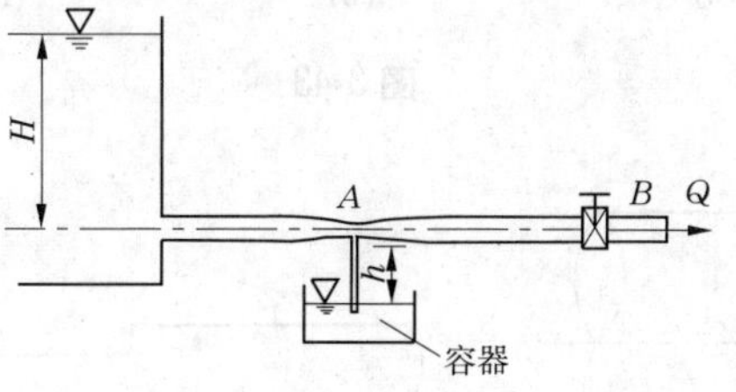

图 3-41

3-12　如图 3-42 所示水平放置的四种管流，忽略水头损失时，试问：

(1) (a)、(b) 管路是否均受轴向力作用，为什么？

(2) (c)、(d) 管路是否均受动水总压力作用，哪一个受的作用力大，为什么？

3-13　有如图 3-43 所示三种形式的叶片，受流量为 Q、流速为 v 的射流冲击，试问：哪一种情况叶片上受的冲力最大，哪一种受的冲力最小，为什么？

3-14　已知圆管中流速为轴对称分布(见图 3-44)，其分布函数为 $u = u_m(1 - R^2/R_0^{\ 2})$，式中的 R_0 为管道半径，u 为距管轴中心为 R 处的流速，u_m 为管轴上的流速。若已知 $R_0 = 3$ cm，$u_m = 0.15$ m/s，试计算通过管中的流量 Q 及断面平均流速 v。

3-15　在一压力管中(见图 3-45)，已知 $d_1 = 200$ mm，$d_2 = 150$ mm，$d_3 = 100$ mm。第三段管中的平均流速 $v_3 = 2$ m/s。试求管中的流量 Q 及第一、第二两段管中的平均流速 v_1、v_2。

3-16　如图 3-46 所示，某主河道的总流量 $Q_1 = 1\,890$ m^3/s，上游两个支流的断面平均流速为 $v_3 = 1.30$ m/s，$v_2 = 0.95$ m/s。若两个支流过水断面面积之比为 $A_2/A_3 = 4$，求两个

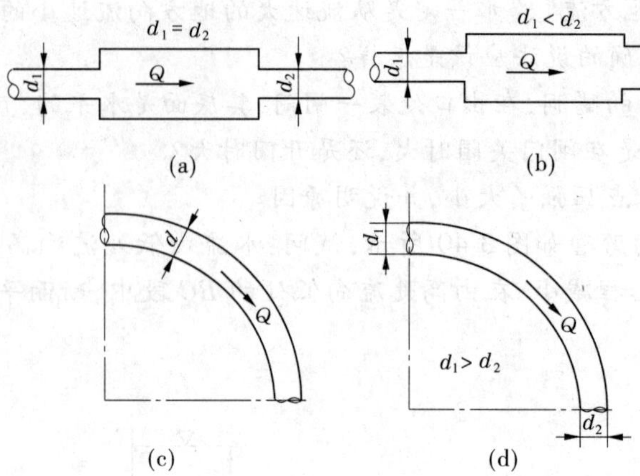

图 3-42

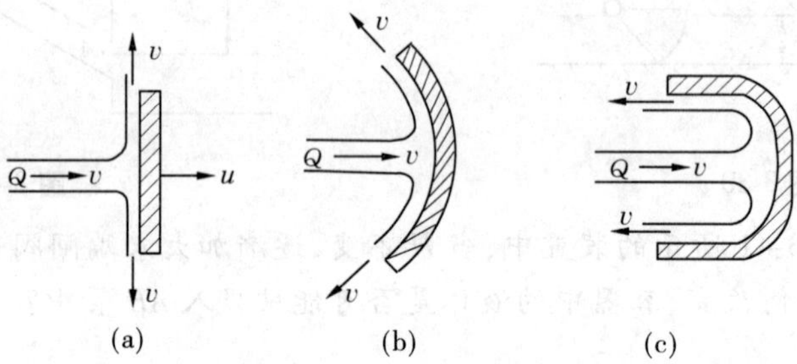

图 3-43

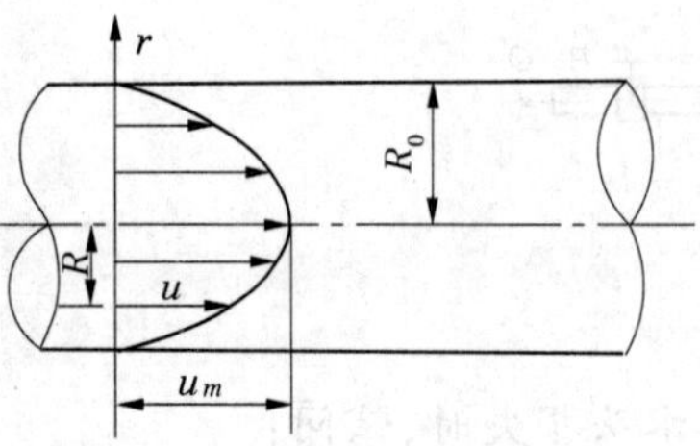

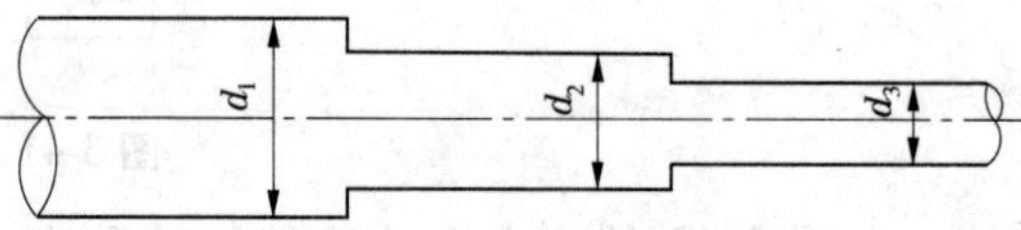

图 3-44　　图 3-45

支流的断面面积 A_2 及 A_3。

3-17　一变直径的管段 AB（见图 3-47），$d_A = 0.2$ m，$d_B = 0.4$ m，高差 $\Delta z = 1.5$ m，今测得 $p_A = 30$ kN/m^2，$p_B = 40$ kN/m^2，B 点处断面平均流速 $v_B = 1.5$ m/s，求 A、B 两断面的总水头差及管中水流流动方向。

3-18　某管道如图 3-48 所示，直径 $d = 0.15$ m，测得水银压差计中液面差 $\Delta h = 0.2$ m，若断面平均流速 $v = 0.78u_{\max}$，求管中通过的流量。

3-19　某水管（见图 3-49），已知管径 $d = 100$ mm，当阀门全关时，压力计读数为 0.5 个大气压，而当阀门开启后，保持恒定流，压力计读数降至 0.2 个大气压，若压力计前段的总水头损失为 $2\dfrac{v^2}{2g}$，试求管中的流速和流量。

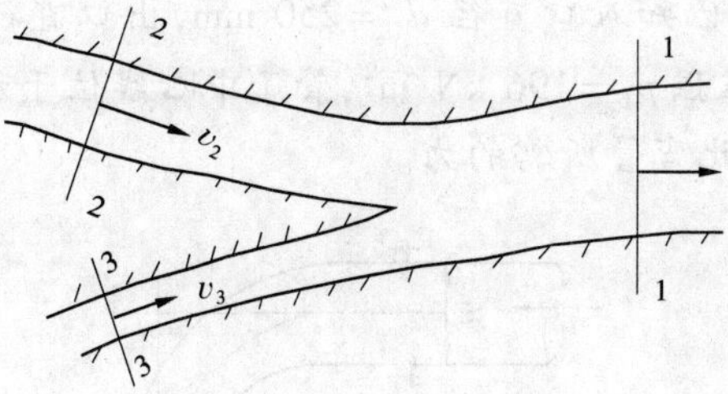

图 3-46

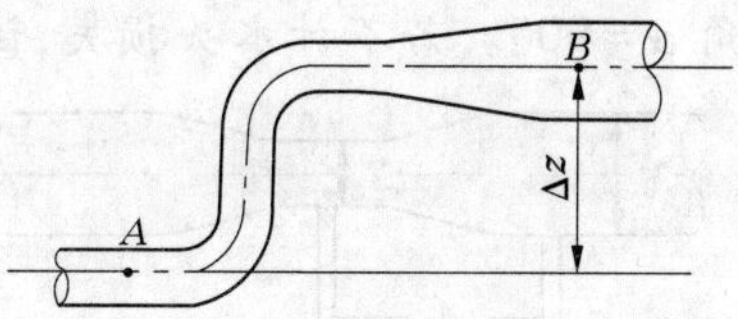

图 3-47

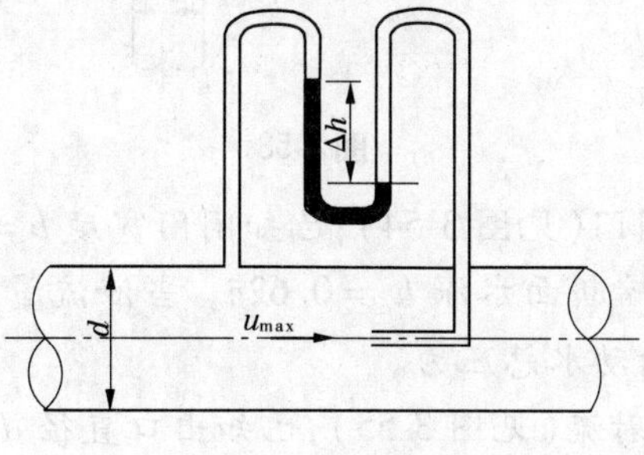

图 3-48

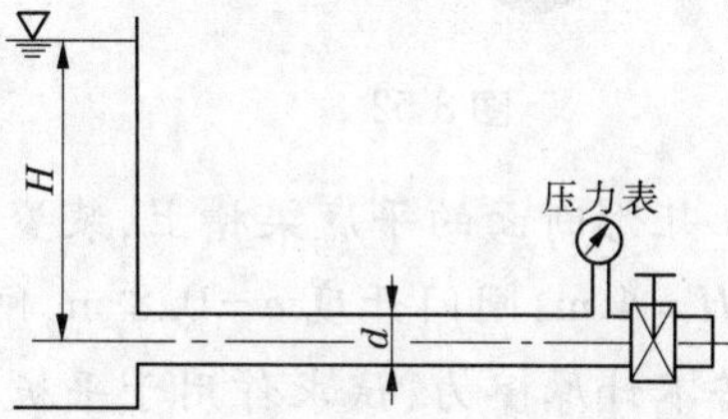

图 3-49

3-20　矩形断面平底渠道，其宽度 $b=27$ m，河床在某断面处抬高 $\Delta=0.3$ m，抬高前的水深 $h_1=1.8$ m，抬高后水面降低 $\Delta h=0.12$ m（见图 3-50）。若水头损失 h_w 为尾渠流速水头的一半，问流量 Q 等于多少？

3-21　有一铅直输水管（见图 3-51），上游为一水池，出口接一管嘴，已知管径 $D=10$ cm，出口直径 $d=5$ cm，流入大气，其他尺寸如图所示。若不计水头损失，求管中 A、B、C 三点的压强。

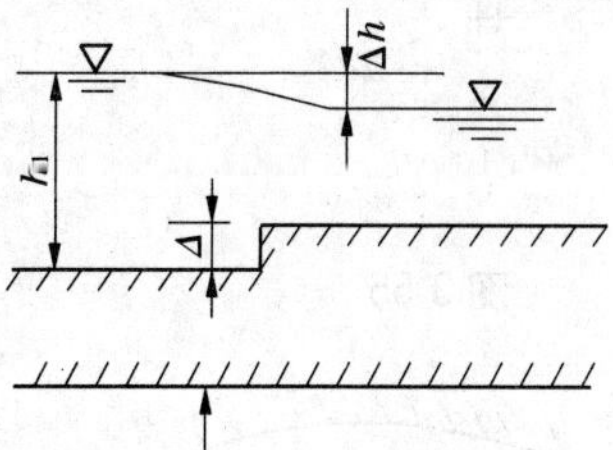

图 3-50

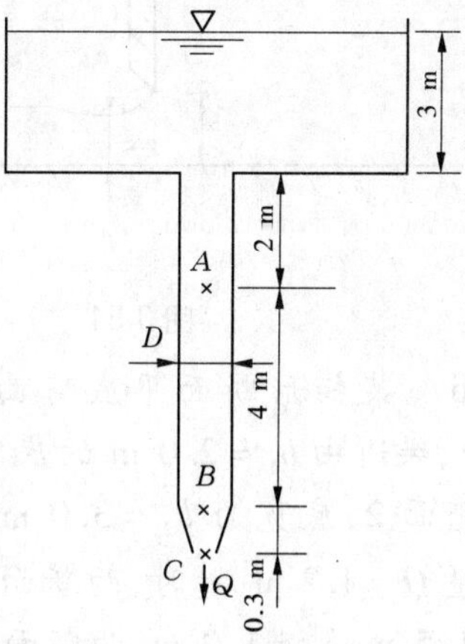

图 3-51

3-22　有一文德里管路（见图 3-52），已知管径 $d_1=15$ cm，文德里管喉部直径 $d_2=10$ cm，水银压差计高差 $\Delta h=20$ cm，实测管中流量 $Q=60$ L/s，试求文德里流量计的流量系数 μ。

3-23　一引水管的渐缩弯段(见图3-53),已知入口直径 $d_1=250$ mm,出口直径 $d_2=200$ mm,流量 $Q=150$ L/s,断面1—1的相对压强 $p_1=196$ kN/m^2,管子中心线位于水平面内,转角 $\alpha=90°$。若不计水头损失,试求固定此弯管所需的力。

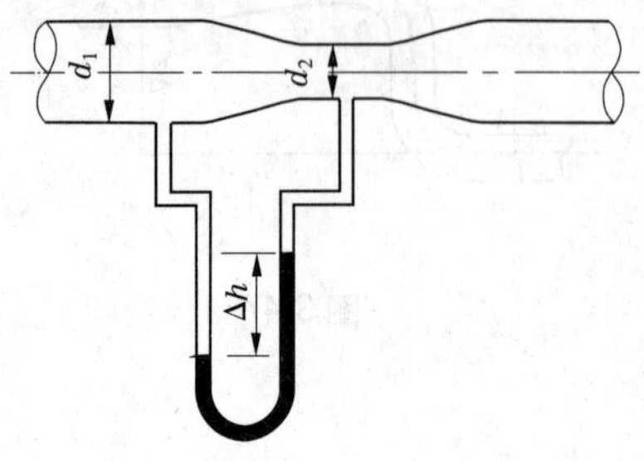

图3-52

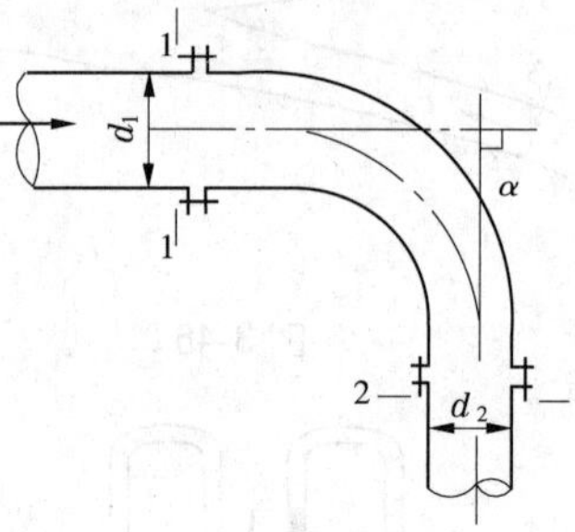

图3-53

3-24　矩形断面的平底渠槽上,装置一平板闸门(见图3-54),已知闸门宽度 $b=2$ m,闸前水头 $H=4$ m,闸门开度 $e=0.8$ m,闸孔后收缩断面水深 $h_c=0.62e$。当泄流量 $Q=8$ m^3/s时,若不计摩擦力,试求作用于平板闸门上的动水总压力。

3-25　有一管道出口处的针形阀门全开时为射流(见图3-55),已知出口直径 $d_2=15$ cm,流速 $v_2=30$ m/s,管径 $d_1=35$ cm。若不计水头损失,当测得针阀的拉杆受拉力 $F=4\ 900$ N时,试求:

(1)连接管道出口段的螺栓所受的水平总力为若干?

(2)所受的是拉力还是压力?

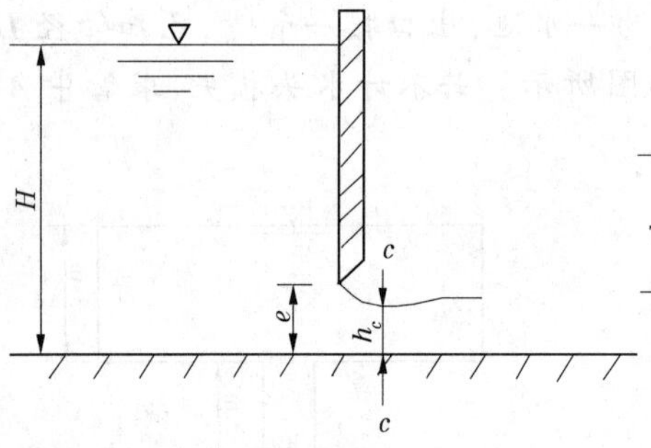

图3-54

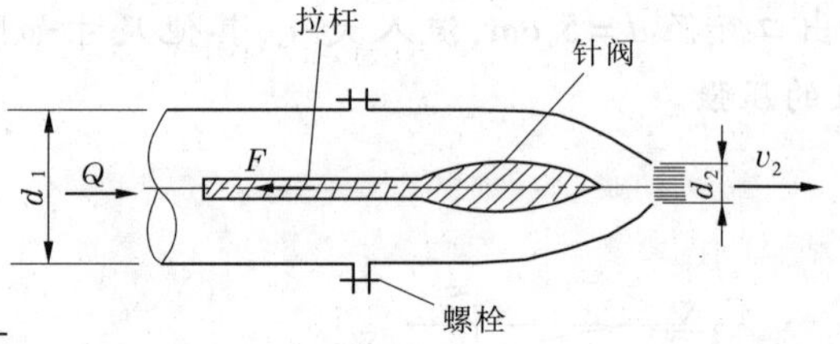

图3-55

3-26　某矩形断面平底弯曲渠段(见图3-56),渠道由 $b_1=2.0$ m的底宽断面1,渐变为断面2,底宽为 $b_2=3.0$ m。当通过渠道流量 $Q=4.2$ m^3/s时,两断面水深分别为 $h_1=1.5$ m,$h_2=1.2$ m,两断面的平均流速 v_1 和 v_2 与 x 轴的夹角分别为 $\theta_1=30°$和 $\theta_2=60°$,试求水流对渠段侧壁的水平冲力。

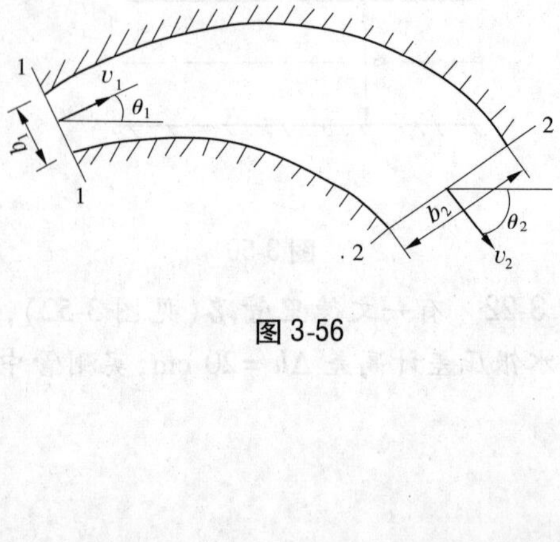

图3-56

第四章　水流型态与水头损失

前面我们已经讨论了理想液体和实际液体的能量转换规律,并给出了能量方程式。由于实际液体具有黏滞性,因此在流动过程中产生水流阻力,耗损一部分机械能,造成水头损失。水头损失的计算在能量方程式的应用中是不可缺少的,因此本章从水流的物理特征出发,先弄清产生水头损失的原因,以及它与水流型态的关系,进一步讨论水头损失的变化规律,然后介绍水头损失的计算方法。

第一节　水头损失的类型及其与阻力的关系

一、产生水头损失的原因及水头损失的分类

实际液体在流动过程中,与边界面接触的液体质点黏附于固体表面,流速为零。在边界面的法线方向上流速从零迅速加大,过水断面上的流速分布处于不均匀状态。如果选取相邻两流层来研究,由于两流层间存在相对运动(如图 4-1 所示),实际液体又具有黏滞性,所以在有相对运动的相邻流层间就会产生内摩擦力。液体流动过程中要克服这种摩擦阻力,损耗一部分液流的机械能,转化为热能而散失。单位重量液体从一断面流至另一断面所损失的机械能,就叫做两断面之间的单位能量损失。

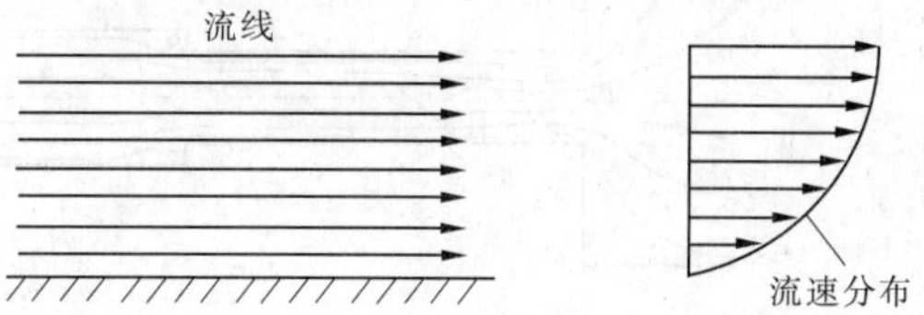

图 4-1

在固体边界顺直的河道中,水流的边界形状和尺寸沿水流方向不变或基本不变,水流的流线便是平行的直线,或者近似为平行的直线,其水流属于均匀流或渐变流。这种情况下产生的水头损失,是沿程都有并随流程的长度而增加,所以叫做沿程水头损失,常用 h_f 表示。

在边界形状和大小沿流程发生改变的流段,水流的流线发生弯曲。由于水流的惯性作用,水流在边界突变处会产生与边界的分离并且水流与边界之间形成旋涡。因此,在水流边界突变处的水流属于急变流(如图 4-2 所示)。在急变流段内,由于水流的扩散和旋涡的形成,使水流在此段内形成了比内摩擦阻力大得多的水流阻力,产生了较大的水头损失,这种能量损失是发生在局部范围之内的,所以叫做局部水头损失,常用 h_j 表示。

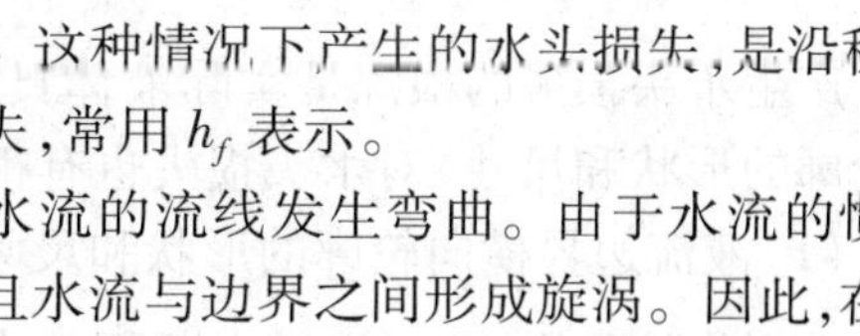

图 4-2

综上所述,我们可以将水流阻力和水头损失分成两类:

（1）由各流层之间的相对运动而产生的阻力，称为内摩擦阻力。它由于均匀地分布在水流的整个流程上，故又称为沿程阻力。为克服沿程阻力而引起单位重量水体在运动过程中的能量损失，称为沿程水头损失，如输水管道、隧洞和河渠中的均匀流及渐变流流段内的水头损失，就是沿程水头损失。

（2）当流动边界沿程发生急剧变化时（如突然扩大、突然缩小、转弯、阀门等处），局部流段内的水流产生了附加的阻力，额外消耗了大量的机械能，通常称这种附加的阻力为局部阻力，克服局部阻力而造成单位重量水体的机械能损失为局部水头损失。局部水头损失，是在边界发生改变处的一段流程内产生的，为了计算方便，常将局部水头损失看成是集中在一个突变断面上产生的水头损失。

实际水流中，整个流程既存在着各种局部水头损失，又有各流段的沿程水头损失。某一流段沿程水头损失与局部水头损失的总和，称为该流段的总水头损失。如其相邻两局部水头损失互不影响，则全流程（如图4-3所示）总水头损失 h_w 就等于各局部水头损失和各流段的沿程水头损失之和，即

$$h_w = \sum h_f + \sum h_j \tag{4-1}$$

式中 $\sum h_f$——整个流程中各均匀流段或渐变流段的沿程水头损失之和；

$\sum h_j$——整个流程中各种局部水头损失之和。

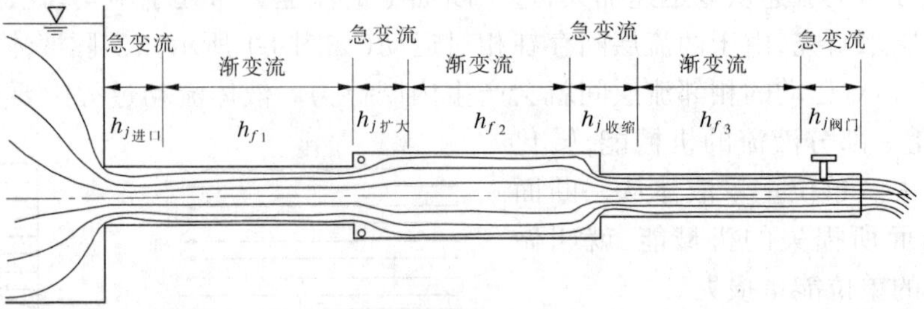

图4-3

二、液流边界几何条件对水头损失的影响

产生水头损失的根源是实际液体具有黏滞性，但固体边界纵横向的几何条件（即边界轮廓的形状和尺寸）对水头损失也有很大影响。

（1）液流边界横向轮廓的形状和尺寸对水头损失的影响。液流边界横向轮廓的形状和尺寸对水流的影响，可用过水断面的水力要素来表示，如过水断面面积 A、湿周 χ 及水力半径 R 等。液流过水断面与固体边界接触的周界叫做湿周，常用 χ 表示。例如两个不同形状的断面，一为正方形，一为扁长矩形，如其过水断面面积相等，水流条件也相同，但扁长矩形渠槽中的液流的湿周要长些，所受到的阻力就要大些，因而水头损失也要大些。这是因为扁长矩形渠槽中的液流与固体边界接触的周界要大些。因此，湿周也是过水断面的重要水力要素之一。湿周愈大，水流阻力及水头损失也愈大。

两个过水断面的湿周相等，而形状不同，过水断面面积一般是不相等的。当通过同样大小的流量时，水流阻力和水头损失也不相等，因为面积较小的过水断面，液流通过的流

速较大,相应的水流阻力及水头损失也较大。

所以,用过水断面面积 A 或湿周 χ 中的任何一个水力要素单独来表示过水断面的水力特征都是不全面的,只有把二者相互结合起来才较为全面。过水断面面积 A 与湿周 χ 的比值称为水力半径,即

$$R = \frac{A}{\chi} \tag{4-2}$$

水力半径是过水断面的一个非常重要的水力要素,单位为米(m)或厘米(cm)。例如直径为 d 的圆管,当充满液流时,$A=\frac{\pi d^2}{4}$,$\chi=\pi d$,故水力半径 $R=\frac{A}{\chi}=\frac{d}{4}$。

(2)液流边界纵向轮廓对水头损失的影响。根据边界纵向轮廓的不同,有两种不同的液流:均匀流与非均匀流。

均匀流中沿程各过水断面的水力要素及断面平均流速都是不变的。所以,均匀流时只有沿程水头损失。非均匀渐变流时局部水头损失可忽略不计,非均匀急变流时两种水头损失都有。

三、均匀流沿程水头损失与切应力的关系

在管道或明渠均匀流里,任取一段总流来分析(见图 4-4)。设管道的中心线与水平面的夹角为 α,流段长度为 l,过水断面面积为 A。用 p_1 和 p_2 分别表示作用在流段两过水断面 1—1、2—2 形心点上的动水压强,z_1 和 z_2 为该两断面形心点距基准面的高度,则作用在该流段上的外力有:

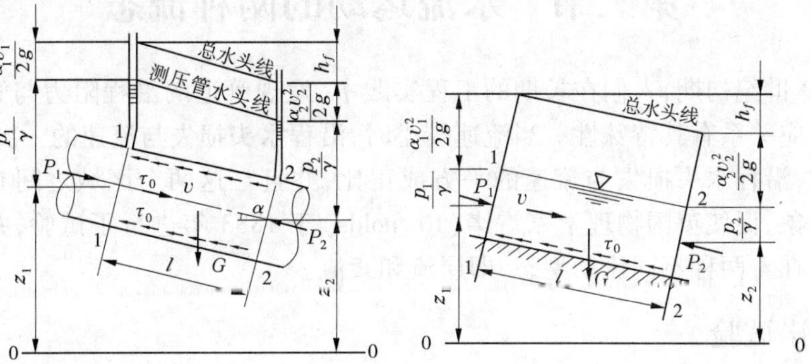

图 4-4

(1)动水压力。作用在断面 1—1 上的动水压力可按静水总压力公式计算,即 $P_1=p_1A$;作用在断面 2—2 上的动水压力为 $P_2=p_2A$。两力的方向都是垂直指向作用面。

(2)重力。重力为 $G=\gamma Al$,方向竖直向下。

(3)摩擦阻力。设 τ_0 为流段的固体边界作用于水流上的平均切应力,则整个流段固体边界作用于水流的总摩擦阻力为 $T=\tau_0 l\chi$(χ 为湿周),摩擦阻力与水流的方向相反。

由于所研究的均匀流处于平衡状态,则作用在该流段上的各外力沿流向必须符合力的平衡条件,即

$$P_1 - P_2 + G\sin\alpha - T = 0$$

或者

$$p_1A - p_2A + \gamma Al\sin\alpha - \tau_0 l\chi = 0$$

由图 4-4 可知

$$\sin\alpha = \frac{z_1 - z_2}{l}$$

将式中各项除以 γA,整理后得

$$\left(z_1 + \frac{p_1}{\gamma}\right) - \left(z_2 + \frac{p_2}{\gamma}\right) = \frac{l\chi}{A} \cdot \frac{\tau_0}{\gamma} \tag{4-3}$$

由于过水断面 1—1 和 2—2 的流速水头相等,对这两个过水断面列能量方程得

$$\left(z_1 + \frac{p_1}{\gamma}\right) - \left(z_2 + \frac{p_2}{\gamma}\right) = h_f$$

将上式及 $R = \dfrac{A}{\chi}$ 代入式(4-3)得

$$h_f = \frac{l}{R} \cdot \frac{\tau_0}{\gamma} \tag{4-4}$$

单位长度上的水头损失称为水力坡度,即把 $J = \dfrac{h_f}{l}$ 代入上式,则式(4-4)又可写成

$$\tau_0 = \gamma RJ \tag{4-5}$$

式(4-4)和式(4-5)即为均匀流中沿程水头损失与边界切应力的关系式。因式中的边界平均切应力 τ_0 还不了解,所以不能利用该式计算沿程水头损失。为了能计算均匀流中的沿程水头损失,必须对水流流动的内在结构,即水流的流动状态进行研究。

第二节　水流运动的两种流态

早在 19 世纪初期,人们在长期的工程实践中,发现管道的沿程阻力与管道水流的流速之间的对应关系有其特殊性。当流速较小时,沿程水头损失与流速的一次方成正比;当流速较大时,沿程水头损失与流速的平方成正比,并且在这两个区域之间有一个不稳定区。这一现象,促使英国物理学家雷诺(Reynolds)于 1883 年进行了试验,并揭示了实际液体运动存在着两种不同流动型态,即层流和紊流。

一、雷诺试验

图 4-5 为雷诺试验装置的示意图。在试验过程中,使水箱内水位保持不变,保证试验时试验管段内的水流为恒定均匀流。

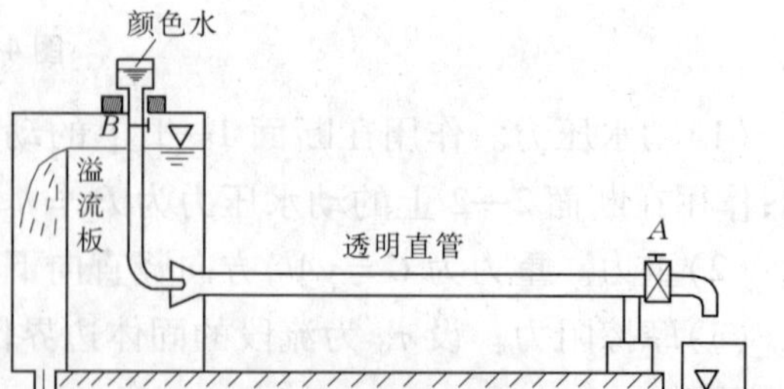

图 4-5

试验开始时,先将试验管末端的阀门 A 慢慢开启,使试验段管中水流的流动速度较小,然后打开装有颜色液体的细管上的阀门 B,此时,在试验段的玻璃管内出现一条细而直的鲜明的着色流

束，此着色流束并不与管内不着色的水流相混杂，如图4-6(a)所示。

将阀门A逐渐开大，试验管段中水流的流速也相应地逐渐增大，此时可以看到，玻璃管中的着色流束开始颤动，并弯曲成波形，如图4-6(b)所示。随着阀门A的继续开大，着色的波状流束先在个别地方出现断裂，失去了着色流束的清晰形状。最后，在流速达到某一定值时，着色流束便完全破裂，形成旋涡，并很快地扩散到整个试验管子，而使管中水流全部着色，如图4-6(c)所示，这种现象说明水流质点已经是相互混掺了。

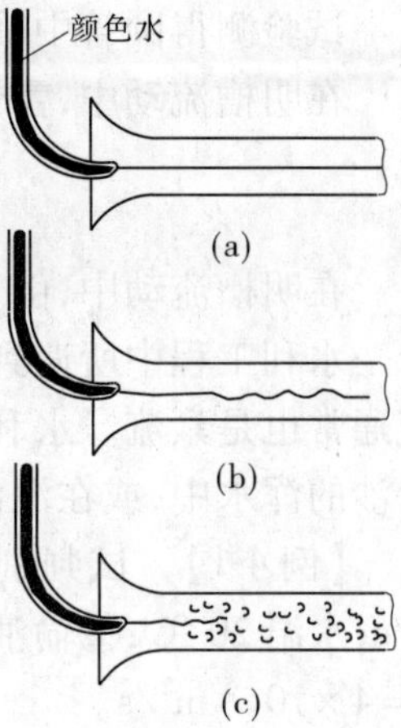

图4-6

上述试验表明，在管中流动的水流，当其流速不同时，水流具有两种不同的流动型态。当流速较小时，各流层的水流质点是有条不紊、互不混掺地分层流动，水流的这种流动型态称为层流。当水流中的流速较大时，各流层中的水流质点已形成旋涡，在流动中互相混掺，这种流动型态的水流为紊流。

若玻璃管中的流速由大慢慢地变小，则玻璃管中的水流也会由紊流状态变为层流状态。试验结果表明，由紊流转变成为层流时的流速比由层流转变成紊流时的流速要小。

二、水流型态的判别

为了鉴别层流与紊流这两种水流型态，把两类水流型态转换时的流速称为临界流速。其中，层流变紊流时的临界流速较大，称上临界流速，而由紊流变层流时的临界流速较小，称下临界流速。当流速大于上临界流速时，水流为紊流状态。当流速小于下临界流速时，水流为层流状态。当流速介于上下两临界流速之间时，水流可能为紊流，也可能为层流，根据管道的初始条件和受扰动的程度确定。

当改变试验时的水温、玻璃管直径或试验液体种类时，测出临界流速的数值相应发生改变。对不同液体，在不同温度下，流经不同管径的管道进行试验，结果表明，液体流动型态的转变，取决于液体流速v和管径d的乘积与液体运动黏滞系数ν的比值。因此，称$\frac{vd}{\nu}$为雷诺数，用Re表示，即

$$Re = \frac{vd}{\nu} \tag{4-6}$$

试验表明，同一形状的边界中流动的各种液体，流动型态转变时的雷诺数是一个常数，称为临界雷诺数。紊流变层流时的雷诺数称为下临界雷诺数。层流变紊流的雷诺数称为上临界雷诺数。下临界雷诺数比较稳定，而上临界雷诺数的数值极不稳定，随着流动的起始条件和试验条件不同，外界干扰程度不同，其值差异很大。实践中，只根据下临界雷诺数判别流态。把下临界雷诺数称为临界雷诺数，以Re_k表示。实际判别液体流态时，当液流的雷诺数$Re < Re_k$时，为层流；当液流的雷诺数$Re > Re_k$时，则为紊流。

因此，雷诺数是判别流动型态的判别数，对于同一边界形状的流动，在不同液体、不同温度及不同边界尺寸的情况下，临界雷诺数是一个常数。不同边界形状下流动的临界雷

诺数大小不同。

试验测得圆管中临界雷诺数 $Re_k = 2\ 000 \sim 3\ 000$，常取 2 320 为判别值。

在明槽流动中，雷诺数常用水力半径 R 作为特征长度来替代直径 d，Re 须写为

$$Re = \frac{vR}{\nu} \tag{4-7}$$

在明槽流动中，由于槽身形状有差异，测得 Re 为 300 ~ 600，常取 580 为判别值。

水利工程中所遇到的流动绝大多数属于紊流，即使流速和管径皆较小的生活供水，管流通常也是紊流。水利工程中层流是很少发生的，只有在地下水流动、水库、沉沙池和高含沙的浑水中，或在泥沙颗粒分析及其他试验中，才可能遇到层流。

【例 4-1】 试判别下述液流的流动型态。①输水管管径 $d = 0.1$ m，通过流量 $Q = 5$ L/s，水温 20 ℃；②输油管管径 $d = 0.1$ m，通过流量 $Q = 3$ L/s，已知油的运动黏滞系数 $\nu = 4 \times 10^{-5}$ m²/s。

解 (1)输水管 $d = 0.1$ m

$$A = \frac{\pi}{4}d^2 = \frac{3.14}{4} \times 0.1^2 = 7.85 \times 10^{-3}\ (\text{m}^2)$$

$$v = \frac{Q}{A} = \frac{5 \times 10^{-3}}{7.85 \times 10^{-3}} = 0.637\ (\text{m/s})$$

由表 1-1 查得当水温为 20 ℃时，$\nu = 1.003 \times 10^{-6}$ m²/s

则
$$Re = \frac{vd}{\nu} = \frac{0.637 \times 0.1}{1.003 \times 10^{-6}} = 63\ 509 > Re_k = 2\ 320$$

因此，输水管内水流为紊流。

(2)输油管 $d = 0.1$ m，$A = 7.85 \times 10^{-3}$ m²

$$v = \frac{Q}{A} = \frac{3 \times 10^{-3}}{7.85 \times 10^{-3}} = 0.382\ (\text{m/s})$$

$$Re = \frac{vd}{\nu} = \frac{0.382 \times 0.1}{4 \times 10^{-5}} = 955 < Re_k = 2\ 320$$

因此，输油管内液流为层流。

【例 4-2】 某实验室的矩形试验明槽，底宽为 $b = 0.2$ m，水深 $h = 0.1$ m，今测得其断面平均流速 $v = 0.15$ m/s，室内的水温为 20 ℃，试判别槽内水流的流态。

解 (1)计算明槽过水断面的水力要素

$$A = bh = 0.2 \times 0.1 = 0.02\ (\text{m}^2)$$

$$\chi = b + 2h = 0.2 + 2 \times 0.1 = 0.4\ (\text{m})$$

$$R = \frac{A}{\chi} = \frac{0.02}{0.4} = 0.05\ (\text{m})$$

(2)判别水流的流态

由水温为 20 ℃，查表 1-1 得 $\nu = 1.003 \times 10^{-6}$ m²/s

则
$$Re = \frac{vR}{\nu} = \frac{0.15 \times 0.05}{1.003 \times 10^{-6}} = 7\ 478$$

因为 $Re > 580$，则明槽中的水流为紊流。

三、水流流动型态和水头损失关系

在雷诺试验装置中，将水平放置的玻璃管段两端各接一根测压管，测量管段两端断面1—1和2—2之间的沿程水头损失 h_f，如图4-7所示。

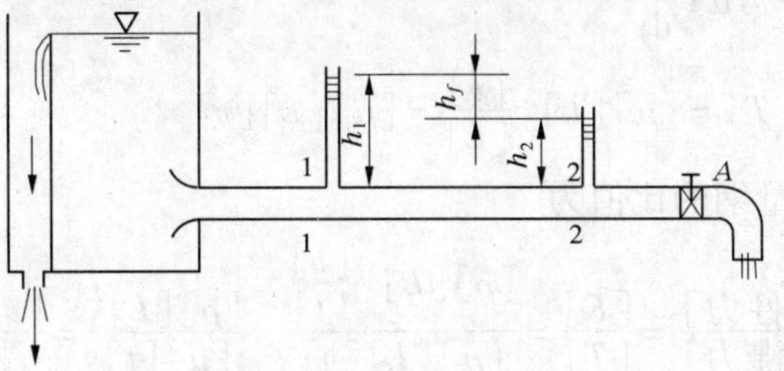

图4-7

对过水断面1—1和2—2列能量方程，得

$$z_1 + \frac{p_1}{\gamma} + \frac{\alpha_1 v_1^2}{2g} = z_2 + \frac{p_2}{\gamma} + \frac{\alpha_2 v_2^2}{2g} + h_f$$

由图4-7可知，$z_1 = z_2$，$\frac{\alpha_1 v_1^2}{2g} = \frac{\alpha_2 v_2^2}{2g}$，上式可简化为

$$h_f = \frac{p_1}{\gamma} - \frac{p_2}{\gamma} = h_1 - h_2 = \Delta h$$

上式表明，两测压管中的水位差，即是两过水断面之间的沿程水头损失。

试验按层流转变为紊流和紊流转变为层流两种程序进行，改变管中流速，多次重复试验，将试验所得结果(不同流速时的沿程水头损失值)绘在双对数坐标纸上，纵坐标表示 $\lg h_f$，横坐标表示 $\lg v$，如图4-8所示。

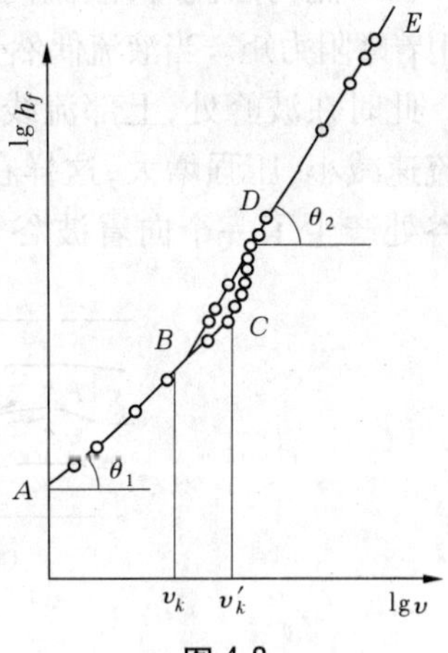

图4-8

图4-8的关系曲线说明：层流时，h_f 与 v 按 AB 直线变化，因为直线 AB 的倾角 $\theta_1 = 45°$，所以沿程水头损失与流速的一次方成正比。紊流时，沿程水头损失与流速的关系按 DE 直线变化，直线 DE 的倾角 $\theta_2 > 45°$，沿程水头损失与流速的1.75～2.0次方成正比。上述沿程水头损失与流速的关系，可用统一的指数形式的公式表示，即

$$h_f = kv^m \tag{4-8}$$

当水流为层流时，指数 $m = 1$；当水流为紊流时，指数 $m = 1.75 \sim 2.0$。

四、雷诺数的物理意义

雷诺数可理解为水流惯性力和黏滞力作用的对比关系。这一点可以通过量纲分析予以证明。雷诺数的量纲可表示为 $[Re] = \frac{[v] \cdot [L]}{[\nu]}$。

水流惯性力作用可用惯性力表示，黏滞力作用可用黏滞力来表征：

惯性力　　$F = ma = \rho V \dfrac{\mathrm{d}u}{\mathrm{d}t}$

其量纲为　　$[F] = [\rho][L]^3 \dfrac{[v]}{[t]}$

黏滞力　　$T = \mu A \dfrac{\mathrm{d}u}{\mathrm{d}y}$

其量纲为　　$[T] = [\mu][L]^2 \dfrac{[v]}{[L]} = [\mu][L][v]$

惯性力和黏滞力量纲的比值为

$$\frac{[\text{惯性力}]}{[\text{黏滞力}]} = \frac{[F]}{[T]} = \frac{[\rho][L]^3 \dfrac{[v]}{[t]}}{[\mu][L][v]} = \frac{[\rho][L]^2}{[\mu][t]} = \frac{[v][L]}{[\nu]}$$

上述量纲式与雷诺数的量纲相同。式中的特征长度 L,在管流中用管径 d 表示,在明渠中则用水力半径 R 表示。所以,雷诺数的物理意义就是表征惯性力与黏滞力的对比关系。

当 Re 较小时,反映水流中黏滞力大而惯性力小,黏滞力对水流质点起控制作用,所以水流为成层流流动,质点互不混掺。当 Re 较大时,反映水流中黏滞力小而惯性力大,惯性力对水流起控制作用,依靠自身惯性流动,水流质点可以摆脱黏滞力控制并发生混掺而成紊流。

五、紊流的形成过程

当水流为层流时,液流内任一流层的上下面均有方向相反的摩阻切力,因而在流层上作用着摩阻力矩。当液流偶然受到外界的轻微干扰时,流层会发生微微的波动,如图 4-9(a)所示。此时在波峰处,上部流线压紧,过流断面有所减小,流速增大,压强减小;在波峰下部则流速减小,压强增大,这样在波峰处产生了一个向着峰顶方向的压力。相反,在其邻近波谷处产生了一个向着波谷方向的压力。这两个垂直于流层的压力形成一个力矩,方向

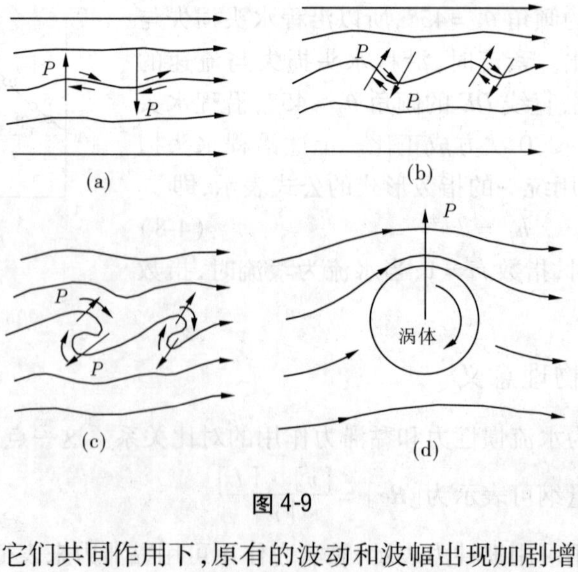

图 4-9

与摩阻力矩相同。在它们共同作用下,原有的波动和波幅出现加剧增大的趋势,促使波峰

和波谷的上下压力及所产生的力矩继续增大，如图 4-9(b)、(c)所示。在合力矩和流层扭曲的相互促进下，形成一系列微小的旋转的涡体。这些涡体的分布是不规则的，其形成是随机的，它们散布在液流中。

如图 4-9(d)所示，涡体在旋转的过程中，旋转方向和上部流速方向一致，和下部流速方向相反。在涡体上部，流速加大而压强变小，下部流速减小而压强增大，产生了上下的一个压差即升力 P，迫使涡体从一个流层进入另一个流层而混掺。旋涡的形成并不一定能使层流立即变成为紊流，只有当旋涡本身的惯性作用比黏滞作用大到某一定程度的时候($Re > Re_k$)，旋涡才能发生向其他流层的混掺，形成紊流。

第三节　紊流运动

一、紊流的基本特征——脉动现象

自 20 世纪 60 年代以来，应用现代显示技术发现，紊流中不断产生大小不等的涡团。无规则运动的涡团，除了随着水流的总趋势向某一方向运动外，其自身还在不停地旋转、振荡，也就是发生混掺，因而它们的位置、形态和流速都随着旋转、振荡而不断地变化。当一系列大小不等的旋涡连续地经过紊流中某一空间位置时，必然会反映出这些空间位置上瞬时运动要素(如流速、压强等)随时间而发生波动的现象。这种波动现象，称为脉动现象，是紊流运动的基本特征。

图 4-10 是用专门仪器实测的恒定流(见图 4-10(a))与非恒定流(见图 4-10(b))时某空间点在水流方向上的瞬时流速随时间而变化的曲线。对上述实测成果进行研究后可以发现，瞬时流速虽然表面看是不断变化的，但是它始终是围绕着某个平均值(如图 4-10 中的 AB、CD 线)上下波动。当所取的观测时段足够长时，瞬时速度在该时段的平均值线(AB 线)在所取时段是不变的，而 CD 线是变化的。

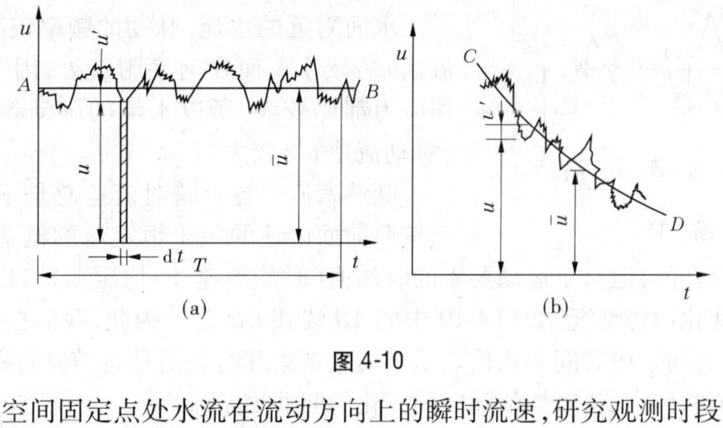

图 4-10

设 u 为某空间固定点处水流在流动方向上的瞬时流速，研究观测时段为 T，则在该时段 T 内空间某固定点的时间平均流速为

$$\bar{u} = \frac{1}{T}\int_0^T u \mathrm{d}t \tag{4-9}$$

图 4-10(a)中的 AB 线表示恒定流时的时间平均流速。从图中可看出，恒定流时，时间平均流速线 AB 是一条与时间轴 t 平行的直线，它表示时均流速不随时间而变化。图 4-10(b)中的 CD 线表示非恒定流时的时均流速曲线，它是一条与时间轴 t 不平行的曲线，这表明，时间平均流速是随时间而变化的。从图中还可以看出，积分表示瞬时流速曲线在 T 时段内所包围的面积，应等于时间平均流速线 AB 或 CD 在 T 时段内所包围的面积。因此，时段 T 就应有足够长，否则时间平均流速线 AB 或 CD 就不具有唯一性。因此，水文测验中要求流速仪在测点停留的时间不得小于 100 s。

瞬时流速 u 与时间平均流速 $\bar{u}$ 的差值，称为脉动流速，用 u' 表示，即

$$u' = u - \bar{u}$$

瞬时流速可以看成是由时间平均流速和脉动流速两部分组成，亦即

$$u = \bar{u} + u' \tag{4-10}$$

脉动流速 u' 是随时间而变化的，它时大时小，时正时负，但在 T 时段内的平均值为零，即

$$\overline{u'} = \frac{1}{T}\int_0^T u'\mathrm{d}t = 0 \tag{4-11}$$

紊流中其他运动要素在流速的脉动影响下，也将引起脉动，如动水压强 p，其脉动压强和时均压强可以表示为

$$p' = p - \bar{p}$$

$$\bar{p} = \frac{1}{T}\int_0^T p\mathrm{d}t$$

$$\overline{p'} = \frac{1}{T}\int_0^T p'\mathrm{d}t = 0$$

值得注意的是，水流各处的脉动强度是不一样的，如河渠水面处与河底处的脉动状况就不相同，如图 4-11 所示。

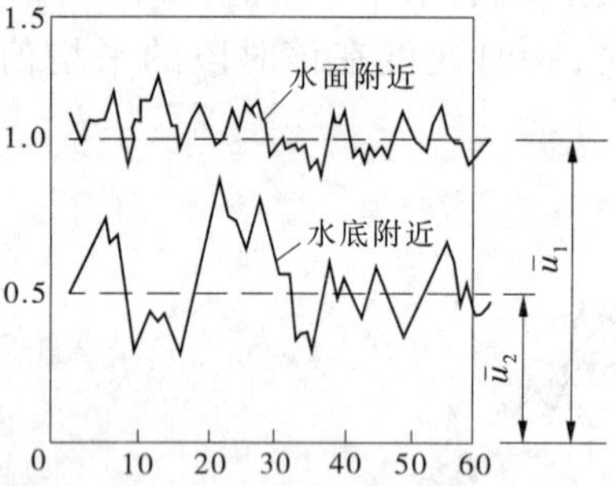

图 4-11

水面附近的水流，脉动的频率较高，振幅（脉动流速 u'）较小。而在河底附近处，因为流速梯度和切应力都比较大，所以水流的脉动频率较低，振幅（脉动流速 u'）较大。

既然紊流中各点瞬时流速总是不断改变的，那么按照前面论述的关于恒定流的概念来判断，真正的恒定流是不存在的，但对于运动要素的时均值（时均流速、时均压强）来讲，有不随时间变化和随时间变化两种情况，如图 4-10 中的 AB 线和 CD 线。因此，我们在研究紊流运动时，各运动要素的均采用时间平均值表示。通过观察其时均值是否随时间变化，定义时均值随时间不变的叫恒定流，时均值随时间变化的叫非恒定流。

但是仅仅研究时均运动是不够的，因为时间平均值描述的水流运动，只能反映水流运动的时均运动状况，不能反映水流脉动状况（脉动频率和振幅的大小）。如河渠的底部和水面处不同状况的脉动，水流在垂直水流方向的脉动等。水流的这种脉动状况对工程实

际起着不容忽视的作用，如压强的脉动不但会增加建筑物所承受的瞬时荷载，而且有可能引起建筑物的振动及产生空蚀现象；河床底部水流的强烈脉动，可使水流挟带泥沙的能力增加，引起河床冲刷。所以，在研究时均运动的同时，仍不能忽视脉动对水流的影响。

二、紊流的切应力

在紊流运动中，流速按时均化方法分解为时均流速和脉动流速的叠加。根据紊流的混掺特性，相应的紊流切应力也应由两部分组成。紊流中的切应力 τ 可表示为黏滞切应力 τ_1 和附加切应力 τ_2 之和，即

$$\tau = \tau_1 + \tau_2 \tag{4-12}$$

紊流中的黏滞切应力与层流中的一样，也符合牛顿内摩擦定律，即 $\tau_1 = \mu \frac{\mathrm{d}u}{\mathrm{d}y}$。其中，$\frac{\mathrm{d}u}{\mathrm{d}y}$是用时间平均流速表示的流速梯度。紊流中的附加切应力 τ_2 是由于质点混掺、动量传递引起的。

附加切应力 τ_2 可用普朗特的动量传递理论来推导。该理论是假设水流质点在横向移动的过程中瞬时流速保持不变，因而其动量保持不变，而到达新位置后，动量就突然发生改变，与新位置上原有液体质点所具有的动量一样。因此，根据动量定理，液体质点的动量变化将产生附加切应力，由此可导出水流质点混掺时的附加切应力 τ_2 的公式：

$$\tau_2 = \rho l^2 \left(\frac{\mathrm{d}u}{\mathrm{d}y}\right)^2 \tag{4-13}$$

式中 ρ——液体的密度；

$\frac{\mathrm{d}u}{\mathrm{d}y}$——用时间平均流速表示的流速梯度；

l——混掺长度，它是一个与水流质点的自由混掺位移长度成正比的物理量。

故紊流时的切应力公式为

$$\tau = \tau_1 + \tau_2 = \mu \frac{\mathrm{d}u}{\mathrm{d}y} + \rho l^2 \left(\frac{\mathrm{d}u}{\mathrm{d}y}\right)^2 \tag{4-14}$$

两种切应力 τ_1 和 τ_2 在紊流总切应力中所占的比重，是随雷诺数 Re 的变化而改变的。当 Re 较小时，水流的紊动较弱，黏滞切应力占主导地位。当 Re 变得较大时，水流的紊动程度剧烈，附加切应力也变得很大并占主导地位。对于天然河渠中的水流，水流的紊动程度已发展得相当充分，其黏滞切应力相对于附加切应力来讲，已小到可以忽略不计的程度，则此时的紊流总切应力就等于附加切应力，即

$$\tau = \tau_2 = \rho l^2 \left(\frac{\mathrm{d}u}{\mathrm{d}y}\right)^2 \tag{4-15}$$

三、紊流中的黏性底层

在紊流中，紧靠固体边界附近的地方，由于固体边界的影响，该处的流速梯度很大，脉动流速很小；黏滞切应力很大，在紊流的总切应力中起主导作用。所以，该处水流的流态基本上是属于层流。因此，在紧靠固体边界表面处，水流始终存在着一层极薄的做层流运

动的流层，通常称该流层为黏性底层。在黏性底层以外的液流才是紊流，又称紊流流核区。此两液层之间还有一层极薄的过渡层，在这里不予研究。图 4-12(a)所示为紊流中流层分布的示意图。黏性底层中的水流处于层流状态，由于该底层很薄，层内的流速分布可近似地看做是直线规律分布，即流速梯度$\frac{\mathrm{d}u}{\mathrm{d}y}$为一常数。由牛顿内摩擦定律 $\tau=\mu\frac{\mathrm{d}u}{\mathrm{d}y}$可知，黏性底层内的切应力 τ 也是一个常数，它等于固体边界处的平均切应力 τ_0。

黏性底层的厚度 δ_0，随着水流紊动程度的加剧而减小。用 Δ 表示固体边界表面粗糙不平的凸出高度，通常称它为绝对粗糙度。当水流中的流速发生变化时，其雷诺数也随着发生变化，则黏性底层厚度 δ_0 也因雷诺数变化而变化。因此，在黏性底层厚度 δ_0 的变化过程中，有可能出现 $\delta_0>\Delta$，也可能出现 $\delta_0<\Delta$ 的情况。

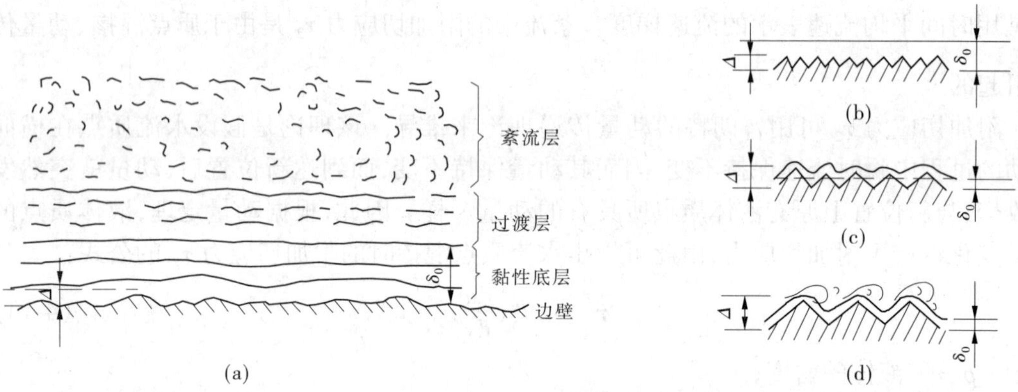

图 4-12

当雷诺数 Re 较小时，δ_0 比 Δ 大得多。这时，固体边界虽然高低不平，却被黏性底层所掩盖，紊流流核区水流像是在完全光滑的壁面上流动一样。水力学上把这种状态的壁面，称为水力光滑面，如图 4-12(b)所示。

当雷诺数 Re 较大时，黏性底层的厚度极薄，δ_0 可以比 Δ 小很多，这时边壁的粗糙度完全暴露在黏性底层之外，与紊流流核区直接接触。当紊流流过边壁的凸凹相间部分时，就会形成大小旋涡，造成比较大的水头损失，水力学称这种状态的壁面为水力粗糙面，如图 4-12(d)所示。

介于上述二者之间的壁面黏性底层的厚度，已不能完全掩盖住边界粗糙的影响。水流受边壁的影响，介于水力光滑面和水力粗糙面之间，称为过渡粗糙面，如图 4-12(c)所示。

必须指出，所谓光滑面或粗糙面，并非完全取决于固体边界表面本身的光滑或粗糙，而是依据黏性底层厚度和绝对粗糙度二者大小的对比关系来决定。即使同一固体边界面，在某一雷诺数下可能是光滑面，而在另一雷诺数下又可能是粗糙面。

四、紊流的流速分布

在紊流中，液体质点之间发生相互混掺，互相碰撞，引起液体内部各质点间的动量传递，结果造成了断面流速分布的均匀化。紊流中的流速分布公式，可由紊流切应力公式结合一些假定和试验成果推导而得，这些假定为：

(1)混掺长度与距边壁的距离 y 成正比，即 $l=\kappa y$。其比例常数 κ 称为卡门常数，由试验确定。对于清水圆管，$\kappa=0.4$；对于河渠，$\kappa=0.5$；对于含有其他介质的水流，κ 与介质浓度有关。

(2)壁面附近的紊流切应力值保持不变，并等于壁面上的切应力，即 $\tau=\tau_0$，并更进一步地认为，在离边界不远处的紊流内部，其切应力也可看做常数，也满足 $\tau=\tau_0$ 条件。

(3)紊流已得到相当充分的发展，附加切应力已完全起主导作用。

根据上述假定，式(4-15)可改写成

$$\tau=\tau_0=\rho\kappa^2y^2\left(\frac{du}{dy}\right)^2 \tag{4-16}$$

将式(4-16)整理后得

$$\frac{du}{dy}=\frac{1}{\kappa y}\cdot\sqrt{\frac{\tau_0}{\rho}}=\frac{u_*}{\kappa y}$$

式中的 $u_*=\sqrt{\frac{\tau_0}{\rho}}$，它具有流速的单位，反映了固体边壁阻力的影响，故称 u_* 为摩阻流速。

将上式进行变量分离，得

$$du=\frac{u_*}{\kappa}\cdot\frac{dy}{y}$$

对上式积分后得

$$u=\frac{u_*}{\kappa}\ln y+C \tag{4-17}$$

式中的 C 为积分常数，由管道或河渠的具体边界条件确定。

式(4-17)就是流速分布的对数曲线公式。该式说明，在管道或河渠的紊流运动中，其过水断面上的流速，是按对数曲线规律分布的，如图 4-13 所示。它比作层流运动时的抛物线规律分布(图中的虚线)均匀得多。

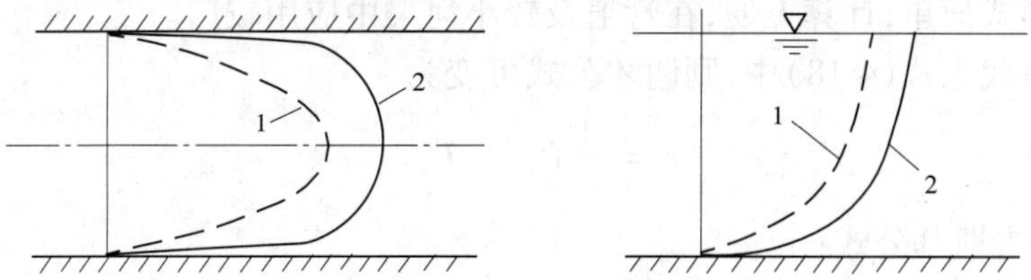

(a)管道 (b)明渠

1—层流时抛物线分布；2—紊流时对数曲线分布

图 4-13

式(4-17)虽是在一定的假定条件下推导出来的，但根据试验和实测的结果，式(4-17)适用于整个紊流流区。

第四节　沿程水头损失的分析和计算

一、沿程水头损失的经验公式——谢才公式

早在200多年以前，人们就已在生产实践中总结出一套计算沿程水头损失 h_f 的经验公式。虽然这些公式在理论上不够完善，但一直在生产实践中被采用，并在一定的范围内满足生产上的需要，所以至今仍在水利工程中被广泛采用。

沿程水头损失计算的经验公式，最常用的是1769年谢才（Chezy）在总结了明渠均匀流的实测资料后提出来的公式，又称谢才公式。其形式为

$$v = C\sqrt{RJ} \tag{4-18}$$

式中　R——水力半径，$R=\frac{A}{\chi}$，m；

C——谢才系数，$m^{1/2}/s$；

J——水力坡度，即 $J=\frac{h_f}{l}$；

v——断面平均流速，m/s。

将 $J=\frac{h_f}{l}$ 代入式（4-18），得

$$h_f = \frac{v^2}{C^2R}l \tag{4-19}$$

确定谢才系数 C 的公式有：

（1）曼宁公式

$$C = \frac{1}{n}R^{1/6} \tag{4-20}$$

式（4-20）中的 n 称为粗糙系数，简称糙率，它是衡量边壁阻力影响的一个综合系数。目前，对 n 值已积累了较多的资料，并普遍为工程界所采用。不同输水渠道边壁的 n 值列于表4-1中，以供查用。

曼宁公式形式简单，计算方便，在管道及较小河渠中应用较广。

将式（4-20）代入式（4-18）中，则谢才公式可变为

$$v = \frac{1}{n}R^{2/3}\cdot J^{1/2} \tag{4-21}$$

（2）巴甫洛夫斯基公式：

$$C = \frac{1}{n}R^{y} \tag{4-22}$$

式中的 y 按下式确定：

$$y = 2.5\sqrt{n} - 0.13 - 0.75\sqrt{R}(\sqrt{n} - 0.10)$$

或者可近似地按下列简式确定

当 $R < 1.0$ m 时　　　　　　$y = 1.5\sqrt{n}$

当 $R > 1.0$ m 时　　　　　　$y = 1.3\sqrt{n}$

巴甫洛夫斯基公式的适用范围为 $0.1 \text{ m} \leqslant R \leqslant 3.0 \text{ m}$，$0.011 \leqslant n \leqslant 0.04$。

n 值的选定，在实际情况中往往比较复杂，如管道有新有旧，有生锈的也有清洁的。天然河道中的糙率更为复杂（第六章、第七章将详细讨论）。工程中对 n 值的选定，一般应根据有关资料并参照已建工程的运用情况来慎重选用。

表 4-1　粗糙系数 n 值

壁面种类及状况	n	$\frac{1}{n}$
特别光滑的黄铜管、玻璃管，涂有珐琅质或其他釉料的表面	0.009	111
精致水泥浆抹面，安装及连接良好的新制的清洁铸铁管及钢管，精刨木板	0.011	90.9
很好地安装的未刨木板，正常情况下无显著水锈的给水管，非常清洁的排水管，最光滑的混凝土面	0.012	83.3
良好的砖砌体，正常情况的排水管，略有积污的给水管	0.013	76.9
积污的给水管和排水管，中等情况下渠道的混凝土砌面	0.014	71.4
良好的块石圬工，旧的砖砌体，比较粗制的混凝土砌面，特别光滑、仔细开挖的岩石面	0.017	58.8
坚实黏土的渠道，不密实淤泥层（有的地方是中断的）覆盖的黄土、砾石及泥土的渠道，良好养护情况下的大渠道	0.022 5	44.4
良好的干砌圬工，中等养护情况的土渠，情况良好的天然河流（河床清洁、顺直、水流通畅、无塌岸及深潭）	0.025	40.0
养护情况在中等标准以下的土渠	0.027 5	36.4
情况比较不良的土渠（如部分渠底有水草、卵石或砾石、部分边岸崩塌等），水流条件良好的天然河流	0.030	33.3
情况特别坏的渠道（有不少深潭及塌岸、芦苇丛生、渠底有大石及密生的树根等），过水条件差、石子及水草数量增加、有深潭及浅滩等的弯曲河道	0.040	25.0

【例 4-3】　有一混凝土的矩形断面渠道，已知 $Q = 25.0 \text{ m}^3/\text{s}$，渠底宽 $b = 6$ m，水深 $h = 3$ m。求渠道中发生均匀流时每公里渠长中的沿程水头损失。

解　先计算过水断面的水力要素：

过水断面面积　　$A = bh = 6 \times 3 = 18(\text{m}^2)$

湿周　　$\chi = b + 2h = 6 + 2 \times 3 = 12(\text{m})$

水力半径　　$R = \dfrac{A}{\chi} = \dfrac{18}{12} = 1.5(\text{m})$

根据表 4-1，中等情况下的混凝土砌面的渠道，取 $n = 0.014$。

(1)由曼宁公式计算 C 值,求沿程水头损失:

按曼宁公式计算谢才系数 C

$$C=\frac{1}{n}R^{1/6}=\frac{1}{0.014}\times 1.5^{1/6}=76.42(\mathrm{m}^{1/2}/\mathrm{s})$$

则 1 km 长渠道的沿程水头损失 h_f 可由式(4-19)求得

$$h_f=\frac{v^2}{C^2R}l=\frac{Q^2}{A^2C^2R}l=\frac{25^2}{18^2\times 76.42^2\times 1.5}\times 1\ 000=0.220(\mathrm{m})$$

(2)由巴甫洛夫斯基公式计算 C 值,求沿程水头损失:

按巴甫洛夫斯基公式计算谢才系数 C

$$C=\frac{1}{n}R^y$$

$$\begin{aligned}y&=2.5\sqrt{n}-0.13-0.75\sqrt{R}(\sqrt{n}-0.10)\\&=2.5\sqrt{0.014}-0.13-0.75\sqrt{1.5}(\sqrt{0.014}-0.10)\approx 0.15\end{aligned}$$

因而
$$\frac{1}{n}R^y=\frac{1}{0.014}\times 1.5^{0.15}=75.9(\mathrm{m}^{1/2}/\mathrm{s})$$

则 1 km 长的渠道中的沿程水头损失为

$$h_f=\frac{v^2}{C^2R}l=\frac{Q^2}{A^2C^2R}l=\frac{25^2}{18^2\times 75.9^2\times 1.5}\times 1\ 000=0.223(\mathrm{m})$$

从上述结果看,由两种方法所得的谢才系数 C 的结果相差极小,因而沿程水头损失的计算结果也就没有多大的差别。

二、沿程水头损失计算的理论公式

在第一节中,导出了均匀流沿程水头损失与边界平均切应力的关系式(4-4)为

$$h_f=\frac{l}{R}\cdot\frac{\tau_0}{\gamma}$$

该式表明,沿程水头损失与固体边界处的平均切应力 τ_0 成正比。大量的试验研究发现,边界切应力 τ_0 与断面平均流速 v、水力半径 R、液体的密度 ρ、动力黏滞系数 μ 及固体边壁的绝对粗糙度 Δ 等因素有关,即

$$\tau_0=F(v,R,\rho,\mu,\Delta)$$

通过量纲分析与 π 定理的运用可得出:

$$\tau_0=\varphi\rho v^2 \tag{4-23}$$

式中的 φ 为比例系数。试验研究的结果表明,φ 随着雷诺数 Re 与相对粗糙度 $\frac{\Delta}{R}$ 的变化而变化,即

$$\varphi=f(Re,\frac{\Delta}{R})$$

将式(4-23)代入沿程水头损失与边界平均切应力关系式中,得

$$h_f=\frac{l}{R}\cdot\frac{\varphi\rho v^2}{\gamma}=\frac{l}{R}\cdot\varphi\frac{v^2}{g}$$

对上式进行适当的变形，得出沿程水头损失 h_f 的理论计算公式为

$$h_f = 8\varphi \frac{l}{4R} \cdot \frac{v^2}{2g} = \lambda \frac{l}{4R} \cdot \frac{v^2}{2g} \tag{4-24}$$

其中的 $\lambda = 8\varphi$，是与水流的雷诺数 Re 和相对粗糙度$\frac{\Delta}{R}$有关的系数，即

$$\lambda = f(Re, \frac{\Delta}{R}) \tag{4-25}$$

由于 λ 是反映固体边界平均切应力对沿程水头损失的影响的，所以称 λ 为沿程阻力系数。

对于圆管，其水力半径 R 为管径 d 的 1/4，即 $R = \frac{d}{4}$，故沿程水头损失的表达式可写为

$$h_f = \lambda \frac{l}{d} \frac{v^2}{2g} \tag{4-26}$$

令 $\lambda = \frac{8g}{C^2}$或 $C = \sqrt{\frac{8g}{\lambda}}$，则式(4-26)就变成了式(4-19)的形式。

$$h_f = \frac{8g}{C^2} \cdot \frac{l}{d} \cdot \frac{v^2}{2g} = \frac{v^2}{C^2 R} l$$

式(4-24)和式(4-26)是在均匀流条件下建立的，所以只要是在均匀流下的层流和紊流都适用。由于水流流动型态的不同对沿程水头损失的影响，在沿程阻力系数 λ 中得到反映，所以称沿程水头损失计算的理论公式为通用公式，又称达西－魏斯巴哈公式。

三、沿程阻力系数 λ 的测定与分析

沿程阻力系数 λ 的变化规律，可由试验成果分析得出，试验装置如图 4-14 所示。试验时，先保证水箱中的水位为定值，量测段 AB 的两端距管道的进、出口有一定距离，并在 AB 段两端设测压管，首先测出管长 l 及管径 d。

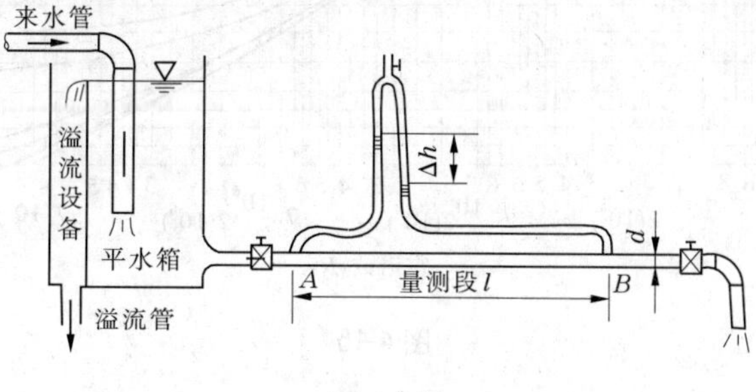

图 4-14

由于各断面流速相同，没有局部水头损失，因而根据能量方程得

$$h_w = h_f = (z_A + \frac{p_A}{\gamma}) - (z_B + \frac{p_B}{\gamma}) = h_1 - h_2 = \Delta h$$

将量测到的 Δh 及用体积法测出的流量 $Q = \frac{V}{t}$代入下式：

$$\lambda=\frac{h_f}{\dfrac{l}{d}\cdot\dfrac{v^2}{2g}}=\frac{h_f}{\dfrac{l}{d}\cdot\dfrac{Q^2}{2gA^2}}$$

就可算出该管道通过流量 Q 时的 λ 值。对不同相对粗糙度的管子用不同的过流量进行试验,即可得出相应的沿程阻力系数 λ。

为了探讨沿程阻力系数 λ 的变化规律,尼古拉兹曾用不同粒径的人工砂贴在不同直径的管道内壁上,表示管壁的粗糙状况。他进行了一系列的试验,并绘制了反映 λ 值变化规律的关系曲线。后来,蔡克士大用同样的方法在矩形明渠中进行了试验,也得到了与尼古拉兹试验结果相类似的曲线。

1944 年,摩迪在总结前人试验研究的基础上,对工业用的实际管道进行了试验研究,并绘制了不同相对粗糙度的管道沿程阻力系数 λ 与雷诺数 Re 的关系曲线,称为摩迪图,如图 4-15 所示。

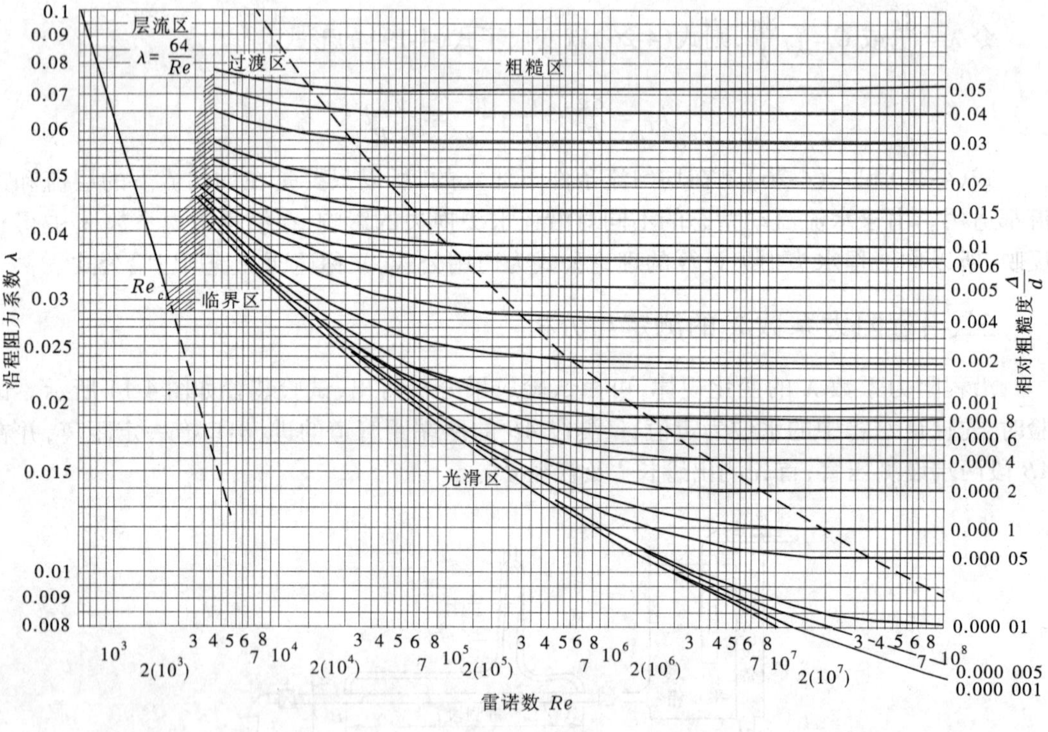

图 4-15

该图的纵坐标为 λ,横坐标为 Re,参变量相对粗糙度用 $\dfrac{\Delta}{d}$ 表示,d 为管道直径。上述试验成果都表明:在管道(或明槽)中流动的液体,随着 Re 和相对粗糙度 $\dfrac{\Delta}{d}$(或 $\dfrac{\Delta}{R}$)的不同,出现层流区、紊流水力光滑区、紊流过渡区和紊流水力粗糙区等 4 个不同的流区,见图 4-16。在不同的流区中,系数 λ 遵循着不同的规律。现以圆管流动为例,结合摩迪图加以说明。

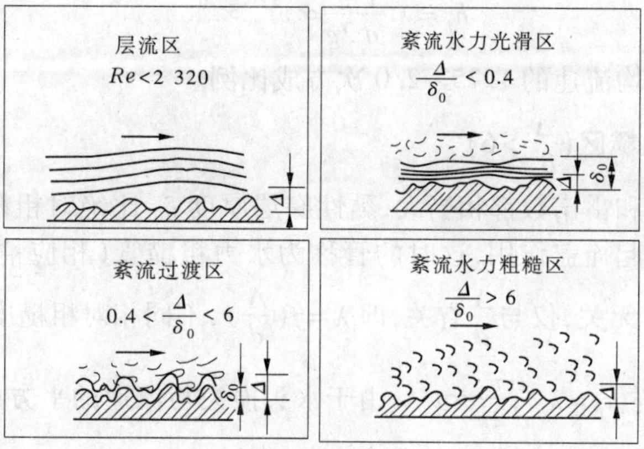

图 4-16

(一)层流区($Re<2\ 320$)

不同相对粗糙度的试验点都集中在同一条直线上。这时,整个断面水流都是层流。壁面凸起高度完全掩盖在层流中,λ 与 Δ 无关,而仅是 Re 的函数,即 $\lambda=f(Re)$。

对于圆管
$$\lambda=\frac{64}{Re} \tag{4-27}$$

根据 $Re=\dfrac{vd}{\nu}$,相应的水头损失为

$$h_f=\frac{64}{vd/\nu}\frac{l}{d}\frac{v^2}{2g}\propto v^{1.0}$$

这表明,在层流中,水头损失与断面平均流速的一次方成正比。

(二)紊流水力光滑区($\dfrac{\Delta}{\delta_0}<0.4$)

此时水流属紊流,但流速不够大,黏性底层厚度 δ_0 比边壁粗糙度 Δ 大得多,边壁凸出高度 Δ 仍被黏性底层掩盖,对紊流流核区不发生影响。所以,称这时的边界为水力光滑管(相应情况的明槽称水力光滑槽)。λ 与 Δ 无关,而仅是 Re 的函数,即 $\lambda=f(Re)$。不同相对粗糙度的一些试验点都在一定区域内聚集在同一条线上,相对粗糙度较小的管道,在 Re 数较高时才离开此流区。这时,试验曲线表明:

$$h_f=\lambda\frac{l}{d}\frac{v^2}{2g}\propto v^{1.75}$$

即水头损失与断面平均流速的 1.75 次方成比例,通常根据试验公式进行计算。

相对粗糙度较大的管道,则可能不出现此流区。

(三)紊流过渡区($0.4<\dfrac{\Delta}{\delta_0}<6$)

不同相对粗糙度的试验点分属各自的曲线,这时水流是紊流,流速较大,δ_0 已不能完全掩盖住 Δ 的作用,Δ 的大小直接影响紊流流核区的流动。这时,系数 λ 既与 Re 有关,又与 $\dfrac{\Delta}{d}$ 有关,即 $\lambda=f(Re,\dfrac{\Delta}{d})$。试验成果表明:

$$h_f = \lambda \frac{l}{d}\frac{v^2}{2g} \propto v^{1.75 \sim 2.0}$$

即水头损失与断面平均流速的1.75～2.0次方成比例。

(四)紊流水力粗糙区($\frac{\Delta}{\delta_0} > 6$)

此时紊流的流速和雷诺数都相当大,黏性底层厚度 δ_0 比绝对粗糙度 Δ 小得多,黏性底层对边壁粗糙度不起掩盖作用,这时的管称为水力粗糙管(相应情况的明槽称水力粗糙槽)。系数 λ 与 Re 无关,仅与$\frac{\Delta}{d}$有关,即 $\lambda = f(\frac{\Delta}{d})$,不同相对粗糙度的试验点分别位于不同的水平线上,这样 $h_f = \lambda \frac{l}{d}\frac{v^2}{2g} \propto v^2$。由于水头损失与流速的平方成正比,因此水力粗糙区又称阻力平方区,这种水流在水利工程中最为常见。

总之,无论在管流或明槽流动中,都存在两种流态,即层流与紊流。紊流中又分3个不同的流区,不同流区中,流动特征、切应力、流速分布和影响 λ 值的因素等亦不相同。

在不同流区中系数 λ 遵循着不同的规律,有不同的计算公式(这里不一一介绍)。因此,计算 λ 值时,必须先区分流态和紊流的流区,区分紊流流区需要根据粗糙度 Δ 与黏性底层厚度 δ_0 的比值确定。但由于黏性底层厚度 δ_0 是随水流变化的,因而$\frac{\Delta}{\delta_0}$也是随水流变化的。在一种水流条件下,若判明它属于水力光滑壁,但当水流的 Re 加大,δ_0 减小时,原属水力光滑的壁面又可能转变成水力粗糙区或过渡区。可见,若水流条件改变,需要重新判定流区。

黏性底层厚度根据经验公式 $\delta_0 = 32.8 \frac{d}{Re\sqrt{\lambda}}$计算。由于此时 λ 值未知,必须进行试算,这在实用上是很不方便的。若利用摩迪图,可较简便地划分流区,并进行一般管道的阻力系数的计算。

实际管道的壁面粗糙是不均匀的,无法直接量测绝对粗糙度 Δ 值,实际运用过程中是用当量粗糙度衡量的,将工业管道的试验结果与同直径的人工均匀粗糙管的试验结果相比较,把具有同一 λ 值的人工均匀粗糙管的 Δ 值作为工业管道的当量粗糙度。表4-2是基谢列夫提供的当量粗糙值,可供参考。

【例4-4】 某小型水电站的引水管采用工业用钢管,管径 $d = 0.25$ m,管长 $l = 100$ m,管壁状况一般,管内水温为10 ℃。当引用流量为50 L/s 时,求该管中的沿程水头损失 h_f。

解 (1)计算雷诺数 Re,判别水流流态:

过水断面面积 $A = \frac{\pi}{4}d^2 = \frac{3.14}{4} \times 0.25^2 = 0.049(\text{m}^2)$

断面平均流速 $v = \frac{Q}{A} = \frac{0.05}{0.049} = 1.02(\text{m/s})$

由水温 $t = 10$ ℃查表1-1得运动黏滞系数 $\nu = 1.31 \times 10^{-6}\ \text{m}^2/\text{s}$

则雷诺数 Re 为 $Re = \frac{vd}{\nu} = \frac{1.02 \times 0.25}{1.31 \times 10^{-6}} = 1.95 \times 10^5$

为紊流。

表 4-2　当量粗糙度 Δ

序号	边界条件	当量粗糙度 Δ (mm)	序号	边界条件	当量粗糙度 Δ (mm)
1	铜或玻璃的无缝管	0.001 5 ~ 0.01	8	磨光的水泥管	0.33
2	涂有沥青的钢管	0.12 ~ 0.24	9	未刨光的木槽	0.35 ~ 0.7
3	白铁皮管	0.15	10	旧的生锈金属管	0.60
4	一般状况的钢管	0.19	11	污秽的金属管	0.75 ~ 0.97
5	清洁的镀锌铁管	0.25	12	混凝土衬砌渠道	0.8 ~ 9.0
6	新的生铁管	0.25 ~ 0.4	13	土渠	4 ~ 11
7	木管或清洁的水泥面	0.25 ~ 1.25	14	卵石河床($d = 70 \sim 80$ mm)	30 ~ 60

(2)沿程阻力系数 λ 确定:

由表 4-2 看出,一般钢管的当量粗糙度为 0.19 mm,近似取 $\Delta = 0.2$ mm,则相对粗糙度为$\frac{\Delta}{d} = \frac{0.2}{250} = 0.000\,8$。用已算出的 $Re = 1.95 \times 10^5$ 和$\frac{\Delta}{d} = 0.000\,8$ 查摩迪图求沿程阻力系数 λ。查图方法为:从图右坐标上找到$\frac{\Delta}{d} = 0.000\,8$的一条曲线,由横坐标上 $Re = 1.95 \times 10^5$的点引一垂直线,两线相交于一点(其位置在过渡区内),则该点所对应的左边纵坐标即为所求的沿程阻力系数 λ 值,在图上查得 $\lambda = 0.021$。

(3)沿程水头损失计算:

沿程水头损失的理论公式为　　$h_f = \lambda \frac{l}{d} \cdot \frac{v^2}{2g}$

将已知值 $l = 100$ m,$d = 0.25$ m 及计算、查图而得的 $v = 1.02$ m/s 和 $\lambda = 0.021$ 代入上式,则可算出沿程水头损失为

$$h_f = \lambda \frac{l}{d} \cdot \frac{v^2}{2g} = 0.021 \times \frac{100}{0.25} \times \frac{1.02^2}{19.6} = 0.446(\text{m})$$

【例 4-5】　有一混凝土衬砌的引水隧洞,洞径 $d = 2.5$ m,洞长 $l = 4\,000$ m。求引水隧洞通过流量 $Q = 6.5\ \text{m}^3/\text{s}$ 时的沿程水头损失。

解　先计算隧洞过水断面的水力要素:

过水断面面积　　$A = \frac{\pi}{4} d^2 = \frac{3.14}{4} \times 2.5^2 = 4.9(\text{m}^2)$

水力半径　　$R = \frac{d}{4} = \frac{2.5}{4} = 0.625(\text{m})$

断面平均流速　　$v = \frac{Q}{A} = \frac{6.50}{4.9} = 1.33(\text{m/s})$

根据隧洞的壁面为混凝土面,选用糙率 $n = 0.014$,按曼宁公式计算谢才系数 C

$$C = \frac{1}{n} R^{1/6} = \frac{1}{0.014} \times 0.625^{1/6} = 66.04(\text{m}^{1/2}/\text{s})$$

按式(4-19)求沿程水头损失：

$$h_f=\frac{v^2}{C^2R}l=\frac{1.33^2}{66.04^2\times0.625}\times4\ 000=2.60(\mathrm{m})$$

或者由
$$\lambda=\frac{8g}{C^2}=\frac{8\times9.8}{66.04^2}=0.018$$

根据式(4-26)得隧洞的沿程水头损失为

$$h_f=\lambda\frac{l}{d}\cdot\frac{v^2}{2g}=0.018\times\frac{4\ 000}{2.5}\times\frac{1.33^2}{19.6}=2.60(\mathrm{m})$$

第五节　局部水头损失的分析与计算

前面已经介绍过，当流动边界发生突变时，水流将产生局部水头损失。边界突然变化的形式是多种多样的，如断面突然扩大、突然缩小、转弯、分岔、阀门等。断面的突变对水流运动产生的影响可归纳成两点：

(1)在断面突变处，水流因受惯性作用，将不紧贴壁面流动，与壁面产生分离，并形成旋涡。旋涡的分裂和互相摩擦要消耗大量的能量，因此旋涡区的大小和旋涡的强度直接影响局部水头损失的大小。

(2)由于主流脱离边界形成旋涡区，主流或受到压缩，或随着主流沿流程不断扩散，流速分布急剧调整。如图 4-17(a)中断面 1—1 的流速分布图，经过不断改变，最后在断面 2—2 上接近于下游正常水流的流速分布。在流速改变的过程中，质点内部相对运动加强，碰撞、摩擦作用加剧，从而造成较大的能量损失。

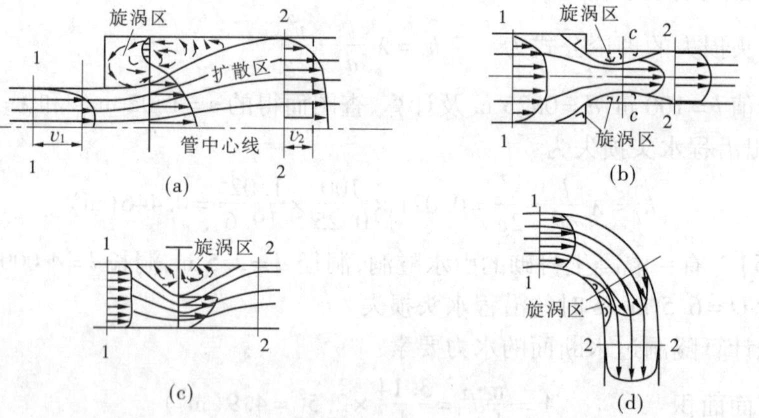

图 4-17

局部水头损失一般都可以用一个流速水头与一个局部水头损失系数的乘积来表示，即

$$h_j=\zeta\frac{v^2}{2g}\tag{4-28}$$

其中，局部水头损失系数 ζ 通常由试验测定，现列于表 4-3 中。必须指出，ζ 都是对应于某

表4-3　局部水头损失系数ζ值（公式：$h_j=\zeta\frac{v^2}{2g}$，式中v如图说明）

<table>
<tr><th>名称</th><th>简图</th><th colspan="2">局部水头损失系数ζ值</th></tr>
<tr><td>断面突然扩大</td><td>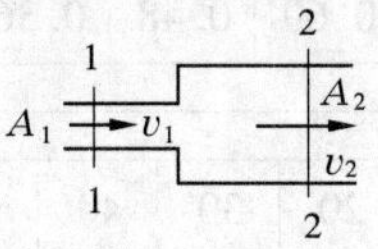</td><td colspan="2">$\zeta'=(1-\frac{A_1}{A_2})^2$　（应用公式$h_j=\zeta'\frac{v_1^2}{2g}$）
$\zeta''=(\frac{A_2}{A_1}-1)^2$　（应用公式$h_j=\zeta''\frac{v_2^2}{2g}$）</td></tr>
<tr><td>断面突然缩小</td><td>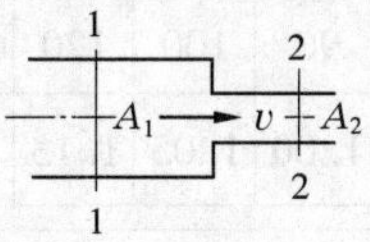</td><td colspan="2">$\zeta=0.5(1-\frac{A_2}{A_1})$</td></tr>
<tr><td rowspan="3">进口</td><td rowspan="2">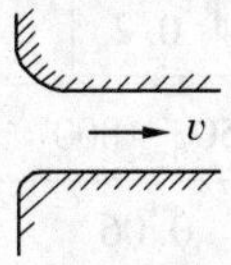</td><td>完全修圆</td><td>0.05～0.10</td></tr>
<tr><td>稍微修圆</td><td>0.20～0.25</td></tr>
<tr><td>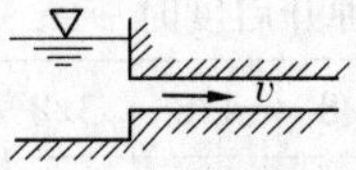</td><td>没有修圆</td><td>0.50</td></tr>
<tr><td rowspan="2">出口</td><td>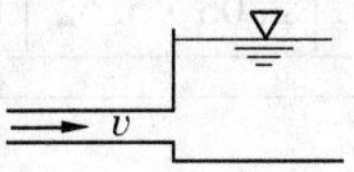</td><td>流入水库（池）</td><td>1.0</td></tr>
<tr><td>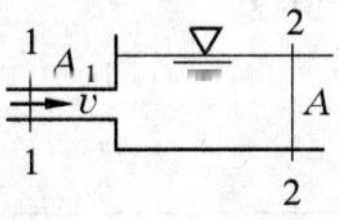</td><td>流入明渠</td><td><table><tr><td>A_1/A_2</td><td>0.1</td><td>0.2</td><td>0.3</td><td>0.4</td><td>0.5</td><td>0.6</td><td>0.7</td><td>0.8</td><td>0.9</td></tr><tr><td>ζ</td><td>0.81</td><td>0.64</td><td>0.49</td><td>0.36</td><td>0.25</td><td>0.16</td><td>0.09</td><td>0.04</td><td>0.01</td></tr></table></td></tr>
<tr><td rowspan="2">急转弯管</td><td rowspan="2">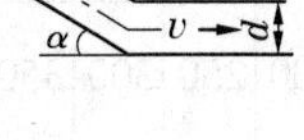</td><td>圆形</td><td><table><tr><td>α(°)</td><td>30</td><td>40</td><td>50</td><td>60</td><td>70</td><td>80</td><td>90</td></tr><tr><td>ζ</td><td>0.20</td><td>0.30</td><td>0.40</td><td>0.55</td><td>0.70</td><td>0.90</td><td>1.10</td></tr></table></td></tr>
<tr><td>矩形</td><td><table><tr><td>α(°)</td><td>15</td><td>30</td><td>45</td><td>60</td><td>90</td></tr><tr><td>ζ</td><td>0.025</td><td>0.11</td><td>0.26</td><td>0.49</td><td>1.20</td></tr></table></td></tr>
</table>

续表 4-3

<table>
<tr><th>名称</th><th colspan="2">简图</th><th>局部水头损失系数ζ值</th></tr>
<tr><td rowspan="2">弯管</td><td>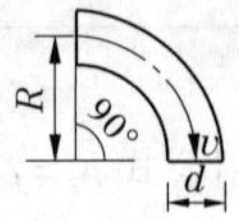</td><td>90°</td><td>
<table>
<tr><td>R/d</td><td>0.5</td><td>1.0</td><td>1.5</td><td>2.0</td><td>3.0</td><td>4.0</td><td>5.0</td></tr>
<tr><td>$\zeta_{90°}$</td><td>1.2</td><td>0.80</td><td>0.60</td><td>0.48</td><td>0.36</td><td>0.30</td><td>0.29</td></tr>
</table>
</td></tr>
<tr><td>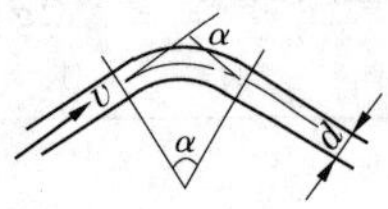</td><td>任意角度</td><td>
$\zeta_{\alpha°}=a\zeta_{90°}$
<table>
<tr><td>α(°)</td><td>20</td><td>30</td><td>40</td><td>50</td><td>60</td><td>70</td></tr>
<tr><td>a</td><td>0.40</td><td>0.55</td><td>0.65</td><td>0.75</td><td>0.83</td><td>0.88</td></tr>
</table>
<table>
<tr><td>α(°)</td><td>80</td><td>90</td><td>100</td><td>120</td><td>140</td><td>160</td><td>180</td></tr>
<tr><td>a</td><td>0.95</td><td>1.00</td><td>1.05</td><td>1.13</td><td>1.20</td><td>1.27</td><td>1.33</td></tr>
</table>
</td></tr>
<tr><td>闸阀</td><td>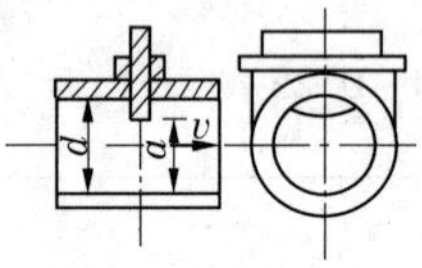</td><td>圆形管道</td><td>
当全开时($a/d=1$)
<table>
<tr><td>d(mm)</td><td>15</td><td>20 ~ 50</td><td>80</td><td>100</td><td>150</td><td>200 ~ 250</td></tr>
<tr><td>ζ</td><td>1.5</td><td>0.5</td><td>0.4</td><td>0.2</td><td>0.1</td><td>0.08</td></tr>
</table>
<table>
<tr><td>d(mm)</td><td>300 ~ 450</td><td>500 ~ 800</td><td>900 ~ 1 000</td></tr>
<tr><td>ζ</td><td>0.07</td><td>0.06</td><td>0.05</td></tr>
</table>
当各种开启度时
<table>
<tr><td>a/d</td><td>7/8</td><td>6/8</td><td>5/8</td><td>4/8</td><td>3/8</td><td>2/8</td><td>1/8</td></tr>
<tr><td>$A_{开启}/A_{总}$</td><td>0.948</td><td>0.856</td><td>0.740</td><td>0.609</td><td>0.466</td><td>0.315</td><td>0.159</td></tr>
<tr><td>ζ</td><td>0.15</td><td>0.26</td><td>0.81</td><td>2.06</td><td>5.52</td><td>17.0</td><td>97.8</td></tr>
</table>
</td></tr>
<tr><td>截止阀</td><td>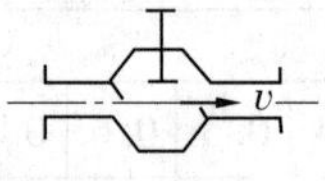</td><td>全开</td><td>4.3 ~ 6.1</td></tr>
<tr><td rowspan="2">莲蓬头
(滤水网)</td><td>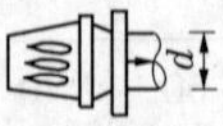</td><td>无底阀</td><td>2 ~ 3</td></tr>
<tr><td>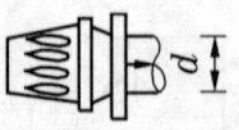</td><td>有底阀</td><td>
<table>
<tr><td>d
(mm)</td><td>40</td><td>50</td><td>75</td><td>100</td><td>150</td><td>200</td><td>250</td><td>300</td><td>350</td><td>400</td><td>500</td><td>750</td></tr>
<tr><td>ζ</td><td>12</td><td>10</td><td>8.5</td><td>7.0</td><td>6.0</td><td>5.2</td><td>4.4</td><td>3.7</td><td>3.4</td><td>3.1</td><td>2.5</td><td>1.6</td></tr>
</table>
</td></tr>
</table>

续表 4-3

<table>
<tr><th>名称</th><th>简图</th><th>局部水头损失系数 ζ 值</th></tr>
<tr><td>平板门槽</td><td>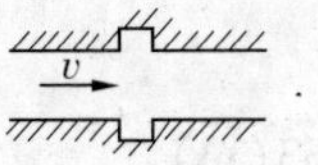</td><td>0.05 ~ 0.20</td></tr>
<tr><td>拦污栅</td><td>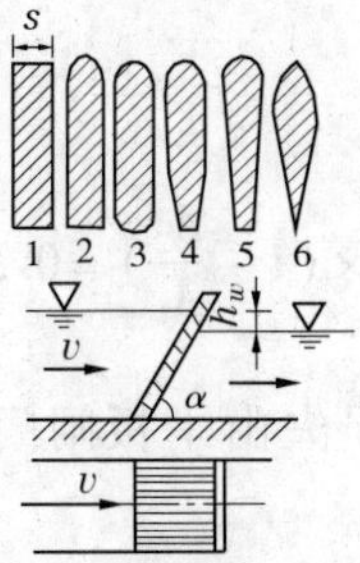</td><td>$\zeta=\beta\left(\frac{s}{b}\right)^{4/3}\sin\alpha$
式中 s——栅条宽度；
b——栅条间距；
α——倾角；
β——栅条形状系数，用下表确定
<table><tr><td>栅条形状</td><td>1</td><td>2</td><td>3</td><td>4</td><td>5</td><td>6</td></tr><tr><td>β</td><td>2.42</td><td>1.83</td><td>1.67</td><td>1.035</td><td>0.92</td><td>0.76</td></tr></table></td></tr>
</table>

一流速水头而言的，在选用时，应注意二者的对应关系，与 ζ 相应的流速水头在表 4-3 中已标明，若不加特殊的标明者，该 ζ 值皆是指相应于局部阻力后的流速水头。

【例 4-6】 从水箱引出一直径不同的管道，如图 4-18 所示。已知 $d_1=175$ mm，$l_1=30$ m，$\lambda_1=0.032$，$d_2=125$ mm，$l_2=20$ m，$\lambda_2=0.037$，第二段管子上有一平板闸阀，其开度为 $a/d=0.5$。当输送流量为 $Q=25$ L/s 时，求：沿程水头损失 $\sum h_f$；局部水头损失 $\sum h_j$；水箱的水头 H。

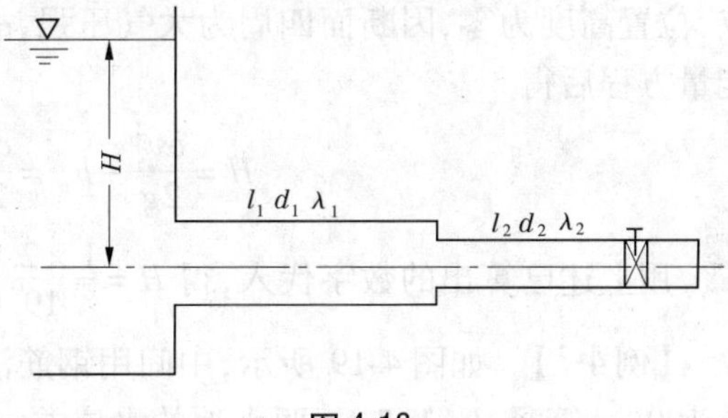

图 4-18

解 (1)沿程水头损失：

第一段 $Q=25\ \text{L/s}=0.025\ \text{m}^3/\text{s}$

断面平均流速

$$v_1=\frac{Q}{A_1}=\frac{Q}{\frac{\pi}{4}d_1^2}=\frac{4\times0.025}{3.14\times0.175^2}=1.04(\text{m/s})$$

则沿程水头损失

$$h_{f1}=\lambda_1\frac{l_1}{d_1}\cdot\frac{v_1^2}{2g}=0.032\times\frac{30}{0.175}\times\frac{1.04^2}{19.6}=0.303(\text{m})$$

第二段

断面平均流速

$$v_2=\frac{4Q}{\pi d_2^2}=\frac{4\times0.025}{3.14\times0.125^2}=2.04(\text{m/s})$$

沿程水头损失

$$h_{f2} = \lambda_2 \frac{l_2}{d_2} \cdot \frac{v_2^2}{2g} = 0.037 \times \frac{20}{0.125} \times \frac{2.04^2}{19.6} = 1.26(\mathrm{m})$$

总的沿程水头损失为

$$\sum h_f = h_{f1} + h_{f2} = 0.303 + 1.26 = 1.563(\mathrm{m})$$

(2)局部水头损失。进口损失由直角进口查表4-3得 $\zeta_{进口} = 0.5$，则 $h_{j1} = \zeta_{进口} \cdot \frac{v_1^2}{2g} = 0.5 \times \frac{1.04^2}{19.6} = 0.028(\mathrm{m})$。

根据 $\frac{A_2}{A_1} = (\frac{d_2}{d_1})^2 = (\frac{0.125}{0.175})^2 = 0.51$，查表4-3得 $\zeta_{缩} = 0.5 \times (1 - \frac{A_2}{A_1}) = 0.5(1 - 0.51) = 0.245$，则 $h_{j2} = \zeta_{缩} \cdot \frac{v_2^2}{2g} = 0.245 \times \frac{2.04^2}{19.6} = 0.052(\mathrm{m})$。闸阀损失由平板闸门的开度 $a/d = 0.5$，查表4-3得 $\zeta_{阀} = 2.06$，则 $h_{j3} = \zeta_{阀} \cdot \frac{v_2^2}{2g} = 2.06 \times \frac{2.04^2}{19.6} = 0.437\ (\mathrm{m})$。总的局部水头损失为 $\sum h_j = h_{j1} + h_{j2} + h_{j3} = 0.028 + 0.052 + 0.437 = 0.517(\mathrm{m})$。

(3)水箱的水头。以管轴线为基准面，取水箱内断面和管出口断面为两过水断面。断面1—1取水面点，其位置高度为 H，压强为大气压，流速近似为零；断面2—2取中心点，位置高度为零，因断面四周为大气压强，故中心点也近似为大气压强，流速为 v_2，则列能量方程后得

$$H = \frac{\alpha v_2^2}{2g} + h_w = \frac{\alpha v_2^2}{2g} + \sum h_f + \sum h_j$$

用上述已算出的数字代入，得 $H = \frac{1 \times 2.04^2}{19.6} + 1.563 + 0.517 = 2.292(\mathrm{m})$。

【例4-7】 如图4-19所示，中间用钢筋混凝土管连接的两水位不同的水池，已知管长 $l = 100\ \mathrm{m}$，管径 $d = 1.5\ \mathrm{m}$，两水池的水位差 $z = 2.5\ \mathrm{m}$，求管中通过的流量 Q。

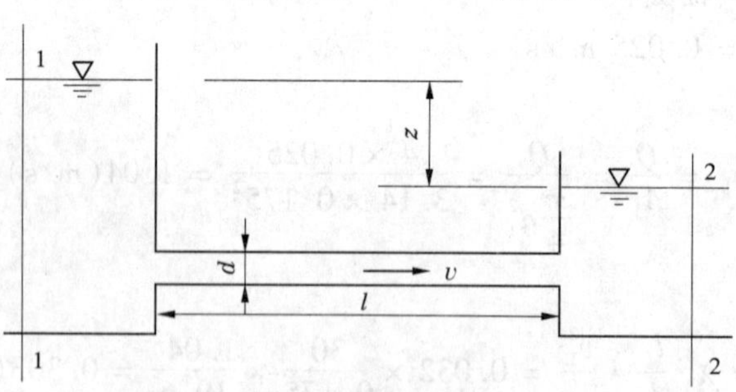

图4-19

解 以下游水池的水面为基准面，在两水池内各取一过水断面1—1和2—2。由于水池内的过水断面很大，流速很小，其流速水头 $\frac{\alpha_1 v_1^2}{2g}$ 和 $\frac{\alpha_2 v_2^2}{2g}$ 可以忽略不计，则对断面1—1

和断面 2—2 列能量方程得 $z=h_w=h_f+\sum h_j$，沿程水头损失可用式(4-19)计算，即

$$h_f=\frac{v^2}{C^2R}l=\frac{2g}{C^2}\cdot\frac{l}{R}\cdot\frac{v^2}{2g}$$

局部水头损失有进口损失 $h_{j1}=\zeta_{进口}\cdot\frac{v^2}{2g}$和出口损失 $h_{j2}=\zeta_{出口}\cdot\frac{v^2}{2g}$，代入能量方程中，得

$$z=\zeta_{进口}\cdot\frac{v^2}{2g}+\zeta_{出口}\cdot\frac{v^2}{2g}+\frac{2g}{C^2}\frac{l}{R}\frac{v^2}{2g}=(\zeta_{进口}+\zeta_{出口}+\frac{2gl}{C^2R})\frac{v^2}{2g}$$

则管中流速为
$$v=\frac{\sqrt{2gz}}{\sqrt{\zeta_{进口}+\zeta_{出口}+\frac{2gl}{C^2R}}}$$

流量为流速与过水断面面积($A=\frac{\pi}{4}d^2$)的乘积，则流量的计算公式为

$$Q=\frac{\pi}{4}d^2\frac{\sqrt{2gz}}{\sqrt{\zeta_{进口}+\zeta_{出口}+\frac{2gl}{C^2R}}}$$

查表 4-3 得 $\zeta_{进口}=0.5$，$\zeta_{出口}=1$。对钢筋混凝土管，取 $n=0.014$，$R=d/4=0.375$，因而

$$C=\frac{1}{n}R^{1/6}=\frac{1}{0.014}\times0.375^{1/6}=60.66(\mathrm{m}^{1/2}/\mathrm{s})$$

$$\frac{2gl}{C^2R}=\frac{19.6\times100}{60.66^2\times0.375}=1.42$$

将上述已知数字代入流量公式得

$$Q=\frac{\pi}{4}d^2\frac{\sqrt{2gz}}{\sqrt{\zeta_{进口}+\zeta_{出口}+\frac{2gl}{C^2R}}}=\frac{3.14}{4}\times1.5^2\times\frac{\sqrt{19.6\times2.5}}{\sqrt{0.5+1+1.42}}=7.24(\mathrm{m}^3/\mathrm{s})$$

第六节　绕流阻力与升力

水流绕过物体(如机翼、桥墩和水文测验中的铅鱼等)或物体在流体中以一定的速度前进(也相当于流体绕过物体)时，物体都将受到水流对物体的作用力。这个作用力可以分成两分量：一个是它在水流流动方向的分力，该力是水流中物体(桥、墩、铅鱼)受到水流方向的作用力，或者说在流体中运动物体(如机翼)所受到的阻力，故称为绕流阻力；另一个是垂直于流动方向的横向作用力，称为升力。研究绕流阻力和升力问题对水文、水力机械和水工等专业都有其实用价值。

为确定物体的绕流阻力，现观察垂直于水流方向设置的圆柱体，如图 4-20 所示。由于水流对称绕着圆柱边界流动，则在圆柱边界的任一点上都存在着法向应力 p 和切应力 τ_0。从图上可以看出，在圆柱面上取一微小面积 dA，作用在微小边界面上的动水压力 $dP=pdA$，摩擦阻力 $dT=\tau_0 dA$，则作用在圆柱面上的绕流阻力，就是水流作用在圆柱面上各微小动水压力和微小摩擦阻力在水流方向投影的总和。因此，绕流阻力由两部分组成，

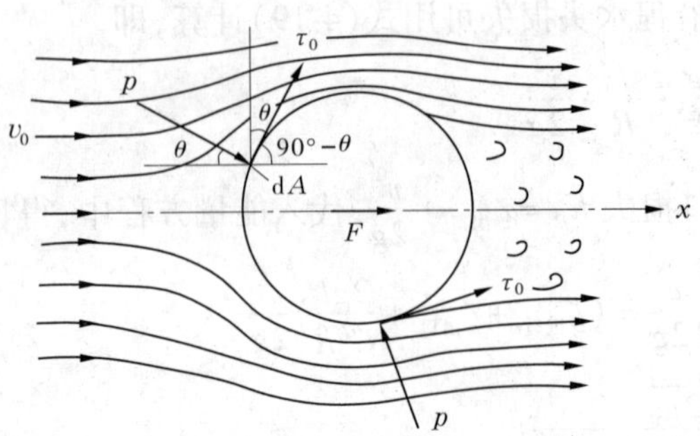

图 4-20

即由表面切应力形成的部分称为摩擦阻力或表面阻力；由动水压强形成的称为压强阻力或形状阻力。

由于水流经过物体后，发生水流与边界的分离，形成旋涡区，所以物体的形状及物体与水流的相对位置都影响旋涡区的大小和强弱，对绕流阻力的影响极大。例如，平板平行水流放置，就不易形成水流与边界的脱离，产生的绕流阻力也最小；若平板垂直水流放置，则最易产生水流与边界脱离，产生的绕流阻力也就最大，如图 4-21（a）所示。

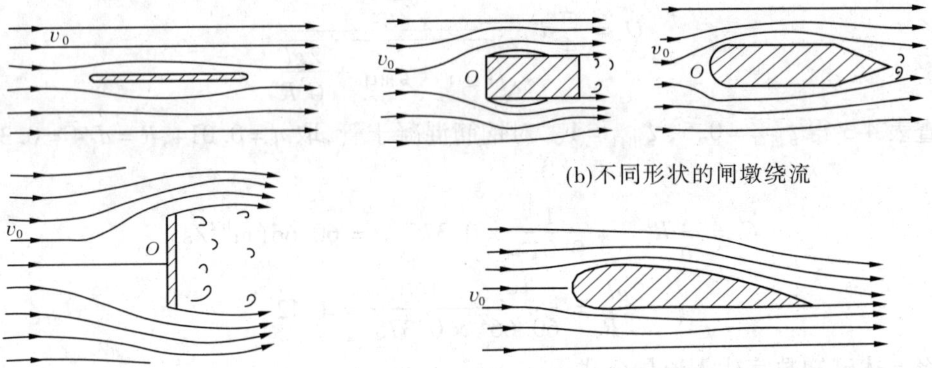

(a)不同方位的平板绕流

(b)不同形状的闸墩绕流

(c)两侧不对称流线型剖面的绕流

图 4-21

因此，在流体中运动的物体（如飞机、船舶等），或在水流中固定的物体（桥墩、闸墩、铅鱼等）都应设计成曲线型，以避免产生水流脱离现象，减小绕流阻力。

如图 4-21 所示，物体在迎水面上存在一个流线的终止点（停滞点 O），该点的流速为零，压强最大，停滞点的动水压强水头$\frac{p_0}{\gamma}=\frac{v_0^2}{2g}$，即 $p_0=\frac{\rho v_0^2}{2}$。而物体迎水面其他各点的动水压强 p 均小于停滞点的压强 p_0，一般讲，p 是与 p_0 成正比的。由于水流运动速度较大，压强阻力在绕流阻力中占主导地位，因而绕流阻力可用下式表示

$$F_D = C_D A_D \frac{\rho v_0^2}{2} \tag{4-29}$$

式中 ρ——流体的密度；

v_0——不受物体影响处的未被干扰的流速；

A_D——物体在垂直水流方向的投影面积；

C_D——阻力系数。

式(4-29)便是 1726 年牛顿提出的绕流阻力公式。

绕流阻力的阻力系数 C_D 与水流的雷诺数 Re、绕流物形状及其在水流中的相对位置

有关。阻力系数 C_D 的变化规律与沿程阻力系数 λ 的变化规律相类似，当雷诺数 Re 较小时，绕流物周围的水几乎无扰动，绕流为层流，这时只有摩擦阻力，阻力系数 C_D 与 Re 成反比，绕流阻力与流速的一次方成比例。当雷诺数相当大时，绕流物周围水流紊动强烈，绕流处于阻力平方区，绕流阻力以压强阻力为主，阻力系数 C_D 与雷诺数无关，只与绕流物的形状及其在水流中的相对位置有关。根据试验实测，球体 $C_D=0.5$，圆平板（板面垂直流向）$C_D=1.12$。

水流作用在物体表面上的各微小动水压力和微小摩擦阻力在垂直水流方向上投影的总和，称为升力。升力只在流体绕过不对称物体时才能发生，如图 4-21(c) 所示。上部流线密，流速大，压强小；下部的流线疏，流速小，压强大。由于上、下压强不一致而形成了升力。

升力也可用类似绕流阻力公式的形式来表示，即

$$F_L = C_L A_L \frac{\rho v_0^2}{2} \tag{4-30}$$

式中 F_L——升力；

A_L——物体在水流方向的投影面积；

C_L——升力系数，可参考有关的计算手册。

本章小结

(1) 产生水头损失的原因有两个：一是水流边界的几何条件，叫外因；二是水流自身具有黏滞性，叫内因，但产生水流的根本原因是水流具有黏滞性。

(2) 水流型态的判别用 Re 和 Re_k 大小关系来进行，当水流的 $Re > Re_k$ 时，为紊流；当 $Re < Re_k$ 时，为层流。流态不同，水头损失的规律也不同。

(3) 水头损失的叠加原理：$h_w = \sum h_f + \sum h_j$。

(4) 水流的 Re 的表达式和 Re_k 的大小：

管流时 $Re = \dfrac{vd}{\nu}$ $Re_k = 2\ 320$

明槽中 $Re = \dfrac{vR}{\nu}$ $Re_k = 580$

(5) 紊流具有脉动现象，紊流脉动现象的存在产生了附加切应力，加大了建筑物的瞬时荷载，增大了水流的能量损失，是水流挟沙的主要原因，紊流脉动使水流的流速分布均匀化了。

(6) 沿程水头损失 $h_f = \lambda \dfrac{l}{4R}\dfrac{v^2}{2g}$（达西－魏斯巴哈公式）。$\lambda$ 值的影响因素见表 4-4。

(7) 沿程水头损失的经验公式（谢才公式）：$v = C\sqrt{RJ}$ 或 $h_f = \dfrac{v^2}{C^2 R} l$，$C = \dfrac{1}{n} R^{1/6}$（曼宁公式）。

(8) 局部水头损失的计算公式：$h_j = \zeta \dfrac{v^2}{2g}$。

表 4-4　层流、紊流时 λ 值的影响因素

流动型态	流态判别	流区判别	流动特征	起主要作用的物性	应力	流速分布	影响 λ 值的因素	h_f 与 v 的关系
层流	$Re<2\ 320$	不分区	质点运动互不混掺，作线状运动	黏滞性	黏滞切应力	较不均匀	$\lambda=f(Re)$ λ 与 $\dfrac{\Delta}{d}$ 无关	$h_f \propto v^{1.0}$
紊流	$Re>2\ 320$	水力光滑区	质点互相混掺，作不规则运动，产生脉动现象	惯性	黏滞切应力加紊流混掺切应力，以紊流混掺切应力为主	较均匀	$\lambda=f(Re)$ λ 与 $\dfrac{\Delta}{d}$ 无关	$h_f \propto v^{1.75}$
		水力过渡区					$\lambda=f(Re,\dfrac{\Delta}{d})$	$h_f \propto v^{1.75\sim2.0}$
		水力粗糙区					$\lambda=f(\dfrac{\Delta}{d})$ λ 与 Re 无关	$h_f \propto v^{2.0}$

习　题

4-1　产生水头损失的根本原因是什么？

4-2　用什么来判别层流和紊流？Re 的物理意义是什么？

4-3　有两个圆管，管径 $d_1 \neq d_2$，流动的液体 $\nu_1 \neq \nu_2$，液体的速度 $v_1 \neq v_2$，问两个圆管中的 Re 一样吗？Re_k 一样吗？

4-4　当输水管直径一定时，随流量加大，Re 是加大了还是减小了；当输水管的流量一定时，随管径加大，Re 是加大了还是减小了？

4-5　瞬时流速 u、时均流速 $\bar{u}$、脉动 u' 之间的关系如何？时均流速 $\bar{u}$ 和断面平均流速 v 的含义有何不同，关系如何？

4-6　为什么在用流速仪测定某点的流速时，流速仪在测点停留的时间不易过短？

4-7　层流和紊流的流速分布有何不同？

4-8　水力光滑管与水力粗糙管是用什么来判别的，它与 Re 有何关系？

4-9　若有两根管道，其直径 d、长度 l、绝对粗糙度 Δ 均相等，其中一根输油（ν 较大），一根输水（ν 较小），问：

（1）当两管中流动速度 v 相等时，其 h_f 是否相等？

（2）当两管中 Re 相等时，h_f 是否相等？

4-10　有一矩形渠道，其水流为均匀流，底宽 $b=5$ m，水深 $h=2.5$ m，单位长度上的水头损失为 0.003，试求矩形渠道上的边壁切应力 τ_0。

4-11　某梯形渠道，如图 4-22 所示。已知底宽 $b=0.8$ m，边坡系数 $m=1.5$，渠道中均匀流的水深 $h=1.0$ m，今测得 100 m 长度上的水头损失为 0.08 m，试求渠道壁面上的切应力 τ_0（提示：梯形断面面积为 $A=(b+mh)h$，湿周 $\chi=b+2h\sqrt{1+m^2}$）。

4-12　在图 4-22 中，若渠道中均匀流的流速 $v=0.95$ m/s，此时的水温为 10 ℃，则此均匀流为何种流态？

4-13　有一圆形输水管道，$d=150$ mm，管道中通过的流体流量 $Q=6.0$ L/s。(1)管中的液体为水，水温为 20 ℃；(2)若通过的液体是重燃油，其运动黏滞系数 $\nu=150\times10^{-6}\,\mathrm{m^2/s}$。试判别上述两种情况时液体的流态。

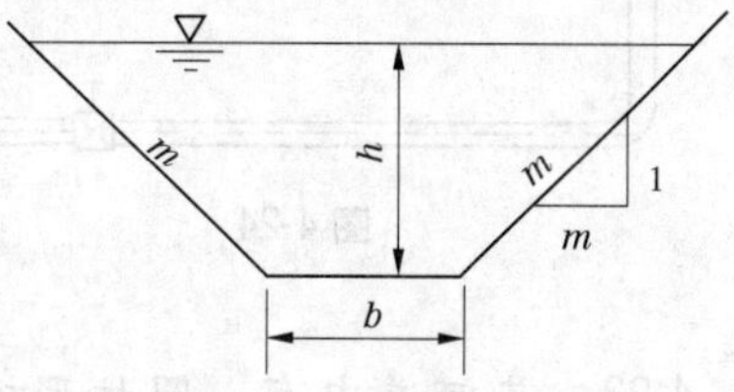

图 4-22

4-14　有一输水管，管径为 $d=0.15$ m，管中通过的流量 $Q=8.2$ L/s，水温为 10 ℃，试判别该水流的流态，并求流态发生转变时的流量（相应的流速为下临界流速）。

4-15　有一压力输水管，管壁的当量粗糙度为 $\Delta=0.6$ mm，水温为 15 ℃，管长为 25 m，管径为 100 mm。试求：(1)当流量为 4 L/s、12 L/s、40 L/s 时，其沿程水头损失各为多少？

(2)分析上述 3 种情况时沿程阻力系数 λ 和沿程水头损失大小的变化规律，并说明为什么？

4-16　有一水平放置的新的铸铁管，管径 $d=25$ cm，管长 $l=200$ m，水温为 10 ℃，通过流量为 450 $\mathrm{m^3/h}$。试求：(1)管中流速；(2)沿程阻力系数；(3)水力坡度。

4-17　有一矩形断面渠道，底宽 $b=6$ m，渠道用浆砌块石做成，当通过流量为 $Q=15.0\,\mathrm{m^3/s}$ 时，渠道中相应的水深为 $h=3$ m，求 1 km 长渠道中的沿程水头损失。

4-18　有一混凝土压力输水管，管径为 1.0 m，管长 $l=500$ m，当通过流量为 1.50 $\mathrm{m^3/s}$ 时，求管中的沿程水头损失。

4-19　一有压输水管路，长度为 100 m，管径 $d=25$ mm，管路当量粗糙度为 0.2 mm，水温为 15 ℃。当通过流量 $Q=0.6$ L/s 时，试求：

(1)沿程阻力系数；

(2)该管段的沿程水头损失。

4-20　为测定 90°弯头的局部水头损失系数 ζ，采用图 4-23 所示的装置。已知试验段 AB 长为 10 m，管径 $d=0.05$ m，弯管的曲率半径 $R=d$，该管中的沿程阻力系数 $\lambda=0.03$，今试验测得的数据为：AB 两端的测压管水面差为 0.629 m，2 min 内流入量水箱的水量为 0.319 $\mathrm{m^3}$，试求弯管的局部水头损失系数 ζ。

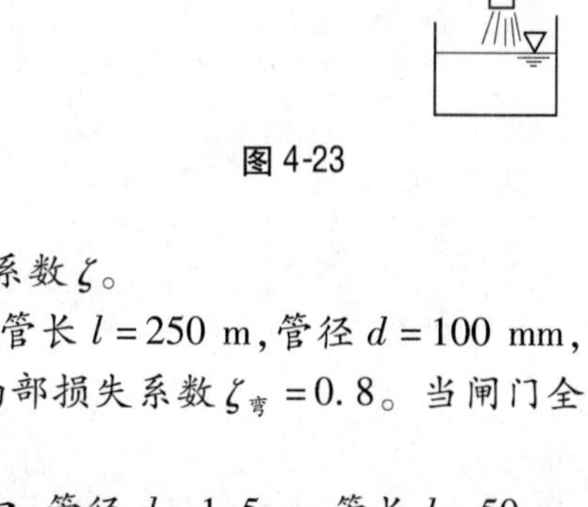

图 4-23

4-21　图 4-24 为一水塔输水管路，已知铸铁管的管长 $l=250$ m，管径 $d=100$ mm，管路进口为直角进口，有一个弯头和一个闸阀，弯头的局部损失系数 $\zeta_{弯}=0.8$。当闸门全开时，管路出口流速 $v=1.6$ m/s。求水塔水面高度 H。

4-22　某水库的混凝土放水涵管，进口为直角进口，管径 $d=1.5$ m，管长 $l=50$ m，上

下游水面差 $z=8$ m，如图 4-25 所示。当管道出口的河道中流速仅为管中流速的 0.2 倍时，求管中通过的流量 Q。

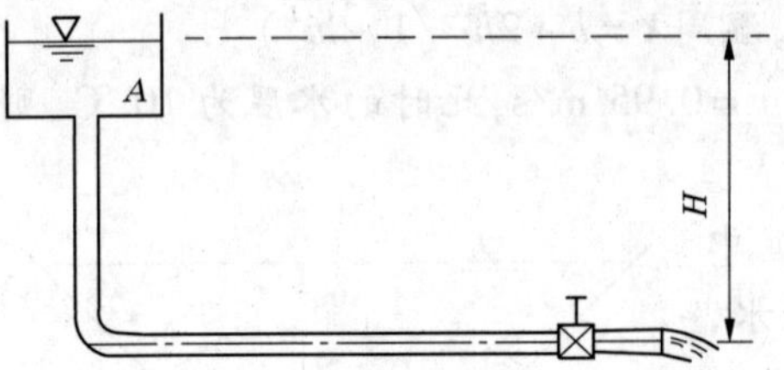

图 4-24

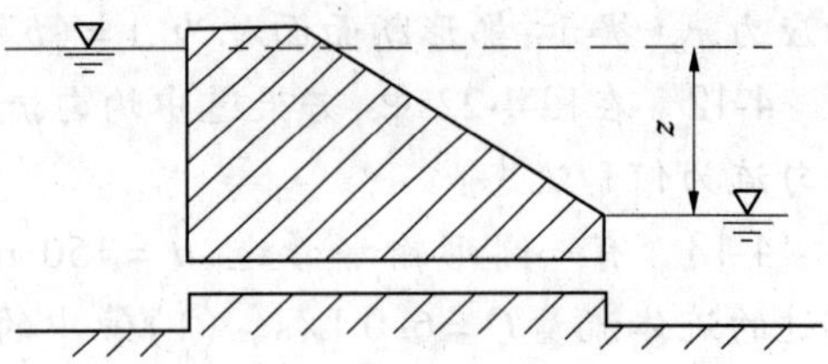

图 4-25

4-23　某河道中有一圆柱形桥墩，圆柱直径 $d=1$ m，水深 $h=2$ m，河中流速 $v=2$ m/s。试求圆柱形桥墩所受的作用力（此时桥墩的绕流阻力系数 $C_D=0.85$）。

第五章　有压管道中的恒定流

第一节　概　述

前面几章主要讨论了水流运动的基本原理，介绍了水流运动的连续性方程、能量方程和动量方程，并且阐述了水头损失的变化规律和计算，应用这些原理就可以解决实际工程中常见的水力学问题。本章所研究的问题是有压管道中的恒定流。

在水利工程和日常生活中，经常用管道来输送液体，如水利工程中的有压引水隧洞、有压泄洪隧洞、水电站的压力钢管、灌溉工程中的虹吸管和倒虹吸管、抽水机的吸水管和压水管、城市给排水工程中的自来水管、石油工程中的输油管、人体中的血管等，都是常见的有压管流。

有压管流一般都采用圆形管道输送。水流运动的特点是：整个断面被液体所充满，没有自由液面，管道的整个边壁上都受动水压强作用，而且一般不等于大气压强。因此，管流又称为有压流。

根据管道出口水流特点，管流可分为自由出流和淹没出流两类。自由出流指管道出口水流流入大气中；淹没出流指管道出口水流流入下游水面以下。

根据水流运动要素随时间是否变化，可分为有压恒定流和有压非恒定流。当管中任一点的水流运动要素不随时间而改变时，即为有压恒定流，否则为有压非恒定流。本章主要研究有压恒定流的计算。至于压力管道中的非恒定流，主要讨论当压力管道中流量和流速发生突然变化时，压力管道内水流压强大幅度波动和相应的压强增值的问题。

根据管道的布置情况，实际管道可分为简单管路和复杂管路。简单管路是指等径、无分支、糙率均一、流量在全程上保持不变的管路，如图 5-1(a)、(b)所示。复杂管路是指由两根以上的管道所组合的管路，根据不同的组合情况，可分为串联管道、并联管道、枝状和环状管网，如图 5-2(a)、(b)、(c)、(d)所示。

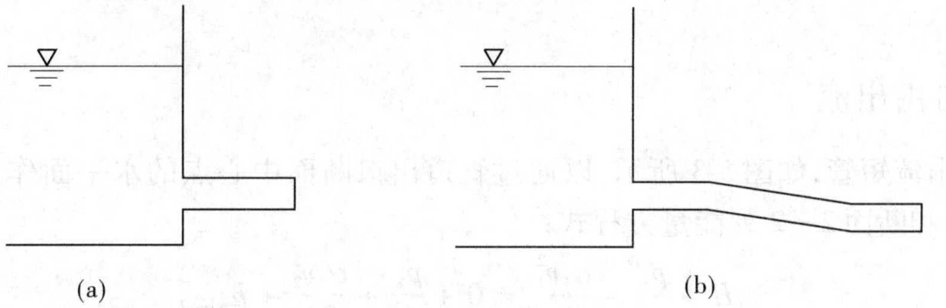

图 5-1

根据管道中水流的沿程水头损失、局部水头损失及流速水头所占的比重不同，管流可分为长管和短管。长管即管道中水流的沿程水头损失较大，而局部水头损失和流速水头

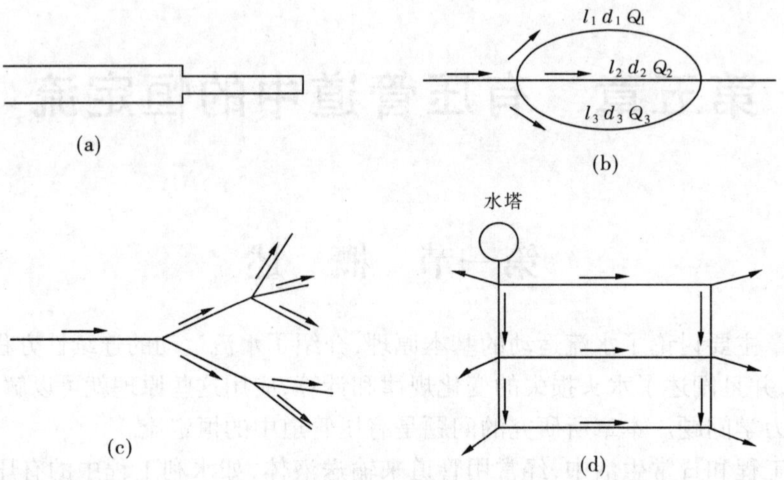

图 5-2

很小，此两项之和只占沿程水头损失的5%以下，以至可以忽略不计。一般自来水管可视为长管。短管即管道中局部水头损失与流速水头两项之和占沿程水头损失的5%以上，水力计算时不能忽略，必须一起考虑在内。虹吸管、倒虹吸管、坝内泄水管、抽水机的吸水管等，均可按短管计算。特别需要指出的是，长管和短管并不是按管道的长度分类的，即使很长的管道，局部水头损失和流速水头不能忽略时，仍应按短管计算。

压力管道中的恒定流，其水力计算主要有四个方面的计算类型：

(1)管道输水能力的计算。即在给定水头、管线布置和断面尺寸的情况下，确定它输送的流量。

(2)当管线布置、管道尺寸和流量一定时，要求确定管路的水头损失，即输送一定流量所必需的水头。

(3)在管线布置、作用水头及输送的流量已知时，计算管道的断面尺寸(对于圆形断面的管道，则是计算所需的直径)。

(4)给定流量、作用水头和断面尺寸，要求确定沿管道各断面的压强。

第二节　简单短管的水力计算

一、自由出流

自由出流短管，如图5-3所示，以通过管道出口断面中心点的水平面作为基准面，对断面1—1和断面2—2列能量方程式：

$$H + \frac{p_1}{\gamma} + \frac{\alpha_1 v_1^2}{2g} = 0 + \frac{p_2}{\gamma} + \frac{\alpha_2 v_2^2}{2g} + h_{w1-2}$$

因 $p_1 = p_2 = p_a = 0$，令 $\alpha_1 = \alpha_2 = \alpha_0 = 1$，$v_1 = v_0$，$v_2 = v$ 又

$$h_{w1-2} = h_f + \sum h_j = (\lambda \frac{l}{d} + \sum\zeta)\frac{v^2}{2g}$$

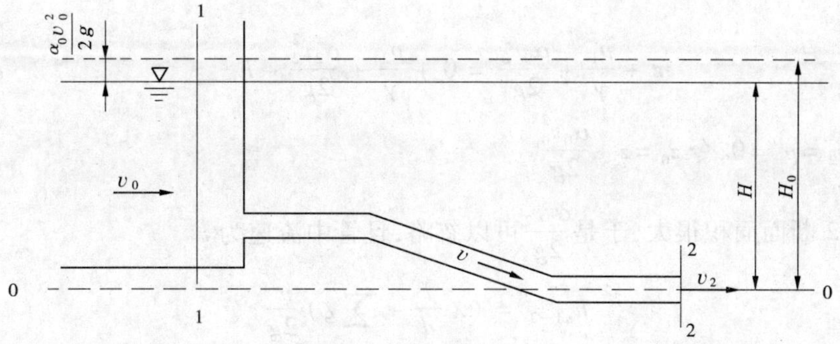

图 5-3

并令

$$H_0 = H + \frac{v_0^2}{2g}$$

则有

$$H_0 = \frac{v^2}{2g} + (\lambda \frac{l}{d} + \sum \zeta) \frac{v^2}{2g} \tag{5-1}$$

式中 v_0——上游水池中的流速,称为行近流速;

H——管路出口断面中心与上游水池水面的高差,称为水头;

H_0——包括行近流速水头在内的总水头。

将式(5-1)整理,可得管道中的断面平均流速为

$$v = \frac{1}{\sqrt{1 + \lambda \frac{l}{d} + \sum \zeta}} \sqrt{2gH_0} \tag{5-2}$$

设管道过水断面面积为 A,则通过管道的流量为

$$Q = Av = \frac{1}{\sqrt{1 + \lambda \frac{l}{d} + \sum \zeta}} A \sqrt{2gH_0}$$

令 $\mu_c = \frac{1}{\sqrt{1 + \lambda \frac{l}{d} + \sum \zeta}}$,上式又可写为

$$Q = \mu_c A \sqrt{2gH_0} \tag{5-3}$$

式中 μ_c——短管自由出流的流量系数。

式(5-3)就是短管自由出流的计算公式,它表达了短管的过水能力、作用水头和阻力的相互关系。

行近流速如很小,$\frac{v_0^2}{2g}$可忽略不计,$H \approx H_0$,则式(5-3)可写为

$$Q = \mu_c A \sqrt{2gH} \tag{5-4}$$

二、淹没出流

淹没出流短管,如图 5-4 所示。以下游水面为基准面,对断面 1—1 和断面 2—2 列能

量方程,得

$$z + \frac{p_1}{\gamma} + \frac{\alpha_0 v_0^2}{2g} = 0 + \frac{p_2}{\gamma} + \frac{\alpha_2 v_2^2}{2g} + h_{w1-2}$$

同理,$p_1 = p_2 = p_a = 0$,令 $z_0 = z + \frac{\alpha_0 v_0^2}{2g}$。

因 2—2 断面面积很大,于是$\frac{\alpha_2 v_2^2}{2g}$可以忽略,且管中流速为 v

$$h_{w1-2} = (\lambda \frac{l}{d} + \sum \zeta) \frac{v^2}{2g}$$

将上述各项代入能量方程,可得

$$z_0 = (\lambda \frac{l}{d} + \sum \zeta) \frac{v^2}{2g} \tag{5-5}$$

整理后可得

$$v = \frac{1}{\sqrt{\lambda \frac{l}{d} + \sum \zeta}} \sqrt{2gz_0} \tag{5-6}$$

令

$$\mu_c = \frac{1}{\sqrt{\lambda \frac{l}{d} + \sum \zeta}}$$

故淹没出流的公式为

$$Q = \mu_c A \sqrt{2gz_0} \tag{5-7}$$

式中 μ_c——短管淹没出流的流量系数。

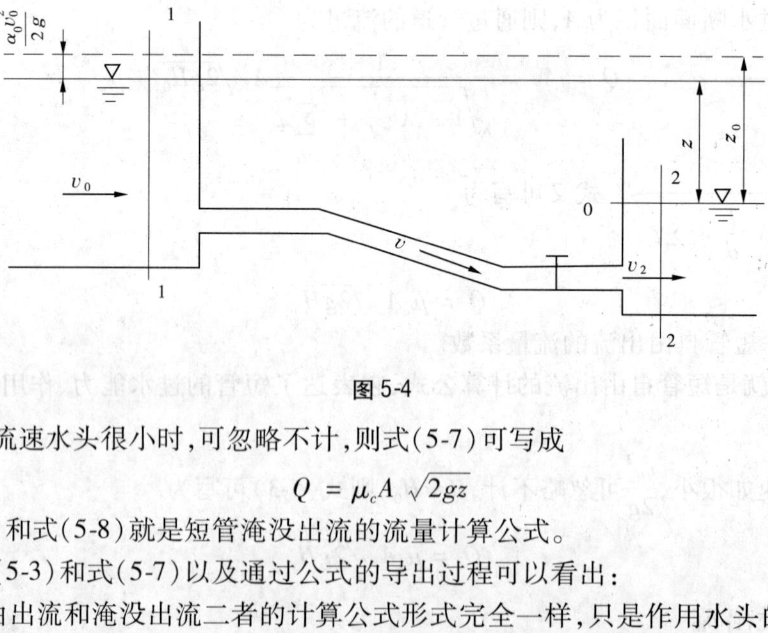

图 5-4

当行近流速水头很小时,可忽略不计,则式(5-7)可写成

$$Q = \mu_c A \sqrt{2gz} \tag{5-8}$$

式(5-7)和式(5-8)就是短管淹没出流的流量计算公式。

比较式(5-3)和式(5-7)以及通过公式的导出过程可以看出:

(1)自由出流和淹没出流二者的计算公式形式完全一样,只是作用水头的含义不同。自由出流时的水头 H 为管道出口断面至上游水面的高差,而淹没出流时的水头 z 则为上、下游水面高差。

(2)自由出流和淹没出流的流量系数 μ_c 的表达式,其形式有所差别。自由出流时的 $\sum\zeta$ 比淹没出流的 $\sum\zeta$ 中少了一个出口局部水头损失系数,而有动能修正系数 $\alpha=1.0$。淹没出流时,没有动能修正系数 α,而有出口局部水头损失系数 $\xi_{出}=1.0$。因此,对同一管道来讲,自由出流和淹没出流时流量系数的值是相等的。

(3)上游水池的行近流速水头 $\frac{\alpha_0 v_0^2}{2g}$,应视其具体的大小,在计算时可以计入也可忽略不计;式(5-7)只适用于下游水池的流速水头 $\frac{\alpha_2 v_2^2}{2g}$ 可以忽略的情形。

【例 5-1】 图 5-5 为某水库的泄洪隧洞,已知洞长 $l=300$ m,洞径 $d=2$ m,隧洞的沿程阻力系数 $\lambda=0.03$,转角 $\alpha=30°$,水库水位为 42.50 m,隧洞出口中心高程为 25.00 m。隧洞的洞线布置见图 5-5。试确定下游水位分别为 22.00 m 和 30.00 m 时隧洞的泄洪流量。

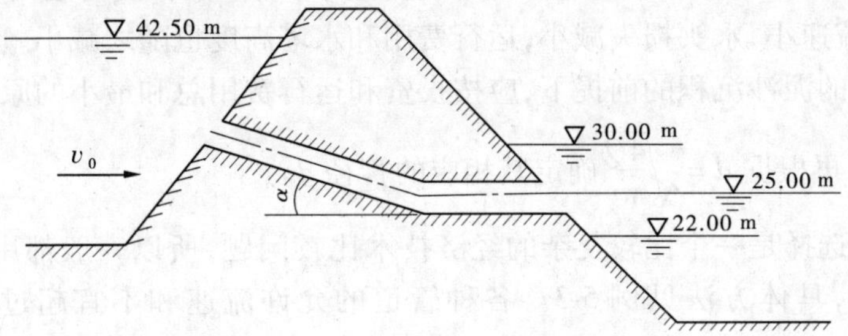

图 5-5

解 (1)下游水位为 22.00 m 时为自由出流。由于水库中行近流速很小,按式(5-4)计算其流量,即

$$Q=\mu_c A\sqrt{2gH}$$

其中

$$\mu_c=\frac{1}{\sqrt{1+\lambda\frac{l}{d}+\sum\zeta}}=\frac{1}{\sqrt{1+0.03\times\frac{300}{2}+0.5+0.2}}=0.402$$

$$H=42.50-25=17.50(\text{m})$$

$$Q=\mu_c A\sqrt{2gH}=0.402\times\frac{3.14\times2^2}{4}\times\sqrt{2\times9.8\times17.5}=23.4(\text{m}^3/\text{s})$$

(2)下游水位为 30.00 m 时为淹没出流。

$$z=42.50-30.00=12.50(\text{m})\qquad \mu_c=0.402$$

则隧洞的泄流量为

$$Q=\mu_c A\sqrt{2gz}=0.402\times\frac{3.14\times2^2}{4}\times\sqrt{2\times9.8\times12.5}=19.76(\text{m}^3/\text{s})$$

三、管径的确定

(1)当管线布置已定,流量 Q 和水头 H 已知时,其管径 d 可由公式算出。

对于圆管：$A=\pi d^2/4$，则

$$d=\sqrt{\frac{4Q}{\pi\mu_c\sqrt{2gH}}}$$

式中的流量系数 $\mu_c=\dfrac{1}{\sqrt{1+\lambda\dfrac{l}{d}+\sum\zeta}}$ 与管径 d 有关，因此上式只能用试算法求管径 d。

（2）当管道的管线布置和输水量 Q 已知，要求同时确定所需管径 d 及相应的水头 H 时，一般应从技术和经济条件先选定管径 d，然后再求水头 H。

管径的确定是个影响因素较多的问题。从技术要求讲，若采用的管径小，管内流速大，管道的单位长度造价低，安装容易，但水头损失较大，通过一定流量时要求的水头也较高，不但管长增加，其他工程费用（如水塔加高）及抽水机的功率也须增大，设备费和电能消耗相应增加；反之，若采用的管径较大，管内流速小，虽单位长度管道的费用大，安装也较困难，但管内流速小，水头损失减小，运行费用和水塔高度也随之减小。因此，在满足流量要求和水流中的泥沙沉积的前提下，应按投资和运行费用总和最小的原则，确定管道的经济流速 v，然后再根据 $d=\sqrt{\dfrac{4Q}{\pi v}}$ 确定其相应的管径 d。

由于管径的选择是一个比较复杂的经济技术比较问题，所以一般都用允许流速的经验值来确定管径，具体方法见例 5-3。各种管道的允许流速和不宜超过的最大流速见表 5-1。

表 5-1　各种管道的允许流速和不宜超过的最大流速

管道类型	允许流速（m/s）	最大流速（m/s）
水电站压力隧洞	2.5 ~ 3.5	
水电站压力管道	3.0 ~ 4.0	<5.0 ~ 6.0
一般给水管道	0.75 ~ 2.5	>0.2 或 <3.0
抽水机吸水管道	1.2 ~ 2.0	<2.5
抽水机压力管道	1.5 ~ 2.5	<3.5
倒虹吸管道	1.5 ~ 2.5	

四、总水头线和测压管水头线的绘制

在有压管流中，动水压强一般大于零，但有时在局部管段上，因管轴线位置较高或管中流速过大，也会出现负压。一旦管中有较大的负压，就会使管壁因发生气蚀而破坏，所以在管道设计中必须计算各断面压强，绘制出管线的测压管水头线，以便了解动水压强沿程变化的情况，避免出现过大负压。

绘制水头线时，管道系统各个管段的长度 l_i、直径 d_i、糙率 n_i（或沿程阻力系数 λ_i）、通过的流量 Q_i，以及其各局部阻力系数 ζ_i 是已知的。

(一)绘制总水头线和测压管水头线的具体步骤

(1)根据各管的流量 Q_i,计算相应的流速 v_i、沿程水头损失 h_{fi} 和局部水头损失 h_{ji}。

(2)自管道进口到出口,算出每一管段两端的总水头值,并绘出总水头线。

(3)由于测压管水头线比总水头线低一个流速水头,即

$$(z+\frac{p}{\gamma})_i=(z+\frac{p}{\gamma}+\frac{\alpha v^2}{2g})_i-\frac{\alpha_i v_i^2}{2g}$$

在绘出总水头线后,由各断面的总水头线减去相应断面的流速水头 $\frac{\alpha_i v_i^2}{2g}$,即可得测压管水头线。

(二)绘制总水头线和测压管水头线应注意的问题

(1)在绘制测压管水头线和总水头线时,等直径管段的 h_f 沿管长均匀分布。h_j 实际上发生于局部管段上,在绘制时,假设 h_j 集中发生在该局部边界突变的概化断面上,故在该断面上有两个总水头值,一个是局部损失前的,一个是局部损失后的。

(2)在等直径管段中,测压管水头线与总水头线平行。

(3)在绘制水头线时,应注意管道进口的边界条件,如图 5-6 所示。

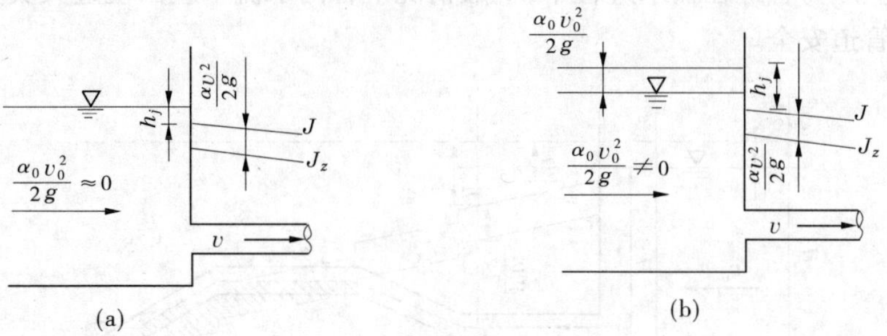

图 5-6

当上游行近流速水头 $\frac{\alpha_0 v_0^2}{2g}\approx 0$ 时,总水头线的起点在上游液面,如图 5-6(a)所示,当 $\frac{\alpha_0 v_0^2}{2g}\neq 0$ 时,总水头线的起点较上游液面高出 $\frac{\alpha_0 v_0^2}{2g}$,如图 5-6(b)所示。

(4)此外,还应注意管道出口的边界条件,如图 5-7 所示。

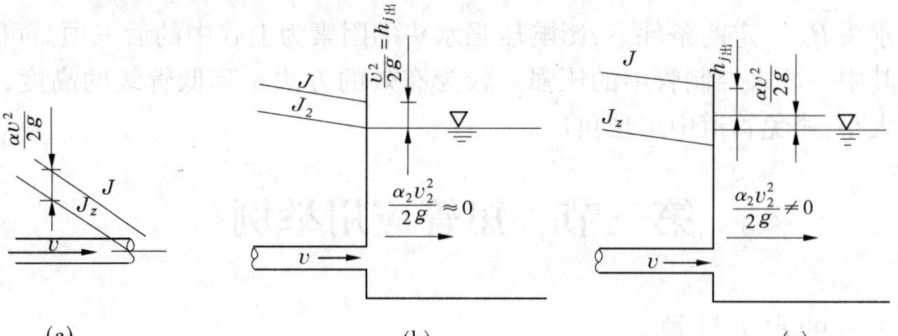

图 5-7

图 5-7(a)为自由出流,测压管水头线的终点应画在出口断面的形心上;图 5-7(b)为淹没出流,且下游流速水头$\frac{\alpha_2 v_2^2}{2g}\approx 0$,测压管水头线的终点应与下游液面平齐;图 5-7(c)亦为淹没出流,但下游流速水头$\frac{\alpha_2 v_2^2}{2g}\neq 0$,表示管道出口的动能没有全部损失掉,一部分转化为下游动能,尚有一部分转化为下游势能,使下游液面抬高,高于管道出口断面的测压管水头,故测压管水头线的终点应低于下游液面。

(5)测压管水头线沿程可以上升或下降,但总水头线沿程只能下降。

(三)负压段的判别

压强水头$\frac{p}{\gamma}=(z+\frac{p}{\gamma})-z=$测压管水头 - 位置水头。管道的位置水头 z 为管轴线到基准面 0—0 的距离,那么,测压管水头高于管轴线的部分其压强水头$\frac{p}{\gamma}$为正。测压管水头低于管轴线,则压强水头$\frac{p}{\gamma}$为负值,如图 5-8 中阴影部分,其大小为测压管水头低于管轴线的高度。压力管道在输水过程中,一般情况下管内水流不应出现过大真空,以避免空蚀破坏危及管道安全。

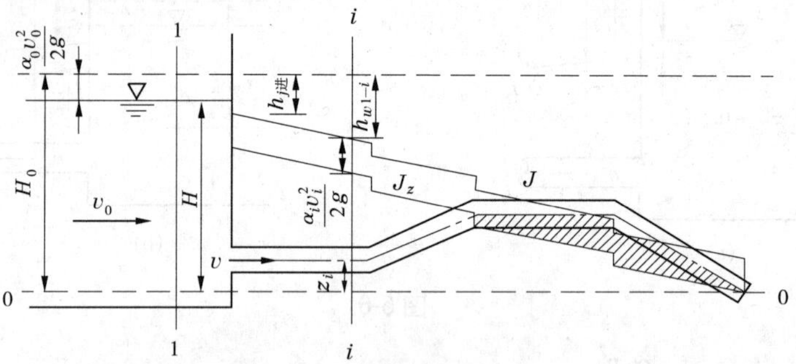

图 5-8

(四)调整管道布置避免产生负压

从图 5-8 可知,管道系统任意断面的压强水头$\frac{p_i}{\gamma}=H_0-h_{w1-i}-\frac{\alpha_i v_i^2}{2g}-z_i$。可见,在管道系统工作水头 H_0 一定的条件下,影响压强水头的因素为上式中的后三项。可以通过改变这三项或其中一项来控制管中的压强。较为有效的方法是降低管线的高度,以提高管道中压强的大小,避免管道中出现负压。

第三节 短管应用举例

一、虹吸管的水力计算

虹吸原理广泛应用于水利工程中,如灌溉引水工程中的虹吸管、虹吸式溢洪道等。虹吸管通常采用等直径的简单管路,一般按短管计算,其布置如图 5-9 所示。

虹吸管的工作原理是：先对管内进行抽气，使管内形成一定的真空值。由于虹吸管进口处水面的压强为大气压强，因此管内管外形成压强差，迫使水流由压强大的地方流向压强小的地方。只要虹吸管内的真空不被破坏，而且保持上、下游有一定的水位差，水就会不断地由上游通过虹吸管流向下游。为了保证虹吸管能正常工作，管内的真空又要有一定限制，根据液体汽化压强的概念，管内真空度一般限制在6～8 m水柱高以内，以保证虹吸管内水流不致汽化。

虹吸管的水力计算包括：在已定上下游水位差的条件下，已知管径，确定输水流量；由虹吸管水流的允许真空度，确定管顶允许最大安装高度；或已知安装高度，校核管中最大真空度是否超过允许值。

【例5-2】 用一直径 $d=0.4$ m 的铸铁虹吸管，将上游明渠中的水输送到下游明渠，如图5-9所示。已知上下游渠道的水位差为2.5 m，虹吸管各段长分别为 $l_1=10.0$ m，$l_2=6$ m，$l_3=12$ m。虹吸管进口为无底阀滤水网，其局部阻力系数取 $\zeta_1=2.5$，其他局部阻力系数：两个折角弯头 $\zeta_2=\zeta_3=0.55$，阀门 $\zeta_4=0.2$，出口 $\zeta_5=1.0$。虹吸管顶端中心线距上游水面的安装高度 $h_s=4.0$ m，允许真空度采用 $h_v=7.0$ m。试确定虹吸管输水流量，校核虹吸管中最大真空值是否超过允许值。

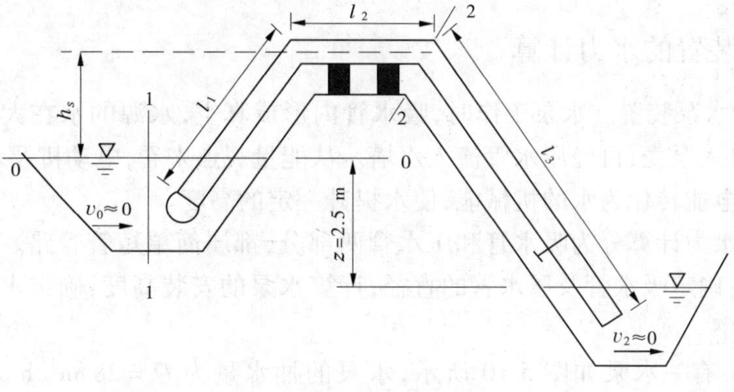

图5-9

解 （1）确定输水流量。先确定管路阻力系数 λ，取铸铁管糙率为 $n=0.013$。水力半径为 $R=\dfrac{d}{4}=0.10$ m。

$$C=\frac{1}{n}R^{1/6}=\frac{1}{0.013}\times0.10^{1/6}=52.41(\mathrm{m}^{1/2}/\mathrm{s})$$

$$\lambda=\frac{8g}{C^2}=\frac{8\times9.8}{52.41^2}=0.0285$$

$$\mu_c=\frac{1}{\sqrt{\lambda\dfrac{l}{d}+\sum\zeta}}=\frac{1}{\sqrt{0.0285\times\dfrac{10+6+12}{0.4}+2.5+2\times0.55+0.2+1.0}}=0.384$$

则通过虹吸管流量为

$$Q=\mu_cA\sqrt{2gz}=0.384\times\frac{3.14\times0.4^2}{4}\times\sqrt{2\times9.8\times2.5}=0.338(\mathrm{m}^3/\mathrm{s})$$

(2)校核虹吸管中最大真空度。最大真空发生在管顶最高段(第二管段)内。由于管中流速水头沿程不变,最低压强应在该管段末端的弯头断面,即断面2—2。同时认为弯头局部损失发生在弯头断面上,故在该断面的弯头损失以后的压强为最小。而在下游第三管段,由于管路坡降一般大于水力坡降,即断面中心高程的下降大于沿程水头损失,所以部分位能转化为压能,使第三管段内压强沿程增加。

$$v=\frac{Q}{A}=\frac{0.338}{\frac{3.14}{4}\times 0.4^2}=2.69(\mathrm{m/s})$$

以上游水面为基准面,取 $\alpha=1.0$,建立断面1—1和断面2—2的能量方程:

$$0+\frac{p_a}{\gamma}+0=h_s+\frac{p_2}{\gamma}+\frac{v^2}{2g}+h_{w1-2}$$

$$\frac{p_a-p_2}{\gamma}=h_s+(1+\lambda\frac{l_1+l_2}{d}+\zeta_1+\zeta_2)\frac{v^2}{2g}$$

$$=4+(1+0.028\,5\times\frac{10+6}{0.4}+2.5+0.55)\times\frac{2.69^2}{2\times 9.8}=5.92\ (\mathrm{m})$$

故断面2—2的真空度为5.92 m,小于允许真空度7 m,符合要求。

二、水泵装置的水力计算

图5-10为水泵装置。水泵工作时,吸水管内形成真空,水源的水在大气压强的作用下,从吸水管进入泵壳,再经压水管流入水塔。从能量观点来看,电动机及水泵对水作功,将外面输入的电能转化为水的机械能,使水提升一定的高度。

水泵管路水力计算分为吸水管和压水管两部分,都属简单短管管路。水泵水力计算的主要任务是:确定吸水管及压水管的直径;计算水泵的安装高度;确定水泵的扬程及水泵电动机的功率。

【例5-3】 有一水泵如图5-10所示,水泵的抽水量为 $Q=28\ \mathrm{m^3/h}$,吸水管的管长 $l_{吸}=5$ m,压水管的长度 $l_{压}=18$ m,沿程阻力系数 $\lambda_{吸}=\lambda_{压}=0.046$。局部阻力系数:进口滤水网 $\zeta_{网}=8.5$,弯头 $\zeta_{弯}=0.17$,出口 $\zeta_{出}=1.0$,水泵的抽水高度 $Z=18$ m,水泵进口断面的最大允许真空度 $h_v=6$ m,试确定:

(1)管道的管径;

(2)水泵的安装高度 h_s;

(3)水泵的扬程 H;

(4)水泵电动机的功率(水泵的效率 $\eta_{泵}=0.80$,电动机效率 $\eta_{动}=0.90$)。

解 (1)水泵管道直径的选定。水泵吸水管和压水管的直径,一般是根据管道的允许流速来确定的。查表5-1可知,吸水管允许流速为 $v_{允}=1.2\sim2.0$ m/s,压水管允许流速为 $v_{允}=1.5\sim2.5$ m/s。

依据上述允许流速的经验值,选取 $v_{吸}=2$ m/s,$v_{压}=2.5$ m/s,则相应的管径为

$$d_{吸}=\sqrt{\frac{4Q}{\pi v_{吸}}}=\sqrt{\frac{4\times 28}{3.14\times 2\times 3\,600}}=0.070(\mathrm{m})$$

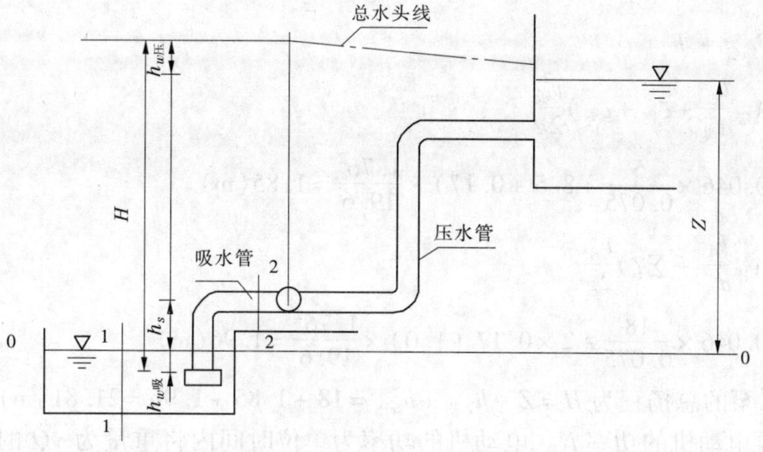

图 5-10

$$d_{压}=\sqrt{\frac{4Q}{\pi v_{压}}}=\sqrt{\frac{4\times 28}{3.14\times 2.5\times 3\ 600}}=0.063(\mathrm{m})$$

根据计算结果，查表 5-3 选用与它相近并大于它的标准管径，$d_{吸}=75$ mm，$d_{压}=75$ mm，则吸水管和压水管中的流速为

$$v_{吸}=v_{压}=\frac{Q}{A}=\frac{4\times 28}{3.14\times 0.075^2\times 3\ 600}=1.76(\mathrm{m/s})$$

(2)水泵的安装高度 h_s。以水源水面为基准面，在水源中的渐变流段内取过水断面 1—1，在水泵的进口，吸水管的末端取过水断面 2—2，对断面 1—1 和 2—2 列能量方程得

$$0+\frac{p_a}{\gamma}+\frac{\alpha v_1^2}{2g}=h_s+\frac{p_2}{\gamma}+\frac{\alpha v_{吸}^2}{2g}+h_{w吸}$$

因为断面 1—1 的流速比吸水管中的流速 $v_{吸}$ 小得多，故在计算中可近似地认为 $\frac{\alpha v_1^2}{2g}\approx 0$，并取 $\alpha=1$，将水头损失表达式代入上式，经过整理后得

$$h_s=\frac{p_a-p_2}{\gamma}-(1+\lambda\frac{l_{吸}}{d_{吸}}+\sum\zeta)\frac{v_{吸}^2}{2g}$$

式中，$\frac{p_a-p_2}{\gamma}$为真空度，用 h_v 表示，则可得水泵安装高度 h_s 的计算式

$$h_s=h_v-(1+\lambda\frac{l_{吸}}{d_{吸}}+\sum\zeta)\frac{v_{吸}^2}{2g}$$

$$=6-(1+0.046\times\frac{5}{0.075}+8.5+0.17)\times\frac{1.76^2}{19.6}=3.99(\mathrm{m})$$

h_s 值表明，安装高度最大不得超过 3.99 m，否则将因水泵真空受到破坏，而产生抽不上水或出水量很小的现象。

(3)水泵的扬程。水从水源被提升到水塔上，提水高度为 Z，这增加了水流的势能。同时，水流在流经吸水管和压水管到达水塔时，还要克服沿流程的各种阻力，消耗了自身的部分能量。这两部分能量都必须由水泵提供。通常把这两部分能量的总和，称为水泵

的扬程，即

$$H = Z + h_{w吸} + h_{w压}$$

$$h_{w吸} = (\lambda_{吸}\frac{l_{吸}}{d_{吸}} + \zeta_{网} + \zeta_{弯})\frac{v_{吸}^2}{2g}$$

$$= (0.046 \times \frac{5}{0.075} + 8.5 + 0.17) \times \frac{1.76^2}{19.6} = 1.85(\text{m})$$

$$h_{w压} = (\lambda_{压}\frac{l_{压}}{d_{压}} + \sum\zeta)\frac{v_{压}^2}{2g}$$

$$= (0.046 \times \frac{18}{0.075} + 2 \times 0.17 + 1.0) \times \frac{1.76^2}{19.6} = 1.96(\text{m})$$

所以，水泵的总扬程为 $H = Z + h_{w吸} + h_{w压} = 18 + 1.85 + 1.96 = 21.81(\text{m})$。

(4)水泵电动机的功率 N。电动机的功率为单位时间内将重量为 γQ 的水体，提升 H 米高度时所作的功，再分别除以水泵和电动机的实际效率。其计算公式为

$$N = \frac{\gamma QH}{\eta_{泵}\eta_{动}} = \frac{9.8 \times \frac{28}{3\,600} \times 21.81}{0.8 \times 0.9} = 2.31(\text{kW})$$

三、倒虹吸管的水力计算

当某一条渠道与其他渠道或公路、河道相交叉时，常常在公路或河道的下面设置一段管道，这段管道叫倒虹吸管。倒虹吸管水力计算的主要任务是：

(1)已知管道直径 d、管长 l 及管道布置、上下游水位差 z，求过流量 Q。

$$Q = \mu_c A\sqrt{2gz}$$

(2)已知管道直径 d、管长 l 及管道布置、过流量 Q，求上下游水位差 z。

$$z = \frac{Q^2}{\mu_c^2 A^2 2g}$$

以上两类计算是常规的短管计算，这里不再举例。

(3)已知管道布置、过流量 Q 和上下游水位差 z，求管径 d。

【例 5-4】 图 5-11 所示为一横穿河道的钢筋混凝土倒虹吸管，管中通过的流量 $Q = 4\ \text{m}^3/\text{s}$，管长 $l = 50$ m，有两个 30°的折角转弯，其局部水头损失系数 $\zeta_{弯} = 0.2$，沿程阻力系数 $\lambda = 0.025$，上下游水位差 $z = 2.0$ m，当上、下游的流速水头可忽略不计时，求管道的管径 d_0。

解 倒虹吸管中的水流为简单短管的淹没出流：

$$Q = \mu_c A\sqrt{2gz}$$

$$Q = \mu_c \frac{\pi d^2}{4}\sqrt{2gz}$$

将上式中包括管径 d 的 $\mu_c d^2$ 移至等式一侧：

$$\mu_c d^2 = \frac{4Q}{\pi\sqrt{2gz}} = \frac{4 \times 4}{3.14 \times \sqrt{2 \times 9.8 \times 2}} = 0.81$$

流量系数的计算式为

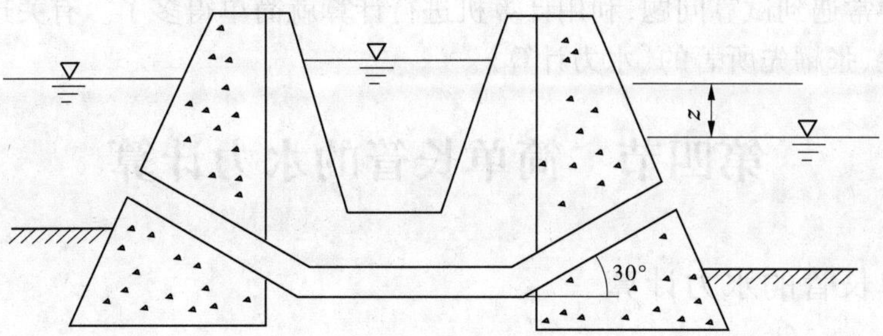

图 5-11

$$\mu_c = \frac{1}{\sqrt{\lambda \frac{l}{d} + \zeta_{进} + 2\zeta_{弯} + \zeta_{出}}} = \frac{1}{\sqrt{0.025 \times \frac{50}{d} + 0.5 + 2 \times 0.2 + 1}} = \frac{1}{\sqrt{\frac{1.25}{d} + 1.9}}$$

根据上述计算得

$$\frac{d^2}{\sqrt{\frac{1.25}{d} + 1.9}} = 0.81$$

(1)试算法。假设一个 d 值算出对应的 $\mu_c d^2$，看是否等于已知的 0.81，若 $\mu_c d^2 \neq 0.81$，则重新假设 d 值再计算，直到假定的某一 d 值算出的 $\mu_c d^2$ 满足条件 $\mu_c d^2 = 0.81$ 为止，则此 d 值即为所求的管径。计算结果列于表 5-2 中。

表 5-2

d(m)	d^2	μ_c	$\mu_c d^2$
1.04	1.08	0.568	0.613
1.08	1.166 4	0.571 9	0.667
1.12	1.254 4	0.575 8	0.722
1.16	1.345 6	0.579 5	0.780
1.18	1.392 4	0.581 3	0.809 4

从表 5-2 计算结果可以看出，当 $d = 1.18$ m 时，计算的 $\mu_c d^2 = 0.809\,4$ 与 0.81 相差在 1% 以下，故可认为 $d = 1.18$ m 就是所求的管径。取标准管径 $d = 1.2$ m。

(2)迭代法。将上面算式改写成下面的迭代算式，即

$$d = \sqrt{0.81 \times \sqrt{\frac{1.25}{d} + 1.9}}$$

其迭代过程为：设 $d_1 = 0.5$ m，代入上式右边的 d 中，算出 $d_2 = 1.303$ m；又用 d_2 代入上式右边的 d 中，算出 $d_3 = 1.170\,3$ m；再将 d_3 代入上式右边的 d 中，算出 $d_4 = 1.181$ m；再重复算出 $d_5 = 1.180\,3$ m，取 $d = 1.180$ m 为所求直径。取标准管径 $d = 1.2$ m。

由上述迭代过程可以看出，迭代次数的多少取决于计算的精度要求，上题仅迭代 5 次，其相对误差已小于 0.1%。工程上，一般只要迭代 3 ~ 4 次就能得到较为准确的结果。

水力学中常遇到试算问题，利用计算机进行计算就简单得多了。有关这方面的内容，请参阅罗全胜、张耀先所著的《水力计算》。

第四节　简单长管的水力计算

一、简单长管的水力计算

根据长管的定义，长管水力计算时局部水头损失和流速水头可忽略不计。能量方程式可简化为

$$H = h_f \tag{5-9}$$

由谢才公式 $Q = AC\sqrt{RJ}$，可以求出沿程水头损失的表达式。令 $K = AC\sqrt{R}$，则谢才公式为 $Q = K\sqrt{J}$。

其中，K 称为流量模数，是在水力坡度 $J = 1$ 时所具有的流量，其单位和流量的单位相同。它反映了管道断面尺寸及管壁粗糙程度对过水能力的影响。

由
$$Q = K\sqrt{J} = K\sqrt{\frac{h_f}{l}}$$

可得
$$h_f = \frac{Q^2 l}{K^2}$$

代入式(5-9)得
$$H = \frac{Q^2 l}{K^2} \tag{5-10}$$

这就是长管水力计算的基本公式。在 Q、H、l 已知，求管径 d 时，可以先用式(5-10)求得 K。在粗糙系数一定时，$K = ACR^{1/2}$ 是管径 d 的函数。为便于计算，表 5-3 给出了标准管径和流量模数 K 的对应关系。

表 5-3　给水管道的流量模数 K 值

（按 $C = 1/n \times R^{1/6}$）　　（单位：L/s）

标准管道直径（mm）	清洁管（$n = 0.011$）	正常管（$n = 0.012\ 5$）	污秽管（$n = 0.014\ 3$）
50	9.624	8.460	7.403
75	28.37	24.94	21.83
100	61.11	53.72	47.01
125	110.80	97.40	85.23
150	180.20	158.40	138.60
175	271.80	238.90	209.00
200	388.00	341.10	298.50
225	531.20	467.00	408.60
250	703.50	618.50	541.20

续表 5-3

标准管道直径（mm）	清洁管（$n=0.011$）	正常管（$n=0.0125$）	污秽管（$n=0.0143$）
300	1.144×10^3	1.006×10^3	880.00
350	1.726×10^3	1.517×10^3	1.327×10^3
400	2.464×10^3	2.166×10^3	1.895×10^3
450	3.373×10^3	2.965×10^3	2.594×10^3
500	4.467×10^3	3.927×10^3	3.436×10^3
600	7.264×10^3	6.386×10^3	5.587×10^3
700	10.96×10^3	9.632×10^3	8.428×10^3
750	13.17×10^3	11.58×10^3	10.13×10^3
800	15.64×10^3	13.57×10^3	12.03×10^3
900	21.42×10^3	18.83×10^3	16.47×10^3
1 000	28.36×10^3	24.93×10^3	21.82×10^3
1 200	46.12×10^3	40.55×10^3	35.48×10^3
1 400	69.57×10^3	61.16×10^3	53.52×10^3
1 600	99.33×10^3	87.32×10^3	76.41×10^3
1 800	136.00×10^3	119.50×10^3	104.60×10^3
2 000	180.10×10^3	158.30×10^3	138.50×10^3

对于一般给水管道，当平均流速 $v<1.2$ m/s 时，管子可能在过渡区工作，h_f 近似与流速 v 的 1.8 次方成正比。计算水头损失时，可在式(5-10)中乘以一修正系数 k，即

$$h_f = k\frac{Q^2 l}{K^2}$$

式中的 $k=1/v^{0.2}$。

对钢管和铸铁管，修正系数 k 值可参考表 5-4。

表 5-4　钢管及铸铁管修正系数 k 值

v(m/s)	k	v(m/s)	k
0.20	1.41	0.65	1.10
0.25	1.33	0.70	1.085
0.30	1.28	0.75	1.07
0.35	1.24	0.80	1.06
0.40	1.20	0.85	1.05
0.45	1.175	0.90	1.04
0.50	1.15	1.00	1.03
0.55	1.13	1.10	1.015
0.60	1.115	1.20	1.00

二、简单长管水力计算的类型

(1)已知作用水头、管道尺寸、管道材料及管线布置,计算输水能力。

(2)已知管道尺寸、材料、管线布置和输水能力,计算作用水头(确定水塔高度)。

(3)管线布置、作用水头、管道材料已定,当要求输送一定流量时,确定所需的管径。

【例5-5】 由水塔供水的简单管道 AB 长 $l=1\ 600$ m,直径 $d=200$ mm,材料为铸铁管,水塔水面及管道末端 B 点的高程如图5-12所示。求:

(1)管道的供水流量 Q。

(2)当管径不变时,供水流量提高为 $Q=50$ L/s 时,水塔的水面高程。

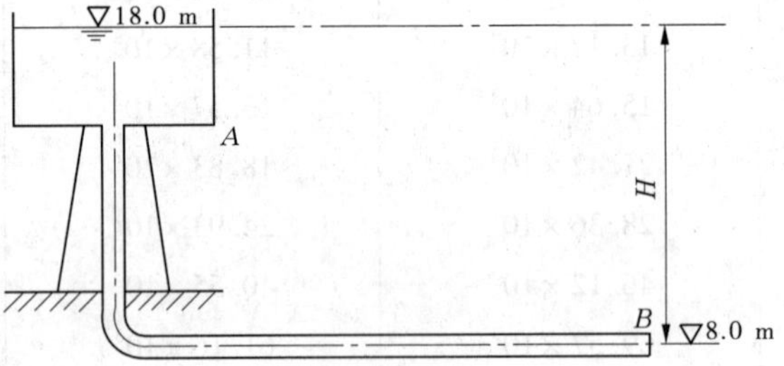

图5-12

解 (1)已知水头求流量。水塔供水的水头为 $H=18.0-8.0=10$(m)。

假设管内的水流为阻力平方区的紊流,由表5-3查得管径 $d=200$ mm 的流量模数 $K=341.1$ L/s,则管中通过的流量为

$$Q=K\sqrt{\frac{H}{l}}=341.1\times\sqrt{\frac{10}{1\ 600}}=26.97(\text{L/s})=0.026\ 97\ \text{m}^3/\text{s}$$

验算流速是否符合假设条件

$$v=\frac{Q}{A}=\frac{4Q}{\pi d^2}=\frac{4\times0.026\ 97}{3.14\times0.2^2}=0.859(\text{m/s})$$

因为 $v<1.2$ m/s,属紊流过渡区,与假设不符,需要修正。由表5-4内插得 $v=0.859$ m/s时的修正系数 $k=1.042$,则

$$Q=K\sqrt{\frac{H}{kl}}=341.1\times\sqrt{\frac{10}{1.042\times1\ 600}}=26.42(\text{L/s})=0.026\ 42\ \text{m}^3/\text{s}$$

(2)已知 $Q=50$ L/s,求水塔中应有的水面高程:

先计算流速

$$v=\frac{Q}{A}=\frac{4Q}{\pi d^2}=\frac{4\times0.050}{3.14\times0.2^2}=1.59(\text{m/s})$$

因为 $v>1.2$ m/s,水流处于紊流粗糙区,得

$$H=\frac{Q^2}{K^2}l=(\frac{50}{341.1})^2\times1\ 600=34.38(\text{m})$$

水塔水面高程为水管末端 B 点高程加上作用水头,即

水塔水面高程 $=8+34.38=42.38$(m)

【例 5-6】 由一条长为 3 300 m 的新铸铁管向某水文站供水，作用水头 $H=20$ m，需要通过的流量为 $Q=32$ L/s，试确定管道的管径 d。

解 一般自来水管按长管计算。考虑到管道在使用中，水里所含的杂质会逐渐沉积，致使新管子变得有些污垢，故应按正常管考虑，取 $n=0.012\ 5$。先求流量模数 K 值，因为 $H=Q^2l/K^2$，则

$$K=Q\sqrt{\frac{l}{H}}=32\times\sqrt{\frac{3\ 300}{20}}=411.1(\text{L/s})$$

查表 5-3，当 $K=411.1$ L/s 时，所对应的管径在以下两个数之间；

$d=200$ mm　　　　$K=341.1$ L/s

$d=225$ mm　　　　$K=467.0$ L/s

为了保证对水文站的供水，应采用标准管径 $d=225$ mm 的管子。此时管中的流速

$$v=\frac{Q}{A}=\frac{4Q}{\pi d^2}=\frac{4\times0.032}{3.14\times0.225^2}=0.805(\text{m/s})$$

由于 $v<1.2$ m/s，管中水流处于紊流过渡区，需要修正。查表 5-4，取 $k=1.059$。

按公式 $H=k\dfrac{Q^2l}{K^2}$ 得修正后的流量模数 K 为

$$K=Q\sqrt{\frac{kl}{H}}=32\times\sqrt{\frac{1.059\times3\ 300}{20}}=423.00(\text{L/s})$$

此流量模数仍在管径 200 mm 与 225 mm 的流量模数之间，故采用管径 $d=225$ mm 的管子，足可保证供水。

【例 5-7】 由一用水塔向生活区供水的管网，如图 5-13 所示，是一分支管网。各管段长度及节点所需分出流量为已知。管路为正常铸铁管，糙率 $n=0.012\ 5$，管路端点自由水头 $h_e=5.0$ m，各端点地面高程如图 5-13 所示。试求管网中各管段的管径及水塔水面高程。

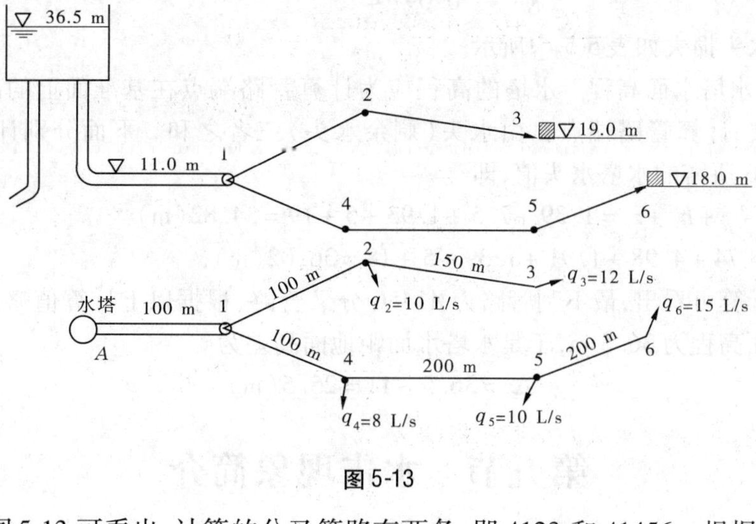

图 5-13

解 由图 5-13 可看出，计算的分叉管路有两条，即 $A123$ 和 $A1456$。根据连续性条件，确定所有管段的流量，如表 5-5 所示，下面举例说明列表中的计算过程。

表 5-5

管段	管长 l (m)	流量 Q (L/s)	管径 d (mm)	流速 v (m/s)	流量模数 K (L/s)	水头损失 h_f (m)
5—6	200	15	125	1.22	97.4	4.74
4—5	200	25	150	1.42	158.4	4.98
1—4	100	33	175	1.37	238.9	1.91
A—1	100	55	225	1.38	467.0	1.39
2—3	150	12	100	1.53	53.7	7.50
1—2	100	22	150	1.25	158.4	1.93

(1)确定各管段直径。选用给水管路经济流速 $v_e=1.5$ m/s。以 5—6 管段为例，流量 $Q=q_6=15$ L/s，则管径

$$d=\sqrt{\frac{4Q}{\pi v_e}}=\sqrt{\frac{4\times 0.015}{3.14\times 1.5}}\approx 0.1129(\text{m})=112.9\ \text{mm}$$

选用标准管径 $d=125$ mm。管中实际流速为

$$v=\frac{Q}{A}=\frac{4\times 0.015}{3.14\times 0.125^2}\approx 1.22(\text{m/s})$$

因为流速大于 1.2 m/s，水流在粗糙区。

(2)计算各管段水头损失。根据直径及糙率查表 5-3，以 5—6 管为例：$K=97.4$ L/s，则该管段的水头损失为

$$h_{f5-6}=\frac{Q^2}{K^2}l=\left(\frac{0.015}{0.0974}\right)^2\times 200=4.74(\text{m})$$

其他各管段水头损失如表 5-5 中所示。

(3)确定水塔水面高程。水塔的高程应为计算管路端点在基准面上的高度、计算管路的水头损失、计算管路端点自由水头(剩余水头)三者之和。下面分别计算分叉管路 A123 和 A1456 所需的水塔水头值，即

$$H_{A123}=\sum h_{fi}+h_e+z_e=1.39+7.5+1.93+5+19=34.82(\text{m})$$

$$H_{A1456}=4.74+4.98+1.91+1.39+5+18=36.02(\text{m})$$

由以上计算可看出，最不利管路为 A1456 分叉管路，根据以上计算值略加安全系数，选用水塔水面高程为 36.5 m，于是水塔水面距地面高差为

$$\Delta z=36.5-11=25.5(\text{m})$$

第五节　水击现象简介

压力管道中，由于管中流速突然变化，引起管中压强急剧增高(或降低)，从而使管道断面上发生压强交替升降的现象，称为水击。

当压力管路上阀门迅速关闭或水轮机、水泵等突然停止运转时，管中流速迅速减小，压强急剧升高，这种以压强升高为特征的水击，称为正水击。正水击时的压强升高可以超过管中正常压强很多倍，甚至可使管壁破裂。

当压力管路上阀门突然打开时，管中流速迅速加大，压强急剧减小，这种以压强降低为特征的水击，称为负水击。负水击时的压强降低，可能使管中发生不利的真空。

由于水击对压力管道危害很大，因此对水击必须加以研究。通过对水击的发生和发展过程，以及形成水击时，水流运动的基本规律，得到了影响水击压强的各种因素。主要有启闭阀门的时间过短、压力管道过长或管内流速过大等。因此，必须设法减小由水击造成的危害。工程上常常采取以下措施来减小水击压强：

(1)延长阀门(或导叶)的启闭时间 T。从水击波的传播过程可以看出，关闭阀门所用的时间愈长，从水库反射回来的减压波所起的抵消作用愈大，因此阀门处的水击压强也就愈小。工程中总是力求避免发生直接水击，并尽可能地设法延长阀门的启闭时间。但要注意，根据水电站运转的要求，阀门启闭时间的延长是有限度的。

(2)缩短压力水管的长度。压力管道愈长，则水击波从阀门处传播到水库，再由水库反射回阀门处所需要的时间也愈长，在阀门处所引起的最大水击压强也就愈不容易得到缓解。为了缩短相长，在水电站设计中应尽可能缩短压力管道的长度。

(3)修建调压室。若压力管道的缩短受到一定条件限制时，可根据具体情况，在距水电站厂房不远的地方修建调压室。调压室是一个具有一定贮水容量的建筑物，当水电站压力管道的阀门(或水轮机导叶)关闭而减小引用流量时，压力管道中的水流，因惯性作用而分流进入调压室中，使调压室内水位上升。调压室下游的压力管道中虽亦发生水击，但由于调压室内的水位及其流动发生变化，从而对水击压强的增减起了控制作用，也就在一定程度上限制或完全制止了水击波向上游水库的传播。这就等于缩短了压力管道的长度，从而使下游压力管道中的水击压强大为降低。

(4)减小压力管道中的水流流速 v_0。如果压力管道中原来的流速 v_0 比较小，则因阀门突然关闭而引起的流速变化也较小，水流惯性引起的水击压强也就不会很大。从这点出发，在工程设计时，可采用加大管径的办法，以达到减小流速 v_0 的目的。但是，这个办法有时不一定经济，或者受到其他条件的限制。在不允许增加管径时，则可在压力管道末端设置放空阀。当阀门突然关闭时，可用放空阀将管内的一部分水从旁边放出去，同样可达到减小管道中流速变化，从而减小水击压强的目的。

一般来说，在输水管道中发生水击是有害的。但是事物都是一分为二的，水击既有破坏性的一面，又有可利用的一面。只要我们掌握了它的基本规律，便能利用之发挥有益的作用。例如，水击泵就是利用水击的压强增值来扬水的。

本章小结

本章内容共分两大部分。从第一节到第四节是压力管道中的恒定流。这一部分的水力计算主要是涉及恒定压力管道的作用水头、流量、管径、水头损失以及它们之间的相互关系。基本的计算问题，就是在一定的已知条件下，利用基本公式计算所需的水头、流量或管径。不管在哪一类计算问题中，水头损失的计算都要占很大的比重。因此，不但要掌握利用管流基本公式解决各类问题的方法，同时也要熟练地运用水流阻力及水头损失有关的基本知识。

本章第五节主要是讨论压力管道中的水击问题。对于压力管道中的水击来讲，我们学习的主要目的是了解产生水击的原因及减小水击压强应采取的工程措施。

习 题

5-1 什么是管流，它的主要特点是什么？

5-2 何谓短管和长管，判别标准是什么？

5-3 如图5-14所示，图(a)为自由出流，图(b)为淹没出流，若在两种出流情况下作用水头H、管长l、管径d及沿程阻力系数均相同，试问：

(1)两管中的流量是否相同，为什么？

(2)两管中各相应点的压强是否相同，为什么？

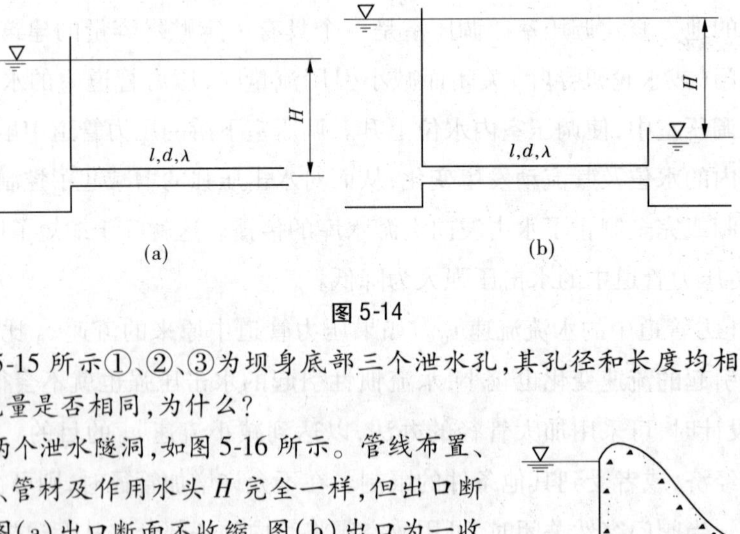

图5-14

5-4 图5-15所示①、②、③为坝身底部三个泄水孔，其孔径和长度均相同，试问：这3个底孔的泄流量是否相同，为什么？

5-5 有两个泄水隧洞，如图5-16所示。管线布置、管径d、管长l、管材及作用水头H完全一样，但出口断面面积不同，图(a)出口断面不收缩，图(b)出口为一收缩管嘴，假设不计收缩的局部水头损失，试分析：

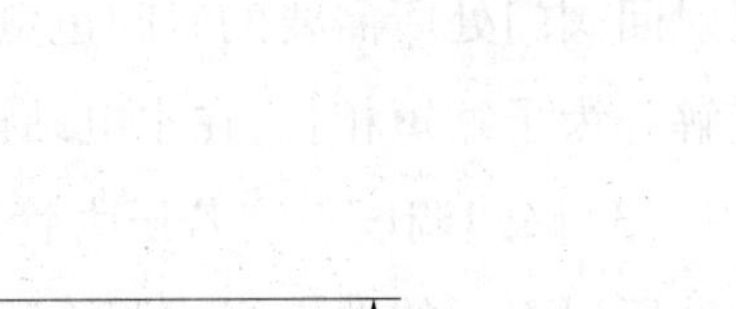

图5-15

(1)哪一种情况出口流速大，哪一种情况泄流量大，为什么？

(2)两隧洞中相应点的压强哪一个大，为什么？

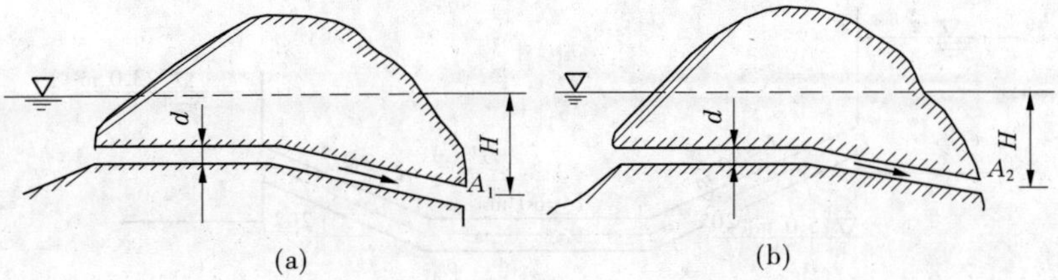

图 5-16

5-6 用管长为 l 的两根平行管路由 A 水池向 B 水池供水，见图 5-17，但是管径 $d_2=2d_1$，两管的粗糙系数 n 相同，局部水头损失不计，试分析两管中的流量之比。

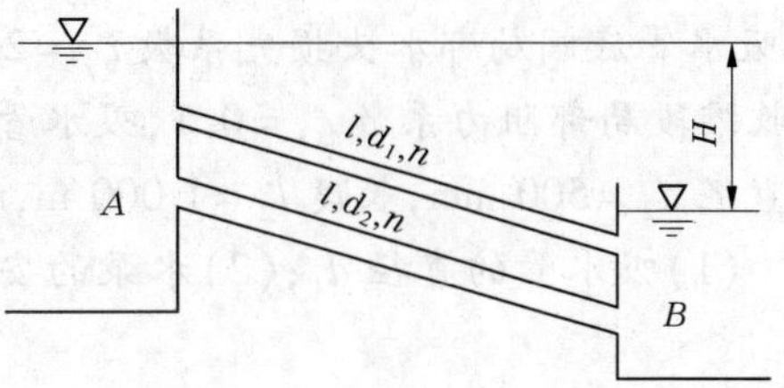

图 5-17

5-7 什么是水泵的扬程，它与水被水泵提升的高度是不是一回事？

5-8 减小水击压强的主要措施有哪些？

5-9 在混凝土坝内设有引水管，如图 5-18 所示。管径 $D=0.6$ m，管长 $l=20$ m，进口为喇叭口形，并设有一闸阀，相对开度 $e/d=0.75$，当上游水位为 55 m 时，试求：

(1) 通过引水管的流量。

(2) 管路中间断面 A—A 的压强水头。

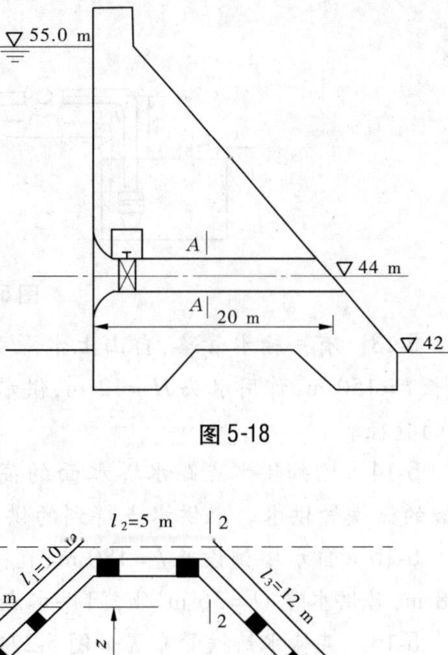

图 5-18

5-10 利用虹吸管引水灌溉，如图 5-19 所示。已知上、下游水位差 $z=3$ m，铸铁管直径 $d=350$ mm，管道总长 $l=27$ m（$l_1=10$ m，$l_2=5$ m，$l_3=12$ m），折角 $\theta=45°$，进口安装有带底阀的莲蓬头，管道的沿程阻力系数 $\lambda=0.028$，堤顶平管段末端断面 2—2 的允许真空高度 $h_v=6$ m，试求：

(1) 通过虹吸管的流量 Q。

(2) 计算管顶的安装高度 h_s。

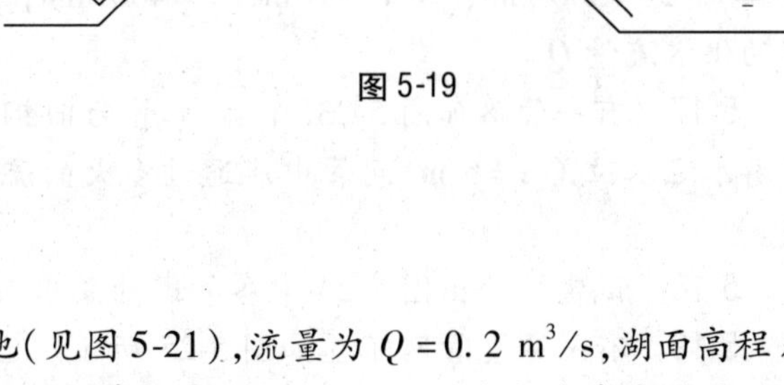

图 5-19

5-11 有一输水管通过河底，即倒虹吸管，如图 5-20 所示。两端连接引水渠，输水流量 $Q=380$ L/s，管径 $d=500$ mm，管路总长 $l=160$ m（$l_1=50$ m，$l_2=60$ m，$l_3=50$ m），沿程阻力系数 $\lambda=0.02$，渠道中流速忽略不计。试求：

(1) 上游渠道水位 z。

(2) 断面 A—A 的压强水头。

5-12 用离心式水泵将湖水抽到水池（见图 5-21），流量为 $Q=0.2$ m³/s，湖面高程 z_1 为 85.0 m，水池水面高程 z_2 为 105.0 m，吸水管长 l_1 为 10 m，水泵的允许真空值为 4.5

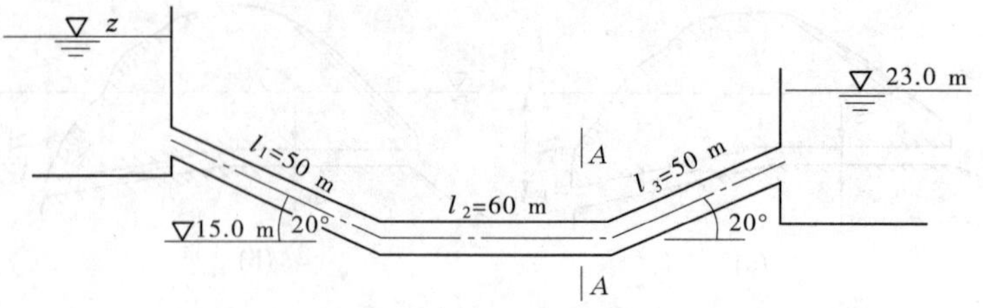

图 5-20

m,吸水管底阀局部水头损失系数 $\zeta_1=2.5$,90°弯头局阻力系数 $\zeta_2=0.3$,水泵入口前的渐变收缩段局部阻力系数 $\zeta_3=0.1$,吸水管沿程阻力系数 $\lambda=0.022$。压力管道采用铸铁管,其直径 $d_2=500$ mm,长度 $l_2=1\ 000$ m,$n=0.013$。试确定:

(1)吸水管的直径 d_1;(2)水泵的安装高度 z_3;(3)水泵的扬程 H。

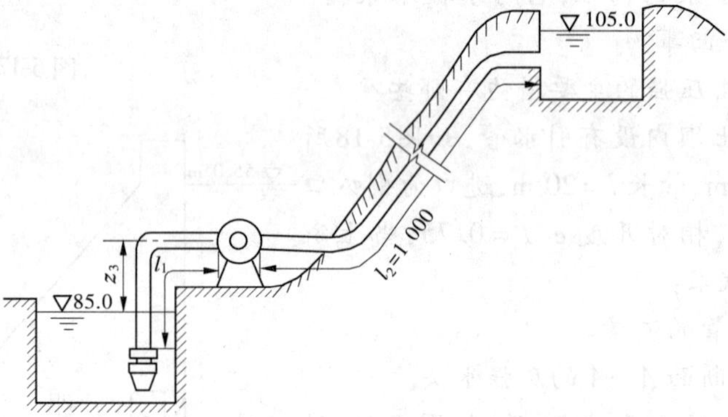

图 5-21 (单位:m)

5-13 有一输水管路,自山上水源引水向用户供水,采用铸铁管($n=0.012\ 5$),已知管长 $l=150$ m,作用水头 $H=12$ m,供水流量 $Q=120\ m^3/h$,为了充分利用水头,试确定水管的直径。

5-14 已知供水点距水塔水面的高差 $H=8$ m,其间铺设长 $l=900$ m、直径 $d=400$ mm 的铸铁管供水。求供水点得到的供水量 Q。

5-15 自水塔铺设长 $l=180$ m、直径 $d=75$ mm 的铸铁管供水。已知水塔水面高程为 128 m,若供水量 $Q=36\ m^3/h$,问供水点高程不得超过多少。

5-16 某输水铸铁管布置如图 5-22所示。已知管道工作水头 $H=12$ m,各管段的直径与长度:$d_1=300$ mm,$l_1=1\ 500$ m,$d_2=400$ mm,$l_2=500$ m,$d_3=200$ mm,$l_3=300$ m。求管道的供水流量 Q。

5-17 有一管路如图 5-23 所示,水管为旧钢管,管径 $d_1=1\ 000$ mm,$d_2=800$ mm,上下游水池水位差 $z=5$ m,问管中能通过多大的流量?绘出管路的总水头线与测压管水头线。

5-18 试定性绘出图 5-24 中各管道的总水头线和测压管水头线。

5-19 有一分支管网布置如图 5-25 所示。已知水塔地面高程为 16.0 m,4 点出口地面高程为20 m,6 点出口地面高程为 22 m,4 点和 6 点自由水头都为 8 m。各管段长度

$l_{01}=200\ \text{m}, l_{12}=100\ \text{m}, l_{23}=300\ \text{m}, l_{34}=80\ \text{m}, l_{15}=80\ \text{m}, l_{56}=150\ \text{m}$。全部管路采用钢管。试设计各管段管径及水塔所需高度。

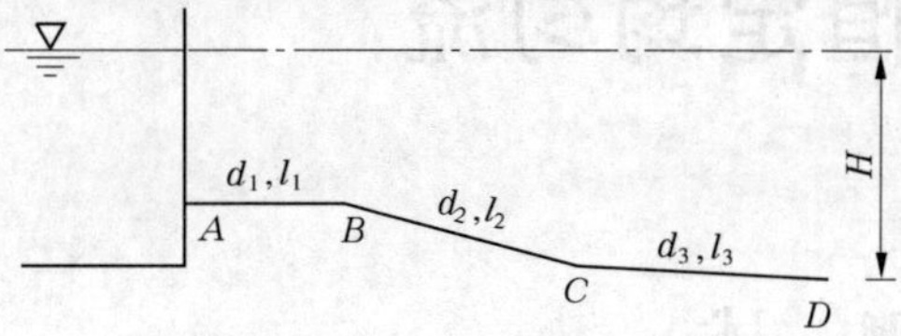

图 5-22

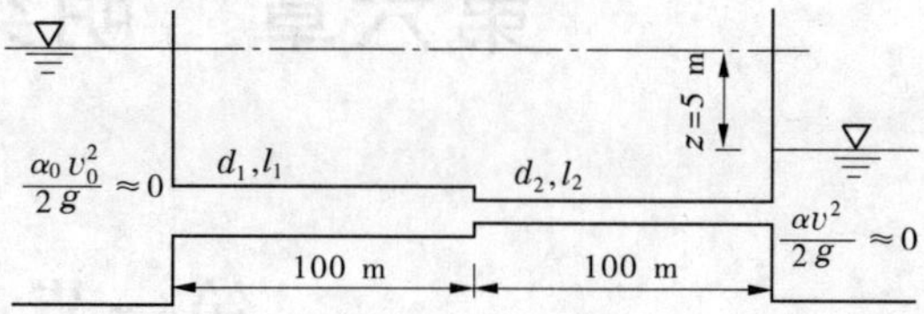

图 5-23

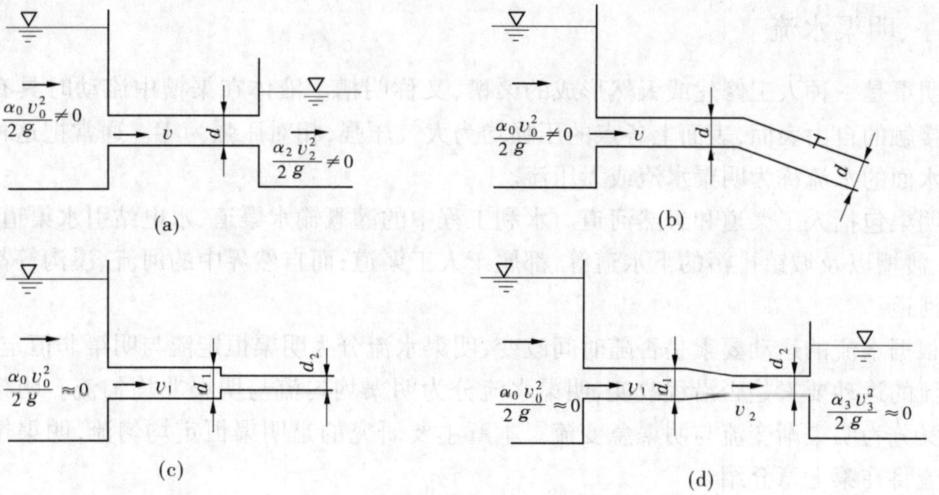

图 5-24

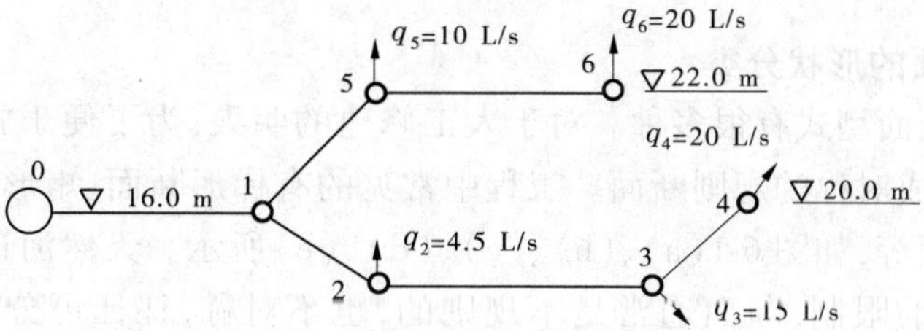

图 5-25

5-20　有一水箱下接 30 m 长的钢管，如图 5-26 所示，直径 $d_1=150$ mm，出口接一收缩管嘴，管嘴出口直径 $d_2=100$ mm，收缩管嘴局部阻力系数 $\zeta=0.14$，其他局部阻力系数查表确定，水流流入大气，水箱水头 $H=15$ m，试求：

(1) 管路通过的流量。

(2) 当要求增加流量 30% 时，管径 d_1 应为多大(管嘴出口直径 d_2 不变，假设管嘴局部阻力系数不变)？

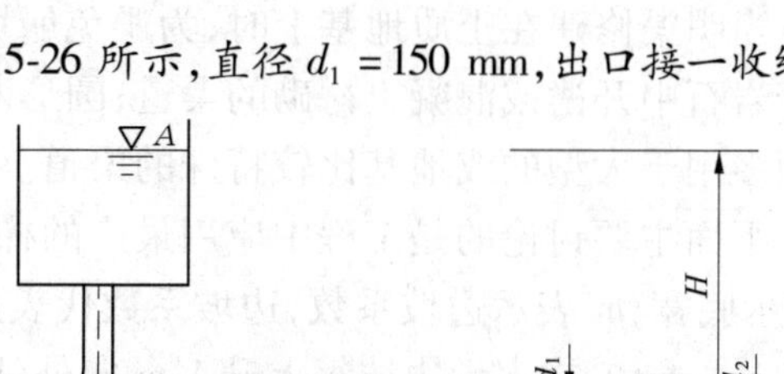

图 5-26

第六章　明渠恒定均匀流

第一节　概　述

一、明渠水流

明渠是一种人工修建或天然形成的渠槽，又称明槽。液体在渠槽中流动时具有与大气相接触的自由表面，表面上各点的压强均为大气压强，相对压强为零。通常把这种具有自由水面的水流称为明渠水流或无压流。

明渠包括人工渠道和天然河道。水利工程中的灌溉输水渠道、水电站引水渠道、无压隧洞、渡槽以及城镇排污的下水道等，都属于人工渠道；而自然界中的河流、溪沟等都属于天然河道。

根据水流的运动要素是否随时间改变，明渠水流分为明渠恒定流与明渠非恒定流；根据水流的运动要素是否沿程改变，明渠水流分为明渠均匀流与明渠非均匀流。明渠非均匀流又分为明渠渐变流与明渠急变流。本章主要研究的是明渠恒定均匀流，明渠恒定非均匀流将在第七章介绍。

二、渠槽的过水断面型式

（一）按横断面的形状分类

渠槽的过水断面型式有很多种。对于人工修建的明渠，为了便于施工和符合水流运动特点，一般都做成对称的规则断面。工程中常见的有梯形断面、矩形断面、圆形断面、U形断面和复式断面等，如图 6-1(a)、(b)、(c)、(d)、(e)所示。天然河道由于长度一般比较大，受地形条件的限制，断面通常是不规则的，也不对称，往往可分为主槽与滩地，如图 6-1(f)所示。

当明渠修建在土质地基上时，为避免崩塌和便于施工，多做成梯形断面；矩形断面多用于岩石中开凿或混凝土衬砌的渠道；圆形断面则常用于无压输水隧洞或下水道；而复式断面多用于大型的或地基比较特殊的渠道。

下面主要讨论的是工程中应用最广的梯形断面渠道的水力要素。如图 6-1(a)所示，b 表示底宽，m 表示边坡系数，边坡系数代表边坡的倾斜程度。若边坡与渠底间的夹角为 θ，即 $m = \cot\theta$，它表示边坡每上升 1 m 向外伸出的长度。则其水力要素为：

水面宽度
$$B = b + 2mh \tag{6-1}$$

过水断面面积
$$A = (b + mh)h \tag{6-2}$$

湿周
$$\chi = b + 2h\sqrt{1 + m^2} \tag{6-3}$$

水力半径　　　　　　$R = \frac{A}{\chi} = \frac{(b + mh)h}{b + 2h\sqrt{1 + m^2}}$　　　　　　(6-4)

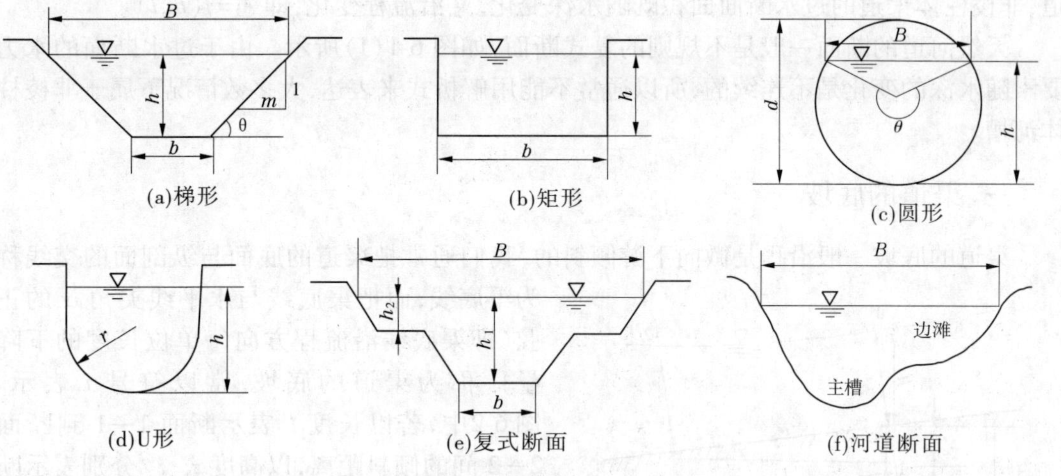

图 6-1

对于矩形过水断面,可以认为是边坡系数 $m=0$ 的梯形;对于三角形过水断面,则认为是底宽 $b=0$ 的梯形。在进行水力计算时,可套用梯形的计算公式。

如果梯形断面不对称,即两边的边坡系数 $m_1 \neq m_2$,则过水断面的水力要素计算式变为如下形式:

水面宽度　　　　　　$B = b + m_1 h + m_2 h$　　　　　　(6-5)

过水断面面积　　　　　　$A = (b + \frac{m_1 + m_2}{2}h)h$　　　　　　(6-6)

湿周　　　　　　$\chi = b + (\sqrt{1 + m_1^2} + \sqrt{1 + m_2^2})h$　　　　　　(6-7)

水力半径　　　　　　$R = \frac{A}{\chi} = \frac{(b + \frac{m_1 + m_2}{2}h)h}{b + (\sqrt{1 + m_1^2} + \sqrt{1 + m_2^2})h}$　　　　　　(6-8)

另外,还有一种底宽远远大于水深($b \gg h$)的宽浅式断面,这种断面在计算过水断面的水力半径时,通常这样进行:

$$R = \frac{A}{\chi} = \frac{bh}{b + 2h} = \frac{h}{1 + 2\frac{h}{b}} \approx h \qquad (6\text{-}9)$$

即宽浅式断面的水力半径 R 近似等于水深,计算时可直接用过水断面的水深代替水力半径,从而大大简化了计算。但是,这样的断面因占地多,不经济,在人工渠道中很少看到,而在天然河道中则比较多见。

(二)按断面形状、尺寸沿流程是否变化分类

断面形状、尺寸沿流程不变的长直渠道,称为棱柱体渠道,如槽身长直、形状不变的人工渠道和渡槽等。在棱柱体渠道中,水流的过水断面面积 A 仅随水深而变化,即 $A = f(h)$。

断面形状、尺寸沿程渐变的长直渠道,或断面形状尺寸沿程不变的轴线弯曲的渠道,称为非棱柱体渠道。一般人工渠道的变断面连接段、人工渠道的弯曲段都是非棱柱体渠道,非棱柱体渠道的过水断面面积既随水深变化,又沿流程变化,即 $A=f(h,l)$。

天然河道的断面一般是不规则的复式断面,如图 6-1(f)所示。由于过水断面的水力要素随水深的变化是不连续的,所以通常不能用解析式来表达,大多数情况下属于非棱柱体河槽。

三、渠道的底坡

渠道的底坡一般沿程是微向下游倾斜的,我们通常把渠道的底面与纵剖面的交线称为渠底线,而把渠底线与水平线夹角 α 的正弦(即渠底线沿流程方向每单位长度的下降量),称为渠道的底坡,常以符号 i 表示。图6-2中,若以长度 l' 表示断面 1—1 到断面 2—2 间的倾斜距离,以高度 z_1、z_2 分别表示断面1—1 和断面2—2 的渠底至基准面0—0 的高度,根据上述定义,渠道的底坡应为

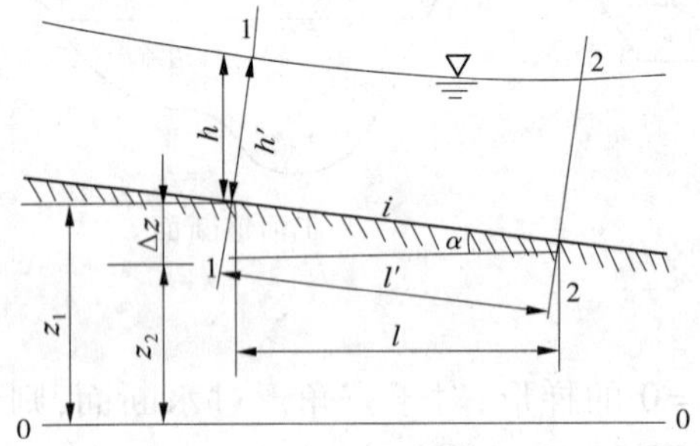

图 6-2

$$i=\sin\alpha=\frac{z_1-z_2}{l'} \tag{6-10}$$

在水利工程中,渠道由于受允许流速的限制,α 角一般都较小,当 $\alpha<6°$ 时,叫小底坡,$\sin\alpha$ 此时与 $\tan\alpha$ 的值近似相等。也就是说,两断面间的距离 l' 可用水平距离 l 来代替,而且,过水断面可以用铅垂平面代替,水深 h' 也可用沿垂线方向量取的水深 h 代替,则底坡 i 计算式

$$i\approx\tan\alpha=\frac{z_1-z_2}{l} \tag{6-11}$$

这就给水利工程量测和水文测验和计算带来很大方便。但是要注意,在 α 角较大,即 $\alpha>6°$ 时,叫大底坡,因 $\sin\alpha$ 此时与 $\tan\alpha$ 的值相差比较大,式(6-11)就不再适用了。

渠道的底坡可能出现三种情况:第一种是当渠底高程沿流程下降时,底坡 $i>0$,称为顺坡(或正坡),这种底坡在工程中是最常见的;第二种是当渠底高程沿流程不变时,底坡 $i=0$,称为平坡;第三种是当渠底高程沿流程上升时,底坡 $i<0$,称为逆坡(或负坡),如图 6-3 所示。

图 6-3

第二节　明渠均匀流的特性及其产生条件

第三章第一节所述均匀流的定义,同样适用于明渠恒定均匀流。由这个定义我们可以知道,明渠均匀流就是等速流动,也就是物理学上所学过的匀速直线运动。下面说明它

的特性及产生条件。

一、明渠均匀流的特性

明渠均匀流运动的实质，就是物理学中的匀速直线运动。从力学观点分析，作用在水流运动方向上的各种力应该保持平衡。如图6-4所示，取断面1—1和断面2—2之间的水体 $ABCD$ 作为研究对象，分析作用在这块水体上的力：分别有铅直向下的重力 G，平行于流向的摩阻力 F_f，及作用在两过水断面上的大小相等、方向相反的动水总压力 P_1 和 P_2。则沿流向写动力平衡方程为

$$P_1 + G\sin\alpha - F_f - P_2 = 0$$

因为 $P_1 = P_2$，所以上式可写为 $G\sin\alpha = F_f$，即水体重力沿流向的分力与水流所受边壁阻力平衡。也就是说，当 $G\sin\alpha = F_f$ 时，水流呈现为均匀流，此时渠道的水深、断面平均流速、流速分布沿程都不改变；当 $G\sin\alpha > F_f$ 时，水流作加速运动；当 $G\sin\alpha < F_f$ 时，水流作减速运动。

根据以上分析，明渠均匀流的主要特征为：

(1)过水断面的形状和尺寸，过水断面的面积、水深沿流程都不变。

(2)过水断面的流速和流速分布沿程不变。

(3)总水头线(坡度以 J 表示)、测压管水头线(在明渠水流中就是水面线，坡度以 J_Z 表示)、渠底线三者平行，因而它们的坡度相等，即

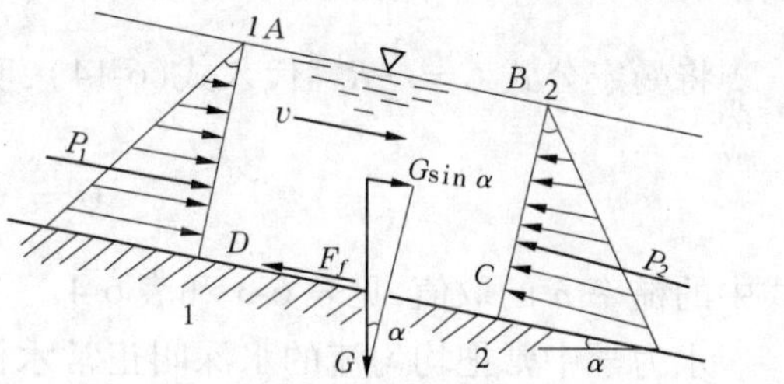

图 6-4

$$J = J_Z = i \tag{6-12}$$

二、明渠均匀流的产生条件

由于明渠均匀流具有上述特性，因此形成这种流动必须具备一定的条件：

(1)明渠中的水流必须是恒定流，且流量沿程不变，无支流的汇入和分出。

(2)渠道必须是顺坡($i>0$)。因为只有在顺坡渠道上，才能满足重力沿流向的分力与摩阻力平衡。

(3)渠道的糙率必须保持沿程不变，且沿程不能有建筑物对水流形成干扰。

(4)渠道必须是长而直的、底坡沿程不变的棱柱体渠道。

上述4个条件中任一个不能满足时，都将产生明渠非均匀流。在实际工程中，严格地讲，没有绝对的明渠均匀流，只要与上述这4个条件相差不大，即可近似地看成是明渠均匀流。在人工渠道中，渠轴线总是尽可能地顺直，底坡沿程尽量保持不变，人工渠道通常是沿程不变的棱柱体渠道，基本上满足均匀流的条件。至于天然河道，一般为非均匀流；个别较为顺直整齐的、糙率基本一致的、单式断面、河床稳定的河段，可视为均匀流段。在这样的河段上保持着水位和流量的单值关系，水文测验中称该河段为河槽控制段。

第三节　明渠均匀流的计算公式及有关问题

一、明渠均匀流的计算公式

由于明渠水流一般情况下都处于紊流粗糙区（紊流阻力平方区），所以可采用前面介绍的谢才公式 $v=C\sqrt{RJ}$进行计算。

对于明渠均匀流，因为 $J=i$，代入谢才公式，可以得到：

$$v = C\sqrt{Ri} \tag{6-13}$$

则流量为

$$Q = AC\sqrt{Ri} \tag{6-14}$$

或

$$Q = K\sqrt{i} \tag{6-15}$$

式中的 $K=AC\sqrt{R}$，单位是 m^3/s。由于和流量的单位一致，称为流量模数，又称特征模量。

将曼宁公式 $C=\frac{1}{n}R^{1/6}$代入式(6-14)，明渠均匀流公式可以写成

$$Q = \frac{A}{n}R^{2/3}i^{1/2} \tag{6-16}$$

式中的糙率 n 的取值，见表6-3 和表6-4。

水力学中常把均匀流的水深叫正常水深，用 h_0 表示；相应于正常水深的过水断面面积、湿周、水力半径、谢才系数、流量模数也同样以 A_0 χ_0、R_0、C_0、K_0 表示。

二、水力最佳断面

所谓水力最佳断面，就是在渠道的过水断面面积、底坡、糙率一定时，通过流量最大的断面；或者在渠道的流量、底坡、糙率一定时，过水断面面积最小的断面。研究水力最佳断面在渠道设计中有很重要的意义。

由明渠均匀流公式(6-16)：$Q=\frac{A}{n}R^{2/3}i^{1/2}=\frac{A}{n}\left(\frac{A}{\chi}\right)^{2/3}i^{1/2}$可知，在渠道的面积、底坡和糙率一定时，要想使渠道通过的流量是最大值，必须使过水断面的湿周为最小值。在图6-1所示的各种不同形状的明渠横断面中，由几何学知道，在面积相同的情况下，湿周最小的断面应该是圆形或半圆形。但是，由于施工、经济和管理等方面的原因，工程中并不经常采用圆形或半圆形断面的渠道。在一般渠道中，应用最多的是梯形断面。下面只给出梯形水力最佳断面的条件。

由 $A=(b+mh)h$ 得 $b=\frac{A}{h}-mh$，并代入式(6-3)，梯形断面的湿周为

$$\chi = b + 2h\sqrt{1+m^2} = \frac{A}{h} - mh + 2h\sqrt{1+m^2} \tag{6-17}$$

最小的湿周应满足$\frac{d\chi}{dh}=0$（当$\frac{d^2\chi}{dh^2}>0$ 时），将上式对 h 求导，则

$$\frac{\mathrm{d}\chi}{\mathrm{d}h} = -\frac{A}{h^2} - m + 2\sqrt{1+m^2} = -\frac{(b+mh)h}{h^2} - m + 2\sqrt{1+m^2} = 0$$

则整理得
$$\beta_m = \frac{b}{h} = 2(\sqrt{1+m^2} - m) \tag{6-18}$$

同时还可得到
$$\frac{\mathrm{d}^2\chi}{\mathrm{d}h^2} = \frac{2A}{h^3} > 0 \tag{6-19}$$

所以式(6-18)就是梯形断面最小湿周的条件,也就是水力最佳断面的宽深比应该满足的条件。它与边坡系数大小有关,对于不同边坡系数 m 时的梯形渠道,其水力最佳断面的宽深比 β_m 值见表 6-1。

表 6-1　梯形渠道水力最佳断面的宽深比 β_m 值

m	0.00	0.25	0.50	0.75	1.00	1.50	1.75
β_m	2.00	1.56	1.24	1.00	0.83	0.61	0.53
m	2.00	2.50	3.00	3.50	4.00	4.50	5.00
β_m	0.47	0.39	0.33	0.28	0.25	0.22	0.20

由 $\beta_m = \frac{b}{h}$,得 $b = \beta_m h = 2(\sqrt{1+m^2} - m)h$。分别代入过水断面面积 A 和湿周 χ 的表达式,可以得到对应于水力最佳断面的水力半径为

$$R_m = \frac{A}{\chi} = \frac{(b+mh)h}{b+2h\sqrt{1+m^2}} = \frac{[2(\sqrt{1+m^2} - m)h + mh]h}{2(\sqrt{1+m^2} - m)h + 2h\sqrt{1+m^2}} = \frac{h}{2} \tag{6-20}$$

式(6-20)表明,梯形渠道水力最佳断面的水力半径 R 只与水深有关且等于水深的一半,而与渠道的底宽及边坡系数等无关。

对于矩形断面,因为可看做是 $m=0$ 的梯形,由式(6-18)得

$$\beta_m = \frac{b}{h} = 2$$

或
$$b = 2h \tag{6-21}$$

也就是说,矩形渠道水力最佳断面的特征是:底宽为水深的 2 倍。

由表 6-1 可以看出,当 $m \geqslant 1$ 时,$\beta_m < 1$,这是一种水深大、底宽小的窄深式断面。这种断面虽有工程省、占地小、过流量大的优点,但是施工中由于开挖深、土方单价高,易受地质条件影响,运用和管理不便,所以并不一定是经济实用断面。在渠道设计中,对于渠道造价基本上取决于土方量的小型渠道,水力最佳断面就是经济实用断面;对于大型或较大型的渠道,由于渠线很长,因此在渠道设计中要综合考虑各种条件,进行经济技术比较。一般不能把水力最佳断面看做是设计渠道的唯一条件。

三、渠道中的允许流速

渠道在通过各种流量时,流速是不同的。为保证渠道的正常运行,使其在使用过程中不会因为流速过小引起淤积,或因流速过大引起冲刷,必须对渠道断面平均流速的上限值和下限值加以限制。这种限制流速就是允许流速。

一般灌溉渠道允许流速的上限是不冲允许流速(v'),主要与渠道的建筑材料和流量有关,可参照表6-2选取。若水流的挟泥沙量较大时,须依据有关水力学手册确定。

表6-2　不同渠道的不冲允许流速　　（单位:m/s）

(1)坚硬岩石和人工护面渠道	流量(m^3/s)		
	<1	1~10	>10
软质水成岩(泥灰岩、页岩、软砾岩)	2.5	3.0	3.5
中等硬质水成岩(致密砾石、多孔石灰岩、层状石灰岩、白云石灰岩、灰质砂岩)	3.5	4.25	5.0
硬质水成岩(白云砂岩、砂岩石灰岩)	5.0	6.0	7.0
结晶岩、火成岩	8.0	9.0	10.0
单层块石铺砌	2.5	3.5	4.0
双层块石铺砌	3.5	4.5	5.0
混凝土护面	6.0	8.0	10.0

(2)均质黏性土渠道(R=1 m)	不冲允许流速
轻壤土	0.60~0.80
中壤土	0.65~0.85
重壤土	0.70~1.00
黏土	0.75~0.95

(3)均质无黏性土土渠(R=1 m)	粒径(mm)	不冲流速	(3)均质无黏性土土渠(R=1 m)	粒径(mm)	不冲流速
极细砂	0.05~0.1	0.35~0.45	中砾石	5~10	0.90~1.10
细砂、中砂	0.25~0.5	0.45~0.60	粗砾石	10~20	1.10~1.30
粗砂	0.5~2.0	0.60~0.75	小卵石	20~40	1.30~1.80
细砂石	2.0~5.0	0.75~0.90	中卵石	40~60	1.80~2.20

注:①(2)中壤土的干容重为12.75~16.67 kN/m^3。

②(2)和(3)中所列不冲允许流速为水力半径R=1 m的情况,如$R \neq 1$ m,则应将表中数值乘以R^α才得相应的不冲允许流速。对于砂、砾石、卵石、疏松壤土、黏土:$\alpha=\frac{1}{3}\sim\frac{1}{4}$;对于密实的壤土、黏土:$\alpha=\frac{1}{4}\sim\frac{1}{5}$。

允许流速的下限是不淤允许流速(v''),主要与渠道的挟沙能力有关,可参照有关水力学手册确定。

渠道的平均流速v,应小于不冲允许流速v',大于不淤允许流速v'',即

$$v'' < v < v' \tag{6-22}$$

对于航运渠道,流速的大小直接影响航运条件的优劣;对于水电站的引水渠道,流速的大小还与电站的动能经济条件有关。所以,在设计渠道时,应结合渠道担负的生产任务、建材的类型、含沙量大小、运用管理上的要求选定断面平均流速。

不淤流速的大小与水流条件及挟沙情况等多方面的因素有关,可查阅有关手册。

在清水土渠中,为防止滋生杂草,渠中的流速一般应不小于0.5 m/s。

【例6-1】　某梯形断面的黏土渠,边坡系数m=1.25,渠道糙率n=0.025,底坡i=

0.000 4，流量 $Q=2.2\ m^3/s$，渠道为黏土，不淤流速 $v''=0.5\ m/s$。试设计渠道的水力最佳断面，并校核渠中流速。

解 (1)先设计渠道的水力最佳断面。由于 m 值已知，可求出水力最佳断面的宽深比 β_m。根据式(6-18)得

$$\beta_m = \frac{b}{h} = 2(\sqrt{1+m^2}-m) = 2\times(\sqrt{1+1.25^2}-1.25) = 0.702$$

则面积
$$A_m = (\beta_m + m)h_m^2 = 1.952h_m^2$$

水力半径
$$R_m = \frac{h_m}{2}$$

由曼宁公式，谢才系数为 $C_m = \frac{1}{n}R_m^{1/6} = \frac{1}{0.025}(\frac{h_m}{2})^{1/6} = 35.636h_m^{1/6}$

将上述结果代入明渠均匀流公式 $Q=AC\sqrt{Ri}$，可得

$$2.2 = 1.952h_m^2 \times 35.636h_m^{1/6} \times \sqrt{\frac{h_m}{2}} \times 0.000\ 4$$

整理后得
$$h_m^{8/3} = 2.236\ 3$$
解得
$$h_m = 1.35\ m$$
底宽为
$$b_m = \beta_m h_m = 0.702\times 1.35 = 0.95(m)$$

(2)校核渠道的流速。由表6-2(2)查得黏土在 $R=1\ m$ 时，不冲允许流速为 $v'_m = 0.75\sim0.95\ m/s$，而 $R_m=\frac{h_m}{2}=\frac{1.35}{2}=0.675(m)$，取 $\alpha=\frac{1}{4}$，则不冲允许流速为

$$v'=(0.75\sim0.95)\times0.675^{1/4}=0.68\sim0.86(m/s)$$

根据已知条件，不淤允许流速 $v''=0.5\ m/s$。

渠道的断面平均流速为

$$v=\frac{Q}{(b_m+mh_m)h_m}=\frac{2.2}{(0.95+1.25\times1.35)\times1.35}=0.62(m/s)$$

$v''<v<v'$，所设计断面满足允许流速的要求。

四、渠道的糙率问题

(一)渠道糙率分析

渠道的糙率值主要反映边壁粗糙程度对水流的影响。n 值大，说明边壁的表面比较粗糙；n 值小，说明边壁的表面比较光滑。由曼宁公式和巴甫洛夫斯基公式可知，谢才系数 C 是 n 和 R 的函数，且 C 值直接影响渠道的流速和流量。理论分析表明，谢才系数 C 与糙率 n 成反比，与水力半径 R 的1/6次方成比例，所以糙率 n 对谢才系数 C 的影响比水力半径 R 对 C 的影响大得多。因此，根据实际情况正确地选定糙率，对渠道的设计将有重要的意义。

1. 人工渠道的糙率

在设计渠道时，若糙率值选用偏小，计算所得的断面也偏小，过水能力达不到设计要求，在通过设计流量时将造成水流漫溢，挟带泥沙的水流还会引起淤积；若 n 值选用偏大，

与前面刚好相反，不仅会因断面尺寸偏大增加了开挖量造成浪费，还会引起冲刷，而且由于渠道水位偏低造成次级渠道的进水困难。人工渠道的断面形状一般是规则的，其糙率可根据渠道的流量、材料、施工质量、养护情况以及使用时间的长短，参考表 6-3 选用。对一些特殊的大型水利工程，其糙率值也可通过现场观测与模型试验确定。总之，明渠糙率的确定是断面设计中容易忽视，而又难以确定的问题。如韶山灌区总干渠在方案比较时，将糙率由 0.020 增加到 0.025 后，渠道断面扩大 7%，总干渠增加的土石方量达 60 万 m^3，所以对糙率的选用应引起足够重视。

表 6-3　渠道糙率值

渠道类型及状况	糙率 n 值		
	最小值	正常值	最大值
1. 土渠			
1）渠线顺直，断面			
均匀清洁，新近完成	0.016	0.018	0.020
清洁，经过风雨侵蚀	0.018	0.022	0.025
清洁，有卵石	0.022	0.025	0.030
有牧草和杂草	0.022	0.027	0.033
2）渠线弯曲，断面变化的土渠			
没有植物	0.023	0.025	0.030
有牧草和一些杂草	0.025	0.030	0.033
有茂密的杂草或在深槽中有水生植物	0.030	0.035	0.040
土底，碎石边壁	0.028	0.030	0.035
块石底，边壁为杂草	0.025	0.035	0.040
圆石底，边壁清洁	0.030	0.040	0.050
3）用挖土机开凿或挖掘的渠道			
没有植物	0.025	0.028	0.033
渠岸有稀疏的小树	0.035	0.050	0.060
2. 石渠			
光滑而均匀	0.025	0.035	0.040
参差不齐而不规则	0.035	0.040	0.050
3. 混凝土渠道			
抹灰的混凝土或钢筋混凝土护面	0.011	0.012	0.013
不抹灰的混凝土或钢筋混凝土护面	0.013	0.014	0.017
喷浆护面	0.016	0.018	0.021
4. 各种材料护面的渠道			
三合土护面	0.014	0.016	0.020
浆砌砖护面	0.012	0.015	0.017
条石护面	0.013	0.015	0.018
浆砌块石护面	0.017	0.025	0.030
干砌块石护面	0.023	0.032	0.035

2. 天然河道的糙率

大量的实际观测资料表明，影响天然河道糙率有河床本身的因素，包括河床泥沙颗粒的大小，是淤泥、沙粒，还是卵石、石块；河道的形态包括断面的不规则性及其沿流程变化、河道的弯曲程度，床面凸凹情况及有无深潭、石梁、人工建筑物；河床两侧的植被种类、高低、茂密状况等。还有河道中的水流因素，包括水位高低、流量大小、洪水涨落等。在多泥沙的河道中，糙率还与含沙量的大小有关。水利水电部门常用的天然河道的糙率 n 值见表6-4。

表6-4　河道糙率值

河道类型及状况	糙率 n 值		
	最小值	正常值	最大值
第一类　小河（洪水期水面宽小于30 m）			
1. 平原河流			
1）清洁，顺直，无沙滩，无深潭	0.025	0.030	0.033
2）同1），多石，多草	0.030	0.035	0.040
3）清洁，弯曲，有深潭和浅滩	0.033	0.040	0.045
4）同3），有些杂草及乱石	0.035	0.045	0.050
5）同4），水深较浅，底坡多变，回流较多	0.040	0.048	0.055
6）同4），但较多乱石	0.045	0.050	0.060
7）多滞流河段，多草，有深潭	0.050	0.070	0.080
8）多丛草河段，多深潭，或林木滩地上的过洪	0.075	0.100	0.150
2. 山区河流（河槽无草树，河段较陡，岸坡树丛过洪时淹没）			
1）河底：砾石、卵石及少许孤石	0.030	0.040	0.050
2）河底：卵石和大孤石	0.040	0.050	0.070
第二类　大河（汛期水面宽度大于30 m）			
1. 断面比较规整，无孤石或丛木	0.025		0.060
2. 断面不规整，床面粗糙	0.035		0.100
第三类　洪水时期滩地漫流			
1. 草地，无丛木			
1）短草	0.025	0.030	0.035
2）长草	0.030	0.035	0.050
2. 耕种面积			
1）未熟禾稼	0.020	0.030	0.040
2）已熟成行禾稼	0.025	0.035	0.045
3）已熟密植禾稼	0.030	0.040	0.050
3. 矮丛木			
1）稀疏，多杂草	0.035	0.050	0.070
2）不密，夏季情况	0.040	0.060	0.080
3）茂密，夏季情况	0.070	0.100	0.160
4. 丛木			
1）平整田地	0.030	0.040	0.050
2）平整田地，干树多新枝	0.050	0.060	0.080
3）密林，树下多植物，洪水位在枝下	0.080	0.100	0.120
4）同上，洪水位淹没树枝	0.100	0.120	0.160

(二)渠道的综合糙率

在水利工程中,有时为了满足特殊地形条件和地质条件的要求,渠底和边壁要采用不同的材料。因此,断面湿周各部分的糙率是不同的。如图 6-5 所示,依山开挖某渠道,边坡一边是混凝土衬砌,一边是浆砌石衬砌,底部则为原天然土壤,且断面是不对称的。对这些渠道进行水力计算时,要先求出各部分的综合糙率(n_e),再进行其他水力计算。求综合糙率的近似公式较多,常用的有以下几种:

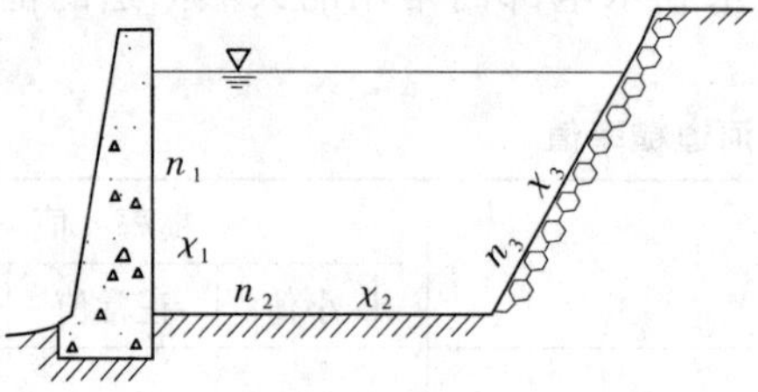

图 6-5

$$n_e = \frac{n_1\chi_1 + n_2\chi_2 + n_3\chi_3}{\chi_1 + \chi_2 + \chi_3} \tag{6-23}$$

$$n_e = \sqrt{\frac{n_1^2\chi_1 + n_2^2\chi_2 + n_3^2\chi_3}{\chi_1 + \chi_2 + \chi_3}} \tag{6-24}$$

$$n_e = \left(\frac{n_1^{3/2}\chi_1 + n_2^{3/2}\chi_2 + n_3^{3/2}\chi_3}{\chi_1 + \chi_2 + \chi_3}\right)^{2/3} \tag{6-25}$$

五、复式断面渠道的水力计算

复式断面多用于流量变化比较大的渠道中。如图 6-6 所示,这种渠道在小流量时,水流由主槽部分通过,只有在流量较大时,两边滩地才过水。因此,主槽和滩地的糙率常是不同的,天然河道也属于这种情况,如图 6-1(f)所示。

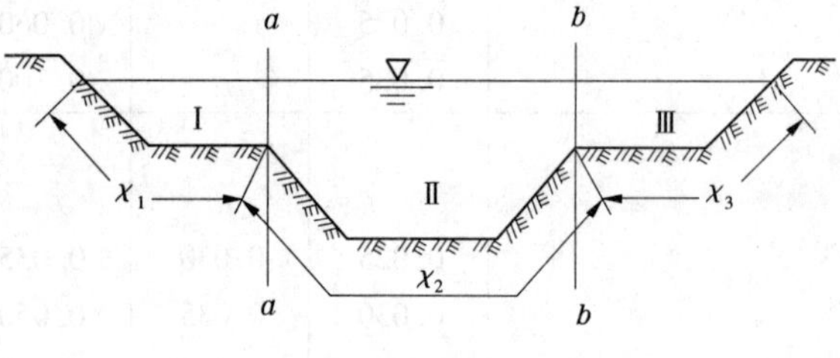

图 6-6

复式断面一般不规则,断面周界上糙率也不同,计算时若将整个断面作为一个整体考虑,得出的结果与实际水流是有误差的。通常采用的是近似计算,用垂线将断面分为几个部分,分别计算每部分的流速或流量,最后相加得到总流的流量。

如图 6-6 所示的复式断面,利用垂线 a—a 和 b—b 将断面分为Ⅰ、Ⅱ、Ⅲ 3 部分,每一部分的流量为

$$\left.\begin{aligned} Q_1 &= A_1C_1\sqrt{R_1 i} = K_1\sqrt{i} \\ Q_2 &= A_2C_2\sqrt{R_2 i} = K_2\sqrt{i} \\ Q_3 &= A_3C_3\sqrt{R_3 i} = K_3\sqrt{i} \end{aligned}\right\} \tag{6-26}$$

总流的流量为

$$Q = Q_1 + Q_2 + Q_3 = (K_1 + K_2 + K_3)\sqrt{i} \tag{6-27}$$

【例 6-2】 一复式断面渠道,各部分尺寸如图 6-7 所示。渠道底坡 $i = 1/4\ 000$,主槽

部分糙率 $n_1 = 0.02$，边滩部分糙率 $n_2 = 0.025$，各部分边坡系数都为 1.0，试求渠道所通过的流量。

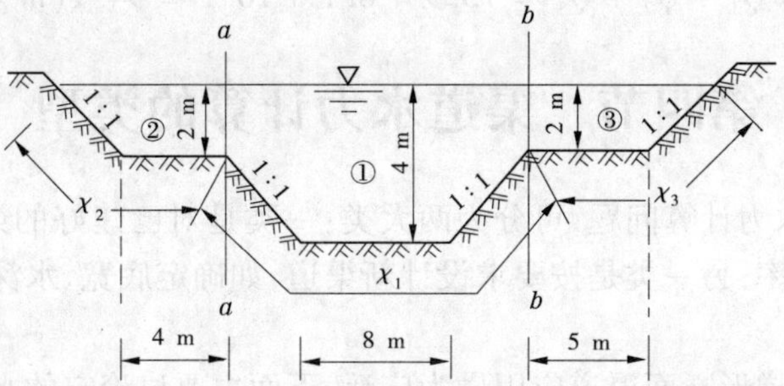

图 6-7

解 用垂线将断面分成：①主槽、②左边滩和③右边滩 3 部分，分别计算每部分的水力要素和泄流量。

(1)第①部分(主槽)：

面积 $A_1 = (8 + 1 \times 2 \times 2) \times 2 + (8 + 1 \times 2) \times 2 = 44(\text{m}^2)$

湿周 $\chi_1 = 8 + 2 \times 2\sqrt{1 + 1^2} = 13.66(\text{m})$

水力半径 $R_1 = \dfrac{A_1}{\chi_1} = \dfrac{44}{13.66} = 3.22(\text{m})$

谢才系数 $C_1 = \dfrac{1}{n}R_1^{1/6} = \dfrac{1}{0.02} \times 3.22^{1/6} = 60.76(\text{m}^{1/2}/\text{s})$

流量 $Q_1 = A_1 C_1 \sqrt{R_1 i} = 44 \times 60.76 \times \sqrt{3.22 \times 1/4\,000} = 75.9(\text{m}^3/\text{s})$

(2)第②部分(左边滩)：

面积 $A_2 = (4 + 1 \times 2 + 4) \times \dfrac{2}{2} = 10(\text{m}^2)$

湿周 $\chi_2 = 4 + 2\sqrt{1 + 1^2} = 6.83(\text{m})$

水力半径 $R_2 = \dfrac{A_2}{\chi_2} = \dfrac{10}{6.83} = 1.46(\text{m})$

谢才系数 $C_2 = \dfrac{1}{n}R_2^{1/6} = \dfrac{1}{0.025} \times 1.46^{1/6} = 42.60(\text{m}^{1/2}/\text{s})$

流量 $Q_2 = A_2 C_2 \sqrt{R_2 i} = 10 \times 42.60 \times \sqrt{1.46 \times 1/4\,000} = 8.1(\text{m}^3/\text{s})$

(3)第③部分(右滩地)：

面积 $A_3 = (5 + 1 \times 2 + 5) \times \dfrac{2}{2} = 12(\text{m}^2)$

湿周 $\chi_3 = 5 + 2 \times \sqrt{1 + 1^2} = 7.83(\text{m})$

水力半径 $R_3 = \dfrac{A_3}{\chi_3} = \dfrac{12}{7.83} = 1.53(\text{m})$

谢才系数 $C_3 = \dfrac{1}{n}R_3^{1/6} = \dfrac{1}{0.025} \times 1.53^{1/6} = 42.94(\text{m}^{1/2}/\text{s})$

流量 $Q_3 = A_3 C_3 \sqrt{R_3 i} = 12 \times 42.94 \times \sqrt{1.53 \times 1/4\ 000} = 10.1(\mathrm{m^3/s})$

(4)总流量为

$$Q = Q_1 + Q_2 + Q_3 = 75.9 + 8.1 + 10.1 = 94.1(\mathrm{m^3/s})$$

第四节　渠道水力计算的类型

明渠均匀流的水力计算问题,可分为两大类:一类是对已建好的渠道进行计算,如校核流速、流量或求糙率;另一类是按要求设计新渠道,如确定底宽、水深、底坡、边坡系数或超高等。

在水利工程中,梯形断面渠道应用最为广泛,下面主要讨论它的水力计算。将梯形的面积、湿周和水力半径代入明渠均匀流计算公式(6-14),整理后得

$$Q = AC\sqrt{Ri} = \frac{A}{n}R^{2/3}i^{1/2} = \frac{\sqrt{i}}{n}\frac{[(b+mh)h]^{5/3}}{(b+2h\sqrt{1+m^2})^{2/3}} \tag{6-28}$$

显然,由上式很容易看出,梯形渠道的过流量 Q 是底宽 b、边坡系数 m、水深 h、糙率 n,以及底坡 i 的函数,即 $Q=f(b,m,h,n,i)$。根据此表达式,我们可以对梯形渠道进行水力计算。

一、已成渠道的水力计算

(一)已成渠道的过水能力和流速校核

工程中为保证渠道的正常运行,往往需要对已经修建好的渠道进行计算,校核其流量或流速是否满足设计要求。这类问题已知的是渠道的断面尺寸 b、m、h,底坡 i 及糙率 n,要求计算通过渠道的实际流速或流量。

【例6-3】 某梯形排水渠道,长 $l=1.0$ km,底宽 $b=3$ m,边坡系数 $m=2.5$,底部落差为0.5 m,设计流量 $Q=9.0\ \mathrm{m^3/s}$。试验算当实际水深 $h=1.5$ m时,渠道能否满足设计流量的要求(糙率 n 取0.025)。

解 根据已知条件,用明渠均匀流公式(6-14)求解。

由 $Q=AC\sqrt{Ri}$

其中面积 $A=(b+mh)h=(3+2.5\times1.5)\times1.5=10.125(\mathrm{m^2})$

湿周 $\chi=b+2h\sqrt{1+m^2}=3+2\times1.5\sqrt{1+2.5^2}=11.078(\mathrm{m})$

水力半径 $R=\dfrac{A}{\chi}=\dfrac{10.125}{11.078}=0.914(\mathrm{m})$

谢才系数 $C=\dfrac{1}{n}R^{1/6}=\dfrac{1}{0.025}\times0.914^{1/6}=39.405(\mathrm{m^{1/2}/s})$

底坡 $i=\dfrac{Z_1-Z_2}{l}=\dfrac{0.5}{1\ 000}=0.000\ 5$

故流量为 $Q=AC\sqrt{Ri}=10.125\times39.405\times\sqrt{0.914\times0.000\ 5}=8.53(\mathrm{m^3/s})$

而设计流量为9.0 $\mathrm{m^3/s}$,大于渠道实际通过的流量,所以该渠道不能满足设计要求。

(二)反推渠道的糙率 n 值

这类问题已知的是渠道的断面尺寸 b、m、h,底坡 i 及流量 Q,要求计算糙率 n。根据明渠均匀流公式(6-16),可得

$$n = \frac{A}{Q}R^{2/3}i^{1/2} \tag{6-29}$$

计算步骤与求流量有些相似,同样要计算面积 A、湿周 χ 及水力半径 R,最后代入公式(6-29)求出糙率 n。这里不再举例说明。

二、设计新渠道的水力计算

(一)渠道断面尺寸的确定

根据所求未知量的不同,此类问题又可分为以下三种情形:

(1)已知渠道的设计流量 Q、底坡 i、糙率 n、边坡系数 m 以及底宽 b,求明渠均匀流时的正常水深 h_0。此类问题在渠道的水力计算中是比较多见的。因为对于已经修建好的渠道,底宽、边坡、糙率、底坡等一般没有特殊情况是不会产生变化的,只有水深随着流量的改变而变化。

根据式(6-28),当 Q、i、n、m、b 已知时,该式变成一个关于水深 h_0 的一元高次方程,非常复杂,难以直接求解答案。只有通过试算求解,或根据流量与水深之间的关系,绘出关系曲线来查图求解。具体推导及计算步骤见例题6-4,这里不再详细说明。近些年,随着计算机技术的迅速发展,也可直接用微机求解。

【例6-4】 某土渠拟设计为梯形断面,采用浆砌块石衬砌。已知设计流量 $Q = 17\ m^3/s$,底宽 $b = 4$ m。根据地形地质情况,底坡 i 取 1/2 500,边坡系数取 2.0,试按均匀流设计渠道的正常水深 h_0。

解 查表6-3,浆砌石 $n = 0.025$。

①试算法。假设一系列的正常水深 h_0 值,代入明渠均匀流公式 $Q = AC\sqrt{Ri}$,计算出相应的流量 Q 值。根据水深和流量值绘出 $h_0 \sim Q$ 关系曲线,然后根据已知流量 Q,在曲线上查出需求解的均匀流水深 h_0。

设 $h_0 = 1.8$ m、2.0 m、2.2 m、2.4 m,分别计算出相应的面积 A、湿周 χ、水力半径 R、谢才系数 C 及流量 Q 值,见表6-5。

表6-5 水深试算

h_0(m)	A(m^2)	χ(m)	R(m)	C($m^{1/2}/s$)	$Q = AC\sqrt{Ri}$(m^3/s)
1.80	13.68	12.05	1.14	40.88	11.94
2.00	16.00	12.94	1.24	41.46	14.77
2.20	18.48	13.84	1.34	42.00	17.97
2.40	21.12	14.73	1.43	42.46	21.45

由表6-5数据绘出 $h_0 \sim Q$ 曲线,如图6-8所示。根据设计流量 $Q = 17\ m^3/s$,在曲线上

查得渠道的正常水深 $h_0 = 2.16$ m。

②图解法。上述计算方法比较烦琐，为简化计算，令 $\frac{Q}{\sqrt{i}} = K_0$，代入式(6-28)，化简后得

$$\frac{b^{2.67}}{nK_0} = \frac{\left(\frac{b}{h} + 2\sqrt{1+m^2}\right)^{2/3}}{\left(\frac{b}{h} + m\right)^{5/3}\left(\frac{h}{b}\right)^{8/3}}$$

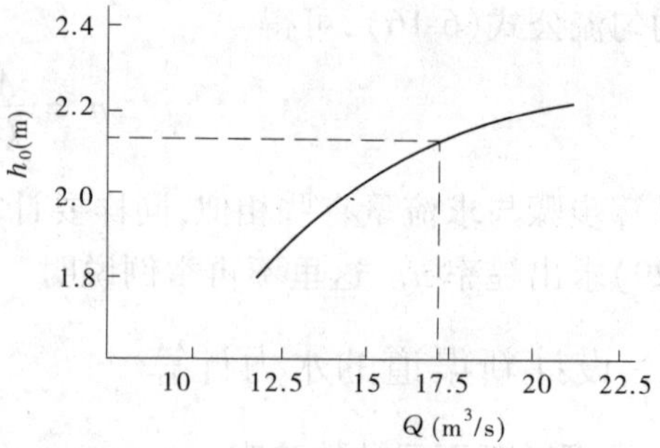

图 6-8

以边坡系数 m 为参数，绘出 $\frac{b^{2.67}}{nK_0}$ 和 $f\left(\frac{h_0}{b}\right)$ 的关系曲线图（见附录Ⅰ：梯形和矩形断面明渠正常水深求解图）。根据已知的 Q、i、n、m、b 值，就可求解正常水深。

本题流量模数 $K_0 = \frac{Q}{\sqrt{i}} = \frac{17}{\sqrt{1/2\,500}} = 850(\text{m}^3/\text{s})$

则 $\frac{b^{2.67}}{nK_0} = \frac{4^{2.67}}{0.025 \times 850} = 1.91$

查附录Ⅰ，根据 $\frac{b^{2.67}}{nK_0} = 1.91$ 及 $m = 2.0$，查得 $h_0/b = 0.54$。

故 $h_0 = 0.54 \times 4 = 2.16(\text{m})$

上述结果与试算结果完全相同。

(2)已知渠道的设计流量 Q、底坡 i、糙率 n、边坡系数 m 以及正常水深 h_0，求底宽 b。此类问题为避免解高次方程，求解方法与第一类相似，也要用试算或查图求解，这里不再举例说明，只不过在查图求解时，是查附录Ⅱ：梯形和矩形明渠底宽求解图。

(3)已知渠道的设计流量 Q、底坡 i、糙率 n、边坡系数 m、给定宽深比 β，求设计渠道的断面尺寸（即确定底宽和水深 h）。此类问题要求求解两个未知量 b 和 h，用一个方程是无法求解的，所以需先将 b 用 βh 代替后，再代入明渠均匀流公式(6-28)，就可以得到一个关于 h 的一元高次方程。用此方程可直接解出水深 h，然后才能求出底宽 b。具体求解方法见例 6-5。

【例 6-5】 在黏土地区计划建一灌溉渠道，采用喷浆混凝土护面。渠道需要通过的流量为 4.0 m^3/s，底坡为 1/5 000。拟选用梯形断面，宽深比 β 取 2.0，边坡系数 m 拟取 1.5，试设计渠道的底宽和水深。

解 查表 6-3，得喷浆混凝土护面的糙率 $n = 0.018$。

因宽深比 $\beta = \frac{b}{h} = 2.0$，则 $b = 2h$，分别代入梯形断面的水力要素计算式，则

面积 $A = (b + mh)h = (2h + 1.5h)h = 3.5h^2$

湿周 $\chi = b + 2h\sqrt{1+m^2} = 2h + 2h\sqrt{1+1.5^2} = 5.606h$

水力半径 $R = \frac{A}{\chi} = \frac{3.5h^2}{5.606h} = 0.624h$

由曼宁公式,谢才系数 $C=\frac{1}{n}R^{1/6}=\frac{1}{0.018}\times(0.624h)^{1/6}=51.356h^{1/6}$。

将上面结果代入 $Q=AC\sqrt{Ri}$,得到

$$4=3.5h^2\times51.356h^{1/6}\times\sqrt{0.624h\times1/5\,000}=2.008h^{8/3}$$

解上面的一元高次方程可得:$h=1.3$ m,$b=2h=2\times1.3=2.6$(m)。

所以,渠道的底宽为2.6 m,水深为1.3 m。

(二)渠道的底坡、边坡系数和超高的确定

1.渠道底坡的确定

此类问题已知的是渠道的断面尺寸 b、m、h,糙率 n,以及流量 Q,求设计渠道的底坡。根据式(6-14),可得

$$i=\frac{Q^2}{A^2C^2R} \tag{6-30}$$

计算具体过程见例6-6。

2.渠道边坡系数的确定

梯形渠道的边坡系数 m 的取值,影响因素比较多,通常可以根据边坡的岩土性质、侧壁的衬砌情况,以及渠道设计的有关规定,查专门的水力计算手册选取。表6-6所给出的 m 值可供参考。

表6-6 无衬砌渠道的边坡系数 m

岩土种类	边坡系数 m	岩土种类	边坡系数 m
未风化的岩石	0~0.25	黏土、黄土	1.0~1.5
风化的岩石	0.25~0.5	黏壤土、砂壤土	1.25~2.0
半岩性耐水土壤	0.5~1.0	细砂	1.5~2.5
卵石和砂砾	1.25~1.5	粉砂	3.0~3.5

3.渠道超高的确定

渠道的超高是指为了保证行水安全,渠道的顶部需超出水面的高度。渠道的设计高度应等于过水断面的水深 h 再加上渠道的超高。超高的取值比较复杂,可参考表6-7或查有关的水力计算手册。

表6-7 渠道的超高值

渠道的类别、流量(m^3/s)	(干支渠)10~2	(干支渠)<2	斗渠	农渠
堤顶超高(m)	0.6~0.4	0.35	0.25	0.15

【例6-6】 某灌溉渠道上拟修建一钢筋混凝土U形渡槽(糙率 $n=0.014$),如图6-9所示,已知底部半圆直径 $d=3.0$ m,上部垂直侧墙高1.0 m(包括超高0.4 m),设计流量 $Q=6.0\ m^3/s$,试计算渡槽的底坡。

解 水深 $h=\frac{d}{2}+0.6=\frac{3}{2}+0.6=2.1$(m)

面积 $A=d\times 0.6+\frac{1}{2}\pi(\frac{d}{2})^2$

$=3\times 0.6+\frac{1}{2}\times 3.14\times 1.5^2$

$=5.33(\text{m}^2)$

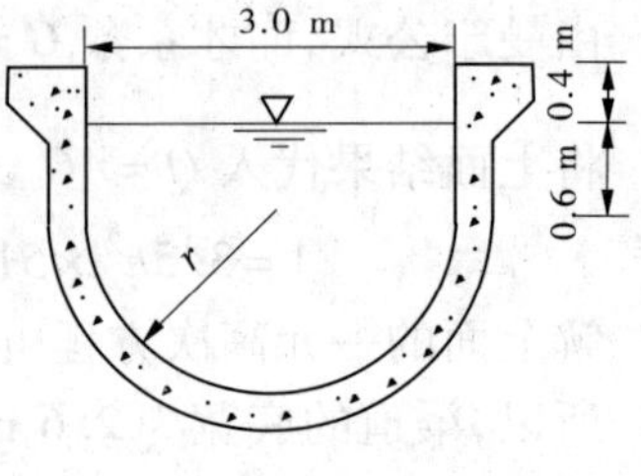

图 6-9

湿周 $\chi=2\times 0.6+\pi(\frac{d}{2})=2\times 0.6+3.14\times 1.5$

$=5.91(\text{m})$

水力半径 $R=\frac{A}{\chi}=\frac{5.33}{5.91}=0.90(\text{m})$

由曼宁公式 $C=\frac{1}{n}R^{1/6}=\frac{1}{0.014}\times 0.90^{1/6}=70.19(\text{m}^{1/2}/\text{s})$

底坡 $i=\frac{Q^2}{A^2C^2R}=\frac{6^2}{5.33^2\times 70.19^2\times 0.90}=0.000\,29=\frac{1}{3\,500}$

则所求底坡为 $i=\frac{1}{3\,500}$。

本章小结

本章主要介绍以下内容:

(1)明渠均匀流的发生条件、特性及有关问题。

(2)渠道的水力计算类型。

(3)明渠水力计算中的几个问题。

要求了解明渠均匀流的特性及产生条件,掌握渠道的水力计算(包括流速、流量、底坡、断面尺寸、糙率等的确定)。

习 题

6-1 明渠均匀流的渠底坡度 i、水面坡度 J_z、水力坡度 J 有什么关系?

6-2 产生明渠均匀流,渠道必须满足哪些条件?

6-3 平坡和逆坡渠道上能产生均匀流吗?

6-4 一正坡棱柱体渠道,根据生产的要求,需加大输水能力,可采取哪些措施?

6-5 糙率选得大了,设计出来的渠道断面是大还是小,会产生什么后果?

6-6 渠道的断面设计是否都应按水力最佳断面设计?

6-7 一梯形断面渠道,底坡 $i=0.008$,糙率 $n=0.030$,边坡系数 $m=1.0$,底宽 $b=2.0$ m,水深 $h=1.2$ m,求此渠道的流速和流量。

6-8 一半圆混凝土U形渠槽(见图6-10),宽1.2 m,渠道底坡 $i=1/1\,000$,糙率 $n=0.017$。当槽内均匀流水深 $h_0=0.8$ m时,求此渠槽的过水能力。

6-9 某干渠为梯形土渠,通过流量 $Q=35\ \text{m}^3/\text{s}$,边坡系数 $m=1.5$,底坡 $i=1/5\,000$,

糙率 $n=0.020$。试按水力最佳断面原理设计渠道断面。

6-10　有一环山渠道如图 6-11 所示，底坡 $i=0.002$。靠山一边按 1∶0.5 的边坡开挖，$n_1=0.0275$；另一边为直立的混凝土边墙，$n_2=0.017$；渠底宽度 $b=2.0$ m，$n_3=0.020$。试求水深 $h=1.5$ m 时输送的流量。

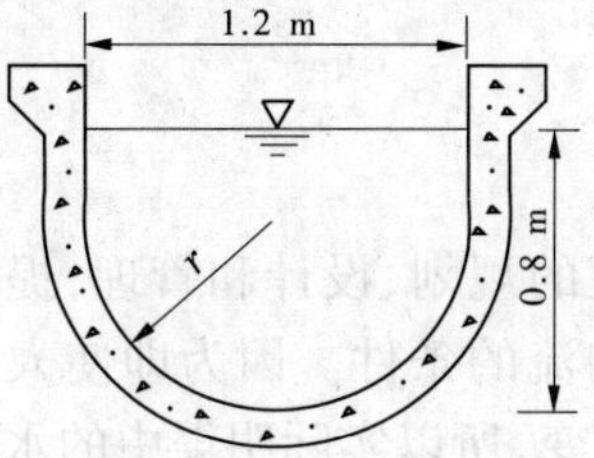

图 6-10

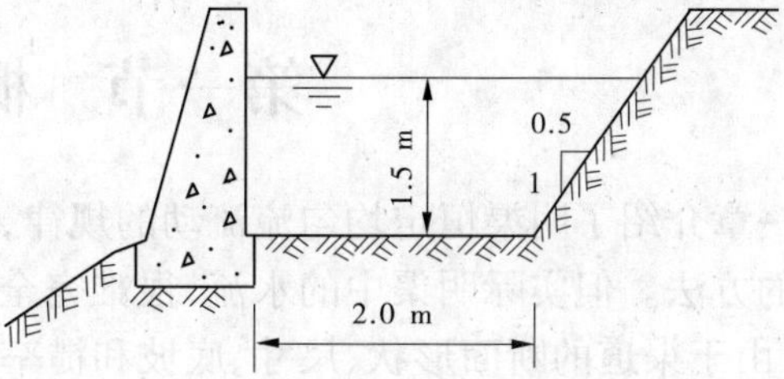

图 6-11

6-11　一复式断面河道，$i=0.0001$，深槽糙率 $n=0.025$，滩地糙率 $n_2=0.030$，洪水位及其他尺寸如图 6-12 所示。求洪水流量。

6-12　已知矩形渠道底宽 $b=8.0$ m，底坡 $i=1/2000$，测得渠道为均匀流时的流量 $Q=20\ m^3/s$，水深 $h_0=1.5$ m，试计算渠道糙率 n 值。

6-13　一条黏土渠，需要输送的流量为 $3.0\ m^3/s$，初步确定渠道底坡 i 取 0.007，$m=1.5$，$n=0.025$，$b=2.0$ m，试用试算法和图解法求渠中的正常水深，并校核渠中流速。

6-14　某梯形灌溉土质渠道，按均匀流设计。选定底坡 $i=0.002$，$m=1.5$，$n=0.020$，渠道设计流量 $Q=5\ m^3/s$，并选定水深 $h=0.85$ m，试设计渠道的底宽 b。

6-15　渠道的流量 $Q=30\ m^3/s$，底坡 $i=0.009$，边坡系数 $m=1.5$，糙率 $n=0.025$，已知宽深比 $\beta=1.6$，求水深 h 和底宽 b。

6-16　有一混凝土圆形排水管道（$n=0.014$），如图 6-13 所示。已知半径 $R=2.0$ m，管中均匀流水深为 2.5 m，要求通过设计流量 $Q=4\ m^3/s$，试求管道底坡。

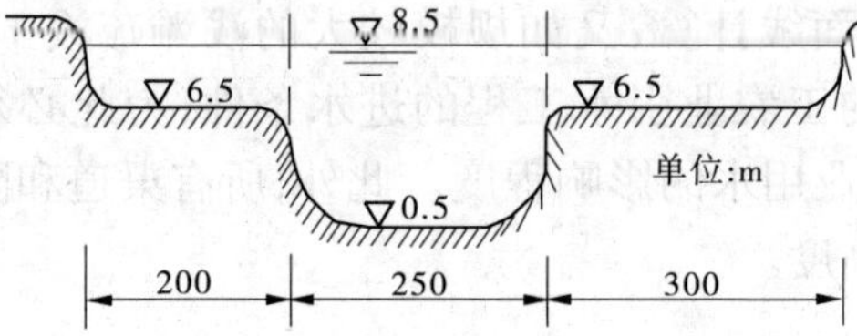

图 6-12

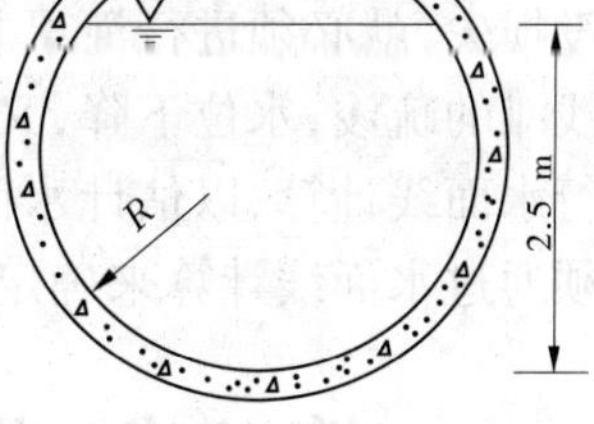

图 6-13

第七章　明渠恒定非均匀流

第一节　概　述

上一章介绍了明渠恒定均匀流流动的规律，它为渠道的规划、设计和管理，提供了水力计算的方法。但实际明渠中的水流，很难完全满足均匀流的条件。因为即使人工修筑的渠道，由于渠道的断面形状、尺寸、底坡和糙率沿流程改变，所以实际明渠中的水流常常属于非均匀流，这就要求我们研究明渠非均匀流的运动规律。

明渠恒定非均匀流中的运动要素是沿流程而变的，其流线不再是一簇平行的直线，过水断面也不再是一个平面，而是个曲面。明渠水流的渠底线、水面线和总水头线彼此互不平行，三种线的坡度也不相等，即 $J \neq J_z \neq i$，且水面线和总水头线都是曲线。

在明渠非均匀流中，若流线间夹角很小，流线近似平行，流线的曲率半径很大，近似直线时，称这种水流为明渠非均匀渐变流。其过水断面可近似地看成平面，在底坡较小时，其过水断面还可近似用铅垂平面替代，过水断面上的水深就是铅垂水深。明渠非均匀渐变流的水深是沿流程变化的，当水深沿流程增加时，水面线称为壅水曲线；反之，当水深沿流程减小时，水面线称为降水曲线。

若明渠水流的流线之间夹角较大，或者流线的曲率半径很小时，则称此种水流为明渠恒定非均匀急变流。急变流往往是由于渠槽过水边界突变而形成的，常发生在建筑物的上、下游附近的一段较短的渠槽内。目前，对急变流的理论研究还不成熟，常用试验方法求得经验的或半经验的关系式，以满足工程上的需要。

本章的主要任务是研究明渠恒定非均匀渐变流水面线的变化规律和计算方法，以解决水利工程中提出的有关问题。如河道建坝后，抬高了水位，要确定水库的淹没范围，估算淹没损失，就必须进行河渠非均匀渐变流水面线计算；又如规模较大的浅滩疏浚工程，随着浅滩的疏浚，水位下降，又影响上游已建的工农业引水工程的进水条件，为此必须事先进行水面线计算，以估计水面下降后对工农业用水的影响程度。此外，所有渠道和陡槽都必须通过水面线计算来确定堤顶或边墙的高度。

第二节　明渠非均匀流的一些基本概念

一、干扰波的传播与明渠水流的三种流态

(一)明渠水流中的三种流态

为了研究明渠水流的流态，我们先研究干扰波在静水中的传播。

在一个平静的湖面上铅垂向下投一石子，湖面上立即激起以石子入水点为中心的一

连串的微小的波动，波动在向四周传播时，使湖面上形成一连串同心圆的波形，如图 7-1(a)所示。干扰波在静水中传播的波速称为相对波速，用 c 表示。

如果在等速流动的明槽水流中，同样铅垂向下丢一石子，则激起的微小波动不再是一连串的同心圆。干扰波在向四周传播的同时，其整个波形亦随水流向下游移动。很明显，波在水流中的传播状态和水流的流速与相对波速的相对大小有关。

设明渠水流的流速为 v，干扰波传播的绝对速度为 w，若干扰波的相对波速 c 大于水流的流速 v，即 $c>v$，则干扰波以绝对速度 $w=c-v$ 向上游传播，同时又以绝对速度 $w=c+v$ 向下游传播，这种水流称为缓流，如图 7-1(b)所示。

若干扰波的相对波速 c 正好等于水流的流速 v，干扰波向上游传播的绝对速度 $w=0$，即向上游传播的波形始终停留在波源处，而不向上游传播；向下游传播的绝对速度为 $w=c+v=2c$。称这种水流为临界流，如图 7-1(c)。

若干扰波的相对波速 c 小于水流的流速 v，干扰波向上游传播的绝对速度 $w=c-v<0$，说明向上游传播的波形被冲向下游；而向下游传播的绝对速度仍是 $w=c+v$，则此种水流称为急流，如图 7-1(d)所示。

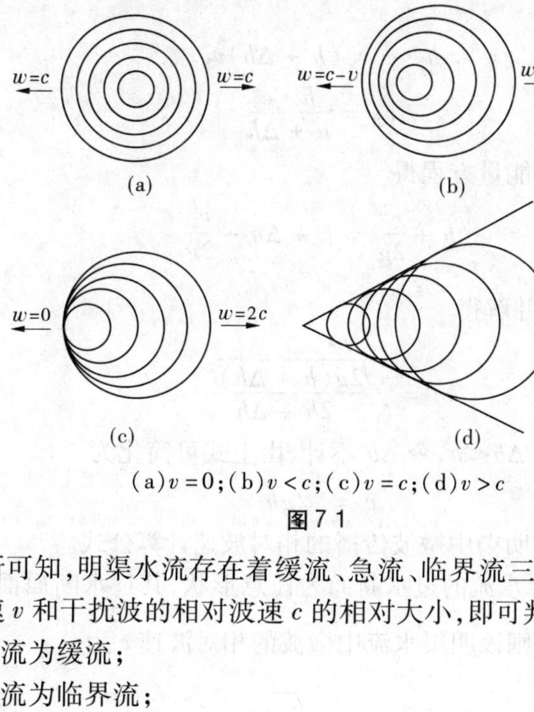

(a)$v=0$;(b)$v<c$;(c)$v=c$;(d)$v>c$

图 7 1

根据上述分析可知，明渠水流存在着缓流、急流、临界流三种流态。只要比较明渠水流的断面平均流速 v 和干扰波的相对波速 c 的相对大小，即可判别明渠水流的流态：

当 $v<c$ 时，水流为缓流；

当 $v=c$ 时，水流为临界流；

当 $v>c$ 时，水流为急流。

(二)干扰波的相对波速 c

要判别流态，就必须先确定干扰波的相对波速 c 的大小。

图 7-2(a)为一矩形平底棱柱体明槽，槽内为静水，水深为 h。今用一薄板 $N—N$ 以一定的速度向左移动一下，则在板的左侧产生一个波高为 Δh 的微小波动见图 7-2(b)。干扰波以波速自右向左移动，若忽略摩擦阻力的影响，则干扰波将传播到无限远处。今观察

者以波体为参照物，随波前进，则看到的不是波自右向左运动，而是水流以波速 c 自左向右流动，就像人坐在火车车厢内看到窗外的树木、电线杆等物体向后运动一样。因此，静水中推动板子引起水流波动的传播现象，在随波前进的观察者眼里，变成以波速 c 自左向右流动、水深由 h 增加到 $h+\Delta h$ 的明渠恒定非均匀流了。

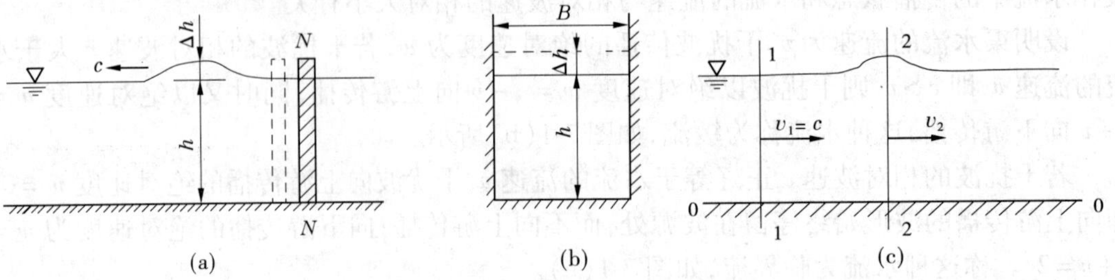

图 7-2

今以渠底为基准面，取波前和波上两个过水断面 1—1 和 2—2，如图 7-2(c)所示。断面 1—1 的水深为 h，流速为 c；断面 2—2 的水深为 $h+\Delta h$，流速为 v_2。

由连续性方程

$$h \cdot c = (h + \Delta h) v_2$$

得

$$v_2 = \frac{h \cdot c}{h + \Delta h}$$

若不计摩擦阻力，则由能量方程得

$$h + \frac{c^2}{2g} = h + \Delta h + \frac{v_2^2}{2g}$$

将 $v_2 = \dfrac{h \cdot c}{h + \Delta h}$ 代入上式，并解得

$$c = \sqrt{\frac{2g(h + \Delta h)^2}{2h + \Delta h}}$$

对于波高很小的微波，由于 $\Delta h \ll h$，令 Δh 不计，由上式可简化为

$$c = \sqrt{gh} \tag{7-1}$$

式(7-1)就是矩形断面明渠中微波传播的相对波速计算公式。

对于图 7-2(c)，当明渠水流的过水断面为任意形状，其过水断面面积为 A，水面宽度为 B，平均水深为$\bar{h} = \dfrac{A}{B}$时，则该明渠水流中微波的相对波速 c 为

$$c = \sqrt{g\bar{h}} \tag{7-2}$$

从式(7-1)和式(7-2)可看出，微波的相对波速 c 随断面平均水深 $\bar{h}$的增加而变大，与平均水深的平方根成正比。

因此，明渠水流的三种流态的判别式又可写成为

$v < \sqrt{g\bar{h}}$，水流为缓流；

$v = \sqrt{g\bar{h}}$，水流为临界流；

$v > \sqrt{g\bar{h}}$，水流为急流。

（三）流态判别数——弗汝德数 Fr

由上面介绍可知，当水流为临界流时，其断面平均流速正好等于微波的相对波速，即 $v = \sqrt{g\bar{h}}$，此式还可以改写为

$$\frac{v}{\sqrt{g\bar{h}}} = 1$$

$\frac{v}{\sqrt{g\bar{h}}}$是一个无量纲数，称为弗汝德数，用 Fr 表示。上式说明，当水流为临界流时，$Fr = 1$。因此，可用弗汝德数 Fr 来判别明渠水流的流态：

临界流时，$Fr = \frac{v}{\sqrt{g\bar{h}}} = 1$；

缓流时，$Fr = \frac{v}{\sqrt{g\bar{h}}} < 1$；

急流时，$Fr = \frac{v}{\sqrt{g\bar{h}}} > 1$。

弗汝德数 Fr 在水力学中是一个极为重要的判别数，它是断面平均流速和相对波速的比值。为了加深理解，下面从物理观点来对它进行讨论。

将弗汝德数 Fr 的表达式改写为

$$Fr = \frac{v}{\sqrt{g\bar{h}}} = \sqrt{\frac{2\frac{v^2}{2g}}{\bar{h}}}$$

由上式可看出，弗汝德数 Fr 反映了过水断面上单位重量液体所具有的平均动能$\frac{v^2}{2g}$和平均势能($\bar{h}$)之比。当水流为临界流时，$Fr = 1$，则 $2\frac{v^2}{2g} = \bar{h}$，即水流的平均势能正好等于平均动能的 2 倍。水流为缓流时，其平均势能大于 2 倍的平均动能。水流为急流时，其平均势能小于 2 倍的平均动能。

用量纲表示：惯性力的量纲可表示为$[F] = [M]\cdot[a] = [\rho L^3]\cdot[LT^{-2}] = [\rho L^2 v^2]$

重力的量纲可表示为$[G] = [M]\cdot[g] = [\rho L^3]\cdot[g] = [\rho L^3 g]$

$$[\frac{F}{G}]^{1/2} = [\frac{\rho L^2 v^2}{\rho L^3 g}]^{1/2} = [\frac{v}{\sqrt{gL}}]$$

所以，弗汝德数 Fr 也代表了惯性力和重力相对大小的比值。

【例 7-1】 有一矩形断面渠道，渠底宽 1.5 m，水深 1.0 m，渠道中通过的流量为 $Q = 2.0\ m^3/s$，试求 c、Fr，并判别渠道中水流的流态。

解 矩形断面的平均流速为

$$v = \frac{Q}{A} = \frac{Q}{bh} = \frac{2.0}{1\times 1.5} = 1.33(m/s)$$

微波的相对波速 $c=\sqrt{gh}=\sqrt{9.8\times1}=3.13(\text{m/s})$

$$Fr=\frac{v}{\sqrt{gh}}=\frac{1.33}{3.13}=0.42$$

因为 $v<c$, $Fr<1$,所以水流为缓流。

【例 7-2】 在某河道中,已测得其过水断面面积为 $A=524\ \text{m}^2$,水面宽度为 $B=119$ m,流量为 $Q=1\ 620\ \text{m}^3/\text{s}$,试用流态判别数 Fr 判别水流的流态。

解 河道中的断面平均流速为

$$v=\frac{Q}{A}=\frac{1\ 620}{524}=3.09(\text{m/s})$$

断面平均水深 $\bar{h}=\frac{A}{B}=\frac{524}{119}=4.40(\text{m})$ $c=\sqrt{g\bar{h}}=\sqrt{9.8\times4.4}=6.57(\text{m/s})$

则弗汝德数 $Fr=\frac{v}{\sqrt{g\bar{h}}}=\frac{3.09}{6.57}=0.47$

因为 $v<\sqrt{g\bar{h}}$, $Fr<1$,所以河道中的水流为缓流。

二、断面比能(断面单位能量)

在一底坡较小的明渠水流中,当底坡与水平面间的夹角 $\theta<6°$时,称为小底坡。任取一过水断面,如图 7-3 所示。取基准面 0—0,其断面最低点的位置高度为 z_0,断面最大水深为 h,断面平均流速为 v,则过水断面上水流的单位重量液体所具有的总机械能 E 为

$$E=z_0+h+\frac{\alpha v^2}{2g}$$

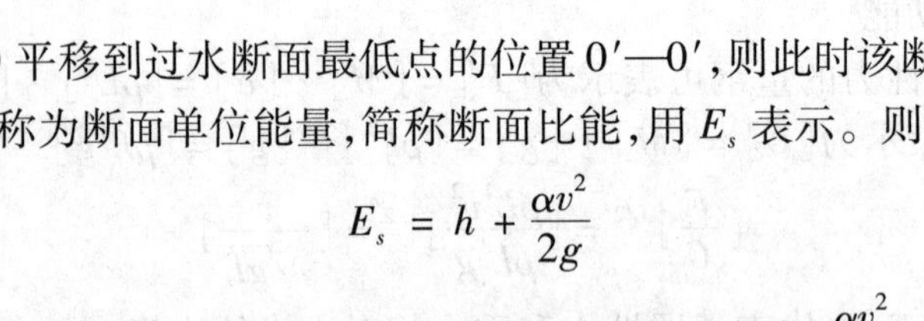

图 7-3

若基准面 0—0 平移到过水断面最低点的位置 0′—0′,则此时该断面上单位重量液体所具有的总机械能称为断面单位能量,简称断面比能,用 E_s 表示。则

$$E_s=h+\frac{\alpha v^2}{2g} \tag{7-3}$$

上式说明,断面比能是过水断面的最大水深 h 和流速水头($\frac{\alpha v^2}{2g}$)之和,也就是以断面最低点为基准面的单位总机械能。

很显然,断面比能和水流的单位总能量是两个不同的概念。计量水流的单位总能量时,整个流程中不同断面都用同一个基准面,且单位总能量 E 始终是沿流程减小的;而断面比能 E_s 的基准面是每个过水断面最低点的水平面,不同过水断面的基准面是不相同

的。因此，断面比能 E_s 沿流程可能减小、增加或不变。断面比能 E_s 和水流单位总能量 E 始终是相差一个量值，即渠底高程 z_0。

利用 $v=\dfrac{Q}{A}$，式(7-3)可改写为

$$E_s = h + \frac{\alpha Q^2}{2gA^2} \tag{7-4}$$

由上式可知，断面比能的大小与断面形状、尺寸、水深和流量有关。当明渠中的流量一定，过水断面的形状和尺寸又不变时，断面比能仅与水深有关，即 $E_s=f(h)$。下面分析断面比能随水深的变化情况。

当水深 $h\to 0$ 时，断面面积 $A\to 0$，速度水头 $\dfrac{\alpha Q^2}{2gA^2}\to\infty$，则断面比能 $E_s = h+\dfrac{\alpha Q^2}{2gA^2}\to\infty$；当水深 $h\to\infty$，$A\to\infty$，$\dfrac{\alpha Q^2}{2gA^2}\to 0$，因而断面比能 $E_s = h+\dfrac{\alpha Q^2}{2gA^2}\to\infty$。若以 h 为纵坐标，E_s 为横坐标，则上述讨论结果可绘制出一条曲线，称为断面比能曲线，如图 7-4 所示。该曲线的上段以过原点并与 E_s 轴成 45°角的直线为渐近线，下段则以 E_s 轴为渐近线。

从断面比能曲线上可以看出，当水深由零增大时，断面比能从无穷大逐渐减小。当水深到某一数值时，断面比能获得最小值；当水深再继续增大时，断面比能又逐渐增大到无穷大。因此，以断面比能最小值 $E_s=E_{s\min}$ 为分界点，曲线分成上、下两支。上支断面比能随水深增加而增加，即 $\dfrac{\mathrm{d}E_s}{\mathrm{d}h}>0$；下支断面比能随水深减小而增加，即 $\dfrac{\mathrm{d}E_s}{\mathrm{d}h}<0$。

三、临界水深 h_k

从断面比能曲线可看出，在水深由零增加到无穷大的过程中，断面比能也随水深变化而变化，其中有一个最小值存在。我们将断面比能取得最小值时的水深，称为临界水深，用 h_k 表示。

将断面比能 E_s 的表达式(7-4)对水深 h 求导，得

$$\frac{\mathrm{d}E_s}{\mathrm{d}h}=\frac{\mathrm{d}}{\mathrm{d}h}\left(h+\frac{\alpha Q^2}{2gA^2}\right)=1-\frac{\alpha Q^2}{gA^3}\cdot\frac{\mathrm{d}A}{\mathrm{d}h}$$

如图 7-5 所示，当过水断面内水深 h 增加一个微量 $\mathrm{d}h$ 时，则过水断面面积也要增加一微量 $\mathrm{d}A$。从图中可看出，$\mathrm{d}A=B\cdot\mathrm{d}h$，因而有

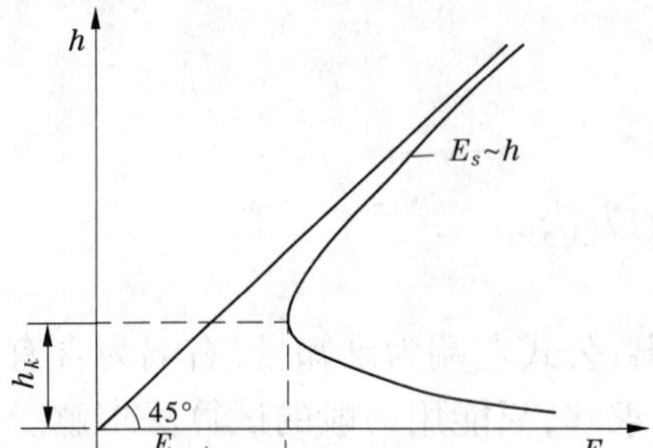

图 7-4

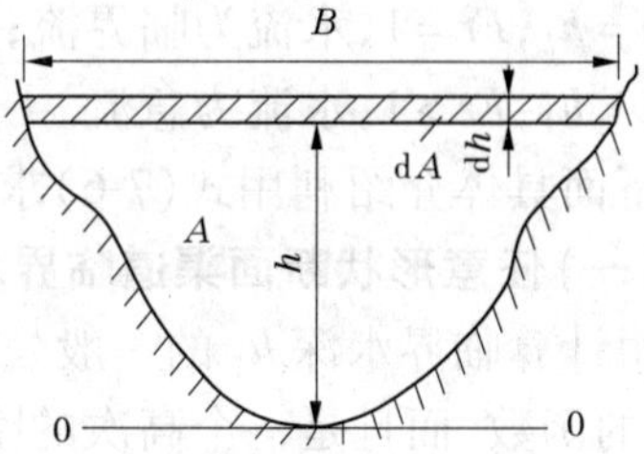

图 7-5

$$\frac{\mathrm{d}A}{\mathrm{d}h}=B$$

代入上式得

$$\frac{\mathrm{d}E_s}{\mathrm{d}h} = 1 - \frac{\alpha Q^2 B}{gA^3} \tag{7-5}$$

根据临界水深的定义，令$\frac{\mathrm{d}E_s}{\mathrm{d}h}=0$，并把临界流相应的水力要素加脚标"$k$"表示，则由上式得

$$1 - \frac{\alpha Q^2 B_k}{gA_k^3} = 0$$

或

$$\frac{\alpha Q^2}{g} = \frac{A_k^3}{B_k} \tag{7-6}$$

式中　B_k——过水断面水深为临界水深时的水面宽度；

A_k——过水断面水深为临界水深时的过水断面面积。

式(7-6)就是求解临界水深 h_k 的一般表达式，它是在任意形状断面条件下推导出来的。由公式可知，临界水深 h_k 的大小仅取决于流量和过水断面的形状、大小，而与明渠的底坡 i、糙率 n 无关。

将式(7-5)右边的第二项作如下变换，即

$$\frac{\alpha Q^2 B}{gA^3} = \frac{\alpha v^2}{g\frac{A}{B}} = \frac{\alpha v^2}{g\bar{h}} = Fr^2$$

则式(7-5)可改写成

$$\frac{\mathrm{d}E_s}{\mathrm{d}h} = 1 - Fr^2 \tag{7-7}$$

由上式可看出，在临界水深 h_k 时，断面比能取得最小值，即$\frac{\mathrm{d}E_s}{\mathrm{d}h}=0$，此时 $1-Fr^2=0$，即 $Fr=1$，水流就是临界流。断面比能曲线的上支 $h>h_k$，流速 $v<c$，$Fr<1$，水流为缓流；而下支 $h<h_k$，流速 $v>c$，$Fr>1$，水流为急流。因此，又可用临界水深 h_k 和实际水深 h 的相对大小，来判别明渠水流的流态，即

$h>h_k$，$Fr<1$，水流为缓流；

$h=h_k$，$Fr=1$，水流为临界流；

$h<h_k$，$Fr>1$，水流为急流。

下面具体介绍利用式(7-6)求解临界水深 h_k 的方法。

(一)任意形状断面渠道临界水深 h_k 的计算

由计算临界水深 h_k 的一般公式(7-6)可以看出，公式左端为已知量，右端为含有未知量 h_k 的函数，而且是一个高次的隐函数，无法直接求解，只能用一般的试算法求解。即假定一个水深 h 值，算出相应的水面宽 B，过水断面面积 A，最后算出比值$\frac{A^3}{B}$，若算出的比值

$\frac{A^3}{B}$正好满足$\frac{\alpha Q^2}{g}=\frac{A^3}{B}$,则所设的水深 h 值即为所求的临界水深 h_k。否则,再设 h 重新计算,直到算出的比值$\frac{A^3}{B}$等于已知值$\frac{\alpha Q^2}{g}$为止。

通常的做法是假定 3 ~4 个水深 h,列表算出相应的比值$\frac{A^3}{B}$(要求已知值$\frac{\alpha Q^2}{g}$在算出的几个$\frac{A^3}{B}$值的范围之内),绘出$\frac{A^3}{B}\sim h$ 的关系曲线,然后在横轴上取一点 a,使其值等于已知值$\frac{\alpha Q^2}{g}$,过 a 引一垂线与曲线交于 b 点,则 b 点对应的纵坐标即为所求的临界水深 h_k,如图 7-6 所示。

(二)等腰梯形、圆形断面渠道临界水深 h_k 的图解计算

两侧边坡相等的等腰梯形断面是水利工程中最常见的渠道横断面,这种断面的临界水深 h_k 的求解方法,一般有试算法、迭代法和图解法等。试算法已在任意形状断面的临界水深 h_k 的计算中作了介绍,这里仅介绍图解法。

为了简化计算,减少试算法的计算工作量,可采用图解法。图解法是将式(7-6)简化成为 $h_k=f(m,\frac{Q}{b^{5/2}})$ 的函数而绘制成图形(见附录Ⅲ),并利用该图求 h_k 的方法。该图的横坐标为$\frac{Q}{b^{5/2}}$,纵坐标为$\frac{h_k}{b}$,边坡系数 m 为参变量。查图前先计算出$\frac{Q}{b^{5/2}}$的值,在横坐标上找到相应于该数值的 c 点,通过 c 点作垂线交已知 m 值的曲线一点 k,则 k 点的纵坐标与底宽 b 的乘积,即为所求的临界水深 h_k,如图 7-7 所示。

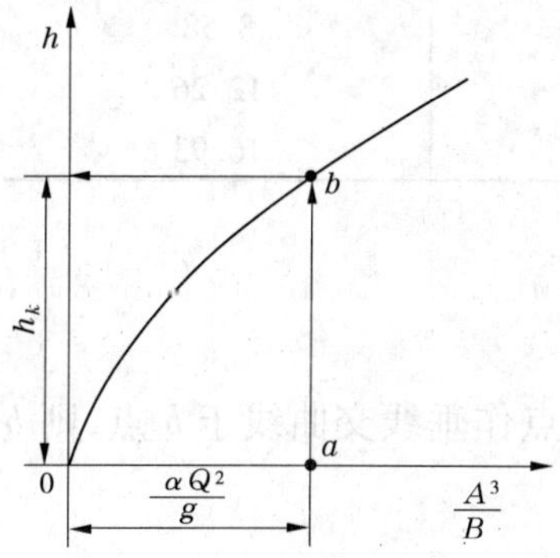

图 7-6

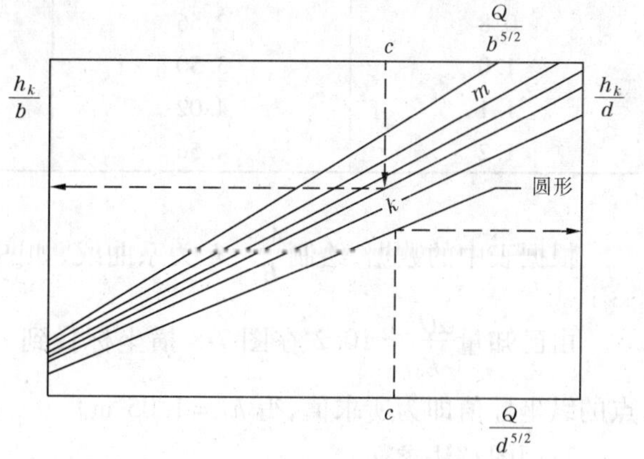

图 7-7

(三)矩形断面渠道临界水深 h_k 的计算

对于矩形断面渠道,其水面宽度和底宽相等,即 $B=b$,$A=bh$,代入一般关系式(7-6)中得

$$\frac{\alpha Q^2}{g}=\frac{A_k^3}{B_k}=\frac{b^3h_k^3}{b}=b^2h_k^3$$

令 $q=\frac{Q}{b}$，则可解出矩形断面临界水深 h_k 的求解式

$$h_k=\sqrt[3]{\frac{\alpha q^2}{g}} \tag{7-8}$$

式中 q——单宽流量，$q=\frac{Q}{b}$，$m^3/(s\cdot m)$；

α——动能修正系数，$\alpha=1.05\sim1.1$，一般可取 $\alpha=1.0$。

【例 7-3】 某梯形断面渠道，底宽 $b=2.0$ m，边坡系数 $m=1.5$，当通过流量 $Q=10$ m^3/s 时，渠道中的实际水深 $h=1.0$ m。试用试算法和查图法计算临界水深 h_k，并判别水流的流态。

解 1. 用试算法求 h_k

计算公式为

$$\frac{\alpha Q^2}{g}=\frac{A_k^3}{B_k} \quad A=(b+mh)h \quad B=b+2mh$$

首先计算出已知值

$$\frac{\alpha Q^2}{g}=\frac{1\times10^2}{9.8}=10.2$$

然后假设不同的水深 h，算出相应的比值$\frac{A^3}{B}$，计算结果列于表 7-1 中。

表 7-1

水深 h(m)	$A(m^2)$	B(m)	A^3/B
0.5	1.375	3.50	0.743
0.8	2.56	4.40	3.81
1.0	3.50	5.00	8.58
1.1	4.02	5.30	12.26
1.2	4.56	5.60	16.93

根据表中的数据，绘制$\frac{A^3}{B}\sim h$ 关系曲线，如图 7-8 所示。

由已知量$\frac{\alpha Q^2}{g}=10.2$ 在图 7-8 横坐标找到一点 a，过 a 点作垂线交曲线于 b 点，则 b 点的纵坐标值即为所求值，得 $h_k=1.05$ m。

2. 用图解法求 h_k

计算$\frac{Q}{b^{2.5}}=\frac{10}{2^{2.5}}=1.77$，由$\frac{Q}{b^{2.5}}=1.77$ 及 $m=1.5$ 查附录Ⅲ的临界水深求解图，得$\frac{h_k}{b}=0.52$，则临界水深

$$h_k=0.52b=0.52\times2=1.04(m)$$

3. 流态判别

用临界水深判别：

因为 $h_k = 1.05$ m，大于实际水深（$h = 1.0$ m），则水流为急流。

用弗汝德数 Fr 判别：

渠道中的过水断面面积 $A = (b + mh)h = (2 + 1.5 \times 1) \times 1 = 3.50(\mathrm{m}^2)$，实际流速

$$v = \frac{Q}{A} = \frac{10}{3.50} = 2.86(\mathrm{m/s})$$

渠道中的水面宽度

$B = b + 2mh = 2 + 2 \times 1.5 \times 1 = 5.0(\mathrm{m})$

弗汝德数

$$Fr = \frac{v}{\sqrt{g\bar{h}}} = \frac{2.86}{\sqrt{9.8 \times 3.50/5}} = 1.09$$

因为 $Fr > 1$，渠道中的水流为急流。

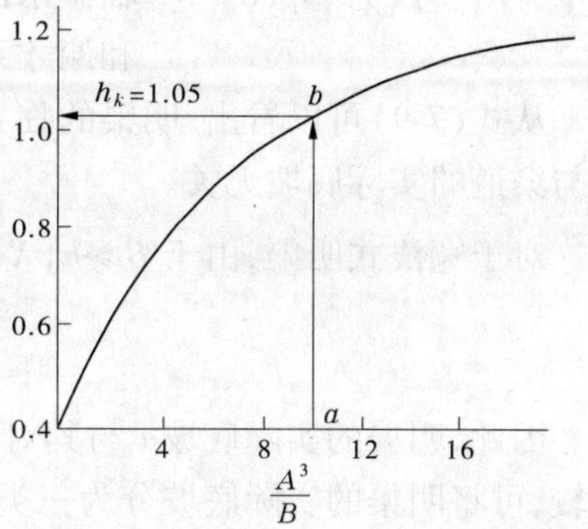

图 7-8

【例 7-4】 有一矩形断面明渠 $Q = 25\ \mathrm{m^3/s}$，底宽 $b = 6$ m，渠道中实际水深 $h = 3.0$ m，求渠道中的临界水深 h_k，并判别水流的流态。

解
$$q = \frac{Q}{b} = \frac{25}{6} = 4.17(\mathrm{m^3/(s \cdot m)})$$

临界水深
$$h_k = \sqrt[3]{\frac{\alpha q^2}{g}} = \sqrt[3]{\frac{1 \times 4.17^2}{9.8}} = 1.21(\mathrm{m})$$

因为 $h(=3.0\ \mathrm{m}) > h_k$，则渠道中的水流为缓流。

四、陡坡、缓坡、临界坡

设有一长直的棱柱体正坡渠道，水流作均匀流动，其正常水深 h_0 可用均匀流公式求得，若此渠道中的流量和断面形状、尺寸、糙率都不变，只改变渠底坡 i，则其均匀流水深 h_0 也随着改变，h_0 随 i 变化的关系曲线如图 7-9 所示。

当该渠道的流量、糙率、形状、尺寸不变时，临界水深与底坡无关。这样在 h_k 不变，h_0 变化的过程中，当均匀流水深 h_0 正好等于临界水深 h_k 时，相应的底坡称为临界底坡，用 i_k 表示。从图 7-9 曲线上可找出 $h_0 = h_k$ 时的点 K，则 K 点对应的底坡即为临界底坡 i_k。临界底坡上的水流为临界均匀流。

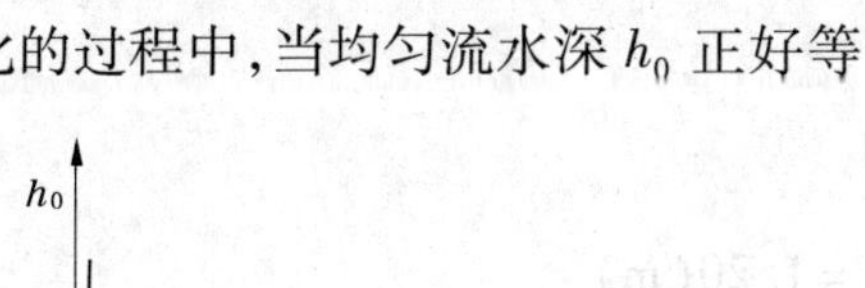

图 7-9

此时，水流应满足明渠均匀流的关系：

$$Q = A_k C_k \sqrt{R_k i_k}$$

又要满足临界流关系式：

$$\frac{\alpha Q^2}{g} = \frac{A_k^3}{B_k}$$

联解上述两式，得临界底坡 i_k 的计算公式为

$$i_k = \frac{gA_k}{\alpha C_k^2 R_k B_k} = \frac{g\chi_k}{\alpha C_k^2 B_k} \tag{7-9}$$

式中　R_k、B_k、χ_k、A_k、C_k——临界水深所对应的水力半径、水面宽度、湿周、过水断面面积和谢才系数。

从式(7-9)可以看出,明渠的临界底坡 i_k 与渠道的断面形状、尺寸、糙率和流量有关,而与渠道的实际底坡无关。

对于宽浅式明渠,由于 $B \gg h$, $\chi \approx B$,则

$$i_k = \frac{g}{\alpha C_k^2} \tag{7-10}$$

因此,明渠的实际底坡 i 与其对应(流量、断面形状、尺寸、糙率均相同)的临界底坡 i_k 比较,可将明渠的实际底坡分为三类:

当 $i < i_k$ 时,实际底坡称为缓坡;当 $i = i_k$ 时,实际底坡为临界底坡;当 $i > i_k$ 时,实际底坡称为陡坡。

由图7-9可以看出,在明渠均匀流中,若 $i < i_k$,其正常水深 $h_0 > h_k$,则缓坡渠道上的均匀流为缓流;反之,若 $i > i_k$,有 $h_0 < h_k$,则陡坡渠道上的均匀流为急流。因而,用临界底坡 i_k 也可判别均匀流的流态:

$i < i_k$,为缓坡,且 $h_0 > h_k$,说明缓坡上的均匀流一定为缓流;

$i = i_k$,临界坡,且 $h_0 = h_k$,说明临界坡上的均匀流一定为临界流;

$i > i_k$,为陡坡,且 $h_0 < h_k$,说明陡坡上的均匀流一定为急流。

【例7-5】　某梯形断面渠道,底宽 $b = 10$ m,边坡系数 $m = 1.5$,糙率 $n = 0.020$,底坡 $i = 0.005$,求流量 $Q = 45$ m^3/s 时的临界底坡,并判别渠底坡的类型。

解　临界底坡的计算公式为

$$i_k = \frac{g\chi_k}{\alpha C_k^2 B_k}$$

式中:B_k、χ_k、C_k 均与临界水深 h_k 有关,因此必须先计算 h_k。

当 $Q = 45$ m^3/s 时,用图解法求临界水深 h_k 时,先计算

$$\frac{Q}{b^{2.5}} = \frac{45}{10^{2.5}} = 0.142$$

由 $\frac{Q}{b^{2.5}} = 0.142$ 及 $m = 1.5$ 查附录Ⅲ得 $\frac{h_k}{b} = 0.12$,则

$$h_k = 0.12b = 0.12 \times 10 = 1.20(\text{m})$$

计算相应的水力要素,求临界底坡 i_k

$$A_k = (b + mh_k)h_k = (10 + 1.5 \times 1.2) \times 1.2 = 14.16(\text{m}^2)$$

$$\chi_k = b + 2h_k\sqrt{1 + m^2} = 10 + 2 \times 1.2 \times \sqrt{1 + 1.5^2} = 14.33(\text{m})$$

$$B_k = b + 2mh_k = 10 + 2 \times 1.5 \times 1.2 = 13.60(\text{m})$$

$$R_k = \frac{A_k}{\chi_k} = \frac{14.16}{14.33} = 0.988(\text{m})$$

$$C_k = \frac{1}{n}R_k^{1/6} = \frac{1}{0.020} \times 0.988^{1/6} = 49.9$$

则临界底坡 $i_k=\frac{g\chi_k}{\alpha C_k^2 B_k}=\frac{9.8\times 14.33}{1\times 49.9^2\times 13.60}=0.00415$

因为 $i=0.005$，$i>i_k$，此流量时渠道底坡为陡坡。

值得注意的是，临界底坡并不是一个固定不变的底坡，它与流量、断面形状、尺寸、糙率有关，与渠道的实际底坡 i 无关。对某断面形状、尺寸不变的渠道，其临界底坡 i_k 是随着流量的增加而减小的。因此，流量大时渠底坡为陡坡的渠道，当流量变小时，该渠道又可能变成缓坡渠道了。

五、流态判别小结

前面已介绍了明渠水流流态的各种判别方法，为了对缓流、急流、临界流的判别条件有一清晰的概念，特将各种判别流态的条件归纳在表 7-2 中。

表 7-2　流态判别条件

流态	明渠非均匀流			明渠均匀流	
	临界水深 h_k	弗汝德数 Fr	临界流速 v_k	临界水深 h_k	临界底坡 i_k
缓流	$h>h_k$	$Fr<1$	$v<v_k$	$h_0>h_k$	$i<i_k$
临界流	$h=h_k$	$Fr=1$	$v=v_k$	$h_0=h_k$	$i=i_k$
急流	$h<h_k$	$Fr>1$	$v>v_k$	$h_0<h_k$	$i>i_k$

对于明渠底坡的判别，由均匀流流态判别条件可知，$h_0>h_k$ 时，均匀流为缓流，渠底坡为缓坡；$h_0<h_k$ 时，均匀流为急流，渠底坡为陡坡。因此，当已知均匀流水深 h_0 和临界水深 h_k 时，就不必再计算临界底坡 i_k，而直接用 h_0 和 h_k 的相对大小判别渠底坡的类型：

$h_0>h_k$，$i<i_k$，为缓坡；

$h_0<h_k$，$i>i_k$，为陡坡；

$h_0=h_k$，$i=i_k$，为临界坡。

对于非均匀流，由于边界条件的不同，渠中的实际水深一般不等于正常水深 h_0，所以不能用正常水深或临界底坡来判别流态。

第三节　水跌与水跃

缓流和急流是明渠水流两种不同的流态。当水流从一种流态向另一种流态转换时，会产生局部水力现象——水跌和水跃。下面分别讨论这两种水力现象。

一、水跌现象与控制断面

当明渠水流从缓流过渡到急流、水深从大于临界水深减至小于临界水深过程中，水面产生了连续而急剧的降落，这种局部水力现象称为水跌。它一般发生在明渠纵向边界突然降低的地段。

例如,末端有一垂直跌坎的棱柱体缓坡明渠,在上游较远处,水流为均匀流,缓坡渠道上的均匀流为缓流,其水深大于临界水深。由于渠道末端存在跌坎而使阻力减小,则跌坎上游渠道中的水流在重力作用下作加速运动,水深沿流程减小,水面沿流程下降,并在跌坎附近产生一连续而急剧的降落。水流以临界流状态在近坎处通过,又以水舌形式自由泻落。跌坎附近的这种局部水力现象称为水跌,如图 7-10 所示。

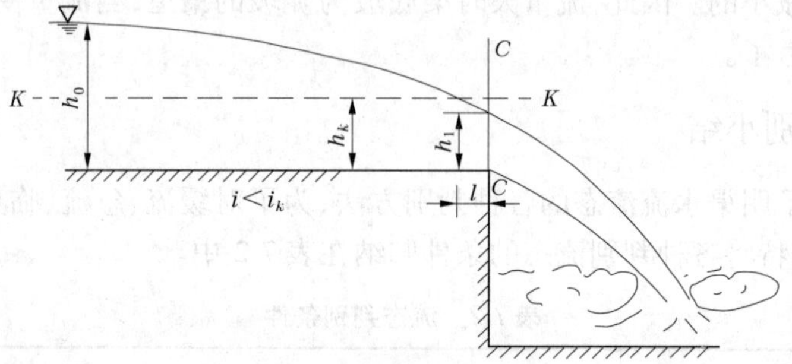

图 7-10

又如,当渠道底坡由缓坡变为陡坡时,缓坡上游的均匀流为缓流,水深大于临界水深。在底坡改变处断面 $C—C$ 的下游为陡坡,陡坡上的均匀流为急流,水深小于临界水深。水流从上游缓坡流向下游陡坡的过程中,流速加快,水面下降,同样以临界流状态在断面 $C—C$附近通过,形成水跌,如图 7-11 所示。

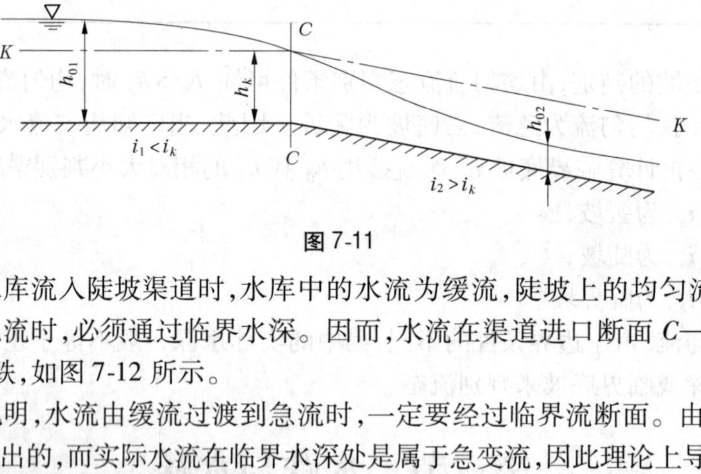

图 7-11

当水流自水库流入陡坡渠道时,水库中的水流为缓流,陡坡上的均匀流为急流,水流由缓流过渡到急流时,必须通过临界水深。因而,水流在渠道进口断面 $C—C$ 附近以临界流通过,形成水跌,如图 7-12 所示。

上述三例说明,水流由缓流过渡到急流时,一定要经过临界流断面。由于临界水深是由渐变流条件导出的,而实际水流在临界水深处是属于急变流,因此理论上导出的临界流断面并不发生在渠底突变处,而实际出现在渠底突变处偏上游为 $l=(3\sim4)h_k$ 的某断面上,如图 7-10 中 $h_1 \neq h_k$,但在实际计算水面曲线时,常将渠底突变处断面近似当做是发生临界流的断面,如图 7-11、图 7-12 所示。由于渠道长度一般很长,这样简化处理,并不影响水面线长度计算的精度。

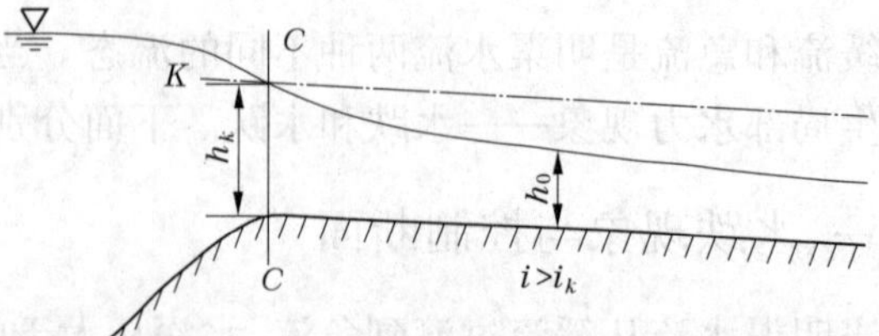

图 7-12

临界流断面的临界水深 h_k 和流量 Q 有简单确定的单值关系——临界水深 h_k 的求解方程，所以在水文测验中，常把天然河道中局部地形骤变而使水面急剧下降产生水跌的断面称为控制断面，如急滩、卡口、石梁等，并利用这些控制断面进行测流。

二、水跃

（一）水跃现象

当明渠水流由急流过渡到缓流时，会产生一种水面突然跃起，水深由小于临界水深急剧地跃到大于临界水深的特殊的局部水力现象，这种水力现象称为水跃。例如，水流由陡坡渠道流向缓坡渠道，由陡坡下泄的急流过渡到缓坡上的缓流时，水流一定产生水跃现象，如图 7-13 所示。同样，由闸、坝下泄的急流过渡到下游河渠中的缓流时，也一定会形成水跃，如图 7-14 所示。

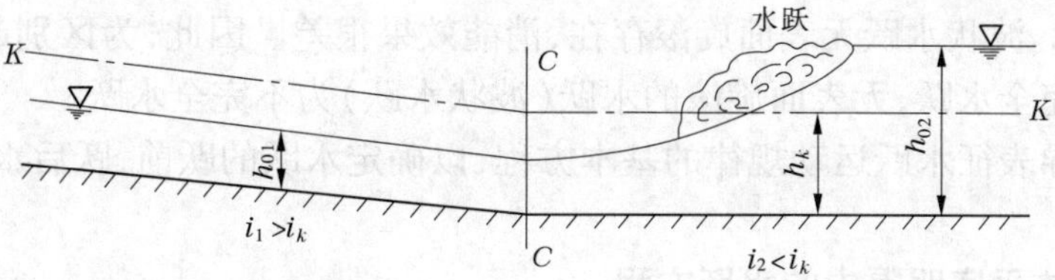

图 7-13

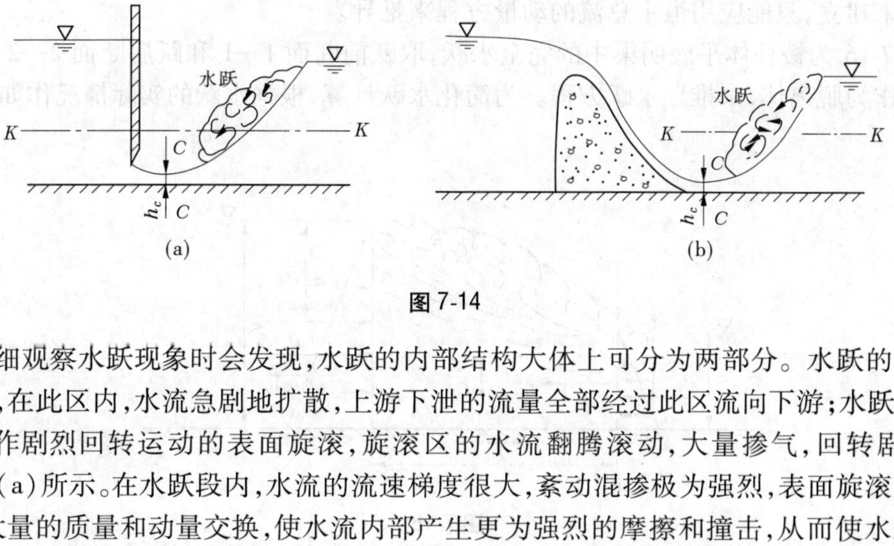

图 7-14

仔细观察水跃现象时会发现，水跃的内部结构大体上可分为两部分。水跃的下部为主流区，在此区内，水流急剧地扩散，上游下泄的流量全部经过此区流向下游；水跃的上部是一个作剧烈回转运动的表面旋滚，旋滚区的水流翻腾滚动，大量掺气，回转剧烈，如图 7-15(a)所示。在水跃段内，水流的流速梯度很大，紊动混掺极为强烈，表面旋滚和主流之间，大量的质量和动量交换，使水流内部产生更为强烈的摩擦和撞击，从而使水跃段内产生了很大的能量损失。因此，工程上常利用水跃来消除泄水建筑物下泄水流的巨大余能，以确保建筑物和下游河道的安全。

图 7-15(a)为棱柱体平底明渠中发生的水跃。为便于研究，称表面旋滚起点的过水断面 1—1 为跃前断面，相应的水深 h' 为跃前水深；表面旋滚终端的断面 2—2 为跃后断面，相应的水深 h'' 为跃后水深。水跃前、后两断面的水深差 $h''-h'=a$ 称为水跃高度，水跃前、后两断面之间的水平距离叫水跃长度，用 L_j 表示。

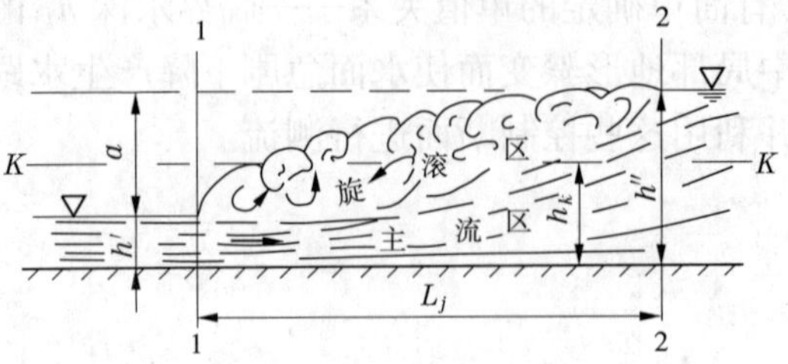

(a)完全水跃

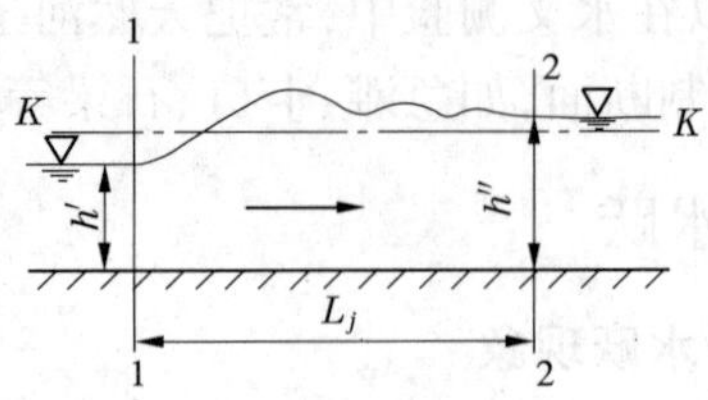

(b)波状水跃

图 7-15

水跃的上部并非任何情况下都有表面旋滚存在。试验观测得知，表面旋滚是否存在与强烈程度，主要取决于跃前断面的弗汝德数 Fr_1 的大小。当 $1 < Fr_1 < 1.7$ 时，水跃表面只形成一系列起伏不大的波浪，波峰沿流程下降直至消失，称此种水流为波状水跃，如图 7-15(b)所示。波状水跃无表面旋滚存在，消能效果很差。因此，为区别起见，称有表面旋滚的水跃为完全水跃，无表面旋滚的水跃(波状水跃)为不完全水跃。

下面将推导表征水跃运动规律的基本方程，以确定水跃的跃前、跃后水深和水跃长度的计算方法。

(二)棱柱体平底明渠中的水跃方程

由于水跃为明渠非均匀急变流，水跃段内具有较大的能量损失，不能忽略不计，而又没有一个确定水跃能量损失的计算公式，因此表征水跃运动规律的水跃方程，无法利用能量方程来建立，只能应用恒定总流的动量方程来推导。

图 7-16 为棱柱体平底明渠中的完全水跃，取跃前断面 1—1 和跃后断面 2—2 之间的水跃段作为脱离体，来推导水跃方程。为简化水跃计算，根据水跃的实际情况作如下三个假设：

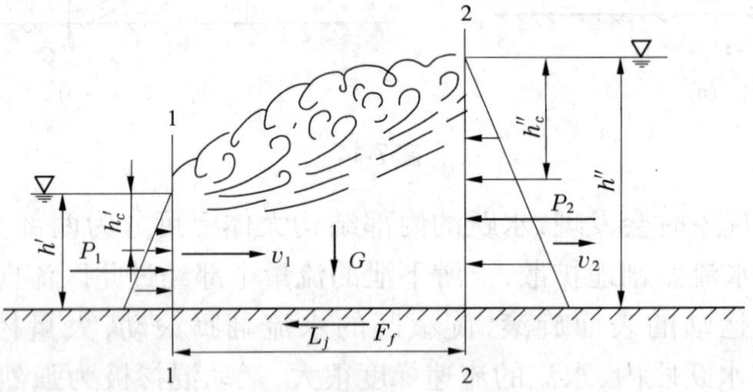

图 7-16

(1)水跃和边界之间的切应力不大，且水跃段长度又短，水流和壁面之间的摩擦阻力 F_f 和水跃前后两过水断面的动水压力相比，要小得多，可以忽略不计，即 $F_f \approx 0$。

(2)跃前和跃后断面处的水流均近似为渐变流，作用在该两断面上的动水压强也近似地按静水压强规律分布，因而有

$$P_1 = \gamma h'_c A_1 \quad P_2 = \gamma h''_c A_2$$

(3)跃前、跃后两断面上的动量修正系数可取 $\beta_1 = \beta_2 = 1.0$。

根据上述假定，对水跃段取水流方向（水平方向）的动量方程，由于重力在水流方向的投影为零，则得

$$P_1 - P_2 = \frac{\gamma Q}{g}(v_2 - v_1)$$

将 $v_1 = \frac{Q}{A_1}, v_2 = \frac{Q}{A_2}$ 和动水压力计算式代入上式得

$$\gamma h_c' A_1 - \gamma h_c'' A_2 = \frac{\gamma Q}{g}\left(\frac{Q}{A_2} - \frac{Q}{A_1}\right)$$

上式各项除 γ，整理后得

$$\frac{Q^2}{gA_1} + h_c' A_1 = \frac{Q^2}{gA_2} + h_c'' A_2 \tag{7-11}$$

式中 A_1——跃前断面面积；

A_2——跃后断面面积；

h_c'——跃前断面形心点的水深；

h_c''——跃后断面形心点的水深。

式(7-11)即为棱柱体平底明渠中完全水跃的基本方程式。该式表明：单位时间内由跃前断面流入的水流动量和该断面上的动水压力之和，等于单位时间内由跃后断面流出的动量和跃后断面的动水压力之和。

水跃方程是在一些假设条件下推导出来的，多年来对矩形断面平底明渠中的水跃进行了广泛的试验研究，实测结果表明，试验值和理论公式计算值基本吻合，式(7-11)是可信的。

（三）水跃函数

从水跃方程可知，等式两边都是一样的表示形式。当明渠的断面形状、尺寸及流量一定，又都是水深 h 的函数时，称此函数为水跃函数，用 $J(h)$ 表示，即

$$J(h) = \frac{Q^2}{gA} + h_c A \tag{7-12}$$

于是水跃方程式(7-11)又可写成如下形式

$$J(h') = J(h'') \tag{7-13}$$

上式表明，棱柱体平底明渠中发生水跃时，其跃后水深 h'' 和跃前水深 h' 不相等，且 h'' 明显大于跃前水深 h'，但两水深对应的水跃函数却是相等的。所以，h' 和 h'' 又称为水跃的共轭水深，其中跃前水深 h' 为第一共轭水深，跃后水深 h'' 为第二共轭水深。

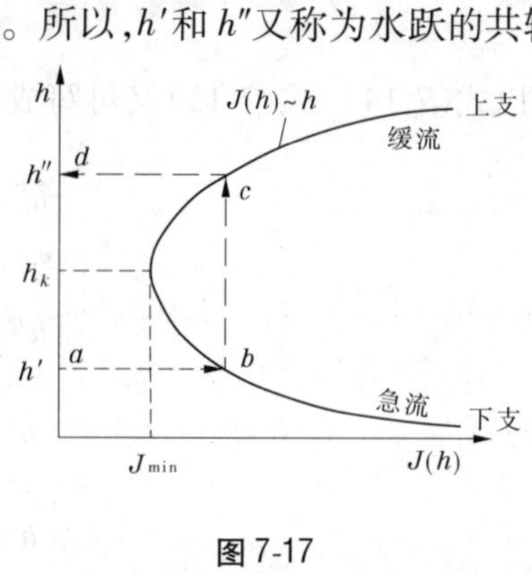

图 7-17

为了认识水跃函数的特性，对于流量和断面形状、尺寸都不变的明渠，设一系列的 h 值，可算出相应的水跃函数 $J(h)$ 值，绘出水跃函数 $J(h) \sim h$ 的关系曲线，如图 7-17 所示。从图中的曲线形状可以看出，水跃函数具有下列特性：

(1) 水跃函数曲线存在着一个极小值 J_{min}，可以证明，水跃函数 $J(h)$ 最小值时的水深就是临界水深 h_k。

(2)水跃函数曲线的上支，$J(h)$随水深 h 的增加而增加，$h>h_k$，水流为缓流；水跃函数曲线的下支，$J(h)$随水深 h 的增加而减小，$h<h_k$，水流为急流。

(3)除极小值点外，一个水跃函数值有两个水深（跃前水深 h'和跃后水深 h''）与之相对应，并且它代表了一种条件下产生的水跃。h'愈小，h''愈大。

对于非矩形断面平底明渠中的水跃，可利用水跃函数曲线来求共轭水深。如已知 h'求 h''时，可给一系列 h，分别求出相应的 $J(h)=h_cA+\frac{Q^2}{gA}$的值，并作$J(h)\sim h$ 关系曲线。可由 h'值在纵坐标上找到一点 a，过 a 作水平线交水跃函数曲线下支于 b 点，过 b 作垂线交曲线上支于 c，则 c 点的纵坐标 d 点的数值就是与 h'相应的跃后水深 h''，如图 7-17 中画有箭头的虚线所示。

(四)矩形断面棱柱体平底明渠中水跃共轭水深计算

对于矩形断面明渠，有 $A=bh$，$q=\frac{Q}{b}$，$h_c=\frac{h}{2}$，代入水跃方程，得

$$\frac{(bq)^2}{gbh'}+\frac{h'}{2}\cdot bh'=\frac{(bq)^2}{gbh''}+\frac{h''}{2}\cdot bh''$$

上式中各项都除以 b 后得

$$\frac{q^2}{gh'}+\frac{(h')^2}{2}=\frac{q^2}{gh''}+\frac{(h'')^2}{2}$$

将上式整理简化为

$$h'(h'')^2+(h')^2h''-\frac{2q^2}{g}=0$$

将 h'看做未知量，h''为已知量；或将 h''看做未知量，h'为已知量；上式都为二次方程，用求根公式得

$$h''=\frac{h'}{2}\left(\sqrt{1+8\frac{q^2}{g(h')^3}}-1\right) \tag{7-14}$$

或

$$h'=\frac{h''}{2}\left(\sqrt{1+8\frac{q^2}{g(h'')^3}}-1\right) \tag{7-15}$$

因为水流过水断面的弗汝德数具有下列关系：

$$Fr^2=\frac{v^2}{gh}=\frac{q^2}{gh^3}$$

所以式(7-14)、式(7-15)又可写成用断面平均流速 v 和用弗汝德数 Fr 表示的形式：

$$h''=\frac{h'}{2}\left(\sqrt{1+8\frac{v_1^2}{gh'}}-1\right) \tag{7-16}$$

$$h'=\frac{h''}{2}\left(\sqrt{1+8\frac{v_2^2}{gh''}}-1\right) \tag{7-17}$$

和

$$h''=\frac{h'}{2}\left(\sqrt{1+8Fr_1^2}-1\right) \tag{7-18}$$

$$h'=\frac{h''}{2}\left(\sqrt{1+8Fr_2^2}-1\right) \tag{7-19}$$

式(7-14)~式(7-19)就是矩形断面棱柱体平底明渠中水跃方程的几种表示形式。对于底坡不大的矩形棱柱体明渠中的水跃,也可近似地应用上式。

(五)水跃长度计算

水跃长度是水工建筑物下游消能段长度的主要依据之一,但由于水跃运动非常复杂,至今仍无成熟的计算水跃长度的理论公式。在工程实际中仍采用经验公式进行计算,常用的经验公式有:

欧拉-佛托斯基公式 $$L_j = 6.9(h'' - h') \tag{7-20}$$

吴持恭公式 $$L_j = 10(h'' - h')Fr_1^{-0.32} \tag{7-21}$$

上述两式中的 h' 和 h'' 为完全水跃的跃前和跃后水深,Fr_1 为跃前断面的弗汝德数。

对于梯形断面平底明渠中的水跃长度,可查阅有关书籍。

应该说明:由于水跃中水流紊动剧烈,水跃长度也是脉动的,同时对跃后断面位置的认识也不一致,因而各种经验公式很多,对同一种水跃,各种公式算出的水跃长度值也相差较大。

(六)水跃的消能量

水跃总的消能量,应包括水跃段 L_j 和跃后流段 L_{jj} 的消能量。为简便起见,工程中一般只计算水跃段消除的能量,并以跃前断面与跃后断面的能量差作为水跃的消能量,即

$$\Delta H_j = H_1 - H_2$$

式中 ΔH_j——水跃段的消能量;

H_1、H_2——跃前与跃后断面的总水头。

水跃消能量与跃前断面水流的总能量的比值,称为水跃消能率,以 K_j 表示:

$$K_j = \frac{\Delta H_j}{H_1} \tag{7-22}$$

经分析证明,水跃消能率仅是跃前断面弗汝德数 Fr_1 的函数。Fr_1 愈大,消能率愈高。所以,Fr_1 不同,水跃的形式、流态和消能率也不同,如图 7-18 所示。

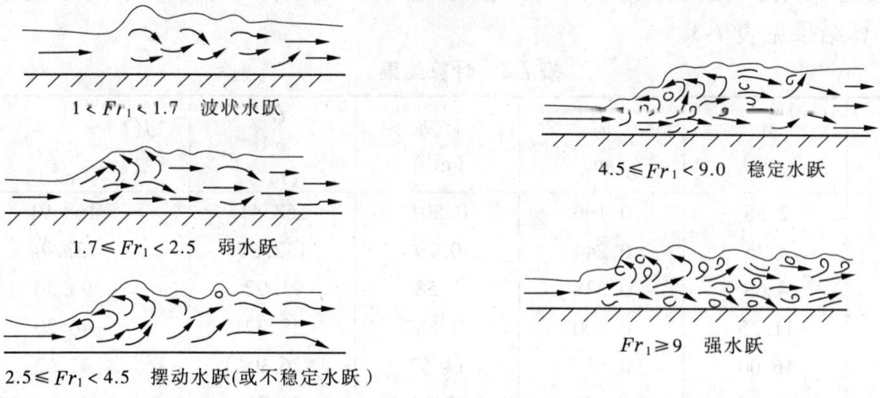

图 7-18

当 $1 < Fr_1 < 1.7$ 时,为波状水跃。因跃前断面的动能小,水跃段表面不能形成旋滚,只有部分动能转变为波动能量,消能率很小。

当 $1.7 \leqslant Fr_1 < 2.5$ 时，为弱水跃。水面产生许多小旋滚，但紊动微弱，消能率 $K_j < 20\%$，跃后水面较平稳。

当 $2.5 \leqslant Fr_1 < 4.5$ 时，为摆动水跃。水跃不稳定，水跃段中的底部高速水流间歇向上窜升，跃后水面波动较大，消能率 $K_j < 45\%$。

当 $4.5 \leqslant Fr_1 < 9.0$ 时，为稳定水跃。水跃的消能率较高，$K_j = 45\% \sim 70\%$，跃后水面平稳。若建筑下游采用水跃消能时，最好使 Fr_1 位于此范围。

当 $Fr_1 \geqslant 9$ 时，为强水跃。水跃消能率 $K_j > 70\%$，但跃后段会产生较强的水面波动，并且向下游传播的距离较远，通常需要采取措施稳定水流。

【例 7-6】 有一矩形断面棱柱体平底明渠中的水跃，已知流量 $Q = 12\ m^3/s$，渠宽 $b = 3\ m$，跃前水深 $h' = 0.6\ m$，求跃后水深 h'' 及水跃长度 L_j。

解 单宽流量 $q = \frac{Q}{b} = \frac{12}{3} = 4(m^3/(s \cdot m))$，将 q 及 h' 代入水跃方程式(7-14)，得

$$h'' = \frac{h'}{2}\left(\sqrt{1 + 8\frac{q^2}{g(h')^3}} - 1\right) = \frac{0.6}{2} \times \left(\sqrt{1 + 8\frac{4^2}{9.8 \times 0.6^3}} - 1\right) = 2.05(m)$$

水跃长度 L_j 为

$$L_j = 6.9(h'' - h') = 6.9 \times (2.05 - 0.6) = 10.01(m)$$

【例 7-7】 一平底梯形断面渠道，底宽 $b = 6\ m$，边坡系数 $m = 1.0$，通过的流量 $Q = 65\ m^3/s$，试求跃前水深 $h' = 0.5\ m$ 时的跃后水深 h''。

解 采用图解法求跃后水深 h''

对于梯形断面 $A = (b + mh)h = (6 + h)h$

$$h_c = \frac{h}{6} \cdot \frac{3b + 2mh}{b + mh} = \frac{(9 + h)}{3(6 + h)} \cdot h$$

水跃函数 $J(h) = \frac{Q^2}{gA} + A \cdot h_c = \frac{65^2}{9.8A} + A \cdot h_c = \frac{431.12}{A} + A \cdot h_c$

为了绘制水跃函数曲线，设不同的 h 值并应用以上关系式计算出不同 h 值相应的 $J(h)$ 值，计算结果见表 7-3。

表 7-3 计算结果

h (m)	A (m^2)	h_c (m)	$A \cdot h_c$ (m^3)	$\frac{Q^2}{gA}$ (m^3)	$J(h) = \frac{Q^2}{gA} + A \cdot h_c$ (m^3)
0.4	2.56	0.196	0.501	168.41	168.91
0.5	3.25	0.244	0.79	132.65	133.44
0.7	4.69	0.338	1.58	91.92	93.50
1.5	11.25	0.700	7.88	38.32	46.20
2.0	16.00	0.917	14.67	26.95	41.62
2.5	21.25	1.127	23.95	20.29	44.24
3.5	33.25	1.535	51.04	12.97	64.01
4.5	47.25	1.929	91.15	9.12	100.27
5.5	63.25	2.312	146.23	6.82	153.05

用表 7-3 中的数据绘出水跃函数曲线，见图 7-19。从图中查得，当 $h' = 0.5$ m 时，$h'' = 5.18$ m。

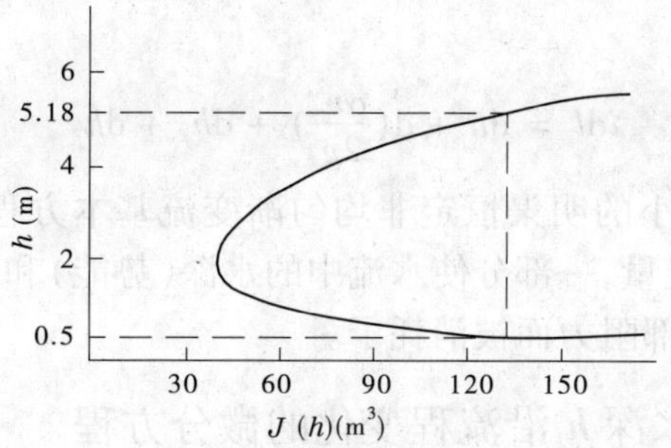

图 7-19

第四节　明渠恒定非均匀渐变流基本方程式

前面几节已介绍了明渠水流的有关概念，从本节起开始介绍明渠非均匀渐变流水面曲线的分析和计算。为此，须先建立明渠恒定非均匀渐变流的基本方程。

一、明渠恒定非均匀渐变流的基本方程

图 7-20 为一底坡较小的明渠恒定非均匀渐变流，沿水流方向任取一微小流段 dl，其上游断面 1—1 的水位为 z，水深为 h，渠底高程为 z_0，断面平均流速为 v；下游断面 2—2 的水位为 $z + dz$，水深为 $h + dh$，渠底高程为 $z_0 + dz_0$，断面平均流速为 $v + dv$。由于水流为渐

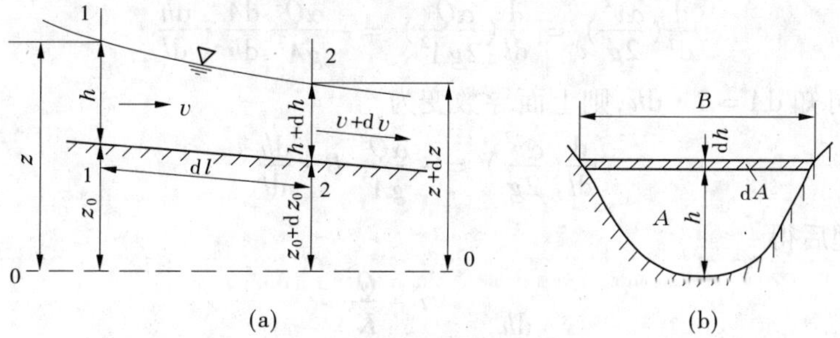

图 7-20

变流，则对微小流段上、下游两断面列能量方程得

$$z_0 + h + \frac{\alpha v^2}{2g} = (z_0 + dz_0) + (h + dh) + \frac{\alpha(v + dv)^2}{2g} + dh_f + dh_j$$

式中，$(v + dv)^2$ 按二项式展开，忽略高阶微量 $(dv)^2$ 后得

$$\frac{\alpha(v + dv)^2}{2g} = \frac{\alpha v^2}{2g} + d\left(\frac{\alpha v^2}{2g}\right)$$

代入上式，整理后得

$$dz_0 + dh + d\left(\frac{\alpha v^2}{2g}\right) + dh_f + dh_j = 0 \tag{7-23}$$

由于底坡定义为单位长度上的渠底下降量，即

$$i = \frac{z_0 - (z_0 + \mathrm{d}z_0)}{\mathrm{d}l} = -\frac{\mathrm{d}z_0}{\mathrm{d}l}$$

代入式(7-23)得

$$i\mathrm{d}l = \mathrm{d}h + \mathrm{d}(\frac{\alpha v^2}{2g}) + \mathrm{d}h_f + \mathrm{d}h_j \tag{7-24}$$

式(7-24)即为底坡较小的明渠恒定非均匀渐变流基本方程的一般表达式。该式说明:底坡下降量所提供的能量，一部分使水流中的水深(势能)和流速水头(动能)增加，另一部分用于克服沿程和局部阻力而被消耗了。

二、棱柱体明渠中水深 h 沿流程变化的微分方程

对于棱柱体明渠中的恒定非均匀渐变流，流段内的局部水头损失很小，可以忽略不计，流段内的沿程水头损失，由于目前尚无非均匀渐变流沿程水头损失的计算公式，只能近似地用均匀流公式计算，即 $\mathrm{d}h_f = \frac{Q^2}{K^2}\mathrm{d}l$，或 $J = \frac{Q^2}{K^2}$，其中 K、J 为微小流段的平均流量模数值和平均水力坡降值。于是式(7-24)可改写为

$$i\mathrm{d}l = \mathrm{d}h + \mathrm{d}(\frac{\alpha v^2}{2g}) + \frac{Q^2}{K^2}\mathrm{d}l$$

将上式各项都除以 $\mathrm{d}l$，整理后得

$$\frac{\mathrm{d}h}{\mathrm{d}l} + \frac{\mathrm{d}}{\mathrm{d}l}(\frac{\alpha v^2}{2g}) = i - \frac{Q^2}{K^2}$$

由于 $A=f(h)$，$h=f(l)$，上式左边第二项可由复合函数求导得

$$\frac{\mathrm{d}}{\mathrm{d}l}(\frac{\alpha v^2}{2g}) = \frac{\mathrm{d}}{\mathrm{d}l}(\frac{\alpha Q^2}{2gA^2}) = -\frac{\alpha Q^2}{gA^3}\frac{\mathrm{d}A}{\mathrm{d}h}\cdot\frac{\mathrm{d}h}{\mathrm{d}l}$$

由图 7-20(b)可知 $\mathrm{d}A = B\cdot\mathrm{d}h$，则上面导数变为

$$\frac{\mathrm{d}}{\mathrm{d}l}(\frac{\alpha v^2}{2g}) = -\frac{\alpha Q^2}{gA^3}B\cdot\frac{\mathrm{d}h}{\mathrm{d}l}$$

代入前式，整理后得

$$\frac{\mathrm{d}h}{\mathrm{d}l} = \frac{i - \frac{Q^2}{K^2}}{1 - \frac{\alpha Q^2 B}{gA^3}} \tag{7-25}$$

式中，$\frac{\alpha Q^2 B}{gA^3}$可用弗汝德数 Fr 代替

$$\frac{\alpha Q^2 B}{gA^3} = \frac{\alpha v^2}{gA/B} = \frac{\alpha v^2}{g\bar{h}} = Fr^2$$

$\frac{Q^2}{K^2}$用 J 代替，则式(7-25)为

$$\frac{\mathrm{d}h}{\mathrm{d}l} = \frac{i - J}{1 - Fr^2} \tag{7-26}$$

分析上式,分子 $i-J$ 有两种情况:

(1)$i=J$,水流为均匀流;

(2)$i\neq J$,水流为非均匀流,且 $|i-J|$ 愈大,水流愈不均匀。

所以,分子反映了水流的均匀度。

分析上式分母 $1-Fr^2$,有三种情况:

(1)$1-Fr^2=0,Fr=1$,临界流;

(2)$1-Fr^2>0,Fr<1$,缓流;

(3)$1-Fr^2<0,Fr>1$,急流。

所以,分母反映了水流的急、缓程度。

式(7-26)就是棱柱体明渠中恒定非均匀渐变流水深沿流程变化的微分方程。该方程式表明,非均匀渐变流水深沿流程的变化,与水流的急、缓程度和均匀程度有关,它是棱柱体明渠中非均匀渐变流水面曲线分析及水力指数法计算水面线的理论依据。

三、明渠中恒定非均匀渐变流断面比能沿流程变化的微分方程

对于人工渠道,不管是棱柱体渠道还是非棱柱体渠道,只要其水流为恒定非均匀渐变流,其局部水头损失 $\mathrm{d}h_j$ 都很小,可以忽略不计,沿程水头损失仍近似地用均匀流关系式 $\mathrm{d}h_f=\frac{Q^2}{K^2}\mathrm{d}l=J\mathrm{d}l$ 来计算。

于是非均匀渐变流的一般方程式(7-24)又可改写成下面形式:

$$i\mathrm{d}l = \mathrm{d}h + \mathrm{d}\left(\frac{\alpha v^2}{2g}\right) + J\mathrm{d}l = \mathrm{d}\left(h + \frac{\alpha v^2}{2g}\right) + J\mathrm{d}l$$

上式右边第一项就是断面比能 $E_s=h+\frac{\alpha v^2}{2g}$ 的微小增量。因此,方程式(7-24)又可用断面比能 E_s 沿流程的变化来表示:

$$i\mathrm{d}l = \mathrm{d}E_s + J\mathrm{d}l$$

将上式两边同除以 $\mathrm{d}l$,整理后得

$$\frac{\mathrm{d}E_s}{\mathrm{d}l} = i - J \tag{7-27}$$

式(7-27)就是人工渠道中恒定非均匀渐变流的断面比能沿流程变化的微分方程。该式表明,断面单位能量沿程的变化与水流的均匀程度有关,它是一般明渠中的恒定非均匀渐变流水面曲线计算的基本公式。

第五节　棱柱体渠道中非均匀渐变流水面曲线的分析

上面我们讨论了明渠非均匀渐变流的基本微分方程,在应用该式对水面线进行定量计算之前,先对发生在棱柱体渠道中的各种水面线的形状和性质进行定性的分析和讨论,

以利于水面线的定量计算。

定性分析恒定非均匀渐变流水面线形状和性质的理论依据，是恒定非均匀渐变流水深沿流程变化的微分方程，即

$$\frac{\mathrm{d}h}{\mathrm{d}l}=\frac{i-\frac{Q^2}{K^2}}{1-Fr^2}$$

对于正坡明渠，它能发生均匀流，上式中的流量可用均匀流公式 $Q=K_0\cdot\sqrt{i}$，则上式变为

$$\frac{\mathrm{d}h}{\mathrm{d}l}=i\frac{1-(\frac{K_0}{K})^2}{1-Fr^2} \tag{7-28}$$

式(7-28)就是棱柱体正坡明渠中水面线分析的基本方程。它说明，水深 h 沿流程 l 变化的大小，与底坡 i、弗汝德数 Fr 和流量模数比值$\frac{K_0}{K}$三个因素有关。

一、水面线的分类

明渠中的底坡有正坡($i>0$)、平坡($i=0$)、逆坡($i<0$)三种。正坡渠道有可能发生均匀流，有确定的正常水深 h_0。因此，正坡渠道又可分为缓坡($h_0>h_k$)渠道、陡坡($h_0<h_k$)渠道、临界坡($h_0=h_k$)渠道三种。平坡、逆坡渠道中不可能产生均匀流，或者说，其均匀流水深 h_0 为无穷大。这样，实际渠道的底坡可分为五种，将上述五种底坡绘出，如图 7-21 所示。

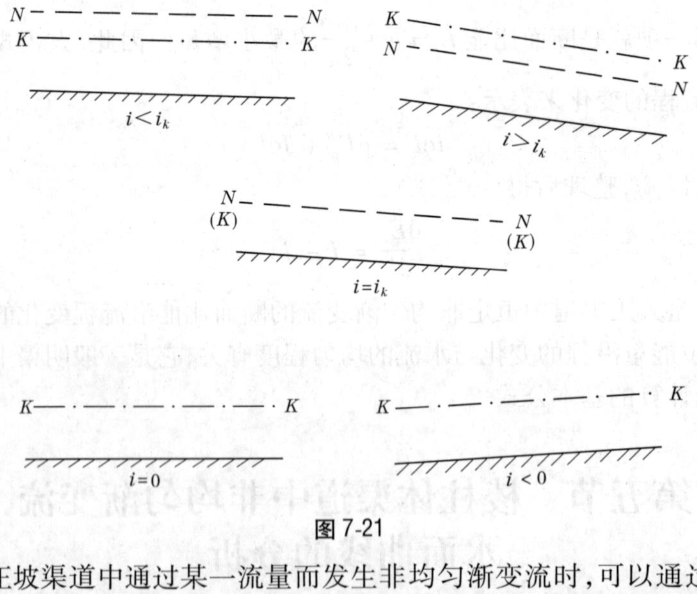

图 7-21

当棱柱体正坡渠道中通过某一流量而发生非均匀渐变流时，可以通过均匀流公式和临界流公式确定对应的正常水深 h_0 和临界水深 h_k。正常水深就是均匀流时的水深，而正常水深线为均匀流水面线，用 $N—N$ 表示。棱柱体渠道中的临界水深 h_k 也是沿流程不变

的，用 $K—K$ 线表示渠道中各断面的临界水深 h_k 的大小。$N—N$ 线和 $K—K$ 线是两条控制线，由定义可知，$N—N$ 线、$K—K$ 线和渠底线是三条相互平行的直线。

图 7-21 表示了各种底坡时的正常水深 $N—N$ 线和临界水深 $K—K$ 线的相对关系。从图上可明显地看出，$N—N$ 线和 $K—K$ 线将底坡以上空间分成三个区。

为了区分各区中的水面曲线，规定：$N—N$ 线和 $K—K$ 线以上的流区，即 $h>h_0$，$h>h_k$，称为 a 区，a 区中产生的水面曲线称为 a 型水面曲线；$N—N$ 线和 $K—K$ 线之间的流区，即 $h_0>h>h_k$ 或 $h_k>h>h_0$，称为 b 区，b 区中产生的水面曲线叫 b 型水面曲线；$N—N$线和 $K—K$ 线以下的流区，即 $h<h_0$，$h<h_k$，称为 c 区，c 区中产生的水面曲线称为 c 型水面曲线。因此，正坡渠道中的缓坡和陡坡渠道里，存在有 a、b、c 三区。正坡中的临界坡渠道，因为 $h_0=h_k$，$N—N$ 线和 $K—K$ 线重合，没有 b 区，而只有 a 区和 c 区。在平坡和逆坡渠道中，也不可能发生均匀流，或者可以说要发生均匀流，须使正常水深变为无穷大，因而没有 a 区，而只有 b 区和 c 区。

由于不同底坡中同流区的水面线也不相同，因而又规定：缓坡渠道中的水面线用右下角标“1”表示，即 a_1、b_1、c_1；陡坡渠道的水面线用右下角标“2”表示，即 a_2、b_2、c_2；临界坡渠道中的水面线用右下角标“3”表示，即 a_3、c_3；平坡渠道中的水面线用右下角标“0”表示，即 b_0、c_0；逆坡渠道中的水面线用右上角标“′”表示，即 b'、c'。这样，在棱柱体渠道中可能发生的水面线共有 a_1、b_1、c_1、a_2、b_2、c_2、a_3、c_3、b_0、c_0、b'、c'十二种。

二、棱柱体渠道中水面曲线的定性分析

水面线是一条平面曲线，该曲线在平面坐标(h,l)中的位置和形状，反映了水深沿流程变化的特性。水面曲线定性分析的内容为：水面曲线是壅水曲线还是降水曲线；水面线的凹向；水面曲线两端的变化趋势；产生该水面曲线时的工程实例。

下面就应用分析式(7-28)，对缓坡和陡坡中不同流区内的水面曲线进行具体的分析。

（一）缓坡（$i<i_k$）渠道中的水面曲线

1. a 区（$h>h_0>h_k$）

缓坡渠道中的 a 区，其水深 h 应满足的条件为 $h>h_0>h_k$。

因为 $h>h_0$，则有 $K>K_0$，所以分析式右边的分子 $1-(\frac{K_0}{K})^2>0$；又因为 $h>h_k$，水流为缓流，$Fr<1$，分析式右边分母 $1-Fr^2>0$。分子与分母同号，因而分析式$\frac{dh}{dl}>0$，它表示水深沿流程增加，水面曲线为壅水曲线。缓坡渠道上 a 区的壅水曲线称为 a_1 型壅水曲线。

a_1 型壅水曲线上游端的水深最小。当水深 h 向上游逐渐减小而接近正常水深 h_0，即 $h\to h_0$ 时，则有 $K\to K_0$，分析式右端分子 $1-(\frac{K_0}{K})^2\to 0$，由于 $h>h_k$，a 区的水流为缓流，$Fr<1$，分析式右端分母 $1-Fr^2\neq 0$，由分析式可知，$\frac{dh}{dl}\to 0$ 。它说明，水深趋近于逆流程不变，故当上游端水深 h 接近正常水深 h_0 时，水面曲线以 $N—N$ 线为渐近线。

a_1 型水面曲线水深沿流程愈来愈大，当 $h\to\infty$ 时，$K\to\infty$，分析式右端分子 $1-(\frac{K_0}{K})^2\to1$，而此时的 $Fr\to0$，分析式右端分母 $1-Fr^2\to1$，因而分析式变为 $\frac{dh}{dl}\to i$，即水深沿流程的变化率等于底坡 i。它说明，水深趋近于无穷大时，流速趋近于零，水面曲线趋近于静水时的水面。如图 7-22 所示，当水面曲线为水平线时，水面曲线与 N—N 线的夹角 θ 与底坡线的倾角相等，所以存在 $\frac{dh}{dl}\to i$。

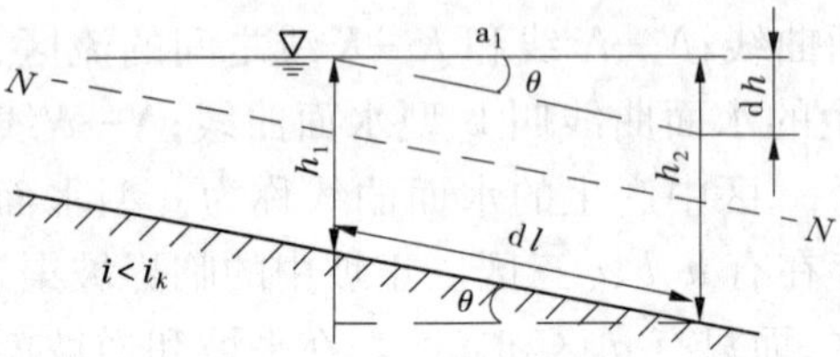

图 7-22

根据上述分析，a_1 型水面曲线为壅水曲线，其上游渐近 N—N 线，下游渐近水平线。缓坡渠道或河道上修建闸、坝时，其闸、坝上游的水面曲线就是 a_1 型壅水曲线的典型实例，如图 7-23 所示。

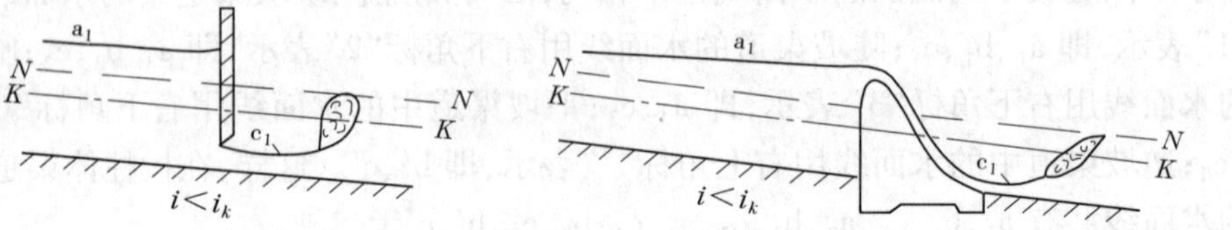

(a) (b)

图 7-23

2. b 区（$h_0>h>h_k$）

缓坡渠道中的 b 区，其应满足的水深条件为 $h_0>h>h_k$。用类似于 a_1 型水面线分析的方法可知：缓坡渠道上 b 区的降水曲线为 b_1 型降水曲线。b_1 型降水曲线的上游端水深最大，将以 N—N 线为渐近线。b_1 型降水曲线的下游端水深最小，即当水深 h 接近于 h_k 时，水深接近临界水深，水流产生了急变流，形成水跃现象。

根据上面所述，b_1 型水面曲线为降水曲线，其上游端以 N—N 线为渐近线，下游端与水跌相连接。当缓坡渠道的末端为跌坎，或与陡坡渠道相连接时，则缓坡渠道中产生的水面线就是 b_1 型降水曲线，如图 7-24 所示。

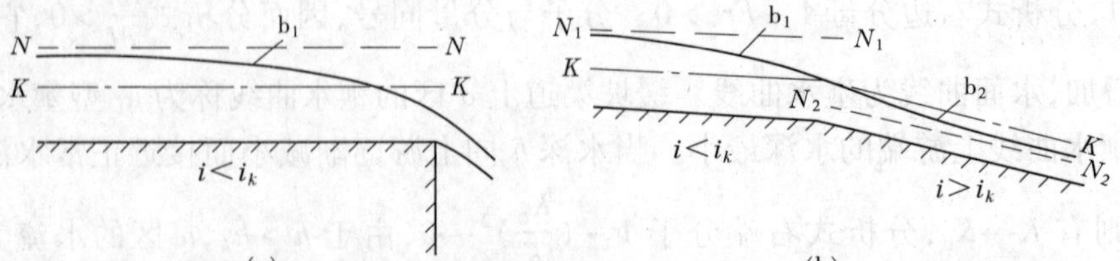

(a) (b)

图 7-24

3. c 区（$h<h_k<h_0$）

缓坡渠道中 c 区的水面曲线为 c_1 型壅水曲线。c_1 型壅水曲线的上游端水深最小，一般是已知的，是受来流条件所控制的。c_1 型壅水曲线下游端的水深最大，水深 h 接近于 h_k 时，接近于临界水深，水流在此处由急流过渡到缓流，产生了水跃，c_1 型壅水曲线的下游端为水跃的跃前水深。

在缓坡渠道或河道上修建闸、坝时，其闸、坝下游急流区产生的水面曲线就是 c_1 型壅水曲线的典型实例，闸下收缩水深就是 c_1 型水面线的上游控制水深，如图 7-23 所示。

（二）陡坡（$i>i_k$）渠道中的水面曲线

1. a 区（$h>h_k>h_0$）

陡坡渠道中 a 区的水面曲线为 a_2 型壅水曲线。a_2 型壅水曲线的上游端水深最小，水面曲线的上游端有与 $K—K$ 线成垂直正交的趋势。如前面所述，实际水流中不可能有此种现象发生，而产生了水跃，即 a_2 型壅水曲线的上游端为水跃的跃后水深。a_2 型壅水曲线的下游端水深最大，此时的水面曲线渐近于水平线。

a_2 型壅水曲线一般都发生在陡坡渠道或河道上闸、坝的上游，如图 7-25 所示。

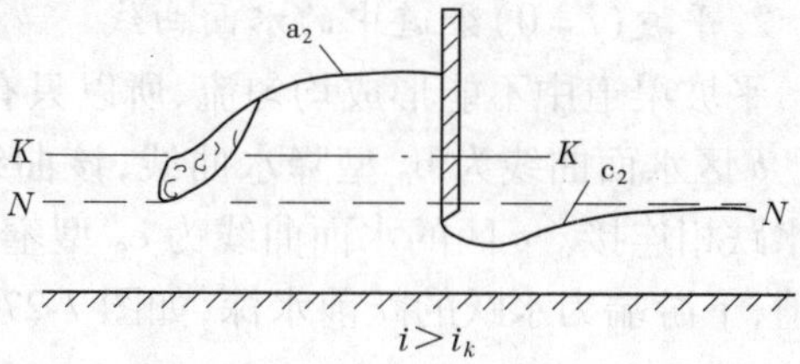

图 7-25

2. b 区（$h_0<h<h_k$）

陡坡渠道中 b 区的水面曲线为 b_2 型降水曲线。b_2 型降水曲线的上游端水深最大，有与 $K—K$ 线相垂直的趋势（如前所述，这种状态是不可能产生的。事实上，b_2 型降水曲线的上游端与水跌相连接）。b_2 型降水曲线的下游端水深最小，渐近于 $N—N$ 线。

当陡坡渠道的上游端与缓坡渠道或水库相连时，其渠道内水流的水面曲线，就是 b_2 型降水曲线的典型实例，如图 7-24（b）所示。

3. c 区（$h<h_0<h_k$）

陡坡渠道中 c 区的水面曲线为 c_2 型壅水曲线。c_2 型壅水曲线的上游端水深最小，是由来流条件控制的某水深所确定的，为已知值。下游端的水深最大，并以 $N—N$ 线为渐近线。

当在陡坡渠道或河道上修建闸、坝时，其闸、坝下游产生的水面曲线就是 c_2 型壅水曲线，如图 7-25 所示。闸下收缩水深即为 c_2 曲线的上游控制水深。

（三）其他坡度渠道中的水面曲线

对于临界底坡（$i=i_k$）、平坡（$i=0$）、逆坡（$i<0$）渠道中的水面线，也可用上述缓坡、陡坡渠道中水面曲线的分析方法进行分析，只是其分析式应根据其各自的特点进行适当的变换，这里就不再进行详细讨论，而只作简单介绍。

1. 临界坡（$i=i_k$）渠道中的水面曲线

临界坡渠道中只有 a 区和 c 区，没有 b 区。a 区中的水面曲线为 a_3 型壅水曲线，上游端与 $K—K$ 线相交，下游端为水平线。a_3 型壅水曲线常发生在下游与水库、湖泊、水池相连接的临界坡渠道的下游段，或者是临界坡渠道上修建闸、坝后的闸、坝前壅水段。如

图 7-26 所示。

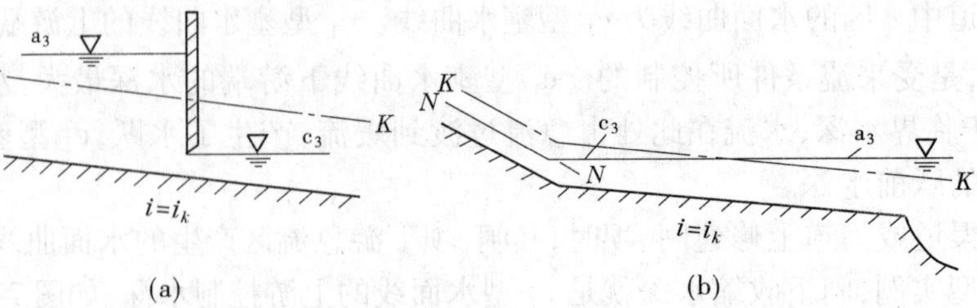

图 7-26

c 区的水面曲线为 c_3 型壅水曲线，其上游端为某一由来流条件确定的已知值，下游端与 $K—K$ 线相交，水面曲线呈一水平直线。当水流由陡坡进入临界坡渠道时，或临界坡渠道中闸、坝下游的水面曲线，如图 7-26 所示。由于不产生水跃，所以常在筏道中应用。

2. 平坡（$i=0$）渠道中的水面曲线

平坡渠道中不能形成均匀流，所以只有 b 区和 c 区。

b 区水面曲线为 b_0 型降水曲线，该曲线在上游与某一来流条件的水深相连，下游端与水跃相连接。c 区的水面曲线为 c_0 型壅水曲线，其上游端为由来流条件确定的某个已知值，下游端为水跃的跃前水深，如图 7-27（a）所示。

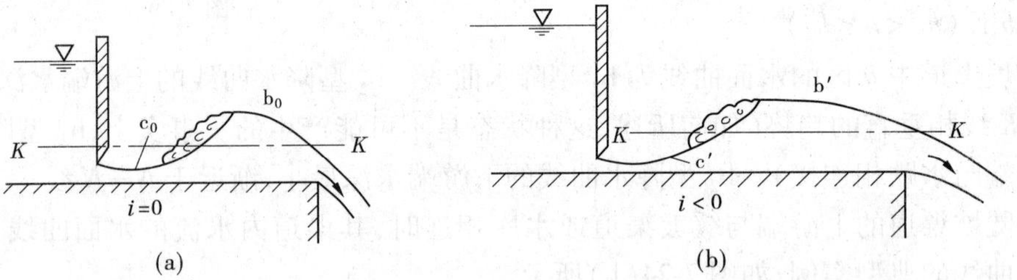

图 7-27

3. 逆坡（$i<0$）渠道中的水面曲线

逆坡渠道中也不可能发生均匀流，只有 b 区和 c 区。

b 区中的水面曲线称为 b' 型降水曲线，该曲线在上游与某一来流条件的水深相连，下游端与水跃相连接。c 区的水面曲线为 c' 型壅水曲线，上游端为由来流条件确定的某个已知值，下游端为水跃的跃前水深，如图 7-27（b）所示。

为了便于理解和掌握水面曲线的变化规律，将五种底坡下的十二种水面曲线集中绘在图 7-28 中，从此图中可以看出：

（1）每一个区都有一根确定的水面曲线，所有 a 区及 c 区的水面曲线都是水深沿流程增加的壅水曲线，所有 b 区都是水深沿流程减小的降水曲线。除急变流外水面曲线不能穿越 $N—N$ 线和 $K—K$ 线。

（2）除 a_3 及 c_3 型壅水曲线外的所有水面曲线，当水深接近正常水深时水面线渐近 $N—N$ 线；当水深接近临界水深时，水面线趋近于垂直 $K—K$ 线，实际上其水流与急变流的水力现象——水跌和水跃相衔接。

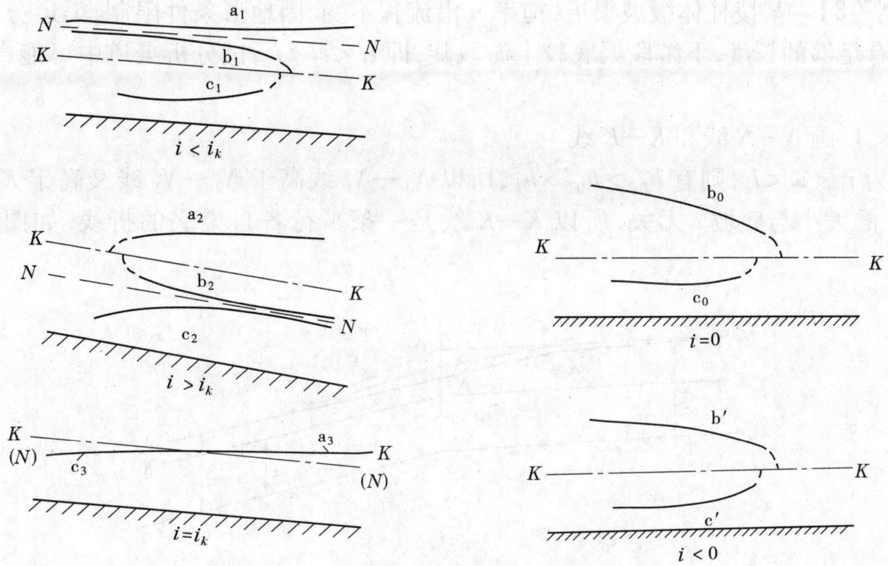

图 7-28

三、明渠中水面线连接分析的几个问题及分析实例

在水利工程中，河床上、下游水面线的相互连接，除应遵循上述共同的特性外，还应注意以下几个问题：

(1)同一棱柱体渠道中，若流段的底坡不同时，其正常水深 h_0 也不相同。底坡 i 大时，h_0 就小；反之，底坡 i 小时，h_0 就大。因此，不同流段的 $N—N$ 线虽然都平行各自的渠底，但距渠底的高度是不相同的。临界水深 h_k 与底坡 i 无关，只要各流段渠道的断面形状、尺寸一致，流量相同，则其临界水深 h_k 都相同，$K—K$ 线为首尾相接，平行各自渠底的折线。

(2)缓坡渠道下游很远处的水流一定是均匀流，缓坡渠道上的均匀流为缓流，由于干扰波传播的特性，缓坡上的均匀流可一直向上游延伸；陡坡渠道上游很远处也一定是均匀流，而且是急流。根据干扰波传播特性，急流状态的均匀流可以一直向下游延伸。

(3)水流从急流过渡到缓流时，一定产生水跃，其跃前水深为急流区水面曲线(c_1、c_0、c')的终点，跃后水深为缓流区水面曲线(a_2、b_0、b')的起点。而水流由缓流过渡到急流时，则一定产生水跌，临界水深 h_k 为缓流区降水曲线(b_1、b_0、b')的终点，急流区降水曲线(b_2)的起点。

(4)对水面线进行定性分析和定量计算时的起始断面，在水力学上称为控制断面，控制断面的位置是确定的，水深是已知的。根据干扰波传播特性可知，缓流的控制断面在下游，水面曲线分析和计算应从下游向上游推算。急流的控制断面在上游，水面曲线分析计算应从上游向下游推算。如闸、坝的上游断面水深，是上游河渠中 a 型水面曲线分析计算的起点，下游收缩断面水深，则是下游 c 型壅水曲线分析计算的起始水深。又如缓坡渠道下游的跌坎处，陡坡渠道的水库进口处，缓坡渠道与下游陡坡渠道的交界处等，也都是控制断面，其控制水深为临界水深 h_k。

【例 7-8】 某棱柱体缓坡渠道，糙率 n 沿流程不变，因地形条件限制，渠道分为两段，每段都有足够的长度，下游段渠底较上游段陡，即 $i_1 < i_2 < i_k$，试分析渠道中可能产生的水面曲线。

解 1. 画 $N—N$ 线和 $K—K$ 线

因为 $i_1 < i_2 < i_k$，则有 $h_{01} > h_{02} > h_k$，所以 $N_1—N_1$ 线高于 $N_2—N_2$ 线又高于 $K—K$ 线。因为 h_k 的大小与底坡 i 无关，所以 $K—K$ 线是一条平行各自渠底的折线，如图 7-29 所示。

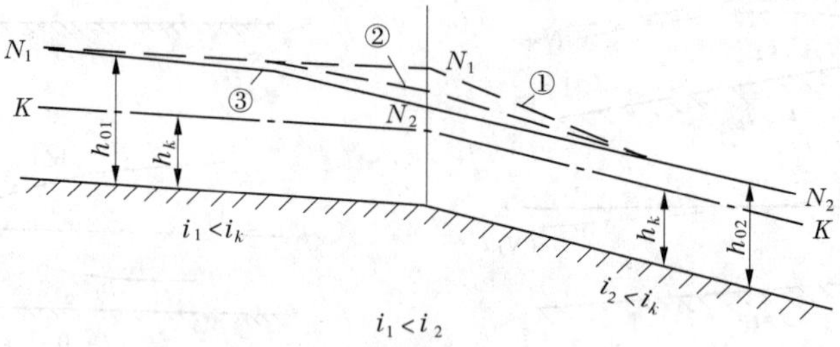

图 7-29

2. 水面线分析

由于两段渠道都是缓坡渠道，且 $h_{01} > h_{02}$，两段渠道的上游、下游很远处为均匀流，因而渠道中水面一定产生降水曲线。其形式大体有三种，假定：①上游段为均匀流，下游段为非均匀渐变流降水曲线；②上、下游段都产生非均匀渐变流降水曲线；③上游段为非均匀渐变流降水曲线，下游段为均匀流。在下游段，根据缓坡渠道上 a 区只存在 a_1 型壅水曲线，而不能有降水曲线的特性，则①、②两种情况在下游段均不可能发生，只能在上游段产生 b_1 型降水曲线。

【例 7-9】 某水库的溢洪道为平坡渠道上的泄水闸，在闸后一段长度之后接一陡坡渠道，若缓坡和陡坡渠道的断面形状、尺寸相同，糙率均一，且各段均有足够的长度，试分析闸后可能出现的水面曲线类型。

解 1. 画 $N—N$ 线和 $K—K$ 线

由于平坡和陡坡渠道的断面形状、尺寸一致，临界水深 h_k 也相等，可画出平行各自渠底的 $K—K$ 线，平坡渠道上不可能产生均匀流，陡坡段的均匀流为急流，$h_{02} < h_k$，$N_2—N_2$ 线在 $K—K$ 线下方。

2. 水面线分析

水面线分析从控制断面开始，闸下游的控制断面为收缩断面。

(1) 闸后收缩断面的水深 $h_c < h_k$，水流为急流，属于 c 区，平坡上 c 区的水面线为 c_0 型壅水曲线。当水深 h 沿流程增大至临界水深 h_k 时，水流与水跃相连接。由于该段足够长，则在缓坡渠道上一定发生水跃，跃后的水流为缓流，$h > h_k$，属于 b 区。

(2) 水流由缓坡渠道进入陡坡渠道，水流由缓流过渡到急流，一定产生水跌。因此，平坡渠道上的水面线为 b_0 型降水曲线，其上游端为水跃的跃后水深，下游端与水跌相连接。水流以水跌的形式进入陡坡渠道后，属于 b 区，满足 $h_k > h > h_0$ 条件，则在陡坡上形成 b_2 型降水曲线，水深沿流程减小，当水深接近正常水深时，水面线渐近 $N—N$ 线。

上述分析结果，绘在图 7-30 中。

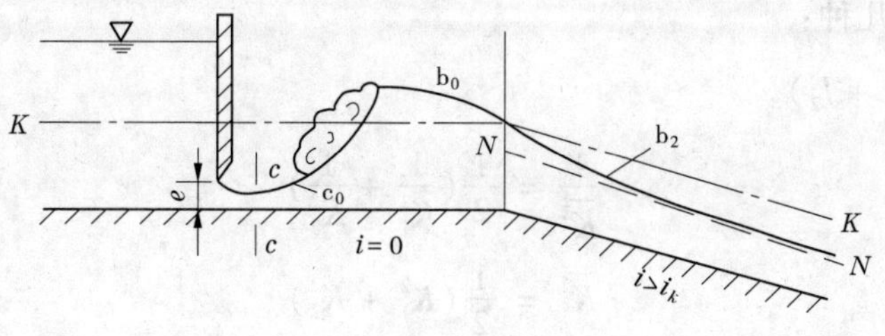

图 7-30

第六节　非均匀渐变流水面曲线的计算与绘制

一、棱柱体渠道中非均匀渐变流水面线的计算与绘制

在水利工程中，仅对恒定非均匀渐变流的水面曲线进行定性分析，是不能满足工程和各用水部门要求的，必须定量地算出沿流程各断面的水深，准确绘制出水面曲线，以预测水位变化对堤岸及两岸各进水口的影响，确定淹没区的淹没范围，估算淹没损失等。

棱柱体渠道中水面曲线计算的方法很多，有分段求和法、数值积分法、水力指数法等，这里只介绍最基本、最常用的方法——分段求和法。

分段求和法的理论依据是断面比能沿流程变化的微分方程式(7-27)，即

$$\frac{\mathrm{d}E_s}{\mathrm{d}l} = i - J$$

由于该方程是在底坡较小的棱柱体明渠中作恒定非均匀渐变流时（不计局部水头损失）推导出来的，所以它只适用于底坡较小的人工渠道中的恒定非均匀渐变流。

当断面比能和平均水力坡降在较小的流段内可看成是线性变化时，上述微分方程可改写成差分的形式，即

$$\Delta l = \frac{\Delta E_s}{i - \overline{J}} = \frac{E_{s2} - E_{s1}}{i - \overline{J}} \tag{7-29}$$

式中　E_{s2}——流段下游断面的断面比能；

E_{s1}——流段上游断面的断面比能；

$\overline{J}$——流段内的平均水力坡降；

i——渠道的底坡；

Δl——流段长度。

式(7-29)就是分段求和法计算明渠中恒定非均匀渐变流水面曲线的基本公式。公式中，流段的上、下游断面的断面比能 $E_{s1}\left(=h_1+\frac{\alpha_1 v_1^2}{2g}\right)$、$E_{s2}\left(=h_2+\frac{\alpha_2 v_2^2}{2g}\right)$ 和流段长度 Δl 都是概念明确、可以计算出来的，而流段内的平均水力坡降 $\overline{J}$，应是流段内非均匀渐变流的沿程水头损失和流段长度的比值。由于目前还没有非均匀渐变流沿程水头损失计算的关

系式，只能近似地采用均匀流关系式来计算，因而存在着平均水力坡降 $\overline{J}$ 的各种近似计算方法，一般有下列几种：

(1) $\overline{J}=\frac{1}{2}(J_1+J_2)$

或 $\overline{J}=\frac{Q^2}{\overline{K}^2}$ $\frac{1}{\overline{K}^2}=\frac{1}{2}(\frac{1}{K_1^2}+\frac{1}{K_2^2})$ (7-30)

(2) $\overline{J}=\frac{Q^2}{\overline{K}^2}$ $\overline{K}^2=\frac{1}{2}(K_1^2+K_2^2)$ (7-31)

(3) $\overline{J}=\frac{Q^2}{\overline{K}^2}$ $\overline{K}^2=K_1\cdot K_2$ (7-32)

(4) $\overline{J}=\frac{Q^2}{\overline{K}^2}$ $\overline{K}^2=\overline{A}^2\overline{C}^2\overline{R}$ (7-33)

(5) $\overline{J}=\frac{\overline{v}^2}{\overline{C}^2\overline{R}}$ (7-34)

上述式中，v、R、C、A、K 为过水断面的断面平均流速、水力半径、谢才系数、过水断面面积、流量模数，各物理量符号的右下标“1”表示上游断面，“2”表示下游断面，物理量符号上面的“ - ”表示流段上、下游断面相应物理量的平均值。

根据对分段求和法的理论分析和大量的实例计算后认为，渠道中两已知水深之间的水面长度，通常随分段数的增加而增长，当分段数增加到很大时，用各种平均水力坡降 $\overline{J}$ 的近似计算方法所算出的水面线长度都趋于一共同的确定值——真值。但对各种水面线，采用不同的 $\overline{J}$ 的近似方法计算，其计算结果有所差别，其趋近真值的速度也不尽相同。关于这方面的内容可参阅有关书籍。

用分段求和法计算棱柱体渠道中的非均匀渐变流水面线时，一般都采用按水深分段的计算方法，即已知微段的两断面水深求微段长度 Δl。当已知水面线总长求末端水深时，其最后的一个微段，却是已知微段长度 Δl 和一个断面水深，求另一断面水深的问题。这种问题必须用试算法求解，或者用内插法求解，具体解法见例 7-11。

分段求和法也适用于非棱柱体渠道，但每一分段都是已知分段长度求一端水深的试算，故此时分段法又称分段试算法。

水面曲线计算的具体步骤可由下面的实例计算来说明。

【例 7-10】 有一长直的梯形断面棱柱体渠道，底宽 $b=20$ m，边坡系数 $m=2.5$，糙率 $n=0.0225$，底坡 $i=0.0001$，渠道末端修一水闸，当通过流量为 $Q=160\ \mathrm{m^3/s}$ 时，闸前水深 $h=6.0$ m，求渠道的全长，并绘制水面曲线。

解 1. 计算 h_0、h_k，判别水面线类型

(1)用图解法求正常水深 h_0

$$K_0=\frac{Q}{\sqrt{i}}=\frac{160}{\sqrt{0.0001}}=16\ 000(\mathrm{m^3/s})$$

$$\frac{b^{2.67}}{nK_0}=\frac{20^{2.67}}{0.0225\times16\ 000}=8.27$$

查附录Ⅰ的正常水深求解图，由$\frac{b^{2.67}}{nK_0}=8.27$，$m=2.5$，在图上查得$\frac{h_0}{b}=0.246$，则$h_0=0.246\times20=4.92(\text{m})$。

(2)用图解法求临界水深h_k

$$\frac{Q}{b^{2.5}}=\frac{160}{20^{2.5}}=0.089$$

查附录Ⅲ的临界水深求解图，由$\frac{Q}{b^{2.5}}=0.089$，$m=2.5$，在图上查得$\frac{h_k}{b}=0.086$，则$h_k=0.086\times20=1.72(\text{m})$。

(3)判别水面线类型

因为$h_0>h_k$，渠底坡为缓坡。因为渠道末端水深$h=6$ m，满足$h>h_0>h_k$条件，则水面线为a_1型壅水曲线。

2. 选控制断面，确定末端水深，进行分段

因为$h>h_k$，则渠道中的水流为缓流，缓流的控制断面在下游，取闸前断面为控制断面，水深$h=6$ m，水面线全长的起始水深$h>h_0>h_k$，且与N—N线渐近，取计算的终止水深为

$$h=1.01h_0=1.01\times4.92=4.97(\text{m})$$

对棱柱体渠道，为避免试算，常按水深分段，分段后各流段的上游断面水深为5.8 m、5.6 m、5.4 m、5.2 m、5.1 m、5.03 m、4.97 m，共七段。

3. 第一流段的流段长计算

本流段的水深为$h_1=5.8$ m，$h_2=6.0$ m。

(1)计算E_{s1}、E_{s2}、ΔE_s

下游断面　$A_2=(b+mh_2)h_2=(20+2.5\times6)\times6=210.0(\text{m}^2)$

$$v_2=\frac{Q}{A_2}=\frac{160}{210}=0.762(\text{m/s})$$

$$E_{s2}=h_2+\frac{\alpha_2v_2^2}{2g}=6+\frac{1\times0.762^2}{19.6}=6.030(\text{m})$$

上游断面　$A_1=(b+mh_1)h_1=(20+2.5\times5.8)\times5.8=200.1(\text{m}^2)$

$$v_1=\frac{Q}{A_1}=\frac{160}{200.1}=0.800(\text{m/s})$$

$$E_{s1}=h_1+\frac{\alpha_1v_1^2}{2g}=5.8+\frac{1\times0.800^2}{19.6}=5.833(\text{m})$$

则两断面的断面比能之差为

$$\Delta E_s=E_{s2}-E_{s1}=6.030-5.833=0.197(\text{m})$$

(2)计算平均水力坡降$\bar{J}$

a_1型水面线计算时，其平均水力坡降$\bar{J}$采用$\bar{J}=\frac{1}{2}(J_1+J_2)$，$J=\frac{v^2}{C^2R}$计算

下游断面

$$\chi_2 = b + 2\sqrt{1+m^2}h_2 = 20 + 2 \times \sqrt{1+2.5^2} \times 6 = 52.31(\text{m})$$

$$R_2 = \frac{A_2}{\chi_2} = \frac{210.0}{52.31} = 4.015(\text{m})$$

$$C_2 = \frac{1}{n}R_2^{1/6} = \frac{1}{0.0225} \times 4.015^{1/6} = 56.03(\text{m}^{1/2}/\text{s})$$

$$J_2 = \frac{v_2^2}{C_2^2 R_2} = \frac{0.762^2}{56.03^2 \times 4.015} = 0.00004607$$

上游断面

$$\chi_1 = b + 2\sqrt{1+m^2}h_1 = 20 + 2\sqrt{1+2.5^2} \times 5.8 = 51.23(\text{m})$$

$$R_1 = \frac{A_1}{\chi_1} = \frac{200.1}{51.23} = 3.906(\text{m})$$

$$C_1 = \frac{1}{n}R_1^{1/6} = \frac{1}{0.0225} \times 3.906^{1/6} = 55.77(\text{m}^{1/2}/\text{s})$$

$$J_1 = \frac{v_1^2}{C_1^2 R_1} = \frac{0.800^2}{55.77^2 \times 3.906} = 0.00005268$$

平均水力坡降

$$\bar{J} = \frac{1}{2}(J_1 + J_2) = \frac{1}{2} \times (0.00004607 + 0.00005268) = 0.00004938$$

(3)流段长度 Δl 计算

将 ΔE_s、$\bar{J}$、i 代入式(7-30)得

$$\Delta l = \frac{\Delta E_s}{i - \bar{J}} = \frac{0.197}{0.0001 - 0.00004938} = 3892(\text{m})$$

4. 列表计算水面线的全长,成果见表 7-4。

5. 按比例绘制水面线,如图 7-31 所示。

【例 7-11】 有一棱柱体渠道,末端有垂直的跌坎,渠道为梯形断面,底宽 $b=4$ m,$m=1.0$,糙率 $n=0.0225$,底坡 $i=0.0005$,当通过流量 $Q=30\ \text{m}^3/\text{s}$ 时,求离坎 $L=2500$ m处的上游水深,并绘制水面曲线。

解 1. 求 h_0、h_k,判别水面线类型

(1)用图解法求正常水深 h_0(计算过程略),$h_0=3.02$ m。

(2)用图解法求临界水深 h_k(计算过程略),$h_k=1.56$ m。

(3)水面线判别。因为 $h_0>h_k$,渠道为缓坡渠道,由于渠道末端有跌坎,所以渠道内产生 b_1 型降水曲线。

2. 选控制断面,按水深分段 b_1 型水面线在缓流区,控制断面在下游,应取渠末跌坎处为控制断面,水深就是临界水深 $h_k=1.56$ m,按水深分段,由于 $h_0>h>h_k$,且与 N—N 线渐近,取计算的终止水深 $h=0.99h_0=2.99$ m, 其各流段的上游断面水深为 1.90 m、2.20 m、2.40 m、2.60 m、2.80 m、2.90 m、2.95 m、2.99 m 等。

计算从下游往上游推算。

表 7-4　水面线计算过程及结果

断面序号	h (m)	A (m^2)	χ (m)	R (m)	$C=\frac{1}{n}R^{1/6}$	v (m/s)	$J=\frac{v^2}{C^2R}$ ($\times10^{-5}$)	$\frac{\alpha v^2}{2g}$ (m)	$E_s=h+\frac{\alpha v^2}{2g}$ (m)	$\Delta E_s=E_{s2}-E_{s1}$ (m)	$\bar{J}=\frac{1}{2}(J_1+J_2)$ ($\times10^{-5}$)	$i-\bar{J}$ ($\times10^{-5}$)	$\Delta l=\frac{\Delta E_s}{i-\bar{J}}$ (m)	$\sum\Delta l$ (m)
(1)	(2)	(3)	(4)	(5)	(6)	(7)	(8)	(9)	(10)	(11)	(12)	(13)	(14)	(15)
1	6.00	210.0	52.31	4.015	56.03	0.761 9	4.605	0.029 6	6.029 6					
										0.197 0	4.934	5.066	3 889	3 889
2	5.80	200.1	51.23	3.906	55.77	0.799 6	5.263	0.032 6	5.832 6					
										0.196 6	5.650	4.350	4 519	8 408
3	5.60	190.4	50.16	3.796	55.51	0.840 3	6.037	0.036 0	5.636 0					
										0.196 1	6.496	3.504	5 596	14 004
4	5.40	180.9	49.08	3.686	55.24	0.884 5	6.956	0.039 9	5.439 9					
										0.195 5	7.504	2.496	7 832	21 836
5	5.20	171.6	48.00	3.575	54.96	0.932 4	8.051	0.044 4	5.244 4					
										0.097 6	8.366	1.634	5 973	27 809
6	5.10	167.0	47.46	3.518	54.81	0.957 9	8.681	0.046 8	5.146 8					
										0.068 1	8.916	1.084	6 282	34 091
7	5.03	163.9	47.09	3.481	54.71	0.976 5	9.151	0.048 7	5.078 7					
										0.058 4	9.367	0.633	9 226	43 317
8	4.97	161.2	46.76	3.447	53.63	0.992 8	9.583	0.050 3	5.020 3					

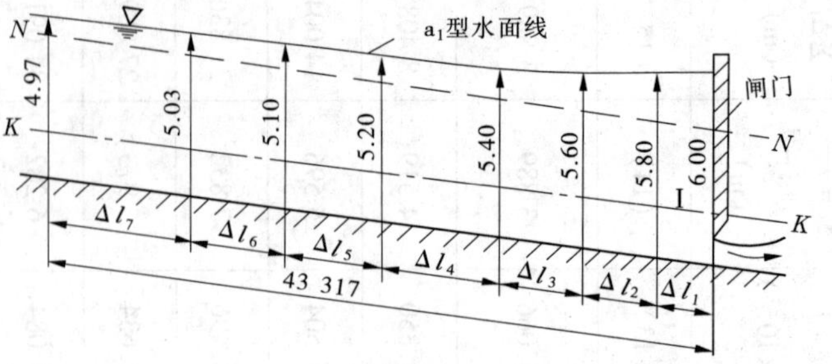

图 7-31　（单位:m）

3. 列表计算

本例中水面线为 b_1 型降水曲线，平均水力坡降 $\overline{J}$ 的计算式采用 $\overline{J}=\dfrac{Q^2}{\overline{K}^2}$，$\overline{K}^2=\dfrac{1}{2}\times(K_1^2+K_2^2)$。计算结果列于表 7-5 中。

表 7-5　计算过程及结果

断面序号	h (m)	A (m^2)	$K^2=\dfrac{A^2}{n^2}\left(\dfrac{A}{b+m'h}\right)^{4/3}$ ($\times10^5$)	$E_s=h+\dfrac{\alpha Q^2}{2gA^2}$ (m)	$\Delta E_s=E_{s2}-E_{s1}$ (m)	$\overline{K}^2=\dfrac{1}{2}(K_1^2+K_2^2)$ ($\times10^5$)	$\Delta l=\dfrac{\Delta E_s}{i-\dfrac{Q^2}{\overline{K}^2}}$ (m)	$\sum\Delta l$ (m)
(1)	(2)	(3)	(4)	(5)	(6)	(7)	(8)	(9)
1	1.56	8.674	1.548	2.170 3				
					−0.095 1	2.350	28.6	28.6
2	1.90	11.21	3.151	2.265 4				
					−0.181 4	4.275	113.0	141.6
3	2.20	13.64	5.398	2.446 8				
					−0.147 8	6.431	164.3	305.9
4	2.40	15.36	7.465	2.594 6				
					−0.161 3	8.777	307.0	612.9
5	2.60	17.16	10.089	2.755 9				
					−0.170 8	11.730	639.1	1 252.0
6	2.80	19.04	13.371	2.926 7				
					−0.088 0	14.333	687.9	1 939.9
7	2.90	20.01	15.295	3.014 7				
					−0.044 6	15.810	644.0	2 583.9
8	2.95	20.50	16.326	3.059 3				

注：$m'=2\sqrt{1+m^2}$。

从表 7-5 所列计算结果看出，当渠道始端水深 $h=2.95$ m 时，其渠长 $\sum\Delta l=2\ 583.9$ m，已超过了已知的水面线长度 $l=2\ 500$ m。

4. 渠首水深的最后确定

确定相应于 $l=2\ 500$ m 时的渠道水深的方法有两种，即直接试算法和按比例内插法。

（1）直接试算法是重新假定第七段的上游断面水深 h（应小于 2.95 m），再计算第七段的水面线长度 Δl_7，若其长度等于 $l-\sum\limits_1^6\Delta l=2\ 500-1\ 939.9=560.1$（m），则所设的水深就是所求的渠道水深。

设 $h=2.945$ m，则表中相应的项目为

$$A=(b+mh)h=(4+1\times2.945)\times2.945=20.45(\text{m}^2)$$

$$K^2=\left[\frac{A}{n}\left(\frac{A}{b+2\sqrt{1+m^2}h}\right)^{2/3}\right]^2=\left[\frac{20.45}{0.0225}\times\left(\frac{20.45}{4+2\sqrt{1+1^2}\times2.945}\right)^{2/3}\right]^2$$

$$=16.218\times10^5$$

$$E_s=h+\frac{\alpha Q^2}{2gA^2}=2.945+\frac{1\times30^2}{19.6\times20.45^2}=3.0548$$

$$\Delta E_s=E_{s2}-E_{s1}=3.0147-3.0548=-0.0401$$

$$\overline{K}^2=\frac{1}{2}(K_1^2+K_2^2)=\frac{1}{2}\times(16.218\times10^5+15.295\times10^5)$$

$$=15.756\times10^5$$

$$\Delta l'=\frac{\Delta E_s}{i-\dfrac{Q^2}{\overline{K}^2}}=\frac{-0.0401}{0.0005-\dfrac{30^2}{15.756\times10^5}}=563.1(\text{m})$$

计算结果与已知的 $\Delta l_7=560.1$ m 相差很小，因此 $h=2.945$ m 即为所求的渠首水深值。

(2)也可按直线内插求得渠道水深 $h=2.943$ m。

根据计算的成果可绘制出此渠道中的 b_1 型降水曲线，如图 7-32 所示。

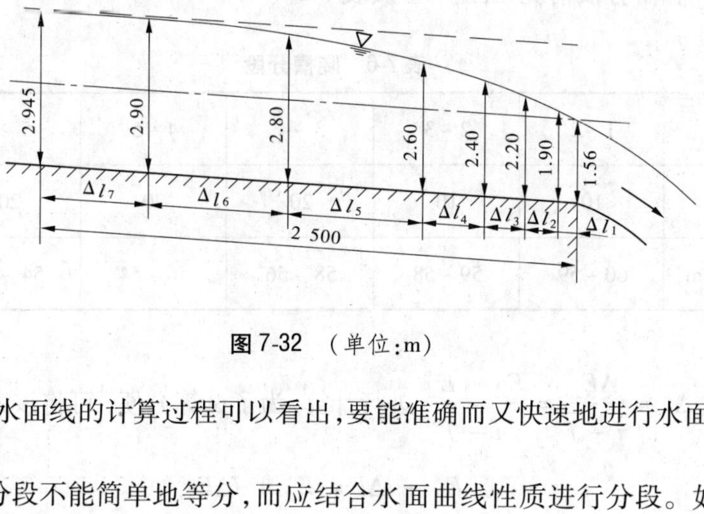

图 7-32 （单位：m）

从以上两例水面线的计算过程可以看出，要能准确而又快速地进行水面线计算，还应注意以下几点：

(1)按水深分段不能简单地等分，而应结合水面曲线性质进行分段。如水深愈接近正常水深 h_0，其流段的水深差应取得愈小，而水深接近临界水深 h_k 时，其流段水深差就可以取大一些。

(2)各计算项目的有效数字的位数不能取一个标准。如 $\Delta E_s=E_{s2}-E_{s1}$，当要求 ΔE_s 有三位有效数字时，则 E_{s1} 和 E_{s2} 就应有四位以上的有效数字才能满足要求。

如利用微机进行编程计算，分段愈短，计算结果愈精确。

二、非棱柱体渠道中非均匀渐变流水面线的计算与绘制

【例 7-12】 某水库溢洪道陡坡段为矩形断面，底宽由 60 m 变为 50 m(见图 7-33)，

陡坡全长 100 m,泄洪量 $Q=392\ m^3/s$ 时,进口断面 1—1 处水深 1.63 m,陡坡段比降为 1/20,糙率 $n=0.014$,试计算陡坡段的水面曲线。

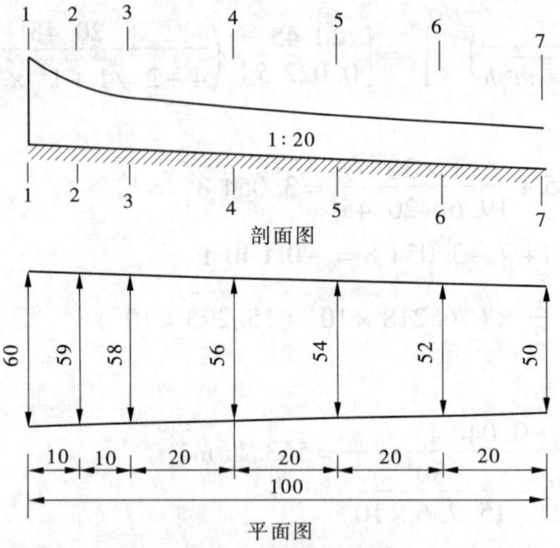

图 7-33 (单位:m)

解 因槽身逐渐收缩,为非棱柱体渠道。今将全长分成六段,前两段处水面变化较大,因而较短。整个分段情况见图 7-33 及表 7-6。

表 7-6 陡槽分段

段号	1~2	2~3	3~4	4~5	5~6	6~7
距离(m)	10	10	20	20	20	20
相应断面底宽(m)	60~59	59~58	58~56	56~54	54~52	52~50

利用公式 $\Delta l=\dfrac{\Delta E_s}{i-J}=\dfrac{E_{s2}-E_{s1}}{i-\bar{J}}$ 进行计算。为了试算方便,可将该式写成

$$E_{s1}+i\Delta l=E_{s2}+\bar{J}\Delta l$$

用上式计算 1—2 段水面曲线如下:

$$h_1=1.63\ \text{m}$$

$$A_1=b_1h_1=60\times 1.63=97.8(\text{m}^2)$$

$$\chi_1=b_1+2h_1=60+2\times 1.63=63.26(\text{m})$$

$$R_1=\frac{A_1}{\chi_1}=\frac{97.8}{63.26}=1.546(\text{m})$$

$$C_1=\frac{1}{n}R^{1/6}=\frac{1}{0.014}\times 1.546^{1/6}=76.81$$

$$v_1 = \frac{Q_1}{A_1} = \frac{392}{97.8} = 4.008(\text{m/s})$$

流速分布不均匀系数α采用1.1,则该断面的断面单位动能为

$$\frac{\alpha_1 v_1^2}{2g} = \frac{1.1 \times 4.008^2}{2 \times 9.8} = 0.902(\text{m})$$

$$E_{s1} = h_1 + \frac{\alpha_1 v_1^2}{2g} = 1.63 + 0.902 = 2.532(\text{m})$$

$$E_{s1} + i\Delta l_{1-2} = 2.532 + \frac{1}{20} \times 10 = 3.032(\text{m})$$

下边假设2—2断面水深h_2,并计算E_{s2}及$\bar{J}\Delta l$,当$E_{s2} + \bar{J}\Delta l = 3.032$ m时的水深即为所求。设$h_2 = 1.16$ m,则

$$A_2 = b_2 h_2 = 1.16 \times 59 = 68.44(\text{m}^2)$$

$$\chi_2 = b_2 + 2h_2 = 59 + 2 \times 1.16 = 61.32(\text{m})$$

$$R_2 = \frac{A_2}{\chi_2} = \frac{68.44}{61.32} = 1.116(\text{m})$$

$$C_2 = \frac{1}{n}R^{1/6} = \frac{1}{0.014} \times 1.116^{1/6} = 72.75(\text{m}^{1/2}/\text{s})$$

$$v_2 = \frac{Q}{A_2} = \frac{392}{68.44} = 5.728(\text{m/s})$$

$$\frac{\alpha_2 v_2^2}{2g} = \frac{1.1 \times 5.728^2}{2 \times 9.8} = 1.841(\text{m})$$

$$E_{s2} = h_2 + \frac{\alpha_2 v_2^2}{2g} = 1.16 + 1.841 = 3.001(\text{m})$$

计算$\bar{J}\Delta l_{1-2}$

$$\bar{R} = \frac{R_1 + R_2}{2} = \frac{1.546 + 1.116}{2} = 1.331(\text{m})$$

$$\bar{v} = \frac{v_1 + v_2}{2} = \frac{4.008 + 5.728}{2} = 4.868(\text{m/s})$$

$$\bar{C} = \frac{C_1 + C_2}{2} = \frac{76.81 + 72.75}{2} = 74.78(\text{m}^{1/2}/\text{s})$$

$$\bar{J} = \frac{\bar{v}^2}{\bar{C}^2 \bar{R}} = 0.003\,2$$

$$\bar{J}\Delta l_{1-2} = 0.003\,2 \times 10 = 0.032(\text{m})$$

$$E_{s2} + \bar{J}\Delta l_{1-2} = 3.001 + 0.032 = 3.033(\text{m}) \approx 3.032 \text{ m}$$

说明$h_2 = 1.16$ m不需再进行试算。

对于2~3、3~4、4~5、5~6、6~7各段,按同样方法进行试算,其结果列于表7-7中。陡槽中水面曲线绘于图7-33中。

表 7-7　分段求和法计算非棱柱体渠槽水面曲线计算表

断面	h (m)	b (m)	A (m^2)	v (m/s)	χ (m)	R (m)	C ($m^{1/2}/s$)	$\frac{\alpha v^2}{2g}$ (m)	E_s (m)	Δl	$i\Delta l$	$E_{s1}+i\Delta l$ (m)	$\bar{R}$ (m)	$\bar{v}$ (m/s)	$\bar{C}$ ($m^{\frac{1}{2}}/s$)	$\bar{J}$	$\bar{J}\Delta l$ (m)	$E_{s2}+\bar{J}\Delta l$ (m)
1—1	1.630	60	97.80	4.008	63.26	1.546	76.81	0.902	2.532									
										10	0.5	3.032	1.331	4.868	74.78	0.003 18	0.031 8	3.033
2—2	1.160	59	68.44	5.728	61.32	1.116	72.75	1.841	3.001									
										10	0.5	3.501	1.056	6.139	72.07	0.006 86	0.068 6	3.508
3—3	1.032	58	59.86	6.549	60.06	0.996	71.39	2.407	3.439									
										20	1.0	4.439	0.939	7.121	70.66	0.010 8	0.216	4.447
4—4	0.910	56	50.96	7.692	57.82	0.881	69.44	3.320	4.231									
										20	1.0	5.231	0.854	8.101	69.57	0.015 9	0.318	5.236
5—5	0.853	54	46.06	8.510	55.71	0.827	69.20	4.065	4.918									
										20	1.0	5.918	0.813	8.830	69.00	0.020 1	0.403	5.923
6—6	0.824	52	42.85	9.149	53.65	0.799	68.80	4.697	5.521									
										20	1.0	6.521	0.792	9.414	68.69	0.023 7	0.474	6.542
7—7	0.810	50	40.50	9.679	51.62	0.785	68.59	5.258	6.068									

第七节　弯道水流简介

天然河道大多是蜿蜒曲折的，比较顺直的河段长度往往不及弯道的长度。因此，弯道水流的运动规律，也是水力学研究的内容之一。弯道水流是一种明渠非均匀急变流动，弯道水流的流速有大有小，水流有急有缓，根据水流的急缓程度，又可将弯道水流分为急流弯道水流和缓流弯道水流两种。本节只介绍缓流弯道水流的一些基本概念。

当水流从顺直流段进入弯道以后，水流由于惯性作用，将沿原流动方向流动，弯道的侧壁则阻碍并约束水流的流动，迫使水流在运动过程中不断改变流动方向而作曲线运动。因此，处于弯道水流中的水流质点，其所受的质量力除重力以外，还有离心惯性力。水流在重力和惯性力的同时作用下，不但有沿河槽轴线方向的纵向流动，还有与轴向相垂直的水平方向及铅垂方向的流动。几个方向流速的共同作用，使水流在沿轴线方向流动的同时，也产生了一种次生的环形流动，称为断面环流，如图 7-34 所示。这种断面环流是一种不能单独存在的次生水流，它是随着主流被迫转向流动而产生的横向水流运动，是从属于主流的水流。弯道中的纵向主流与断面环流又叠加在一起，就构成了弯道中的螺旋流，如图 7-35 所示。作螺旋运动的水流，其表层水流从凸岸斜向流向凹岸，在凹岸受岸壁的阻挡之后，潜入河底，沿斜向流到凸岸；到达凸岸后，又翻至水流表层流向凹岸。所以，整个弯道的水流就成为沿着一条螺旋状路线流动的水流。

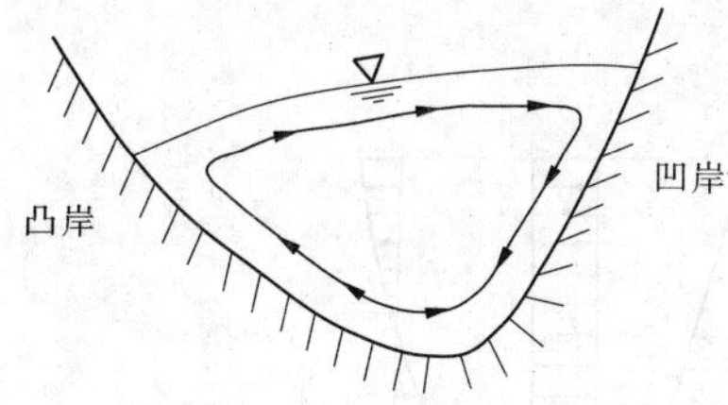

图 7-34

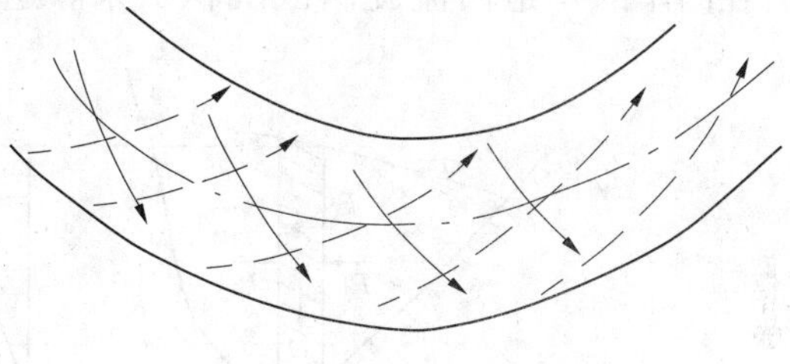

图 7-35

由于弯道中水流的螺旋状流动，使得水流在凹岸受阻而水位壅高，出现了凹岸附近的水面高于凸岸附近水面的情况，即产生了横向的水面坡度，又叫横比降，如图 7-36 所示。弯道水流横比降的大小与弯道的弯曲程度、弯道中的断面平均流速有关。一般讲，弯道的曲率半径愈小，断面平均流速愈大，则横向的水面坡度也愈大，两岸的水面高差也就愈大。

弯道中的水流为什么会产生断面环流、形成横向比降呢？这是因为弯道中的水流在作曲线运动时，其所受到的质量力，除重力外还有离心惯性力。离心惯性力的作用方向指向凹岸。因此，在研究弯道中单宽微小柱体的横向受力平衡时，其离心惯性力只能由微小柱体两侧的动水压力之差来平衡，即微小柱体两侧的压力差等于作用在微小柱体上的离心惯性力。对于同一横断面，微小柱体两侧的压力差是由两侧的水位差形成的，所以也就形成了横断面上的横向比降，凹岸的水位高于凸岸的水位，如图 7-37(a)所示。

由于离心惯性力的大小与弯道水流的纵向流速的平方成正比，即 $F \propto u^2$，而弯道水流的纵向流速 u 在垂线上是呈曲线(可近似地看做对数曲线或指数曲线)分布的，故作用在单宽微小柱体上的离心惯性力在垂线上也是呈曲线分布的，如图7-37(b)所示。微小柱体两侧的动水压强分布如图7-37(c)所示，其压强差的分布图为一矩形，如图7-37(d)所示。单宽上离心惯性力沿垂线的分布图与压强差分布图的图形叠加，即为作用于单宽微小柱体上的横向合力沿垂线的分布图，如图7-37(e)所示。从图7-37(e)上可以看出，合力分布图上部，离心惯性力大于动水压力，此部分的合力方向是指向凹岸；合力分布图的下部，离心惯性力小于动水压力，则河底部分的合力是指向凸岸。上、下两部分的合力正好组成一个力偶，使水流产生横向旋转运动。水流在表层由凸岸流向凹岸，然后转入水底，由凹岸流回凸岸，形成断面环流。图7-38表示了整个弯道横断面上各垂线上的流速分布图。

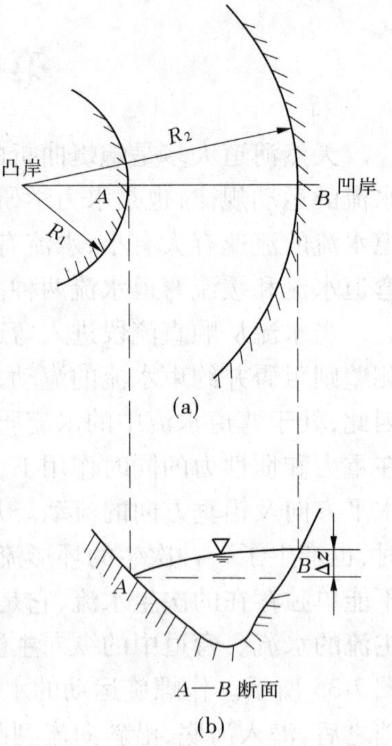

图7-36

弯道水流的螺旋式流动，就是由纵向水流与横向的断面环流组合而得的结果。水流在表层由凸岸流向凹岸，往往造成凹岸岸壁的冲刷，甚至造成岸壁的坍塌。冲刷和坍塌后的泥沙颗粒或沉积在河床底部，或悬浮在水中，然后又被潜入河底的水流，从凹岸斜向带至凸岸，最后在凸岸的弯道回流旋涡区沉积下来。这种凹岸冲刷、

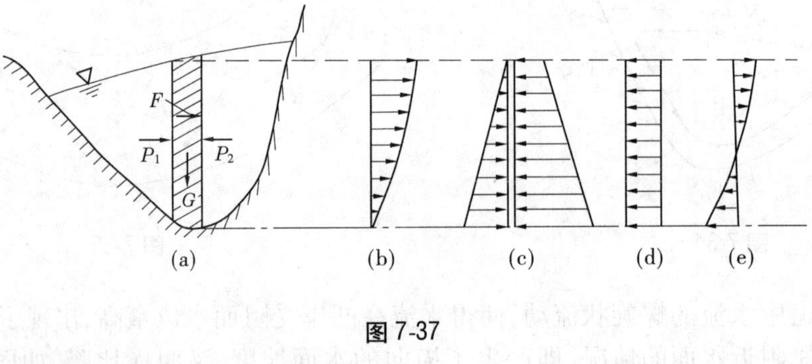

图7-37

凸岸沉积的长期作用，使得弯道的凹岸愈来愈凹，愈冲愈深，形成深槽，而凸岸的淤积愈来愈多，形成浅滩，因而使弯道河床的横断面成为不对称的形状，如图7-39中的A—B断面。

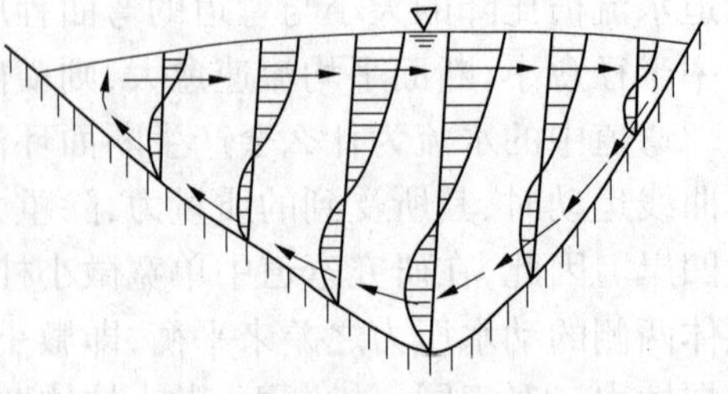
图7-38

从图7-39的弯道冲淤平面图可以看出，由于凹岸的不断冲刷、塌方，凸岸的不断淤积，浅滩逐渐向河中心扩展，使整个河道弯段更加弯曲。如此发展，使凹岸的大片土地塌失，岸边建筑物的安全受到了威胁，堤防出现险段，甚至造成汛期的决口；凸岸浅滩的不断扩展，

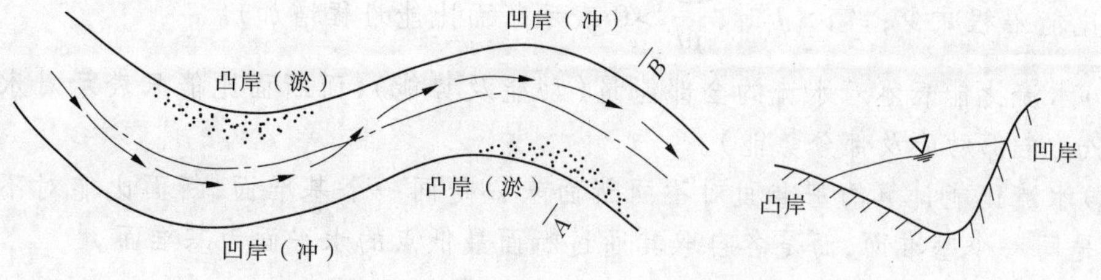

(a)弯道冲淤平面图　　(b)A—B断面图

图7-39

也会使码头淤积，船只无法靠岸，各种进水口堵塞，无法引水、提水。所有这些都说明，弯道水流对工、农业生产和人民生活有很大的影响，有时甚至带来灾难性的破坏（如河道的决堤）。因此，在弯道及其下游设置有关用水工程时，如农田灌溉工程，城市、工业及人畜等各种引水、取水工程，航运的港口工程等，都必须考虑弯道水流的特性，尽可能设置在弯道的凹岸，并采取工程措施稳定弯道。这样做，不仅可避免进口淤积，而且由于引进的是表层的清水，含沙量很小，可以使提灌机械减少磨损，延长了使用寿命。此外，在航道的整治工程中，在泥沙运动和河床演变的研究中，也都要考虑弯道水流的特点和影响。

在河汊、分水口附近及支流汇入的地方也会出现断面环流，并伴随有河岸的冲、淤现象发生。因此，在这些地段布置建筑物时，也要特别注意河道冲、淤的影响。

本章小结

一、明渠中的恒定流可分为均匀流与非均匀流

(1)明渠均匀流是过水断面、水深、流速沿程保持不变的水流。它发生在底坡一致且为正坡（平坡、逆坡不行）、糙率沿程不变、长而直的棱柱体渠道中。它的水面线、水力坡度线、渠底线三者是互相平行的直线，即 $J=J_z=i$。

(2)明渠非均匀流是过水断面、水深、流速沿程不断变化的水流。在底坡为正坡、平坡、逆坡的棱柱体、非棱柱体渠道中都可发生。其水流的自由表面是曲线（叫水面曲线），水力坡度线、水面线及渠底线不平行，即 $J\neq J_z\neq i$。

二、明渠非均匀流基本概念

1. 断面比能 E_s（$E_s=h+\dfrac{\alpha v^2}{2g}$）

断面比能 E_s 是以通过断面最低点的水平面为基准面计算的该断面单位重量的液体所具有的能量。

断面比能与水流比能的不同：

(1)实际水流有能量损失，所以水流比能（E）总是沿流程（l）减小的（$\dfrac{dE}{dl}<0$）。但断面比能却迥然不同，它可以沿流程减少，也可以增加（由 $\dfrac{dE_s}{dl}=i-J$，当 $i<J$ 时，$\dfrac{dE_s}{dl}<0$ 表

示断面比能沿程减少；当 $i>J$ 时，$\frac{dE_s}{dl}>0$ 表示断面比能沿程增加）。

(2) 水流比能表示着水流的全部能量（动能及势能），而断面比能只表示着水流能量的一部分（全部动能及部分势能）。

(3) 水流比能计算的基准面对不同断面来说是同一个基准面，断面比能对不同断面来说不是同一个基准面，而是各自取其通过断面最低点的水平面为基准面。

2. 临界水深(h_k)

(1) 定义：断面比能最小时相应的水深叫临界水深。

(2) 临界水深的计算公式：$\frac{\alpha Q^2}{g}=\frac{A_k^3}{B_k}$。对于矩形断面，$h_k=\sqrt[3]{\frac{\alpha q^2}{g}}$。

(3) 求 h_k 的方法。对于矩形断面可以直接用公式求得；对于梯形断面及圆形断面等，临界水深可通过试算法或查专门的计算图求得。

(4) 特别注意：临界水深与正常水深不同，它只与流量及断面形式、尺寸有关，而与渠道的底坡及糙率无关。

3. 急流、缓流

急流、缓流是明渠水流中性质不同的两种流态。

(1) 从能量的角度分析，急流中，水流蕴藏的能量以动能为主；缓流中，水流蕴藏的能量是以势能为主的。

(2) 从波的传播上看，急流中，干扰波不能向上游传播；缓流中，干扰波可以向上游传播。

(3) 水流流态判别：

$h=h_k, v=v_k, Fr=1$，为临界流；

$h>h_k, v<v_k, Fr<1$，为缓流；

$h<h_k, v>v_k, Fr>1$，为急流。

4. 临界底坡(i_k)

(1) 定义：使已知流量在一定的明槽中的正常水深恰好等于临界水深的槽底坡度，称为临界底坡。

(2) 临界底坡以下式计算：

$$i_k=\frac{Q^2}{K_k^2}=\frac{Q^2}{C_k^2A_k^2R_k} \quad 或 \quad i_k=\frac{g\chi_k}{\alpha {C_k}^2B_k}$$

(3) 分类：在正坡渠道中，如果实际坡度 $i<i_k$，称为缓坡，$i>i_k$ 为陡坡，$i=i_k$ 为临界坡。

以下将这几个重要的基本概念归纳在一起，从中可以看出它们的内在联系，以加深理解：

流态	均匀流	非均匀流
缓流	$i<i_k, h_0>h_k$	$h>h_k$
临界流	$i=i_k, h_0=h_k$	$h=h_k$
急流	$i>i_k, h_0<h_k$	$h<h_k$
	$\frac{dE_s}{dl}=0$	$\frac{dE_s}{dl}\neq 0$

	均匀流或非均匀流			
缓流	$v<v_k$	$\frac{dE_s}{dh}>0$	$Fr<1$	势能是主要的
临界流	$v=v_k$	$\frac{dE_s}{dh}=0$	$Fr=1$	动能 $=\frac{1}{2}$ 平均势能
急流	$v>v_k$	$\frac{dE_s}{dh}<0$	$Fr>1$	动能是主要的

三、水跌、水跃

缓流向急流过渡时发生水跌。水跌必然要经过临界水深，临界水深发生在水流条件突然改变的断面上。急流向缓流过渡时产生水跃。水跃是在较短距离内以突变的方式完成水深由小到大、流速由快变慢的衔接，并伴随着大量的能量损失，因而可以作为一种有效的消能措施。

平底矩形断面明渠的共轭水深由下式计算：

$$h''=\frac{h'}{2}\left(\sqrt{1+\frac{8q^2}{g(h')^3}}-1\right)$$

$$h'=\frac{h''}{2}\left(\sqrt{1+\frac{8q^2}{g(h'')^3}}-1\right)$$

四、非均匀流动的基本方程式

(1)恒定非均匀渐变流基本方程式，用能量方程式可以推出

$$\frac{dE_s}{dl}=i-J$$

把它改写成有限差分的形式为

$$\frac{\Delta E_s}{\Delta l}=i-\overline{J}$$

或

$$\Delta l=\frac{\Delta E_s}{i-\overline{J}}=\frac{E_{s2}-E_{s1}}{i-\overline{J}}$$

上式是计算棱柱体、非棱柱体渠道水面曲线的公式。

(2)棱柱体渠道非均匀渐变流水面曲线微分方程式：

$$\frac{dh}{dl}=i\frac{1-\left(\frac{K_0}{K}\right)^2}{1-Fr^2}$$

它是分析水面曲线性质和形状的公式，另外也是水力指数积分法计算方程式的理论依据。

五、水面曲线定性分析

在棱柱体渠道中共计有十二种水面曲线，我们将各类水面曲线的特征归纳于表 7-8 中。

表 7-8

底坡类型	水面曲线类型	流态	水深沿流程变化情况	上游情况	下游情况	曲线形状
缓坡	a_1	缓	增大	趋近于 $N—N$ 线	趋近于水平	凹形
	b_1		减小	趋近于 $N—N$ 线	与 $K—K$ 线相垂直(水跌)	凸形
($i<i_k$)	c_1	急	增大	由工程情况决定	与 $K—K$ 线相垂直(水跃)	凹形
陡坡	a_2	缓	增大	与 $K—K$ 线相垂直(水跃)	与 a_1 同	凸形
	b_2	急	减小	与 $K—K$ 线相垂直(水跌)	趋近于 $N—N$ 线	凹形
($i>i_k$)	c_2		增大	与 c_1 同	趋近于 $N—N$ 线	凸形
临界坡	a_3	缓	增大	与 $N—N(K—K)$ 线相交	与 a_1 同	水平线
($i=i_k$)	c_3	急	增大	与 c_1 同	与 $N—N(K—K)$ 线相交	水平线
平坡	b_0	缓	减小	由工程情况决定	与 b_1 同	凸形
($i=0$)	c_0	急	增大	与 c_1 同	与 c_1 同	凹形
逆坡	b'	缓	减小	与 b_0 同	与 b_1 同	凸形
($i<0$)	c'	急	增大	与 c_1 同	与 c_1 同	凹形

习　题

7-1　断面比能与水流比能有何不同？

7-2　两条渠道断面形状、尺寸、糙率、底坡都一样，流量不一样，它们的临界水深一样吗？若两条渠道的流量相同，断面形状、尺寸一样，糙率、底坡不一样，这两条渠道的临界水深是否相等？

7-3　在同一条梯形渠道里，有两个渠段，当下述三种情况时，问两段的 h_k、h_0 是否相同？如果不同，哪段大，哪段小？①$n_2>n_1$(Q、m、b、i 都相等)；②$b_2>b_1$(Q、m、n、i 都相等)；③$i_2>i_1$(Q、m、n、b 都相等)。

7-4　说明下列几种水流情况中，哪些情况是可能发生的，哪些情况是不可能发生的。

(1)缓坡上
- 均匀流
  - 缓流
  - 急流
- 非均匀流
  - 缓流
  - 急流

(2)陡坡上
- 均匀流
  - 缓流
  - 急流
- 非均匀流
  - 缓流
  - 急流

(3)平坡上
- 均匀流
  - 缓流
  - 急流
- 非均匀流
  - 缓流
  - 急流

7-5　缓流或急流为均匀流时，只能分别在缓坡或陡坡上发生，对不对，为什么？在非均匀流时，缓坡上能否有急流，陡坡上能否有缓流？试各举一例说明。

7-6　“底坡一定的渠道，就可以肯定它是陡坡或缓坡”，这个说法对吗，为什么？

7-7　弯道水流有何特点？

7-8　有一明渠均匀流，过水断面为矩形，水面宽度 $B=14$ m，渠中有1—1、2—2、3—3三个断面，断面间距均为300 m，今在断面2—2处产生一个干扰波，干扰波传到上游断面1—1处，用时1 min，向下游传到3—3断面处，只用了0.5 min，试求：①微波的相对波速 c；②水流的断面平均流速 v；③渠道中的水深 h；④过水断面面积 A；⑤通过渠中的流量 Q。

7-9　有一矩形断面长直渠道，底宽 $b=5$ m，底坡 $i=0.001$，糙率 $n=0.018$，通过的流量 $Q=10\ m^3/s$，试分别用不同的方法判别渠中水流的流态。

7-10　有一梯形断面长直渠道，底宽 $b=8$ m，边坡系数 $m=1.5$，底坡 $i=0.006$，糙率 $n=0.025$，流量 $Q=16\ m^3/s$，试用不同的方法判别渠中水流是急流还是缓流。

7-11　某梯形断面渠道，通过的流量为 $Q=3\ m^3/s$，底宽 $b=2$ m，边坡系数 $m=1.5$，试点绘断面比能 E_s 与水深 h 的关系曲线，并由该曲线求出临界水深 h_k 值。

7-12　某矩形断面长渠，底宽 $b=2$ m，糙率 $n=0.017$，底坡 $i=0.000\ 7$，通过的流量 $Q=6.9\ m^3/s$，试用不同的方法判断渠道的底坡属于陡坡还是缓坡，渠道中产生的均匀流是急流还是缓流？

7-13　某灌溉渠道为矩形断面，底宽 $b=4$ m，通过流量 $Q=12\ m^3/s$，当渠道中发生水跃时，已知跃前水深 $h=0.3$ m，求：①跃后水深 h''；②水跃长度 L_j。

7-14　试定性分析流量 Q 和糙率 n 值都沿程不变的长棱柱体渠道中的水面线的形式，并标注水面线的名称，渠底坡如图7-40所示。

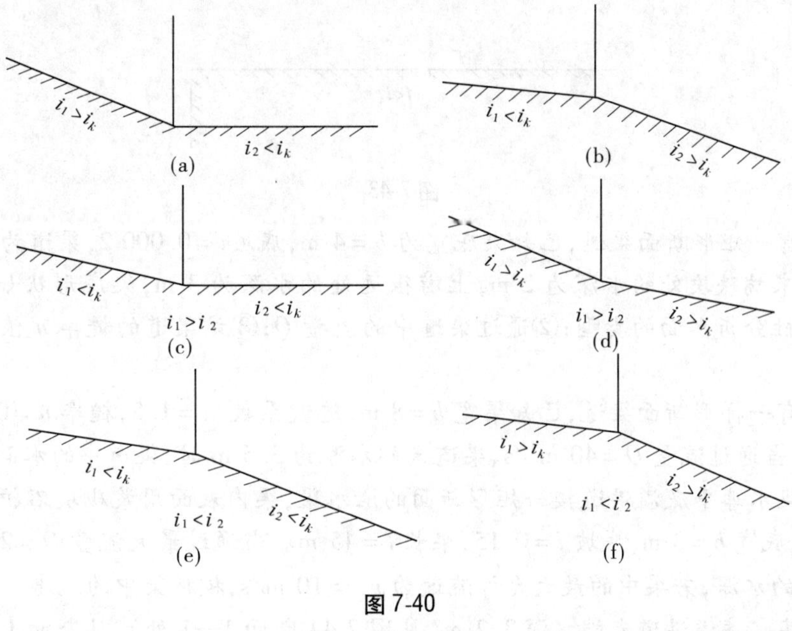

图7-40

7-15　定性分析图7-41所示的流量和糙率都不变的长棱柱体渠道中可能出现的水

面线形式,并标注名称(图中各段均有足够长度)。

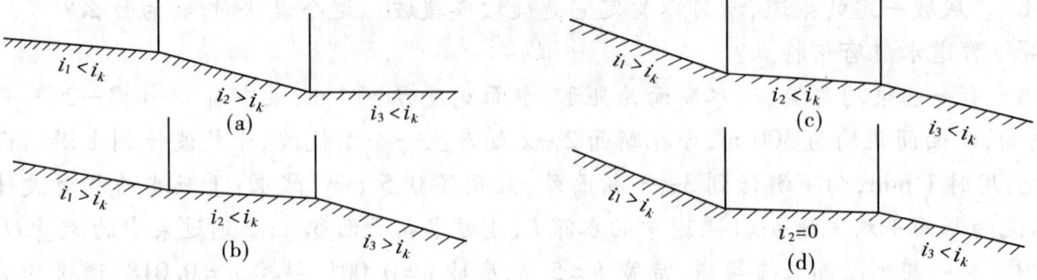

图 7-41

7-16　试定性分析图 7-42 所示条件下,长棱柱体渠道中产生的水面线,并标注水面线名称(渠道有足够长度,且流量 Q 和糙率 n 都沿流程不变)。

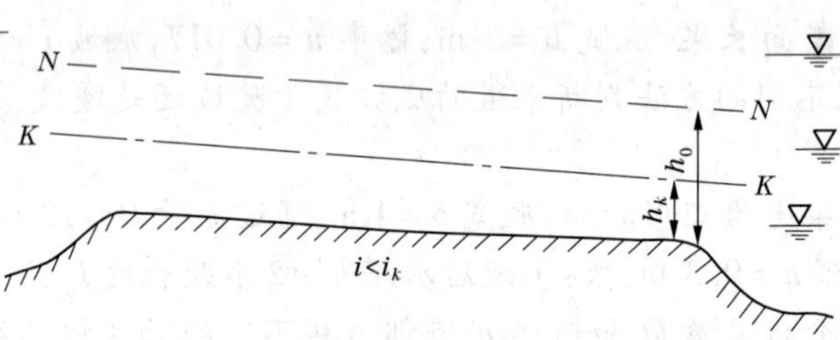

图 7-42

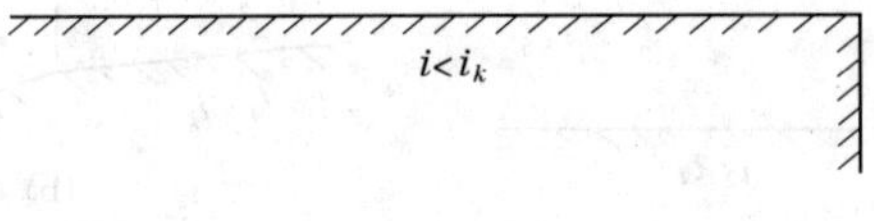

图 7-43

7-17　有一矩形断面渠道,已知渠底宽为 $b=4$ m,底坡 $i=0.000\,2$,渠道为充分长直,今测得渠道末端跌坎处的水深为 2 m,上游很远处的水深为 3 m,渠底形状如图 7-43 所示,求:①定性分析水面的类型;②通过渠道中的流量 Q;③该渠道的糙率 n 值;④绘制水面曲线。

7-18　有一梯形断面渠道,已知渠宽 $b=8$ m,边坡系数 $m=1.5$,糙率 $n=0.025$,底坡 $i=0.001$,求当通过流量 $Q=40\ \mathrm{m^3/s}$、渠道末端水深为 3.5 m 时,渠道中的水面曲线。

7-19　某水库平底溢洪道接一矩形断面的泄水渠,渠内表面用浆砌块石护面,其糙率 $n=0.022\,5$,底宽 $b=3$ m,底坡 $i=0.15$,渠长 $l=45$ m。当通过最大流量 $Q=25\ \mathrm{m^3/s}$ 时,求渠道末端的水深,若渠中的最大允许流速为 $v_{允}=10$ m/s,校核渠中的流速。

7-20　某水库溢洪道末端水深 3.2 m(见图 7-44 断面 1—1 处),从断面 1—1 起为一扩散段,段长 80 m,渠底水平,其横断面为矩形,断面 1—1 处宽度为 25 m,按直线扩散至宽度为 60 m 的断面 4—4 处。当通过流量 $Q=1\ 850\ m^3/s$ 时，试计算和绘制扩散段的水面曲线。

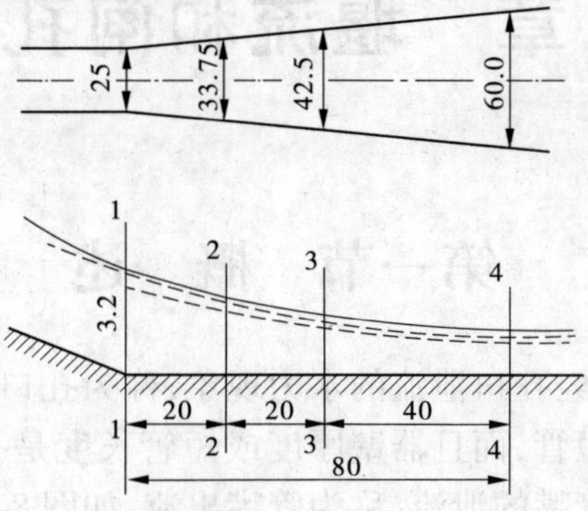

图 7-44 （单位：m）

第八章　堰流和闸孔出流

第一节　概　述

在容器壁上开孔,液体经孔口泄流的水力现象,称为孔口出流,如图 8-1(a)所示。若器壁较厚或在孔口上加设短管,而且器壁厚度或短管长度是孔口尺寸的 3 ~4 倍,这段短管就叫做管嘴。液体经过管嘴的泄流,称为管嘴出流,如图 8-1(b)所示。

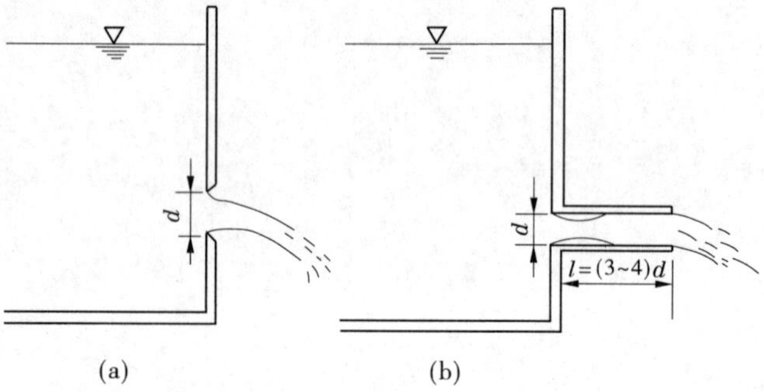

图 8-1

在水利工程中,为了泄放洪水、引水灌溉、发电、给水等目的,常修建水闸和溢洪道等泄水建筑物,以控制和调节河渠中的水位和流量。水流受到闸门或胸墙的控制,水流由闸门下缘的闸孔流出,其自由水面不连续,这种水流现象称为闸孔出流。闸孔出流实质上就是一种大的孔口出流,通常把孔口出流和闸孔出流统称为孔流。

当闸门(或胸墙)对水流不起控制作用或无闸泄流时,水流受到挡水部分建筑物或两侧边墙束窄的阻碍,上游水位壅高,水流经过建筑物顶部溢流,这种对水流有部分约束作用而顶部自由泄水的建筑物叫堰。过堰溢流水面为连续的自由降落水面,这种水流现象称为堰流。

根据堰顶水头 H 和堰顶厚度 δ 间比值的不同,可将堰流分为三种类型:

(1)薄壁堰流:堰顶很薄,$\frac{\delta}{H}<0.67$,此时水流沿流动方向几乎不受堰顶厚度的影响。堰顶常做成锐缘,水舌下缘与堰顶只有线的接触,水面呈单一的自由跌落,如图 8-2(a)所示。

(2)实用堰流:堰顶稍厚,$0.67<\frac{\delta}{H}<2.5$,此时水舌的下缘与堰顶呈面的接触,水流受到堰顶的约束和顶托,但这种作用不大。水流通过堰顶时主要受重力作用,水流仍然是单一的自由跌落,如图 8-2(b)所示。

（3）宽顶堰流：堰顶厚度较大，$2.5<\frac{\delta}{H}<10$。$2.5<\frac{\delta}{H}<4$ 时，堰顶厚度对水流的顶托作用已经非常明显，在堰顶进口处，水面会发生明显跌落。$4<\frac{\delta}{H}<10$ 时，水面线与堰顶成近似平行的流动，出口水面线还会发生第二次变化，如图 8-2(c) 所示。

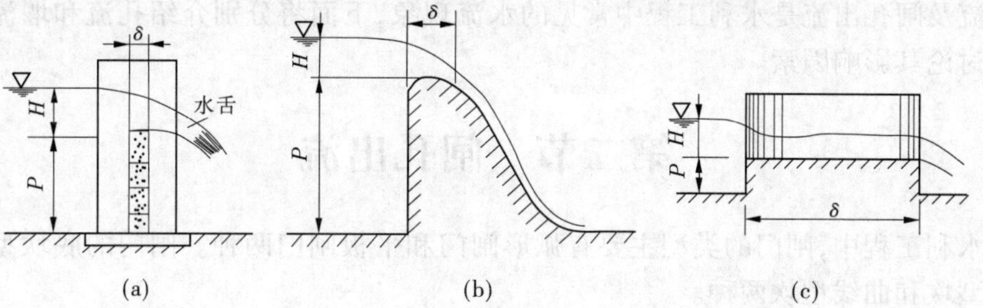

图 8-2

如果堰顶厚度继续增加，即 $\frac{\delta}{H}>10$ 时，堰顶水流的沿程水头损失不能忽略，此时的水流已属明渠水流了。

不同类型的堰流，它们虽然有各自不同的水流现象和水力特征，但也有共同点，那就是：水流流经堰顶时，流速增大，其自由水面连续降落；从受力分析来看，都是重力起主要作用；另外，考虑到水流经过堰顶的距离较短，流动变化急剧，它们的能量损失以局部水头损失为主，沿程水头损失均可忽略不计。

孔流与堰流是两种既相区别又有联系的水流现象，主要是从水面是否受闸门（或胸墙）的控制来区分。闸孔出流和堰流是可以相互转化的，如图 8-3 所示。随着闸门的开度 e 逐渐加大，其过闸水流受到闸门的约束愈来愈小；当闸门开度增大到一定值时，闸前水

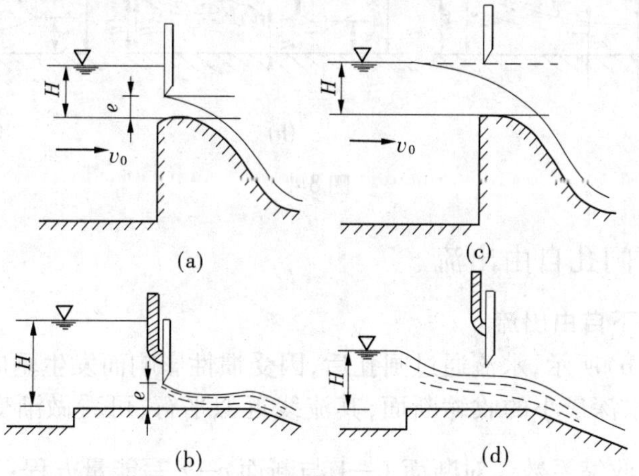

图 8-3

面下降并脱离闸门底缘，水流不再受闸门的约束，此时水流由闸孔出流转变为堰流。相反，当闸门开度减小到一定数值后，水面将接触闸门的下缘，闸门又对水流起控制作用，此时水流由堰流转变为闸孔出流。工程上一般采用下列经验数值作为判别孔流与堰流的界

限：闸底坎为平顶坎时，$\frac{e}{H}\leqslant 0.65$，为闸孔出流；$\frac{e}{H}>0.65$，为堰流。闸底坎为曲线型坎时，$\frac{e}{H}\leqslant 0.75$，为闸孔出流；$\frac{e}{H}>0.75$，为堰流。其中，$e$ 为闸孔开度，H 为闸前水头，$\frac{e}{H}$为闸门的相对开度。

堰流及闸孔出流是水利工程中常见的水流现象，下面将分别介绍孔流和堰流的计算公式并讨论其影响因素。

第二节　闸孔出流

在水利工程中，闸门的类型主要有弧形闸门和平板闸门两种。闸门的底坎型式主要有平顶型坎和曲线型坎两种。

根据闸前水头 H、闸孔开度 e 和下游水深 h_t 等的不同，闸孔出流有不同的水流流态。设收缩断面 h_c 的跃后共轭水深为 h''_c，h_t 为下游水深。当 $h_t<h''_c$时，在收缩断面后先形成一段壅水曲线，然后再在下游发生水跃，称为远驱式水跃，如图 8-4(a)所示；当 $h_t=h''_c$时，水跃发生在收缩断面处，称为临界式水跃，如图 8-4(b)所示。在这两种情况下，下游水位均不影响闸孔泄流量，称为闸孔自由出流。而当 $h_t>h''_c$时，水跃发生在收缩断面上游，且淹没了收缩断面，发生淹没水跃，此时的下游水位影响了闸孔泄流量，称为闸孔淹没出流，如图 8-4(c)所示。

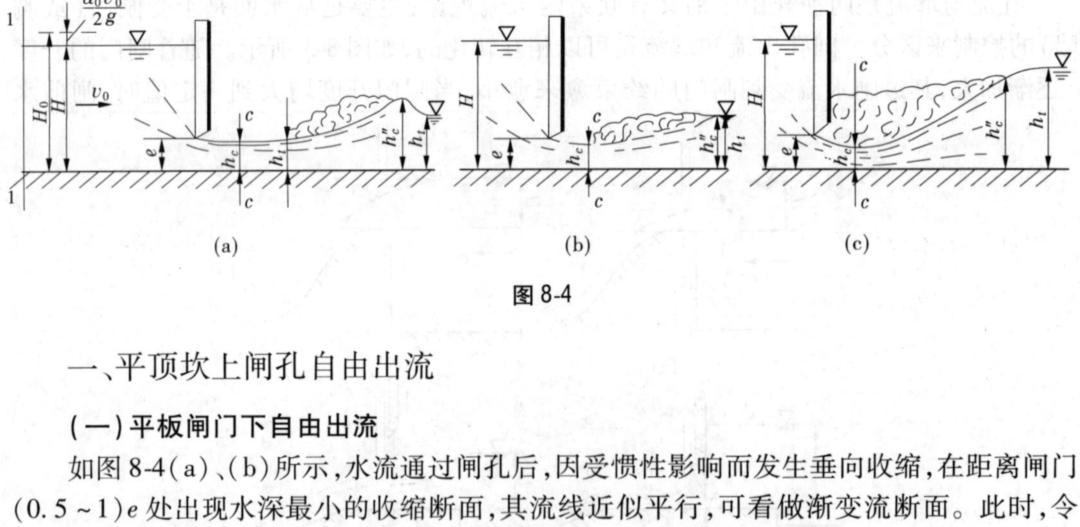

图 8-4

一、平顶坎上闸孔自由出流

(一)平板闸门下自由出流

如图 8-4(a)、(b)所示，水流通过闸孔后，因受惯性影响而发生垂向收缩，在距离闸门 $(0.5\sim1)e$ 处出现水深最小的收缩断面，其流线近似平行，可看做渐变流断面。此时，令 $\frac{h_c}{e}=\varepsilon'$，$\varepsilon'$称为垂直收缩系数。对断面 1—1 与断面 c—c 写能量方程：

$$H+0+\frac{\alpha_0 v_0^2}{2g}=h_c+\frac{\alpha_c v_c^2}{2g}+\zeta\frac{v_c^2}{2g}$$

式中　$\zeta\frac{v_c^2}{2g}$——水流从断面 1—1 至断面 c—c 的局部水头损失。

经整理得 $$H_0 = h_c + (1+\zeta)\frac{v_c^2}{2g}$$

故 $$v_c = \frac{1}{\sqrt{1+\zeta}}\sqrt{2g(H_0 - h_c)} = \varphi\sqrt{2g(H_0 - h_c)}$$

式中，$\varphi = \frac{1}{\sqrt{1+\zeta}}$称为闸孔的流速系数。

设闸孔宽度为 b，则收缩断面面积 $A_c = b\varepsilon' e$，通过闸孔的流量为

$$Q = \varphi\varepsilon' be\sqrt{2g(H_0 - h_c)} = \mu_0 be\sqrt{2g(H_0 - h_c)} \tag{8-1}$$

式中，$\mu_0 = \varphi\varepsilon'$称为闸孔出流的流量系数，它与过闸水流的收缩程度、收缩断面的流速分布和闸孔水头损失等因素有关。

底部为锐缘的平板闸门 ε' 值，可根据表 8-1 查得。

表 8-1　平板闸门垂直收缩系数

$\frac{e}{H}$	0.10	0.15	0.20	0.25	0.30	0.35	0.40
ε'	0.615	0.618	0.620	0.622	0.625	0.628	0.630
$\frac{e}{H}$	0.45	0.50	0.55	0.60	0.65	0.70	0.75
ε'	0.638	0.645	0.650	0.660	0.675	0.690	0.705

平板闸门的流速系数 φ 与闸坎型式、闸门底缘形状和闸门的相对开度等因素有关，目前尚无准确的计算方法，一般计算可由表 8-2 查得。

表 8-2　平板闸门的流速系数 φ 值

闸坎型式	水流图形	φ
闸孔出流的跌水	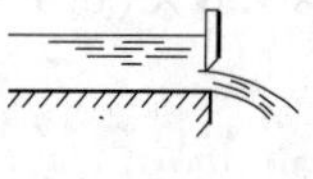	0.97 ~ 1.00
闸下底孔出流	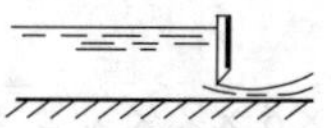	0.95 ~ 1.00
堰顶有闸门的曲线型实用堰流	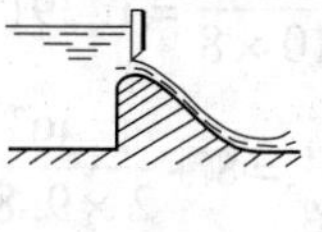	0.85 ~ 0.95
闸底坎高于渠底的闸孔出流	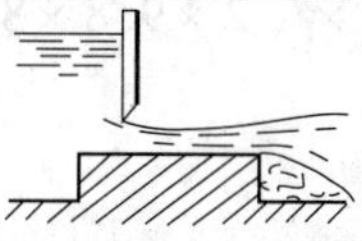	0.85 ~ 0.95

在实际工程中，为了实测流量系数，就需要先测 Q 和 h_c，然后再算出 μ_0 值。由于实测收缩水深 h_c 值比较困难，而且还不容易测准确，因此为便于应用，可将上式改写为

$$Q = \mu be\sqrt{2gH_0} \tag{8-2}$$

式中的 $\mu=\mu_0\sqrt{1-\frac{h_c}{H_0}}$。$\mu$ 定义为闸孔流量系数，其大小可按下列经验公式计算：

$$\mu = 0.60 - 0.18\frac{e}{H} \tag{8-3}$$

应用范围为 $0.1<\frac{e}{H}<0.65$。

【例 8-1】 某泄洪闸，如图 8-4(a)所示，闸门采用矩形平板门，当闸孔开度 $e=2$ m 时，闸前水头 $H=8.0$ m。已知闸前宽 $B=10$ m，闸孔宽 $b=8$ m，流速系数 φ 取 0.97，下游水深较小，为自由出流，求过闸流量。

解 (1)按式(8-1)计算流量

由于 $\frac{e}{H}=\frac{2}{8}=0.25<0.65$，故为闸孔出流。

查表 8-1 得垂直收缩系数 $\varepsilon'=0.622$，流量系数 $\mu_0=\varphi\varepsilon'=0.97\times0.622=0.603$，$h_c=\varepsilon' e=0.622\times2=1.244$(m)。

初步计算取 $H_0\approx H=8$ m，得

$$Q=\mu_0 be\sqrt{2g(H_0-h_c)}$$
$$=0.603\times8\times2\times\sqrt{2\times9.8\times(8-1.244)}=111.02(\mathrm{m^3/s})$$

根据初步计算的流量，求行近流速 $v_0=\frac{Q}{BH}=\frac{111.02}{10\times8}=1.39$(m/s)

则
$$H_0=H+\frac{v_0^2}{2g}=8+\frac{1.39^2}{2\times9.8}=8.10(\mathrm{m})$$

$$Q=0.603\times8\times2\times\sqrt{2\times9.8\times(8.1-1.244)}=111.8(\mathrm{m^3/s})$$

(2)按式(8-2)计算流量

流量系数 $\mu=0.60-0.18\frac{e}{H}=0.60-0.18\times0.25=0.555$

初步计算取 $H_0\approx H=8$ m。

$$Q=\mu be\sqrt{2gH_0}=0.555\times8\times2\times\sqrt{2\times9.8\times8}=111.2(\mathrm{m^3/s})$$

$$v_0=\frac{111.2}{10\times8}=1.39(\mathrm{m/s})$$

则
$$H_0=H+\frac{v_0^2}{2g}=8+\frac{1.39^2}{2\times9.8}=8.1(\mathrm{m})$$

$$Q=0.555\times8\times2\times\sqrt{2\times9.8\times8.1}=111.9(\mathrm{m^3/s})$$

计算结果基本一致。

(二)弧形闸门下自由出流

如图 8-5 所示，弧形闸门闸孔出流的水流特性与平板闸门相似。其不同点在于，弧形

闸门的挡水面板更接近于流线的形状，对水流的阻力影响小于平板闸门。

弧形闸门的垂直收缩系数 ε'，主要与闸门下缘切线与水平方向夹角 θ 的大小有关，一般可根据表 8-3 确定。表中 θ 值按下式计算：

$$\cos\theta = \frac{c - e}{R}$$

式中符号如图 8-5 所示。

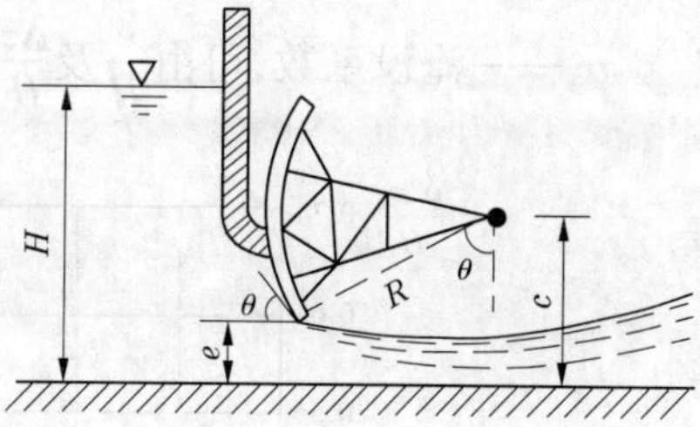

图 8-5

表 8-3　弧形闸门垂直收缩系数 ε'

θ	35°	40°	45°	50°	55°	60°	65°	70°	75°	80°	85°	90°
ε'	0.789	0.766	0.742	0.720	0.698	0.678	0.662	0.646	0.635	0.627	0.622	0.620

由于弧形闸门在出流时，收缩断面水深 h_c 更难测定，因而常采用流量系数 μ 来计算流量。弧形闸门的流量系数，可用下面给出的经验公式来确定：

$$\mu = (0.97 - 0.81 \times \frac{\theta}{180°}) - (0.56 - 0.81 \times \frac{\theta}{180°})\frac{e}{H} \tag{8-4}$$

适用条件是：$25° < \theta \leqslant 90°$，$0 < \frac{e}{H} < 0.65$。

【例 8-2】 如图 8-5 所示为单孔弧形闸门自由出流，闸门宽 $b = 5$ m，弧形闸门半径 $R = 5$ m，$c = 3.5$ m，闸门开度 $e = 0.6$ m，闸前水头 $H = 3$ m，不计行近流速，试计算过闸流量。

解　因 $\frac{e}{H} = \frac{0.6}{3} = 0.2 < 0.65$，故为闸孔出流。

$$\cos\theta = \frac{c - e}{R} = \frac{3.5 - 0.6}{5} = 0.58$$

所以 $\theta = 54.6°$，则流量系数

$$\begin{aligned}\mu &= (0.97 - 0.81 \times \frac{\theta}{180°}) - (0.56 - 0.81 \times \frac{\theta}{180°})\frac{e}{H} \\ &= (0.97 - 0.81 \times \frac{54.6°}{180°}) - (0.56 - 0.81 \times \frac{54.6°}{180°}) \times 0.2 \\ &= 0.66\end{aligned}$$

过闸流量

$$Q = \mu be\sqrt{2gH_0} = 0.66 \times 5 \times 0.6 \times \sqrt{2 \times 9.8 \times 3} = 15.18(\text{m}^3/\text{s})$$

二、平顶坎上的闸孔淹没出流

前面已指出，闸孔淹没出流的判别标准是下游水深大于收缩水深的共轭水深，即 $h_t > h_c''$。当闸孔为淹没出流时，其泄流能力比同样情况下自由出流的泄流能力要小，可用小于 1.0 的淹没系数 σ_s 反映淹没对闸孔出流的影响，即

$$Q = \sigma_s \mu be\sqrt{2gH_0} \tag{8-5}$$

式中　μ——闸孔自由出流的流量系数；

σ_s——淹没系数，可由$\frac{e}{H}$及$\frac{\Delta z}{H}$查图 8-6 得到，Δz 为闸上、下游水位差。

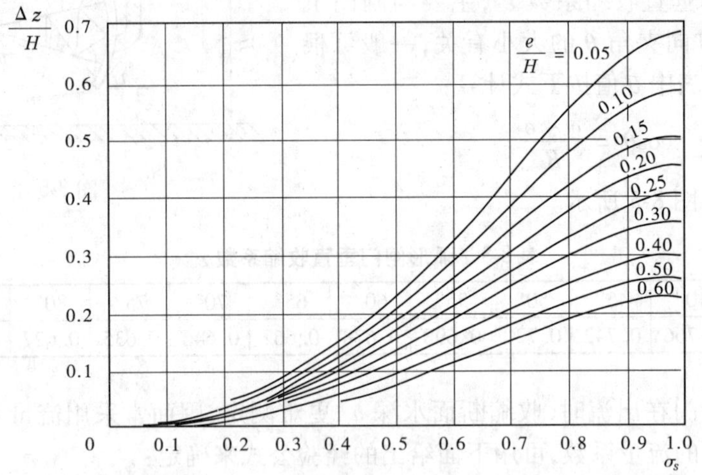

图 8-6

【例 8-3】 某无坎平底闸，设矩形平面闸门。闸前水头 $H = 5.04$ m，闸孔净宽 $b = 7.0$ m，闸门开度 $e = 0.6$ m，下游水深 $h_t = 3.92$ m，流速系数 $\varphi = 0.97$，$v_0 = 0$，求过闸流量。

解 先判断出流性质：$\frac{e}{H} = \frac{0.6}{5.04} = 0.119 < 0.65$，为闸孔出流。

查表 8-1 得 $\varepsilon' = 0.616$，$h_c = \varepsilon' e = 0.616 \times 0.6 = 0.37(\text{m})$，取 $v_0 \approx 0$，则收缩断面的流速为

$$v_c = \varphi \sqrt{2g(H_0 - h_c)} = 0.97 \times \sqrt{2 \times 9.8 \times (5.04 - 0.37)} = 9.28(\text{m/s})$$

$$Fr_c = \frac{v_c}{\sqrt{gh_c}} = \frac{9.28}{\sqrt{9.8 \times 0.37}} = 4.875$$

$$h_c'' = \frac{h_c}{2}(\sqrt{1 + 8Fr_c^2} - 1) = \frac{0.37}{2} \times (\sqrt{1 + 8 \times 4.875^2} - 1) = 2.37(\text{m})$$

流量系数 $\mu = 0.60 - 0.18\frac{e}{H} = 0.60 - 0.18 \times \frac{0.6}{5.04} = 0.579$

因 $h_t = 3.92 > h_c'' = 2.37$ m，故为淹没出流。

由$\frac{e}{H} = \frac{0.6}{5.04} = 0.119$和$\frac{\Delta z}{H} = \frac{5.04 - 3.92}{5.04} = 0.222$，查图 8-6 得 $\sigma_s = 0.53$。

$$Q = \sigma_s \mu b e \sqrt{2gH_0} = 0.53 \times 0.579 \times 0.6 \times 7.0 \times \sqrt{2 \times 9.8 \times 5.04} = 12.81(\text{m}^3/\text{s})$$

三、曲线坎上闸孔自由出流

因曲线坎上闸孔自由出流的流线受坎顶曲线的影响，当闸前水流沿整个坎前水深向闸孔汇流时，水流的收缩比平底闸孔要完善得多，过闸后水流沿溢流坝面下泄，坎上水流为急变流。因受重力作用，下泄水流的厚度越向下越薄，不像平底闸那样具有明显的收缩断面。因此，曲线坎上闸孔出流的流量系数不同于平顶坎闸孔，它们有不同的流量系数。

流量公式与平顶坎公式相同，即

$$Q = \mu be\sqrt{2gH_0} \tag{8-6}$$

式中 μ——曲线型坎上闸孔自由出流的流量系数。它与闸门的型式、闸门的相对开度、底坎剖面曲线的形状以及闸门在坎顶的位置有关。

对于平板闸门：

曲线坎上具有不同底缘形式的平板闸门（见图 8-7），流量系数与闸门的型式、闸门的相对开度$\frac{e}{H}$、闸门底缘切线与水平线的夹角 θ 以及闸门在坎顶的位置有关，可按下式计算：

$$\mu = 0.65 - 0.186\frac{e}{H} + (0.25 - 0.375\frac{e}{H})\cos\theta \tag{8-7}$$

上式适用于$\frac{e}{H}=0.05\sim0.75$，$\theta=0°\sim90°$以及闸门位于坎最高点的情况。

对于弧形闸门：

在初步计算时，可按下式计算：

$$\mu = 0.685 - 0.19\frac{e}{H} \tag{8-8}$$

上式适用于 $0.1<\frac{e}{H}<0.75$。

四、曲线坎上闸孔淹没出流

在实际工程中，曲线底坎上的闸孔出流为淹没的情况比较少见。一般当下游水位超过坎顶时，即认为是淹没出流，如图 8-8 所示，其流量可近似用下式计算：

$$Q = \mu be\sqrt{2g(H_0 - h_s)} \tag{8-9}$$

式中 μ——曲线坎上闸孔自由出流的流量系数；

h_s——下游水面超过坎顶的高度。

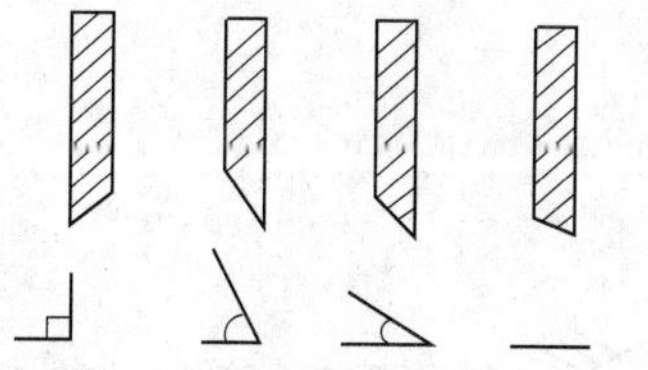

图 8-7

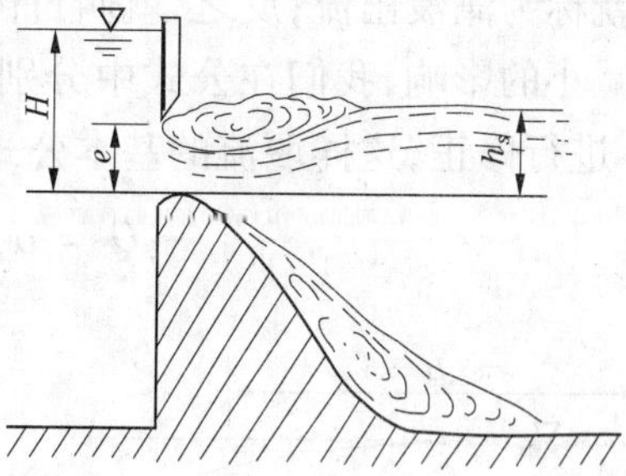

图 8-8

第三节 堰 流

一、堰流的基本公式

现应用能量方程来推求堰流的基本公式。

如图 8-9 所示,为薄壁堰自由出流。以通过堰顶的水平面为基准面,对断面 0—0 和断面 1—1 写能量方程。堰前断面 0—0 符合渐变流条件,而断面 1—1 流线弯曲为急变流断面,该断面动水压强不符合直线分布规律,故用$\overline{z+\frac{p_1}{\gamma}}$表示断面 1—1 单位势能的平均值。过堰水流的能量损失可以只考虑局部水头损失,由此可得

$$H+0+\frac{\alpha_0 v_0^2}{2g}=\overline{z+\frac{p_1}{\gamma}}+(\alpha_1+\zeta)\frac{v_1^2}{2g}$$

令 $H+\frac{\alpha_0 v_0^2}{2g}=H_0$,$\overline{z+\frac{p_1}{\gamma}}=\xi H_0$,$\varphi=\frac{1}{\sqrt{1+\zeta}}$,可得下式

$$v_1=\varphi\sqrt{2gH_0(1-\xi)}$$

设堰的溢流宽度为 b,断面 1—1 水舌厚度用 kH_0 表示,k 为反映堰顶水流垂直收缩的系数,则断面 1—1 的过水面积按矩形计算为 kH_0b,故流量:

$$Q=Av_1=kH_0b\varphi\sqrt{2gH_0(1-\xi)}$$

令 $\varphi k\sqrt{1-\xi}=m$,则

$$Q=mb\sqrt{2g}H_0^{3/2} \tag{8-10}$$

式中 m——流量系数,反映了堰顶水头 H 及堰的边界条件对流量的影响。

式(8-10)是针对堰顶过水断面为矩形的薄壁堰流建立的,但它具有普遍性,对实用堰流和宽顶堰流都是适用的。

在实际应用中,有的堰顶总净宽度小于上游引水渠道宽度 B_0,或堰顶上设有边墩(或翼墙)及闸墩 $B=nb$(n 为闸孔数,b 为单孔净宽),如图 8-10 所示。这将使过堰水流发生侧向收缩,减小了有效溢流宽度,降低了过水能力,这种堰流称为有侧收缩堰流;反之,称为无侧收缩堰流。另外,当堰的下游水位较高,或下游堰高较小时,会使堰的泄流量减小。这种堰流就称为淹没出流;反之,就叫自由出流。因此,在堰流计算中,考虑到侧收缩与淹没对流量减小的影响,我们在公式中分别乘上两个都小于 1 的系数,即侧收缩系数 ε、淹没系数 σ_s 进行修正,这样堰流的基本公式为

$$Q=\sigma_s\varepsilon mB\sqrt{2g}H_0^{3/2} \tag{8-11}$$

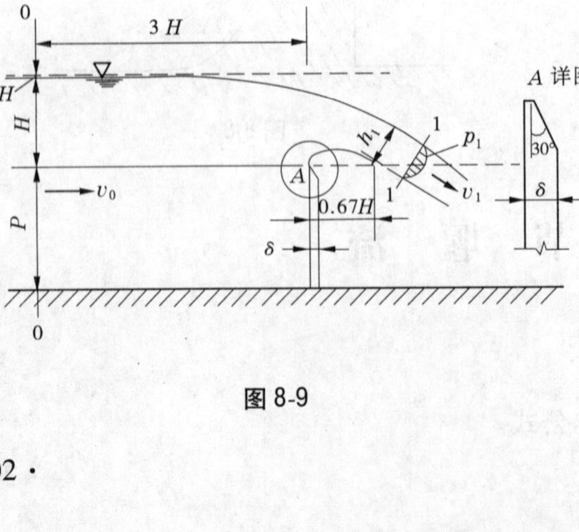

图 8-9

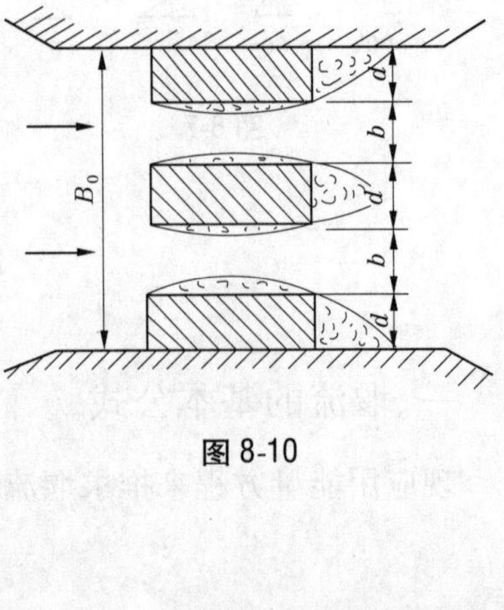

图 8-10

二、薄壁堰流的水力计算

根据堰口形状的不同，薄壁堰可分为矩形薄壁堰、三角形薄壁堰等。由于薄壁堰流具有稳定的水头与流量关系，一般多用于实验室及小河渠的流量测量。另外，曲线型实用堰的剖面型式往往根据薄壁堰流水舌的下缘曲线确定，因此研究薄壁堰流具有实际意义。

（一）矩形薄壁堰流

利用矩形薄壁堰测流时，为了得到较高的量测精度，一般要求：

（1）单孔无侧收缩（堰宽与上游引水渠宽度相同，即 $b=B_0$）。

（2）下游水位低，不影响出流。

（3）堰上水头 $H>2.5$ cm。因为当 H 过小时，水流将贴堰溢出，不起挑，出流将不稳定。

（4）水舌下面的空间应与大气相通。否则，由于溢流水舌把空气带走，压强降低，水舌下面形成局部真空，出流将不稳定。故在无侧收缩、自由出流时，矩形薄壁堰流的流量公式为

$$Q=mb\sqrt{2g}H_0^{3/2}$$

为应用方便，可以把行近流速的影响包括在流量系数中。为此，把上式改写为

$$Q=m_0b\sqrt{2g}H^{3/2} \tag{8-12}$$

式中 m_0——考虑行近流速水头影响的流量系数。

无侧收缩的矩形薄壁堰的流量系数可由雷保克公式计算：

$$m_0=0.4034+0.0534\frac{H}{P}+\frac{1}{1610H-4.5} \tag{8-13}$$

式中 H——堰顶水头；

P——上游堰高。

适用条件：$H\geqslant 0.025$ m，$\frac{H}{P}\leqslant 2$。

有侧收缩的矩形薄壁堰的流量系数可用板谷－手岛公式确定：

$$m'_0=0.4032+\frac{0.0066}{P}+0.0534\frac{H}{P}-0.0967\sqrt{\frac{(B_0-B)H}{B_0P}}+0.00768\sqrt{\frac{B_0}{P}} \tag{8-14}$$

式中 H——堰顶水头；

P——上游堰高；

B——堰宽；

B_0——引水渠宽。

适用条件为：$B_0=0.5\sim6.3$ m；$B=0.15\sim5$ m；$H=(0.03\sim0.45)\sqrt{B}$；$\frac{BP}{B_0^2}\geqslant 0.06$。

当下游水位超过堰顶一定高度时，堰的过水能力开始减小，这种溢流状态称为淹没堰流。在淹没出流时，水面有较大的波动，水头不易测准，故作为测流工具的薄壁堰不宜在

淹没条件下工作。为了保证薄壁堰不淹没，一般要求$\frac{z}{P_1}>0.7$。其中，z为上、下游水位差，P_1为下游堰高。

(二)三角形薄壁堰流

当测量较小流量时，为了提高量测精度，常采用三角形薄壁堰。三角形薄壁堰在小水头时堰口水面宽度较小，流量的微小变化将引起水头的显著变化，因此在量测小流量时比矩形堰的精度高，如图8-11所示。

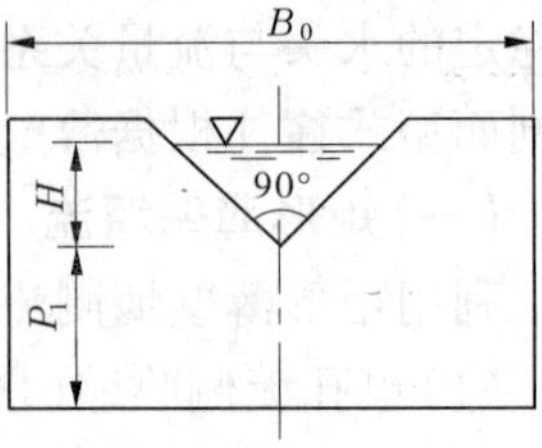

图 8-11

直角三角形薄壁堰的流量计算公式为

$$Q = 1.4H^{5/2} \tag{8-15}$$

适用条件：$H=0.05\sim0.25$ m；堰高$P\geqslant 2H$，渠宽$B_0\geqslant(3\sim4)H$。

【例 8-4】 某矩形渠道设有一矩形无侧收缩薄壁堰，已知堰宽$B=1$ m，上、下游堰高$P=P_1=0.8$ m，堰上水头$H=0.5$ m，为自由出流，求通过薄壁堰的流量。

解 按式(8-13)计算流量系数m_0

$$m_0 = 0.403\,4 + 0.053\,4\frac{H}{P} + \frac{1}{1\,610H - 4.5}$$

$$= 0.403\,4 + 0.053\,4\times\frac{0.5}{0.8} + \frac{1}{1\,610\times0.5 - 4.5}$$

$$= 0.438$$

$$Q = m_0 b\sqrt{2g}H^{3/2} = 0.438\times1\times\sqrt{2\times9.8}\times0.5^{3/2} = 0.686(\text{m}^3/\text{s})$$

三、实用堰流的水力计算

(一)实用堰的剖面形状

在实际工程中，实用堰可分为两大类型：一是用当地材料修筑的中、低溢流堰，堰顶剖面常做成折线型，称为折线型实用堰；二是用混凝土修筑的中、高溢流堰，堰顶制成适合水流自由溢流情况的曲线形，称为曲线型实用堰。

曲线型实用堰又可分为真空和非真空两种剖面型式。水流溢过堰面时，堰顶表面不出现真空现象的剖面，称为非真空剖面堰；反之，称为真空剖面堰。真空剖面堰在溢流时，溢流水舌部分脱离堰面，脱离部分的空气不断地被水流带走，压强降低，从而造成真空。由于真空现象的存在，堰面出现负压，势能减少，过堰水流的动能和流速增大，流量也相应增大，所以真空堰具有过水能力较大的优点。但另一方面，堰面发生真空，使堰面可能受到正负压力的交替作用，造成水流不稳定。当真空达到一定程度时，堰面还可能发生气蚀而遭到破坏。所以，真空剖面堰一般较少使用。

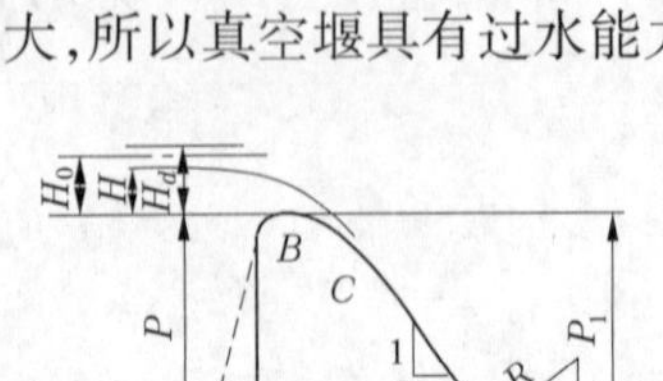

图 8-12

一般曲线型实用堰的剖面系由以下几个部分组成：上游直线段AB(可为铅垂线，也可做成斜坡线)，堰顶曲线段BC，下游斜坡段CD及反弧段DE，如图8-12所示。

下游斜坡段的坡度由堰的稳定和强度要求而定，一般取 1∶0.65～1∶0.75；反弧段 DE 的圆弧半径 R 可根据下游堰高 P_1 和设计水头 H_d 由表 8-4查得。当 $P_1<10$ m 时，可采用 $R=0.5P_1$；当 $H_d>9$ m 时，R 近似用$R=H_d+\frac{P_1}{4}$计算。

表 8-4　曲线型实用堰的圆弧半径值　（单位：m）

P_1	H_d								
	1	2	3	4	5	6	7	8	9
10	3.0	4.2	5.4	6.5	7.5	8.5	9.6	10.6	11.6
20	4.0	6.0	7.8	8.9	10.0	11.0	12.2	13.3	14.3
30	4.5	7.5	9.7	11.0	12.4	13.5	14.7	15.8	16.8
40	4.7	8.4	11.0	13.0	14.5	15.8	17.0	18.0	19.0
50	4.8	8.8	12.2	14.5	16.5	18.0	19.2	20.3	21.3
60	4.9	8.9	13.0	15.5	18.0	20.0	21.2	22.2	23.2

堰顶曲线段是设计曲线型实用堰的关键。国内外对堰面形状有不同的设计方法，其轮廓线可用坐标或方程来确定。以往多采用克－奥型剖面，设计出的堰面偏厚，流量系数小。目前，国内外采用较多的是 WES 剖面，该剖面与其他形式的剖面相比，在过水能力、堰面压强分布和节省材料等方面要优越一些。

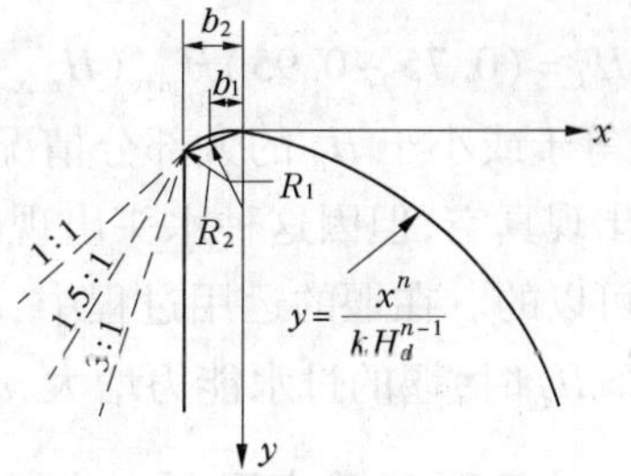

图 8-13

WES 剖面如图 8-13 所示，其堰顶上游部分曲线用两段圆弧连接，堰顶下游的曲线用下列方程表示：

$$y=\frac{x^n}{kH_d^{n-1}}$$

式中，k、n 是与上游迎水面坡度有关的参数，其值见表 8-5。

表 8-5　WES 标准剖面曲线方程参数

上游堰面坡度	k	n	R_1	R_2	b_1	b_2
垂直	2.000	1.850	$0.5H_d$	$0.2H_d$	$0.175H_d$	$0.282H_d$
3∶1	1.936	1.836	$0.68H_d$	$0.21H_d$	$0.139H_d$	$0.237H_d$
1.5∶1	1.939	1.810	$0.48H_d$	$0.22H_d$	$0.115H_d$	$0.214H_d$
1∶1	1.873	1.776	$0.45H_d$	0	$0.119H_d$	0

对上游面垂直的 WES 型实用堰，后人通过试验，又将原堰顶上游的两段圆弧改为三段圆弧，即在上游面增加了一个半径为 R_3 的圆弧，如图 8-14 所示。这样设计避免了原有的上游面边界上存在的折角，改善了堰面压力条件，增加了堰的过流能力。

（二）流量系数

曲线型实用堰的流量系数主要取决于上游堰高与设计水头之比（$\frac{P}{H_d}$）、堰顶全水头与

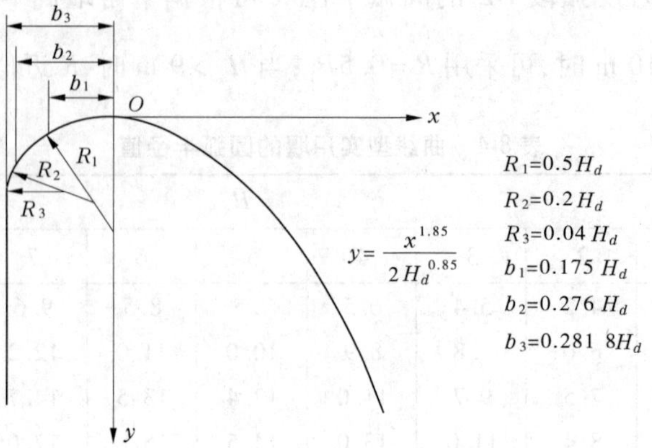

图 8-14

设计水头之比($\frac{H_0}{H_d}$)以及堰上游面的坡度。式中,H_d 为设计水头。在工程设计中,一般选用 $H_d=(0.75\sim0.95)H_{max}$($H_{max}$为相应于最高洪水位的堰顶水头),这样可以保证在实际 H_0 等于或小于 H_d 的大部分情况下堰面不会出现真空。当然,在 H_0 大于 H_d 时,堰面仍可能出现真空,但因这种水头出现的机会少,所以堰面出现暂时的、在允许范围内的真空值是可以的。在堰的运用过程中,H_0 常不等于 H_d。当 $H_0<H_d$ 时,过水能力减小,$m<m_d$;当 $H_0>H_d$ 时,堰的过水能力增大,$m>m_d$。

对于 WES 型实用堰,在堰上游面垂直,且$\frac{P}{H_d}\geqslant1.33$ 时,可认为是高堰,不考虑行近流速水头。在这种情况下,若 $H_0=H_d$,即实际工作全水头刚好等于设计水头时,WES 型堰的流量系数 $m_d=0.502$;若 $H_0\neq H_d$,m 值由图 8-15 查出。

在$\frac{P}{H_d}<1.33$ 时,认为是低堰,行近流速较大,流量系数 m 随$\frac{P}{H_d}$值的减小而减小。同时,在相同的$\frac{P}{H_d}$情况下,还随总水头 H_0 与设计水头 H_d 的比值而变化。图 8-15 中左上角的曲线为考虑上游面坡度影响的修正系数 c(堰的上游面为垂直时,$c=1$)。流量系数值应为 $c\times\frac{m}{m_d}\times m_d$ 的乘积,其中$\frac{m}{m_d}$的大小由图 8-15 右下角的曲线查出。

(三)侧收缩系数

试验证明,侧收缩系数 ε 与边墩、闸墩头部型式、堰孔数目、堰孔尺寸以及总水头 H_0 有关。可按下面的经验公式计算:

$$\varepsilon=1-0.2[(n-1)\zeta_0+\zeta_k]\frac{H_0}{nb} \tag{8-16}$$

式中 n——溢流孔数;

b——每孔的净宽;

H_0——堰顶全水头;

ζ_0——闸墩形状系数，在$\frac{h_s}{H_0}\leqslant 0.75$时由图 8-16 查得，$\frac{h_s}{H_0}>0.75$时由表 8-6 查得；

ζ_k——边墩形状系数，由图 8-16 查得。

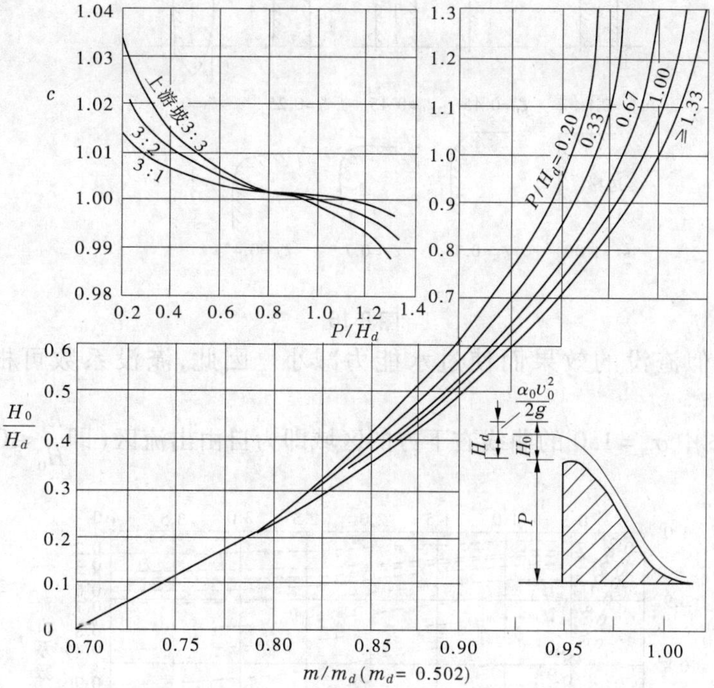

图 8-15

表 8-6　闸墩形状系数值

闸墩头部平面形状	各种$\frac{h_s}{H_0}$的ζ_0值					说明
	≤0.75	0.8	0.85	0.9	0.95	
矩形	0.8	0.86	0.92	0.98	1.00	h_s为下游水位超过堰顶的高度
半圆形或尖角形	0.45	0.51	0.57	0.63	0.69	
尖圆形	0.25	0.32	0.39	0.46	0.53	

上式在应用中，若$\frac{H_0}{b}>1$，不管$\frac{H_0}{b}$数值多少，仍用$\frac{H_0}{b}=1$代入计算。

(四)淹没系数

对 WES 剖面，当下游水位超过堰顶一定数值，即$\frac{h_s}{H_0}>0.15$时（h_s为下游水面超过堰顶的高度），堰下游形成淹没水跃，过堰水流受到下游水位顶托，过水能力减小，形成淹没出流。

如果下游堰高较小，即$\frac{P_1}{H_0}<2$时，即使下游水位低于堰顶，过堰水流受下游护坦的影

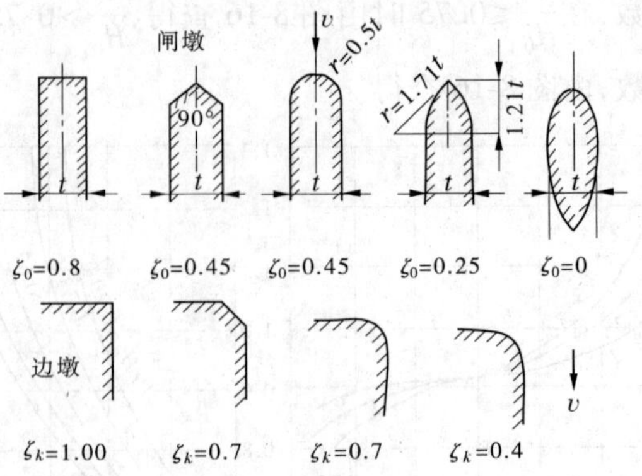

图 8-16

响,也会产生类似淹没的效果而使过水能力减小。因此,淹没系数可根据$\frac{P_1}{H_0}$及$\frac{h_s}{H_0}$由图 8-17查得。图中$\sigma_s = 1.0$的曲线右下方的区域即为自由出流区(即$\frac{h_s}{H_0} \leqslant 0.15$,$\frac{P_1}{H_0} \geqslant 2$),

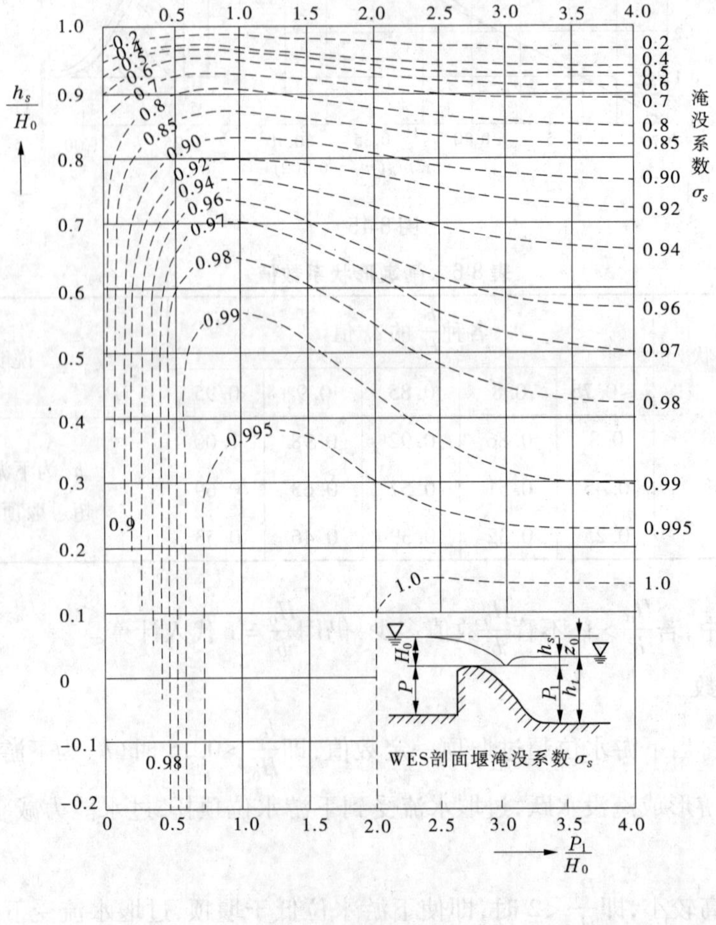

图 8-17

它不受下游水位及护坦高程的影响。

中、小型水利工程常用当地材料如条石、砖或木材做成折线型低堰，断面形状一般有梯形、矩形、多边形等，如图 8-18 所示。

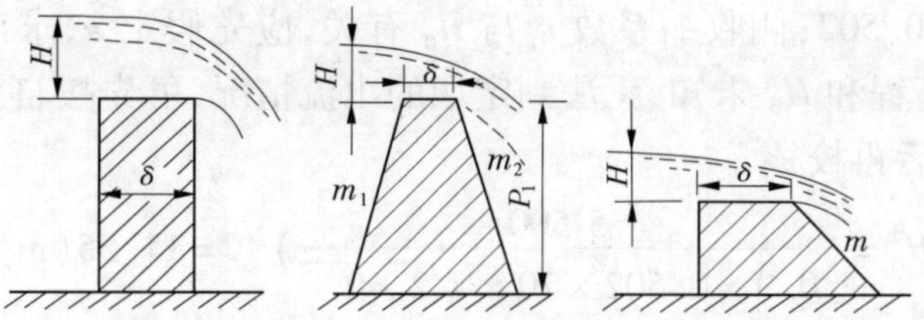

图 8-18

折线型实用堰中以梯形实用堰用得较多，梯形实用堰流量仍可按堰流的基本公式计算。其流量系数 m 与堰顶厚度、相对堰高$\frac{P_1}{H}$和前后坡度有关，应用时可由《水力计算手册》查取。侧收缩系数、淹没系数可近似按曲线型实用堰的方法来确定。

【例 8-5】 某水利枢纽的溢流坝采用 WES 标准剖面实用堰，闸墩的头部为半圆形，边墩头部为圆角形，共 16 孔，每孔净宽 15.0 m。已知堰顶高程为 110.0 m，下游河床为 30.0 m。当上游设计水位为 125.0 m 时，相应下游水位为 52.0 m，流量系数 $m_d=0.502$，求过堰流量。

解 因下游水位比堰顶低得多，应为自由出流，$\sigma_s=1.0$。

因$\frac{P}{H_d}=\frac{80}{15}=5.33>1.33$，为高堰，取 $H_0\approx H=15$ m。

查图 8-16 得圆角形边墩的形状系数 $\zeta_k=0.7$，查表 8-6 得闸墩形状系数 $\zeta_0=0.45$，侧收缩系数

$$\varepsilon = 1-0.2[(n-1)\zeta_0+\zeta_k]\frac{H_0}{nb}$$

$$=1-0.2\times[(16-1)\times0.45+0.7]\frac{15}{16\times15}$$

$$=0.907$$

$$Q=\sigma_s\varepsilon Bm\sqrt{2g}H_0^{3/2}$$

$$=1.0\times0.907\times0.502\times15\times16\times\sqrt{2\times9.8}\times15^{3/2}$$

$$=28\ 105(\text{m}^3/\text{s})$$

【例 8-6】 某河道宽 160 m，设有 WES 型实用堰，堰上游面垂直。闸墩头部为圆弧形，边墩头部为半圆形。共 7 孔，每孔净宽 10 m。当设计流量为 5 500 m^3/s 时，相应的上游水位为 55.0 m，下游水位为 39.2 m，上、下游河床高程为 20.0 m，确定该实用堰堰顶高程。

解 因堰顶高程决定于上游设计水位和堰的设计水头，应先计算设计水头，再算堰顶高程。

堰上全水头 $H_0=\left(\dfrac{Q}{\sigma_s \varepsilon m B\sqrt{2g}}\right)^{2/3}$。

已知 $Q=5\ 500\ m^3/s$；$B=7\times 10=70(m)$；对 WES 型实用堰，在设计水头下（$H_0=H_d$ 时），流量系数 $m_d=0.502$；侧收缩系数 ε 与 H_0 有关，应先假定 ε，求出 H_0，再求 ε。现假定 $\varepsilon=0.9$，因堰顶高程和 H_0 未知，无法判定堰的出流情况，可先按自由出流计算，即取淹没系数 $\sigma_s=1.0$，然后再校核。

$$H_0=\left(\frac{5\ 500}{0.9\times 0.502\times 70\times\sqrt{2\times 9.8}}\right)^{2/3}=11.55(m)$$

用求得的 H_0 近似值代入式(8-16)，求 ε 值。

查图 8-16 得边墩形状系数 $\zeta_k=0.7$，闸墩形状系数 $\zeta_0=0.45$。

因 $\dfrac{H_0}{b}=\dfrac{11.55}{10}=1.155>1$，应按 $\dfrac{H_0}{b}=1$ 代入计算。

$$\varepsilon=1-0.2[(n-1)\zeta_0+\zeta_k]\frac{H_0}{nb}=1-0.2\times[(7-1)\times 0.45+0.70]\times\frac{1}{7}=0.903$$

用求得的 ε 近似值代入公式重新计算 H_0：

$$H_0=\left(\frac{5\ 500}{0.903\times 0.502\times 70\times\sqrt{2\times 9.8}}\right)^{2/3}=11.53(m)$$

因 $\dfrac{H_0}{b}=\dfrac{11.53}{10}=1.153>1$，应仍按 $\dfrac{H_0}{b}=1$ 计算，则所求 ε 不变，这说明以上所求 $H_0=11.53$ m是正确的。

已知上游河道宽为 160 m，上游设计水位为 55.0 m，河床高程为 20.0 m，近似按矩形计算上游过水断面面积：

$$A_0=160\times(55.0-20.0)=5\ 600(m^2)$$

$$v_0=\frac{Q}{A_0}=\frac{5\ 500}{5\ 600}=0.98(m/s)$$

则堰的设计水头 $$H_d=H_0-\frac{\alpha_0 v_0^2}{2g}=11.53-0.05=11.48(m)$$

堰顶高程 = 上游设计水位 $-H_d=55.0-11.48=43.52(m)$

最后校核出流条件：

下游堰高 $P_1=43.52-20.00=23.52(m)$，$\dfrac{P_1}{H_0}=\dfrac{23.52}{11.53}=2.04>2$，因下游水面比堰顶低，$\dfrac{h_s}{H_0}<0.15$，满足自由出流条件，以上按自由出流计算的结果正确。

【例 8-7】 某曲线型实用堰，当流量 $Q=200\ m^3/s$ 时，相应的水头 $H=1.37$ m。溢流堰高 $P=P_1=8$ m，坝前行近流速 $v_0=1.5$ m/s，取流量系数 $m=0.46$，下游水深 $h_t=4.5$ m，试确定该溢流堰的溢流宽度（不计侧收缩）。

解 因 $h_t=4.5\ m<P_1=8\ m$，为自由出流。

由 $Q=mB\sqrt{2g}H_0^{3/2}$ 得溢流宽度：

$$B=\frac{Q}{m\sqrt{2g}H_0^{3/2}}=\frac{200}{0.46\times4.43\times(1.37+\frac{1.5^2}{2\times9.8})^{3/2}}=54.24(\mathrm{m})$$

四、宽顶堰流的水力计算

如图8-19(a)所示，水流进入有底坎的堰顶后，水流在垂直方向受到堰坎边界的约束，堰顶上的过水断面缩小，流速增大，势能转化为动能。同时堰坎前后产生的局部水头损失，也导致堰顶上势能减小。所以，宽顶堰过堰水流的特征是进口处水面会发生明显跌落。从水力学观点看，过水断面的缩小，可以由堰坎引起，也可以由两侧横向约束引起。宽顶堰流的水力计算仍采用堰流基本公式，但也因"宽顶"有其自身的特点。当明渠水流流经桥墩、渡槽、隧洞(或涵洞)的进口等建筑物时，由于进口段的过水断面在平面上收缩，使过水断面减小，流速加大，部分势能转化为动能，也会形成水面跌落，这种流动现象称为无坎宽顶堰流，仍按宽顶堰流的方法进行分析、计算，如图8-19(b)、(c)、(d)所示。

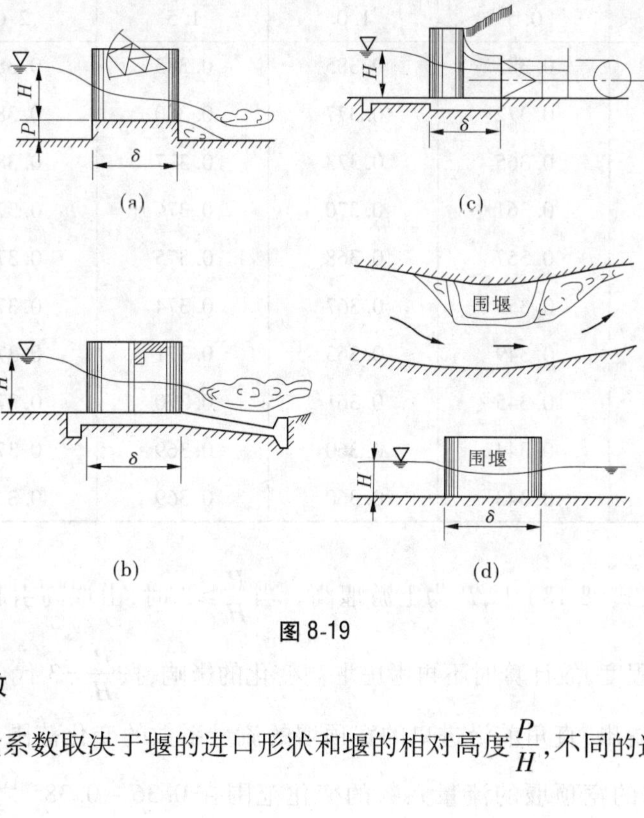

图8-19

(一)流量系数

宽顶堰的流量系数取决于堰的进口形状和堰的相对高度$\frac{P}{H}$,不同的进口堰头形状，可按下列方法确定。

(1)直角前沿进口(见图8-19(a))：

$$m=0.32+0.01\frac{3-\frac{P}{H}}{0.46+0.75\frac{P}{H}} \tag{8-17}$$

(2)圆角前沿进口(见图8-20(a))：

$$m = 0.36 + 0.01 \frac{3 - \frac{P}{H}}{1.2 + 1.5 \frac{P}{H}} \tag{8-18}$$

图 8-20

(3)斜坡式进口(见图 8-20(b))。流量系数可根据$\frac{P}{H}$及上游堰面倾角 θ,由表 8-7 选取。

表 8-7　上游面倾斜的宽顶堰的流量系数 m 值

$\frac{P}{H}$	$\cot\theta$				
	0.5	1.0	1.5	2.0	≥2.5
0.0	0.385	0.385	0.385	0.385	0.385
0.2	0.372	0.377	0.380	0.382	0.382
0.4	0.365	0.373	0.377	0.380	0.381
0.6	0.361	0.370	0.376	0.379	0.380
0.8	0.357	0.368	0.375	0.378	0.379
1.0	0.355	0.367	0.374	0.377	0.378
2.0	0.349	0.363	0.371	0.375	0.377
4.0	0.345	0.361	0.370	0.374	0.376
6.0	0.344	0.360	0.369	0.374	0.376
8.0	0.343	0.360	0.369	0.374	0.376

在式(8-17)、式(8-18)中,P 为上游堰高。当$\frac{P}{H} \geqslant 3$ 时,由堰高引起的水流垂向收缩已达到相当充分程度,故计算时不再考虑堰高变化的影响,按$\frac{P}{H}=3$ 代入公式计算 m 值。

由公式可以看出,直角前沿进口的宽顶堰的流量系数的变化范围在 0.32 ~ 0.385 之间;圆角前沿进口的宽顶堰的流量系数的变化范围在 0.36 ~ 0.385 之间。当$\frac{P}{H}=0$ 时,$m=0.385$,此时宽顶堰的流量系数值最大。

比较一下实用堰和宽顶堰的流量系数,我们可以看到前者比后者大。也就是说,实用堰有较大的过水能力。对此,可以用相同堰高、相同堰顶水头的两堰进行对比分析:实用堰顶水流是流线向上弯曲的急变流,其断面上的动水压强小于按静水压强规律计算的值,即堰顶水流的压强和势能较小,动能和流速较大,故过水能力较大;宽顶堰则因堰顶水流是流线近似平行的渐变流，其断面动水压强近似按静水压强规律分布，堰顶水流压强和势能较大，动能和流速较小，故过水能力较小。

（二）侧收缩系数

宽顶堰的侧收缩系数仍可按式（8-16）计算。

（三）淹没系数

试验证明，当下游水位较低时，进入堰顶的水流，因受到堰顶垂直方向的约束，在进口产生水面跌落，并在进口后约 $2H$ 处形成收缩断面。该断面的水深 $h_c < h_k$，堰顶水流处于急流状态，水流流出堰顶后，水面产生第二次跌落，称此宽顶堰流为自由出流。当下游水位升高，只要它低于堰顶的临界水深或 $K—K$ 线，则宽顶堰一定是自由出流。

当堰下游水位升高到影响宽顶堰的过流能力时，就成为淹没出流，如图 8-21 所示。试验表明，当 $\frac{h_s}{H_0} > 0.8$ 时，形成淹没出流。

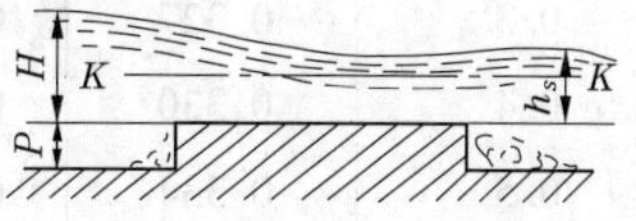

图 8-21

淹没系数 σ_s 可根据 $\frac{h_s}{H_0}$ 由表 8-8 查出。

表 8-8　宽顶堰的淹没系数 σ_s

$\frac{h_s}{H_0}$	0.80	0.81	0.82	0.83	0.84	0.85	0.86	0.87	0.88	0.89
σ_s	1.00	0.995	0.99	0.98	0.97	0.96	0.95	0.93	0.90	0.87
$\frac{h_s}{H_0}$	0.90	0.91	0.92	0.93	0.94	0.95	0.96	0.97	0.98	
σ_s	0.84	0.82	0.78	0.74	0.70	0.65	0.59	0.50	0.40	

无坎宽顶堰流在计算流量时，仍可使用宽顶堰流的公式。但在计算中不再单独考虑侧向收缩的影响，而是把它包含在流量系数中一并考虑，即

$$Q = \sigma_s m' B \sqrt{2g} H_0^{3/2} \tag{8-19}$$

式中　m'——包含侧收缩影响在内的流量系数，可根据进口翼墙形式及平面收缩程度，由表 8-9 查得。表中 B_0 为引水渠的宽度，B 为闸孔宽度，r 为翼墙圆角半径。

无坎宽顶堰流的淹没系数可近似由表 8-8 查得。

【例 8-8】　某进水闸，闸底坎为具有圆角前沿进口的宽顶堰，堰顶高程为 22.0 m，渠底高程为 21.0 m。共 10 个孔，每孔净宽 8 m，闸墩头部为半圆形，边墩头部为流线形。当闸门全开时，上游水位为 25.50 m，下游水位为 23.20 m，不考虑闸前行近流速的影响，求过闸流量。

解　（1）判断下游是否淹没：

$$P = 22.0 - 21.0 = 1.0 (\mathrm{m})$$

$$H = 25.50 - 22.0 = 3.5 (\mathrm{m})$$

$\frac{h_s}{H_0}=\frac{23.2-22.0}{25.50-22.0}=0.34<0.8$，为自由出流。

表 8-9　无坎宽顶堰的流量系数值

$\frac{B}{B_0}$	直角形翼墙	八字形翼墙			圆角形翼墙		
		$\cot\theta$			$\frac{r}{B}$		
		0.5	1.0	2.0	0.2	0.3	≥0.5
0	0.320	0.343	0.350	0.353	0.349	0.354	0.360
0.1	0.322	0.344	0.351	0.354	0.350	0.355	0.361
0.2	0.324	0.346	0.352	0.355	0.351	0.356	0.362
0.3	0.327	0.348	0.354	0.357	0.353	0.357	0.363
0.4	0.330	0.350	0.356	0.358	0.355	0.359	0.364
0.5	0.334	0.352	0.358	0.360	0.357	0.361	0.366
0.6	0.340	0.356	0.361	0.363	0.360	0.363	0.368
0.7	0.346	0.360	0.364	0.366	0.363	0.366	0.370
0.8	0.355	0.365	0.369	0.370	0.368	0.371	0.373
0.9	0.367	0.373	0.375	0.376	0.375	0.376	0.378
1.0	0.385	0.385	0.385	0.385	0.385	0.385	0.385

(2)求流量系数：

$$m=0.36+0.01\frac{3-\frac{P}{H}}{1.2+1.5\frac{P}{H}}=0.36+0.01\times\frac{3-\frac{1}{3.5}}{1.2+1.5\times\frac{1}{3.5}}=0.377$$

(3)求侧收缩系数 ε：

查图 8-16 得边墩形状系数 $\zeta_k=0.4$，闸墩形状系数 $\zeta_0=0.45$，则

$$\varepsilon=1-0.2[(n-1)\zeta_0+\zeta_k]\frac{H_0}{nb}$$

$$=1-0.2\times[(10-1)\times0.45+0.4]\times\frac{3.5}{10\times8}=0.961$$

$$Q=\varepsilon mB\sqrt{2g}H_0^{3/2}$$

$$=0.961\times0.377\times10\times8\times\sqrt{2\times9.8}\times3.5^{3/2}$$

$$=840.2(\mathrm{m^3/s})$$

【例 8-9】　某进水闸，如图 8-22 所示，具有直角形的前沿闸坎，坎前河底高程为 100.0 m，河水位高程为 107.0 m，坎顶高程为 103.0 m。闸分两孔，闸墩头部为半圆形，边墩头部为圆角形。下游水位很低，对溢流无影响。引水渠及闸后渠道均为矩形断面，宽度均为 20 m。求下泄流量为 200 $\mathrm{m^3/s}$ 时所需闸孔宽度。

解　(1)$H=107.0-103.0=4(\mathrm{m})$，$P=P_1=103.0-100.0=3(\mathrm{m})$。

总水头

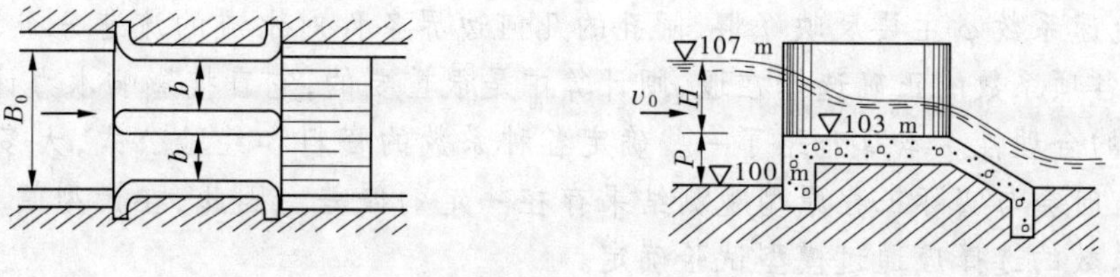

图 8-22

$$H_0=H+\frac{v_0^2}{2g}=H+\frac{1}{2g}\left[\frac{Q}{B_0(H+P)}\right]^2=4+\frac{1}{19.6}\times\left[\frac{200}{20\times(3+4)}\right]^2=4.104(\text{m})$$

(2)按式(8-17)求流量系数 m：

$$m=0.32+0.01\times\frac{3-P/H}{0.46+0.75P/H}=0.32+0.01\times\frac{3-3/4}{0.46+0.75\times3/4}=0.342$$

(3)按式(8-16)求侧收缩系数 ε：

查图 8-16 得闸墩形状系数 $\zeta_0=0.45$，边墩形状系数 $\zeta_k=0.7$，则

$$\varepsilon=1-0.2[(n-1)\zeta_0+\zeta_k]\frac{H_0}{nb}$$

$$=1-0.2\times[(2-1)\times0.45+0.7]\times\frac{4.104}{B}=1-\frac{0.944}{B}$$

(4)求宽度 b：

将上述各值代入流量计算公式 $Q=\varepsilon mB\sqrt{2g}H_0^{\frac{3}{2}}$，有

$$200=(1-\frac{0.944}{B})\times0.342\times B\times\sqrt{19.6}\times4.104^{\frac{3}{2}}$$

解方程得 $B=16.82$ m，故每孔净宽 $b=B/2=8.41$ m。实际工程中应考虑取闸门的尺寸为整数，即取 $b=8.4$ m。另外，从对称出流考虑，闸孔数目常选为奇数。

本章小结

(1)闸孔出流和堰流的联系与区别：本章对闸孔出流和堰流的水流现象作了介绍，这两种水力现象之间，既有联系又相区别。闸孔出流和堰流在水力计算上的共同点是计算水头损失时只考虑局部水头损失，在一定的条件下，它们又可以相互转化。当水流为闸孔出流时，若将闸门开启度加大到一定程度，水流即由闸孔出流变为堰流；相反，若将闸门开启度减小到一定程度，堰流又转变为闸孔出流。在学习中要注意掌握两种水流类型的判别方法。

(2)堰流和孔流在恒定流时的基本公式：其基本公式已列入表 8-10，供学习中对比和选用。

(3)在堰、闸的水力计算中，引用的各种系数较多，在应用时要注意理解它们的意义。例如，流量系数 m(或 μ)主要反映了堰、孔口的形状尺寸、作用水头等因素的影响；侧收缩系数主要反映了闸墩、边墩等因素对水流侧向约束的影响；垂直收缩系数 ε' 主要反映了闸门、器壁等因素对水流纵向约束的影响；淹没系数 σ_s 主要反映了下游水位变化对水流

的影响；流速系数 φ 主要反映了堰、闸孔的几何边界条件对水流的流速分布、水流阻力的影响等。各项系数的正确选择在堰、闸计算中是很重要的，它直接影响水力计算的精度和工程设计的合理性。本章介绍了一些确定各种系数的资料和经验公式，大多为工程中所常用，但有时会与实际工程原型观测结果存在一定的偏差。因此，在大型闸、堰工程设计时，各种系数的选择应通过模型试验确定。

表 8-10

过水建筑物类型	出流类型	流量公式
闸孔出流	自由出流 淹没出流	$Q=\mu_0 be\sqrt{2g(H_0-h_c)}$ 或 $Q=\mu be\sqrt{2gH_0}$ $Q=\sigma_s\mu be\sqrt{2gH_0}$ 或 $Q=\mu be\sqrt{2g(H_0-h_s)}$
薄壁堰流	自由出流 淹没出流	$Q=m_0 B\sqrt{2g}H^{3/2}$ $Q=\sigma_s m_0 B\sqrt{2g}H^{3/2}$
实用堰和宽顶堰	自由出流 淹没出流	$Q=\varepsilon mB\sqrt{2g}H_0^{3/2}$ $Q=\sigma_s\varepsilon mB\sqrt{2g}H_0^{3/2}$

习　题

8-1　什么叫堰和堰流？

8-2　堰流和闸孔出流有何区别和联系？

8-3　宽顶堰下游出现淹没水跃时，是否一定是淹没出流？

8-4　闸孔出现淹没出流时，下游是否一定是淹没水跃？

8-5　非真空剖面堰，当 $H>H_d$ 时，其流量系数 m 和 m_d 的关系如何？

8-6　有一平底闸，共 6 孔，每孔净宽 3 m。闸上设锐缘平面闸门。已知闸前水头 $H=3.5$ m，闸门开度 $e=1.2$ m，流速系数取 $\varphi=0.97$，当下游水深 $h_t=2.8$ m 时，不计行近流速，求通过水闸的流量。

8-7　如图 8-23 所示，在一梯形长渠道上建闸，建闸处为矩形断面，下游通过翼墙与渠道相接。渠道底宽 $b=12$ m，边坡系数 $m=1.5$，渠底坡度 $i=0.000\,4$，糙率 $n=0.025$。闸共两孔，每孔闸宽 4 m，当闸门开度 $e=1$ m 时，过闸流量 $Q=40\ \text{m}^3/\text{s}$，不计侧收缩影响，求闸前水深 H。

8-8　某弧形闸门进水闸，闸底坎与渠底齐平，闸底板高程为 100.00 m，闸孔宽 5 m，弧形闸门转轴高程为 104.00 m，半径为 5 m。当闸门开度 $e=0.9$ m 时，闸上游水位为 103.00 m，相应下游水位为 101.00 m，上游行近流速 $v_0=1.0$ m/s，求过闸流量。

8-9　某曲线型实用堰顶设有平板闸门，共 7 孔，每孔净宽 5 m，闸门上游面底缘切线与水平线夹角 $\theta=0°$。已知闸上水头 $H=5.6$ m，闸孔开度 $e=1.5$ m，下游水位很低为自由出流，不计行近流速，试求：①闸孔泄流量；②改成弧形闸门后的闸孔泄流量。

8-10　某渠道末端设有一矩形薄壁堰，用来量测流量。已知堰顶水头 $H=0.25$ m，引水

渠宽 $B_0=2$ m，堰顶宽度 $B=1.2$ m，堰高 $P=P_1=0.5$ m，下游为自由出流，求渠道的流量。

8-11　有一无侧收缩的矩形薄壁堰，堰宽 $B=0.5$ m，堰高 $P=P_1=0.8$ m，当过堰流量 $Q=50$ L/s 时，下游为自由出流，求堰顶水头 H。

8-12　某上游堰面垂直的 WES 标准剖面堰。上下游堰高 $P=P_1=40$ m，闸墩头部为半圆形，边墩头部为圆弧形，共 6 孔，每孔净宽 5 m。已知堰上实际水头 $H=4$ m（设计水头 $H_d=4$ m），下游水位超过堰顶的高度 $h_s=2$ m，求通过的流量 Q 为多少？

8-13　为了灌溉需要，在河道上修建拦河坝一座，如图 8-24 所示。溢流坝采用堰顶上游为三圆弧段的 WES 型实用堰剖面，坝顶无闸门和闸墩，边墩为圆弧形。坝的设计洪水流量为 540 m^3/s，相应的上、下游设计水位分别为 50.7 m 和 48.1 m，坝址处河床高程为 38.5 m，坝前河道过水断面面积为 524 m^2。根据灌溉水位要求，已确定坝顶高程为 48.0 m，求坝的溢流宽度。

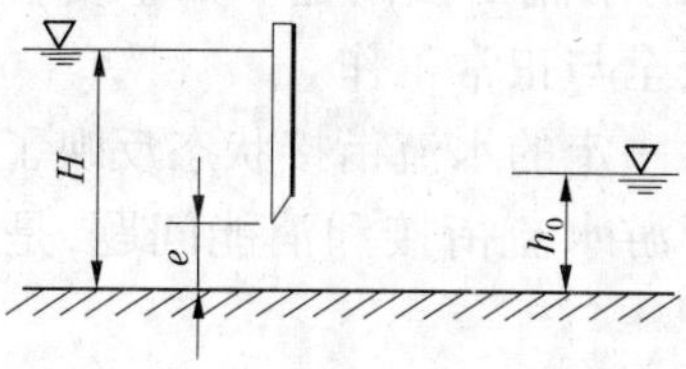

图 8-23

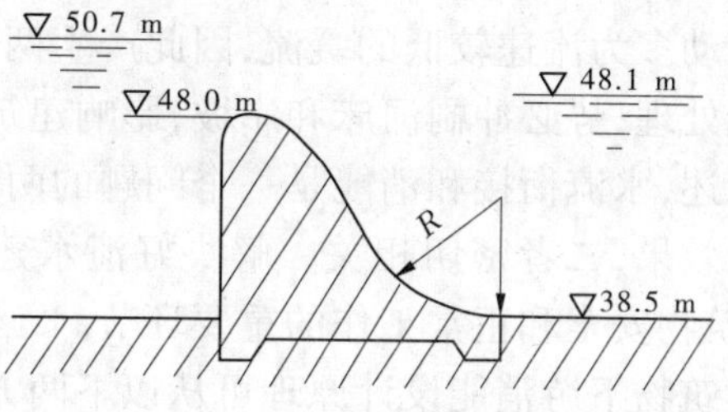

图 8-24

8-14　某水库溢流坝共 4 孔，每孔净宽 8 m，坝为 WES 标准剖面。闸墩头部为尖圆形，边墩为圆弧形。坝前库底高程为 70.0 m，当库水位高程为 120.0 m 时，要求下泄流量为 800 m^3/s。不考虑下游水位的影响，问溢流坝坝顶高程应为多少？

8-15　某直角进口的宽顶堰上设有闸门，共 6 孔，每孔净宽 6 m，闸墩头部为尖圆形，边墩头部为圆弧形。已知堰顶高程为 1.2 m，堰底部高程为 0.0 m，当闸门全开时，水闸上游水位为 4.5 m，相应下游水位为 3.4 m，不计行近流速，求通过水闸的流量。

8-16　从河道引水灌溉的某干渠引水闸断面如图 8-25 所示，该闸具有半圆形闸墩和边墩，为了防止河中泥沙进入渠道，进口设置直角形的闸坎，闸坎高程为 31.00 m，并高于河床 1.8 m。已知水闸设计流量为 64.0 m^3/s，闸门全部打开，相应的河道水位和渠道水位分别是 34.25 m 和 33.65 m。不考虑上游行近流速，并限制水闸每孔宽度不超过 4 m，求水闸宽度及闸孔数。

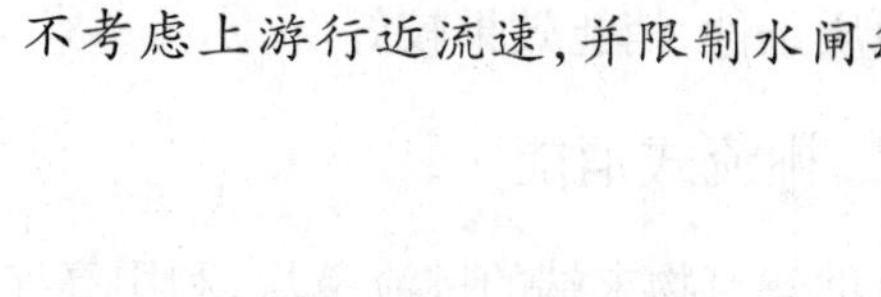

图 8-25

第九章　水工建筑物下游水流衔接与消能

第一节　概　述

在水利工程中,为了控制水流、防止水患、合理开发利用水资源,需在河、渠上修建水闸、溢流坝等泄水建筑物。闸、坝等建筑物抬高了上游水位,使泄水建筑物的上下游形成了明显的落差。为了合理布置枢纽和节省工程造价,建筑物的泄水宽度一般总小于原河宽度。因此,自闸、坝下泄的水流往往多为流速高、单宽流量大、能量集中的急流;而下游河道正常流动多为流速较低的缓流,因此产生两种流态的水流衔接问题。如不妥善进行衔接与消能处理,势必冲刷河床和岸坡,影响建筑物的安全与正常工作。

综上所述,水流衔接和消能是一个问题的两个方面,一定的水流衔接状态反映了相应的水流消能效果,二者密切相关。解决好泄水建筑物下游水流衔接和消能问题,是确保闸、坝等建筑物安全和正常工作的重要环节。

泄水建筑物下游消能设计原理可从以下两方面考虑:

(1)水流合理地衔接,将水跃稳定控制在一定范围内。

(2)水流充分地消能,加剧水流的内部摩擦,水流内部相对运动越急剧、紊乱,能量消耗就越多。使水流挑入空中扩散,可加剧水流质点的碰撞和掺气。水流扩散促使进入河床的单宽流量减小,既分散了能量又加剧了水流紊动。水流掺气后将扩大过流断面,降低流速,其中挟带的气泡也起着一定的缓冲作用,可减轻水流对下游河床的冲刷。

目前,工程上根据上述原理设计的水流衔接和消能形式主要有以下几种。

一、底流式消能

由第七章可知,建筑物下泄的急流向下游缓流过渡时,必然发生水跃。通过水跃产生的表面旋滚和强烈的紊动消除大量的能量,使流速急剧下降,跃后水位迅速回升并与下游水流衔接。因水跃区高流速的主流位于底部,故称其为底流式衔接与消能,如图 9-1 所示。这种消能形式主要用于中、低水头的闸、坝,可适应较差的地质条件,消能效果较好。

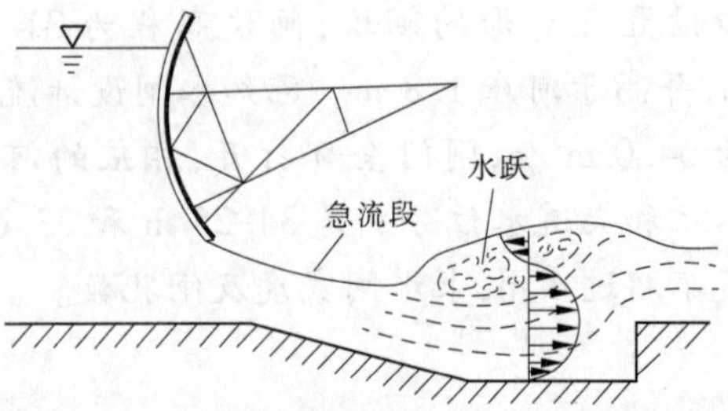

图 9-1

二、挑流式消能

借助建筑物末端的挑流鼻坎,利用高速下泄水流的动能,将水流挑射到远离建筑物的河床中,与下游水流衔接,称为挑流式衔接与消能。如图 9-2 所示。射出的水股在空中扩散、掺气消耗掉部分动能,然后落入下游河床形成的水垫中,大部分能量在水股跌入水垫后通过水股两侧形成的水滚而消除。这种消能形式往往用于中、高水头，且单宽流量较大时的情形。

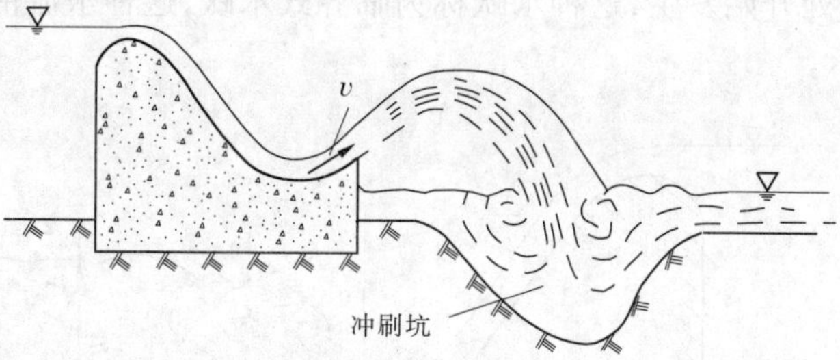

图 9-2

三、面流式消能

利用建筑物末端设置的跌坎，将高速水流导向下游水流表层，主流与河床间由巨大的底部旋滚隔开，以减轻高速主流对河床的冲刷。水流能量主要通过表层主流的扩散、流速分布调整及底部反向旋滚与主流的相互作用而消耗。由于高流速的主流位于下游水流表层，故称其为面流式衔接与消能，如图 9-3 所示。这种消能形式要求下游具有较高和较稳定的水位，一般用于有排冰、漂木等要求的泄水建筑物。

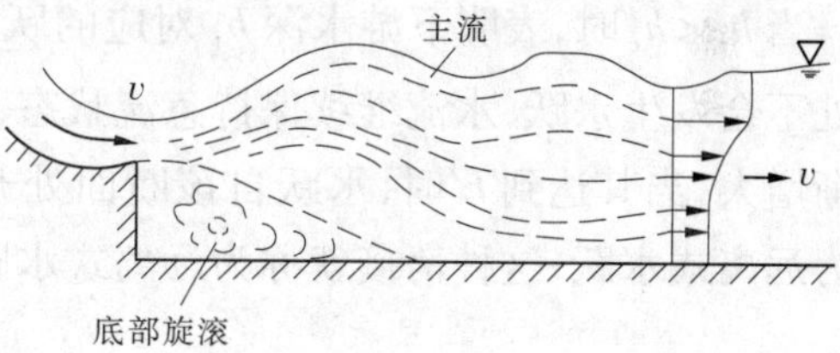

图 9-3

除了上述三种常见消能方式外，一些新型的消能方式也在不断发展。如戽流式消能、竖井消能、孔板消能、宽尾墩消能等。在工程实践中，具体采用哪一种消能方式必须结合工程的运用要求，并兼顾水力、地形、地质条件等进行综合分析，因地制宜地加以选择。

限于篇幅，本章只介绍最常用的底流式和挑流式衔接与消能的分析和计算。

第二节　底流式衔接与消能

一、底流式衔接的主要形式

经闸、坝下泄的水流在泄流过程中，势能不断转化为动能。在建筑物下游某过水断面上水深达到最小值，而流速达到最大值，这个断面称为收缩断面，该断面水深为收缩水深 h_c。收缩断面水深 h_c 一般小于临界水深 h_k，水流呈急流；而河道下游水深 h_t 往往大于临界水深 h_k，水流呈缓流，水流从急流向缓流过渡，必然发生水跃。假设水跃自收缩断面处开始发生，则 h_c 即为跃前水深 h'，由水跃方程可算出对应的跃后水深 h_c''，根据下游河道的水深 h_t（即实际的跃后水深）与 h_c''的相对大小，下游水流流态将与以下三种水跃衔接情况有关。

（一）临界式水跃衔接

当 $h_t = h_c''$ 时，表明此时下游水深 h_t 正好等于收缩断面水深 h_c 所对应的跃后水深 h_c''，则水跃自收缩断面处开始发生，这种水跃称为临界式水跃，这种水流衔接称为临界式水跃衔接，如图 9-4 所示。

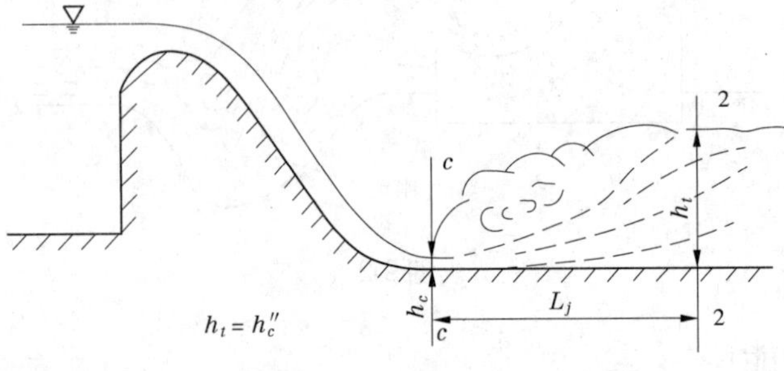

图 9-4

（二）远离式水跃衔接

当 $h_t < h_c''$ 时，表明下游水深 h_t 对应的跃前水深 h' 大于收缩断面水深 h_c，此时收缩断面处不会发生水跃，水流继续保持急流状态，随着水流沿程扩散，水深由收缩断面水深 h_c 逐渐增大，当其达到 h' 时，水跃自该断面处开始发生。这种发生在收缩断面下游的水跃称为远离式水跃，这种衔接就称为远离式水跃衔接，如图 9-5 所示。

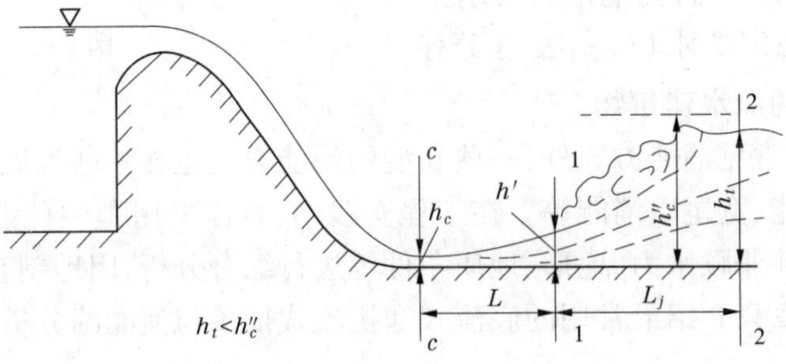

图 9-5

（三）淹没式水跃衔接

当 $h_t > h_c''$ 时，表明与下游水深 h_t 相应的跃前水深 h' 必小于收缩断面水深 h_c。从理论上讲，此时水跃的起始断面应在收缩断面的上游，整个水跃将被推向上游，使收缩断面处于水跃旋滚之下，这种收缩断面处于水跃旋滚之下的水跃称为淹没式水跃，这种衔接就称为淹没式衔接，如图 9-6 所示。

上述三种水跃衔接形式中，远离式水跃对工程最为不利。因其急流段长，所需加固的河段较长，不经济，所以不采用。临界水跃不稳定，下泄流量稍有增加或下游水位略有降低，就转为远离式水跃，也不宜采用。因此，从减少急流段保护长度、水跃位置的稳定性要求及消能效果等几方面综合考虑，采用稍有淹没的水跃衔接形式进行消能最为有利。

要判断水跃衔接形式，首先必须确定收缩断面水深。

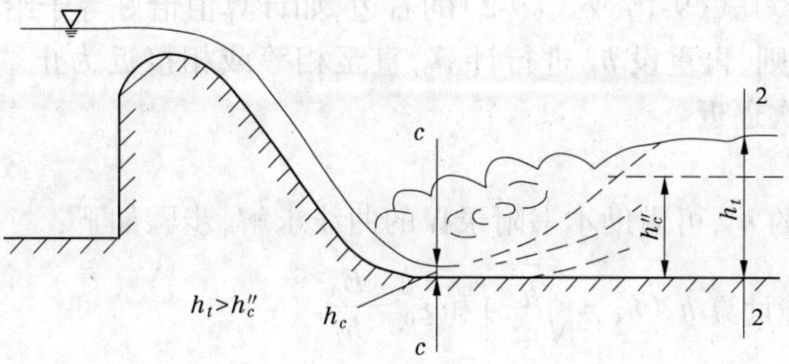

图 9-6

二、收缩断面水深计算

(一)基本方程

以图 9-7 所示的溢流坝为例,建立收缩断面水深计算的基本方程。选通过收缩断面底部的水平面为基准面,对断面 0—0 和断面 c—c 列能量方程,可得下式:

$$E_0 = h_c + \frac{Q^2}{2gA_c^2\varphi^2} \qquad (9\text{-}1)$$

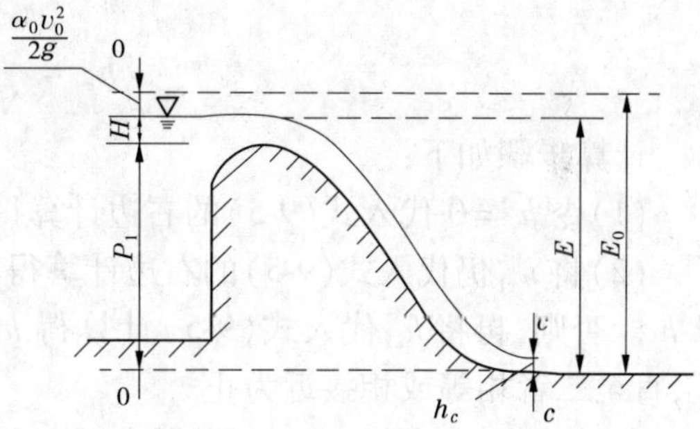

图 9-7

对矩形断面:$A_c = bh_c$,取单宽流量 $q = \frac{Q}{b}$ 计算,则

$$E_0 = h_c + \frac{q^2}{2g\varphi^2 h_c^2} \qquad (9\text{-}2)$$

式中:$E_0 = P_1 + H_0 = P_1 + H + \frac{\alpha_0 v_0^2}{2g}$,为坝前断面的总水头;$\varphi = \frac{1}{\sqrt{\alpha_c + \zeta}}$,为流速系数,一般采用经验公式计算,对于高坝可采用式(9-3)计算;对于坝前水流无明显掺气,且 $\frac{P_1}{H} < 30$ 的曲线型实用堰,可采用式(9-4)计算:

$$\varphi = \left(\frac{q^{\frac{2}{3}}}{s}\right)^{0.2} \qquad (9\text{-}3)$$

$$\varphi = 1 - 0.0155\frac{P_1}{H} \qquad (9\text{-}4)$$

式(9-3)中,s 为上游水位至收缩断面底部的垂直距离,单位以米计。

(二)计算方法

由于式(9-1)和式(9-2)均为 h_c 的三次方程,因此求 h_c 时一般采用试算法、图解法或逐次渐近法。

1. 试算法

已知溢流坝断面形状、尺寸、E_0、Q 和 φ 时,据式(9-1)或式(9-2)应用试算法求解 h_c 的步骤如下:

假设一个 h_c，计算式(9-1)或式(9-2)的右边，如计算值恰好等于给出的 E_0 值，则所设的 h_c 即为所求。否则，再重设 h_c 进行计算，直至相等或相接近为止。计算可列表进行，以便检查错误及逐次逼近。

2. 图解法

对于矩形断面的 h_c，可借助本书附录Ⅳ的曲线求解，步骤如下：

(1)据已知条件计算 h_k($h_k = \sqrt[3]{\dfrac{q^2}{g}}$)和 $\xi_0 = \dfrac{E_0}{h_k}$。

(2)据 φ 和 ξ_0 在附录Ⅳ的关系曲线上求得 $\xi_c' = \dfrac{h_c}{h_k}$ 和 $\xi_c'' = \dfrac{h_c''}{h_k}$。

(3)解得 $h_c = \xi_c' h_k$，$h_c'' = \xi_c'' h_k$。

3. 逐次渐近法

将式(9-2)改写为

$$h_c = \sqrt{\frac{\dfrac{q^2}{2g\varphi^2}}{E_0 - h_c}} \tag{9-5}$$

计算步骤如下：

(1)令 $h_c = 0$ 代入式(9-5)的右边计算得 h_{c1}。

(2)将 h_{c1} 仍代入式(9-5)的右边计算得 h_{c2}，比较 h_{c1} 和 h_{c2}，如二者相等，则 h_{c2} 即为所求 h_c。否则，再将 h_{c2} 代入式(9-5)计算得 h_{c3}，再比较，如不满足，再计算，就这样逐次渐近，直至二者相等或相接近为止。

除图解法外，求得 h_c 后还需据水跃方程求解 h_c''，以便判断水跃衔接形式。

【例 9-1】 某水闸单宽流量 $q = 12.50\ m^3/(s \cdot m)$，上游水位 28.00 m，下游水位 24.50 m，渠底高程 21.00 m，闸底高程 22.00 m，$\varphi = 0.95$，如图 9-8 所示，试判断下游水流衔接形式。

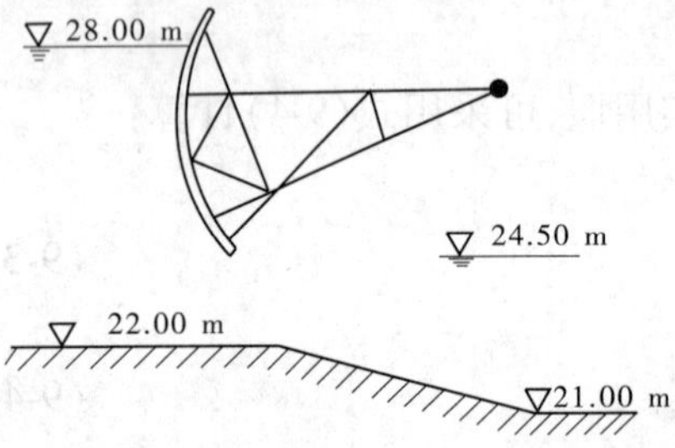

图 9-8

解 首先计算 E_0。计算下游坝高 P_1：

$$P_1 = 22.00 - 21.00 = 1.00(m)$$

计算闸前水深 H_0：

$$H = 28.00 - 22.00 = 6.00(m)$$

$$v_0 = \frac{q}{H} = \frac{12.50}{6.00} = 2.08(m/s)$$

$$H_0 = H + \frac{v_0^2}{2g} = 6.00 + \frac{2.08^2}{19.6} = 6.22(m)$$

故 $$E_0 = P_1 + H_0 = 1.00 + 6.22 = 7.22(m)$$

1. 试算法

先计算 $\dfrac{q^2}{2g\varphi^2} = \dfrac{12.50^2}{2 \times 9.8 \times 0.95^2} = 8.833(m^3)$。

设 $h_c = 1.00$ m，代入式(9-2)算得等式右边 $f(h_c) = 9.833\ m > E_0 = 7.22$ m，重设 $h_c = 1.5$ m，试算过程见表 9-1。试算结果说明，当 $h_c = 1.212$ m 时，$f(h_c) = 7.225\ m \approx E_0 =$

7.22 m，取 $h_c=1.212$ m。

也可根据表中计算数值绘制 $h_c \sim f(h_c)$ 关系曲线，如图 9-9 所示。由 $E_0=7.22$ m 查得 $h_c=1.212$ m，与试算结果相符。将其代入水跃方程，可得

$$h_c''=\frac{h_c}{2}\left(\sqrt{1+\frac{8q^2}{gh_c^3}}-1\right)=\frac{1.212}{2}\times\left(\sqrt{1+\frac{8\times 12.5^2}{9.8\times 1.212^3}}-1\right)=4.56(\text{m})$$

表 9-1　收缩水深 h_c 试算表

h_c	1.00	1.10	1.15	1.212	1.50
h_c^2	1.00	1.21	1.323	1.469	2.25
$8.833/h_c^2$	8.833	7.30	6.676	6.013	3.926
$f(h_c)=(h_c+q^2/2g\varphi^2h_c^2)$	9.833	8.40	7.826	7.225	5.43

2. 图解法

计算临界水深 h_k（对于矩形断面）

$$h_k=\sqrt[3]{\frac{q^2}{g}}=\sqrt[3]{\frac{12.5^2}{9.8}}=2.52(\text{m})$$

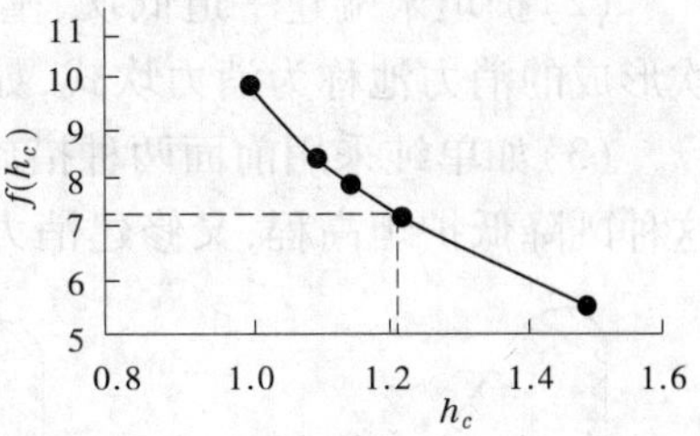

图 9-9

计算 ξ_0：

$$\xi_0=\frac{E_0}{h_k}=\frac{7.22}{2.52}=2.87$$

据 $\xi_0=2.87$ 和 $\varphi=0.95$ 查附录Ⅳ得

$$\xi_c=0.477, \xi_c''=1.82$$

则　$h_c=\xi_c h_k=0.477\times 2.52=1.202(\text{m})$　$h_c''=\xi_c'' h_k=1.82\times 2.52=4.59(\text{m})$

3. 逐次渐近法

计算 $\frac{q^2}{2g\varphi^2}=\frac{12.5^2}{2\times 9.8\times 0.95^2}=8.833$，令式(9-5)根号内的 $h_c=0$，则

第一次　$h_{c1}=\sqrt{\frac{8.833}{7.22-0}}=1.223(\text{m})$

第二次　$h_{c2}=\sqrt{\frac{8.833}{7.22-1.223}}=1.214(\text{m})$

第三次　$h_{c3}=\sqrt{\frac{8.833}{7.22-1.214}}=1.213(\text{m})$

因 h_{c3} 与 h_{c2} 很接近，故取 $h_c=1.213$ m，将其代入水跃方程得 h_c''：

$$h_c''=\frac{h_c}{2}\left(\sqrt{1+\frac{8q^2}{gh_c^3}}-1\right)$$

$$=\frac{1.213}{2}\times\left(\sqrt{1+\frac{8\times 12.5^2}{9.8\times 1.213^3}}-1\right)=4.56(\text{m})$$

由上述计算可知 h_c'' 在 4.56～4.59 m 之间，均大于下游水深 $h_t=24.50-21.00=3.50(\text{m})$，因此下游发生远离式水跃。

目前,上述计算过程在工程上常采用计算机进行,既快捷、方便,又能满足工程精度要求。

三、消力池的水力计算

如果判定泄水建筑物下游发生临界式或远离式水跃,则必须采取有效的工程措施,改变这种衔接形式,使其发生淹没式水跃。

使泄水建筑物下游发生淹没式水跃的关键是增大其下游水深。在工程实践中,一般是通过建"消力池"来达到增大下游水深,使紧接泄水建筑物下游的消力池内发生淹没式水跃的目的。由于发生水跃的池内水流湍急,因此池底要进行特殊加固,这种加固结构称为"护坦"。

增大下游水深的工程措施主要有:

(1)降低护坦高程,增大池内水深,促使池内发生淹没式水跃。这种由开挖形成的消力池称为挖深式,如图9-10(a)所示。

(2)护坦末端建一道低坎,壅高池内水深,促使池内发生淹没式水跃。这种由建消力坎形成的消力池称为消力坎式,如图9-10(b)所示。

(3)如单纯采用前面两种措施中的某一种在技术和经济上均不合理时,可二者兼用。这种既降低护坦高程,又修建消力坎的消力池称为综合式,如图9-10(c)所示。

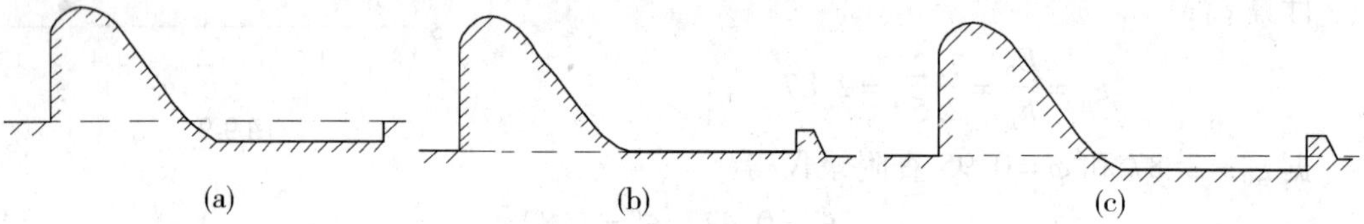

图9-10

本节只讨论矩形断面的挖深式和消力坎式消力池的水力计算。消力池的水力计算主要包括池深(或坎高)及池长的计算。

(一)挖深式消力池池深计算

将下游河床下挖一深度 S 后,形成消力池,池内水流现象如图9-11所示。出池水流由于竖向收缩,过水断面减小,动能增加,形成一水面跌落 Δz,其水流特性与宽顶堰相似,水面跌落 Δz 可用宽顶堰公式计算。从图9-11中可看出,池末水深 h_T 为

$$h_T = S + h_t + \Delta z \tag{9-6}$$

为保证池内发生稍有淹没的水跃,要求池末水深 $h_T > h_c''$。

即要求 $$h_T = \sigma h_c'' = S + h_t + \Delta z$$

式中 σ——反映水跃淹没程度的淹没系数,通常取 $\sigma = 1.05 \sim 1.10$。

由上述条件可得池深 S 的计算公式为

$$S = \sigma h_c'' - (h_t + \Delta z) \tag{9-7}$$

水面跌落 Δz 的计算公式,可通过对消力池出口断面1—1及下游断面2—2列能量方程(以通过断面2—2底部的水平面为基准面)推得:

$$\Delta z = \frac{q^2}{2g}\left[\frac{1}{(\varphi' h_t)^2} - \frac{1}{(\sigma h_c'')^2}\right] \tag{9-8}$$

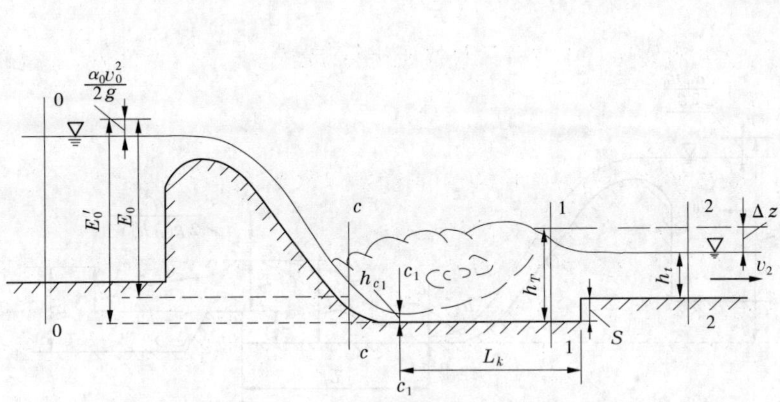

图 9-11

式中　φ'——消力池出口的流速系数,一般取 $\varphi'=0.95$。

应当注意的是,应用式(9-7)和式(9-8)求解池深 S 时,式中的 h_c'' 应是护坦降低以后的收缩断面水深 h_c 对应的跃后水深。而护坦高程降低 S 值后,E_0 增至 $E_0'=E_0+S$,收缩断面位置下移,据式(9-2)可知 h_c 值必然发生改变,与其对应的 h_c'' 值也随之改变。显然,S 与 h_c'' 之间是一复杂的隐函数关系,所以求解 S 一般采用试算法。

试算步骤:

(1)估算池深 S。初估时可用略去 Δz 的近似式:

$$S=\sigma h_c''-h_t \tag{9-9}$$

式中,σ 取 1.05,h_c'' 用护坦高程降低前收缩断面水深的共轭水深 h_c'' 代入计算。

(2)计算建池后的 h_c''。首先用下式计算建池后的 h_c:

$$E_0'=E_0+S=h_c+\frac{q^2}{2g\varphi^2 h_c^2}$$

h_c 的计算方法如前所述,解得 h_c 后,再求出其相应的 h_c''。

(3)计算 Δz。将建池后的 h_c'' 代入式(9-8)求解 Δz。

(4)计算 σ:

$$\sigma=\frac{S+h_t+\Delta z}{h_c''}$$

若 σ 在 1.05～1.10 的范围内,则消力池深度 S 满足要求,否则调整 S,重复步骤(2)～(4),直到满足要求为止。

(二)消力坎式消力池坎高的计算

当河床不易开挖或开挖不经济时,可在护坦末端修筑消力坎,壅高坎前水位形成消力池,以保证在建筑物下游产生稍有淹没的水跃。池内水流现象,如图 9-12 所示。从图中可以看出,这类消力池池内水流现象与挖深式消力池基本相同,不同之处在于出池水流不是宽顶堰流,而是折线型实用堰流。

同理,为保证池内产生稍有淹没的水跃,坎前水深 h_T 应为

$$h_T=\sigma h_c''$$

由图 9-12 可知

$$h_T=C+H_1$$

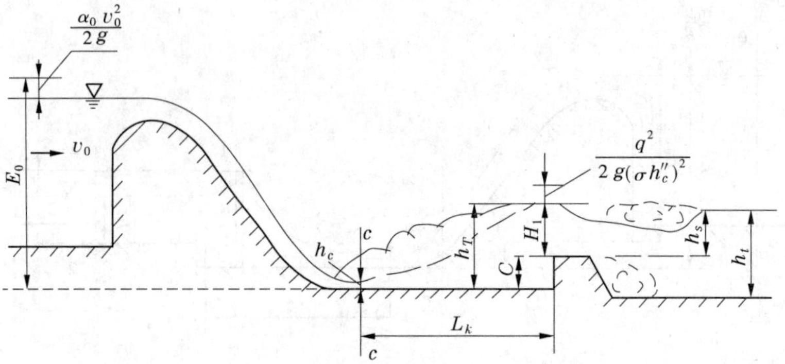

图 9-12

式中　C——坎高；

H_1——坎顶水头。

则
$$C = \sigma h_c'' - H_1 \tag{9-10}$$

当出坎水流为折线型实用堰流时，坎顶水头 H_1 可用堰流公式计算

$$H_1 = H_{10} - \frac{v_0^2}{2g} = \left(\frac{q}{\sigma_s m_1 \sqrt{2g}}\right)^{2/3} - \frac{q^2}{2g(\sigma h_c'')^2} \tag{9-11}$$

则
$$C = \sigma h_c'' + \frac{q^2}{2g(\sigma h_c'')^2} - \left(\frac{q}{\sigma_s m_1 \sqrt{2g}}\right)^{2/3} \tag{9-12}$$

式中　m_1——折线型实用堰的流量系数，一般取 $m_1 = 0.42$；

σ_s——消力坎淹没系数，其大小与下游水深和坎高有关，即

$$\sigma_s = f\left(\frac{h_t - c}{H_{10}}\right) = f\left(\frac{h_s}{H_{10}}\right)$$

试验表明：当$\frac{h_s}{H_{10}} \leqslant 0.45$ 时，为非淹没堰，$\sigma_s = 1$；当$\frac{h_s}{H_{10}} > 0.45$ 时，为淹没堰，σ_s 值可据相对淹没度$\frac{h_s}{H_{10}}$查表 9-2 确定。

表 9-2　消力坎的淹没系数 σ_s 值

h_s/H_{10}	≤0.45	0.50	0.55	0.60	0.65	0.70	0.72	0.74	0.76	0.78
σ_s	1.00	0.990	0.985	0.975	0.960	0.940	0.930	0.915	0.900	0.885
h_s/H_{10}	0.80	0.82	0.84	0.86	0.88	0.90	0.92	0.95	1.00	
σ_s	0.865	0.845	0.815	0.785	0.750	0.710	0.651	0.535	0.000	

应当指出的是，如果消力坎为非淹没堰，则应校核坎后的水流衔接情况。如坎后为临界或远离式水跃衔接时，必须设置第二道消力坎或采取其他消能措施。消力坎的流速系数一般取 0.90 ~ 0.95。

（三）消力池长度的计算

消力池除需具有足够的深度外，还需有足够的长度，以保证水跃不冲出池外，而对下游河床产生不利影响。试验表明，池内淹没水跃因受池末端竖立壁坎产生的反向力作用，水跃长度比平底渠道中产生的自由水跃长度短20%～30%。

即池内淹没水跃的长度L_j'一般为

$$L_j' = (0.7 \sim 0.8) L_j$$

当上游为曲线型实用堰时，消力池长度L_k为

$$L_k = L_j' = (0.7 \sim 0.8) L_j \tag{9-13}$$

式中 L_j——平底渠中自由水跃长度，计算见第七章第三节。

当上游为跌坎或宽顶堰时，消力池长度还应考虑跌坎或宽顶堰到收缩断面间的距离，具体计算请参阅《水力计算手册》或其他有关水力学书籍。

（四）消力池的设计流量

上述消力池的池深和池长的设计都是针对一给定流量进行的，但消力池建成后，必须在规定的不同流量下工作。为保证在给定的流量范围内，消力池均能安全可靠地工作，必须选择一个合适的流量对消力池尺寸进行设计，该流量称为消力池的设计流量，以Q_d表示。显然，以设计流量求得的池深（坎高）和池长应是整个流量变化范围内所求得的最大池深（坎高）和池长。

实际计算时，一般是在给定的流量范围内，选取包括Q_{min}和Q_{max}在内的若干个流量值，分别按前面介绍的方法求得对应的池深S（坎高C），然后绘制S（或C）～Q关系曲线，池深S（坎高C）的最大值对应的流量即为设计流量。

实践证明，池深（坎高）的设计流量并非最大流量，另外池深（坎高）和池长的设计流量，也并非同一值。池深（坎高）的设计流量一般比Q_{max}小，而池长的设计流量则是消力池通过的最大流量。

【例9-2】 已知条件同例9-1，拟在水闸下游建一挖深式消力池，试确定消力池尺寸（出池水流流速系数$\varphi' = 0.95$）。

解 1. 确定池深S

（1）估算池深S

$$S = \sigma h_c'' - h_t = 1.05 \times 4.56 - 3.50 = 1.288(\text{m})$$

（2）计算建池后的h_c''

$$E_0' = E_0 + S = 7.22 + 1.288 = 8.508(\text{m})$$

经计算求得$h_c = 1.091$ m。

$$h_c'' = \frac{h_c}{2}\left(\sqrt{1 + \frac{8q^2}{gh_c^3}} - 1\right) = \frac{1.091}{2} \times \left(\sqrt{1 + \frac{8 \times 12.5^2}{9.8 \times 1.091^3}} - 1\right) = 4.89(\text{m})$$

（3）计算Δz

$$\Delta z = \frac{q^2}{2g}\left[\frac{1}{(\varphi' h_t)^2} - \frac{1}{(\sigma h_c'')^2}\right] = \frac{12.5^2}{2 \times 9.8}\left[\frac{1}{(0.95 \times 3.5)^2} - \frac{1}{(1.05 \times 4.89)^2}\right] = 0.419(\text{m})$$

（4）计算σ

$$\sigma=\frac{S+h_t+\Delta z}{h_c''}=\frac{1.288+3.5+0.419}{4.89}=1.065$$

σ 在 1.05 ~1.10 范围内，所以池深满足要求，为方便施工，池深取 $S=1.3$ m。

2. 确定池长

$$L_k=(0.7\sim0.8)L_j$$

$$L_j=6.9(h_c''-h_c)=6.9\times(4.89-1.091)=26.21(\text{m})$$

$$L_k=(0.7\sim0.8)L_j=0.7\times26.21\sim0.8\times26.21=18.35\sim20.97(\text{m})$$

取池长 $L_k=20$ m。

【例 9-3】 某 WES 剖面堰堰顶高程 456.50 m，下游河床底部高程 420.00 m，泄放单宽流量为 20.00 $\text{m}^3/(\text{s}\cdot\text{m})$ 时，堰上水头 4.50 m，下游水深 8.30 m，流速系数 $\varphi=0.9$，试判断是否需建消力池，若需建请按消力坎式消力池设计尺寸。

解 1. 判断下游水流衔接情况

因为 $\dfrac{P_1}{H}=\dfrac{456.50-420.00}{4.50}=8.11>1.33$

所以为高坝，可忽略行近流速水头，$H_0\approx H=4.50$ m。

$$E_0=P_1+H_0=(456.50-420.00)+4.50=41.00(\text{m})$$

$$h_c=\sqrt{\frac{\dfrac{20^2}{19.6\times0.9^2}}{41-h_c}}$$

经计算得 $h_c=0.79$ m。

$$h_c''=\frac{0.79}{2}\times\left(\sqrt{1+\frac{8\times20^2}{9.8\times0.79^3}}-1\right)=9.78(\text{m})>h_t=8.30\text{ m}$$

故下游发生远离式水跃，需建消力池。

2. 确定消力坎式消力池尺寸

(1) 坎高计算：

$$C=\sigma h_c''+\frac{q^2}{2g(\sigma h_c'')^2}-H_{10}$$

$$H_{10}=\left(\frac{q}{\sigma_s m_1\sqrt{2g}}\right)^{2/3}$$

设消力坎为非淹没堰，$\sigma_s=1$，取 $m_1=0.42$

则 $$H_{10}=\left(\frac{20}{0.42\sqrt{2\times9.8}}\right)^{2/3}=4.87(\text{m})$$

$$C_1=1.05\times9.78+\frac{20^2}{2\times9.8\times(1.05\times9.78)^2}-4.87=5.59(\text{m})$$

$$h_s=h_t-C_1=8.30-5.59=2.71(\text{m})$$

$$\frac{h_s}{H_{10}}=\frac{2.71}{4.87}=0.556>0.45$$

所以，消力坎为淹没堰，$\sigma_s<1$，采用逐次渐近法重算坎高。

据$\frac{h_s}{H_{10}}=0.556$查表9-2得$\sigma_s=0.984$。

$$H_{10}=\left(\frac{20}{0.984\times0.42\times\sqrt{2\times9.8}}\right)^{2/3}=4.92(\text{m})$$

$$C_2=1.05\times9.78+\frac{20^2}{2\times9.8\times(1.05\times9.78)^2}-4.92=5.54(\text{m})$$

$$h_s=h_t-C_2=8.30-5.54=2.76(\text{m})$$

$\frac{h_s}{H_{10}}=\frac{2.76}{4.92}=0.561$，查表9-2得$\sigma_s=0.983$。

$$H_{10}=\left(\frac{20}{0.983\times0.42\times\sqrt{2\times9.8}}\right)^{2/3}=4.93(\text{m})$$

$$C_3=1.05\times9.78+\frac{20^2}{2\times9.8\times(1.05\times9.78)^2}-4.93=5.53(\text{m})$$

因C_3与C_2很接近，故取$C=5.53$ m，则坎高取为5.50 m。

(2)池长计算：

$$L_k=(0.7\sim0.8)L_j$$

$$L_j=6.9(h_c''-h_c)=6.9\times(9.78-0.79)=62.03(\text{m})$$

$$L_k=0.7\times62.03\sim0.8\times62.03=43.42\sim49.62(\text{m})$$

取池长为46 m。

第三节　底流消能的其他形式及辅助设施

一、特殊的消力池形式

当下游水深较大、泄水建筑物下游形成淹没度过大的水跃时，消能效果将大为降低，甚至形成高速潜流，使下游较长范围内的河床受到冲刷。此时可采用斜坡消力池或戽式消力池等特殊形式的消力池。

(一)斜坡消力池

所谓斜坡消力池是指消力池护坦不采用平底，而采用有一定坡度的倾斜护坦，如图9-13所示。当下游水位偏高时，水跃发生在倾斜护坦的首端；当下游水位偏低时，水跃发生在倾斜护坦较后的某个位置。

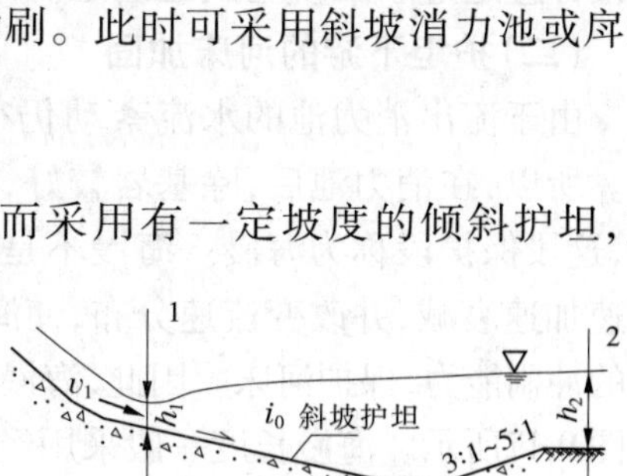

图 9-13

目前，斜坡护坦上水跃的水力计算尚无完善的方法。设计时可用试算法，其水力计算请参阅有关水力计算手册或文献。

(二)戽式消力池

当下游水深较大，且有一定范围变化时，可在泄水建筑物末端修建一个具有较大反弧半径和挑角的低鼻坎的凹面戽斗，即消力戽。受一定下游水深的顶托作用，从泄水建筑物下泄的高速水流在戽内形成剧烈的表面旋滚,主流沿鼻坎挑起,形成涌浪并向下游扩散,戽坎下出戽主流与河床之间产生一个反向旋滚,有时涌浪之后还会产生一个微弱的表面旋滚。消力戽就是利用这三个旋滚和一个涌浪产生强烈的紊动摩擦和扩散作用,取得良好的消能效果,典型的戽流流态,如图 9-14所示。

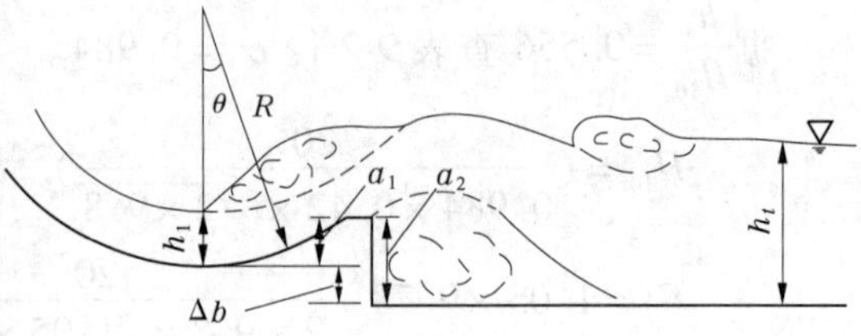

图 9-14

当下泄单宽流量过大时,为了加大戽内旋滚体积,增加消能效果,从戽体最低断面开始,设置一段水平池底,使戽体形似消力池,但却保持戽流特点,因而称为戽式消力池,如图 9-15 所示。其水力计算请参阅有关水力计算手册或文献。

二、辅助消能工

(一)辅助消能工

所谓辅助消能工是指消力池中设置的趾墩、消力墩等水工构筑物,如图 9-16所示。辅助消能工通过分散入池水流及使水流受阻,促使水流撞击,形成旋涡,加强紊动,以提高消能效果,从而达到稳定水跃、减小消力池深度和长度的目的。

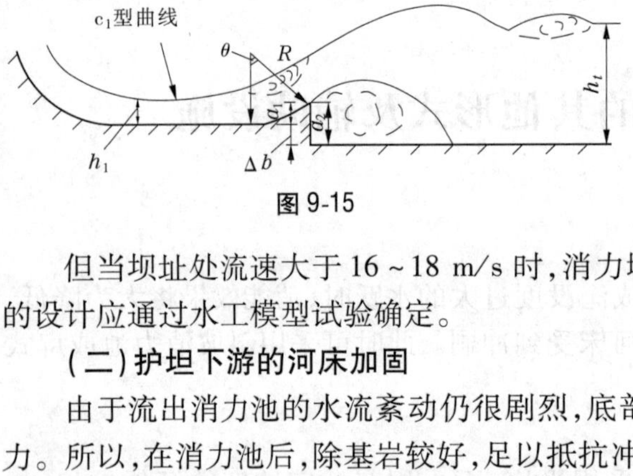

图 9-15

图 9-16

但当坝址处流速大于 16 ~ 18 m/s 时,消力墩易发生空蚀破坏,重大工程辅助消能工的设计应通过水工模型试验确定。

(二)护坦下游的河床加固

由于流出消力池的水流紊动仍很剧烈,底部流速较大,故对河床仍有较强的冲刷能力。所以,在消力池后,除基岩较好,足以抵抗冲刷外,一般都要设置较为简易的河床保护段,这段保护段称为海漫。海漫不是依靠旋滚来消能,而是通过加糙、加固过流边界,促使流速加速衰减,并改变流速分布,使海漫末端的流速沿水深的分布接近天然河床,以减小水流的冲刷能力,保护河床。因此,海漫通常用粗石料或表面凹凸不平的混凝土块铺砌而成,如图 9-17所示。海漫长度一般采用经验公式估算。

海漫下游水流仍具有一定冲刷能力,会在海漫末端形成冲刷坑。为保护海漫基础的稳定,海漫后一般应设置比冲刷坑略深的齿槽或防冲槽。具体设计可参阅有关书籍。

(三)跌水

当渠道通过地形较为陡峻的地区时,为了保持合适的渠道比降(底坡),减少挖填方,常将渠道分段。各段间一般采用跌水、陡槽等建筑物连接。

跌水又分为单级跌水和多级跌水两类。水流只跌落一次的称为单级跌水,适用于落

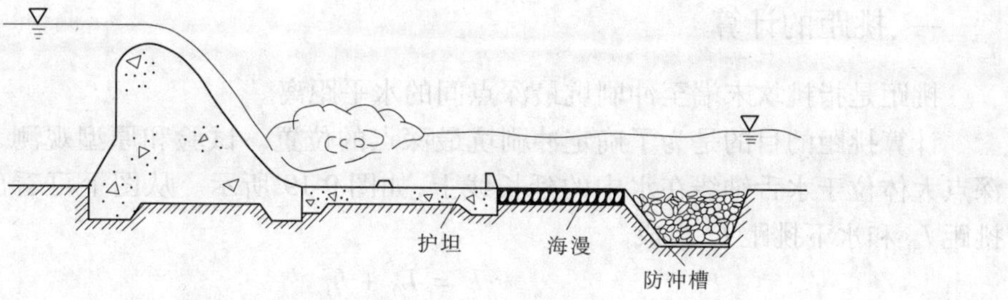

图 9-17

差较小的情况；水流沿一系列呈阶梯状的矮墙逐级下跌的称为多级跌水，适用于落差较大的情况。单级跌水由进口段、跌水墙、消力池和出口段四部分组成，如图 9-18 所示。进口段一般由渐变段和比渠宽稍窄的进口组成。渐变段常采用光滑圆弧曲线与上游渠道连接，以保证通过各级流量时，上游渠道均不会发生冲刷和淤积。同时，消力池要保证有一定的尺寸和深度，出口段常设计成有抬高的坎，并具有一定的长度，以保证下游渠床不会发生冲刷。其水力计算可参阅有关水力计算手册。

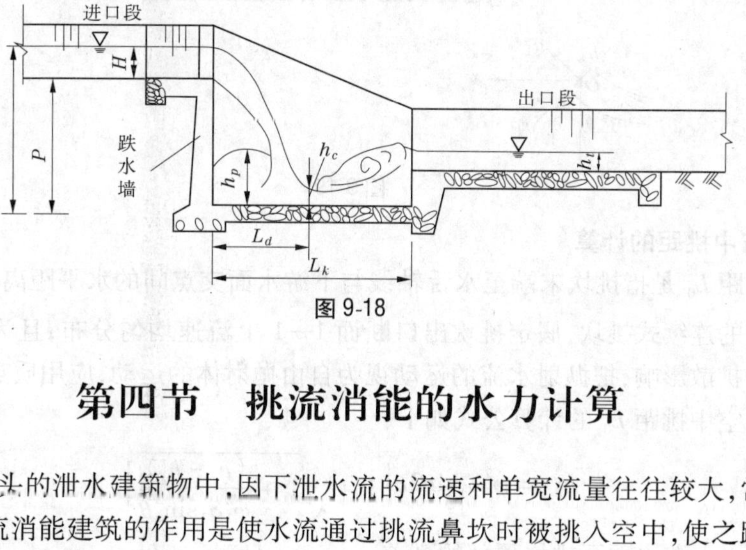

图 9-18

第四节　挑流消能的水力计算

在中、高水头的泄水建筑物中，因下泄水流的流速和单宽流量往往较大，常采用挑流消能形式。挑流消能建筑的作用是使水流通过挑流鼻坎时被挑入空中，使之跌落在远离建筑物的下游河床。

挑流消能的消能原理：一是空中消能，即利用被鼻坎挑射出的水股在空中的扩散掺气消耗一部分动能；二是水下消能，即利用扩散了的水舌落入下游河床时，与下游河道水体发生碰撞，并在水舌入水点附近形成的两个大旋滚消耗剩余的大部分动能。如潜入河底水舌的冲刷能力仍大于河床抗冲能力时，将对河床造成冲刷，形成冲刷坑。随着坑深的增加，坑内水垫厚度加大，潜入水舌冲刷能力逐渐减弱，冲刷坑趋于稳定。

挑流消能的优点是构造简单，不需修建大量的下游护坦，便于维修；缺点是挑流引起的水流雾化严重，尾水波动大。

挑流消能水力计算的主要任务是：根据已知的水力条件，正确选择挑坎形式和尺寸，计算水舌的挑距，估算冲刷坑深度，并校核是否影响建筑物的安全。

一、挑距的计算

挑距是指挑坎末端至冲刷坑最深点间的水平距离。

计算挑距的目的是为了确定冲刷坑最深点的位置。试验和原型观测表明，冲刷坑最深点大体位于水舌轴线在水中的延长线上，如图 9-19 所示。从图上可看出，挑距由空中挑距 L_0 和水下挑距 L_1 组成

$$L = L_0 + L_1 \tag{9-14}$$

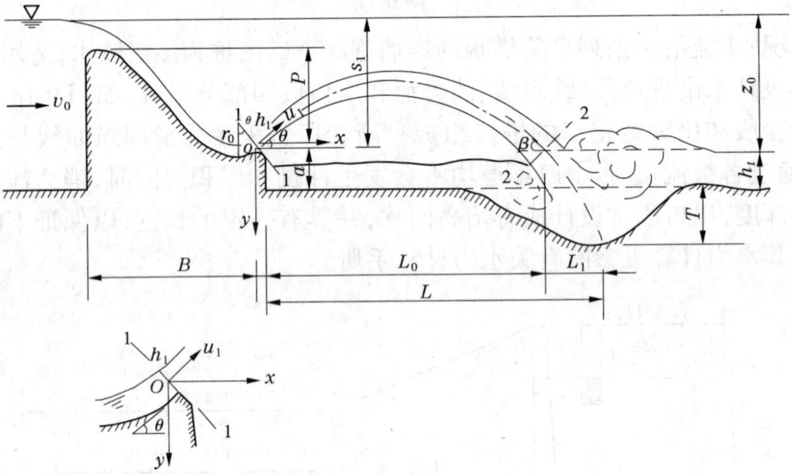

图 9-19

(一)空中挑距的计算

空中挑距 L_0 是指挑坎末端至水舌轴线与下游水面交点间的水平距离。

对平滑的连续式挑坎，假定挑坎出口断面 1—1 上流速均匀分布，且为 v_1。略去空气阻力和水舌扩散影响，把抛射水流的运动视为自由抛射体的运动，应用质点自由抛射运动原理可导出空中挑距 L_0 的计算公式如下：

$$L_0 = \varphi_1^2 S_1 \sin 2\theta \left[1 + \sqrt{1 + \frac{(a - h_t)}{\varphi_1^2 S_1 \sin^2 \theta}} \right] \tag{9-15}$$

式中 S_1——上游水面至挑坎顶部的高差；

a——挑坎高度，即下游河床至挑坎顶部的高差；

θ——鼻坎挑射角；

h_t——冲刷坑后下游水深；

φ_1——坝面流速系数，可按经验公式计算

$$\varphi_1 = \sqrt[3]{1 - \frac{0.055}{K^{0.5}}} \tag{9-16}$$

其中，K 为流能比，$K = \frac{q}{\sqrt{g} S_1^{1.5}}$，$q$ 为单宽流量。

式(9-16)用于 $K = 0.004 \sim 0.15$ 范围内，当 $K > 0.15$ 时，取 $\varphi_1 = 0.95$。

(二)水下挑距的计算

水下挑距指水舌轴线与下游水面交点至冲刷坑最深点间的水平距。水舌射入下游水面后,属于射流的潜没扩散运动,与质点的自由抛射运动不同。可以近似认为,水舌落入下游水面后仍沿入水角方向直线前进,并假设冲坑最深点位于该直线上,则

$$L_1 = \frac{T + h_t}{\tan\beta} \tag{9-17}$$

式中 T——冲刷坑深度;

h_t——冲刷坑下游水深;

β——水舌入水角,可按下式近似计算

$$\cos\beta = \sqrt{\frac{\varphi_1^2 S_1}{\varphi_1^2 S_1 + z - S_1}}\cos\theta \tag{9-18}$$

式中 z——上、下游水位差。

二、冲刷坑深度的估算

冲刷坑深度取决于水舌跌入下游水面后的冲刷能力及河床的抗冲能力。当潜入下游河底的水舌冲刷能力仍大于河床的抗冲能力时,河床被冲刷,形成冲刷坑。随着坑深的增加,坑内水垫消能作用加大,水舌冲刷能力下降,当其与河床抗冲能力达到平衡时,冲坑深度不再增加。

水舌的冲刷能力主要与单宽流量、上下游水位差、下游水深、坝面形式、水流在空中的能量损失、掺气程度及入水角等因素有关。而河床的抗冲能力则与河床的地质条件有关。

综上所述,影响冲刷坑深度的因素众多且复杂。因此,目前工程上还只能依靠一些经验公式来估算冲刷坑的深度。我国目前普遍采用的计算公式为

$$T = K_s q^{0.5} z^{0.25} - h_t \tag{9-19}$$

式中 K_s——抗冲系数,与河床的地质条件有关。国内水利工程的研究和规范提出:坚硬完整的基岩 $K_s = 0.9 \sim 1.2$;坚硬但完整性较差的基岩 $K_s = 1.2 \sim 1.5$;软弱破碎、裂隙发育的基岩 $K_s = 1.5 \sim 2.0$。

冲刷坑是否会危及建筑物的基础,一般用冲刷坑后坡 i 来判断。冲刷坑后坡 i 是指冲刷坑最深点与挑流鼻坎末端同河床交点的连线的坡度,$i = T/L$。当 $i < i_c$ 时,就认为冲刷坑不会危及建筑物安全。i_c 为许可的冲刷坑最大后坡,规范提出 $i_c = 1/2.5 \sim 1/5$。

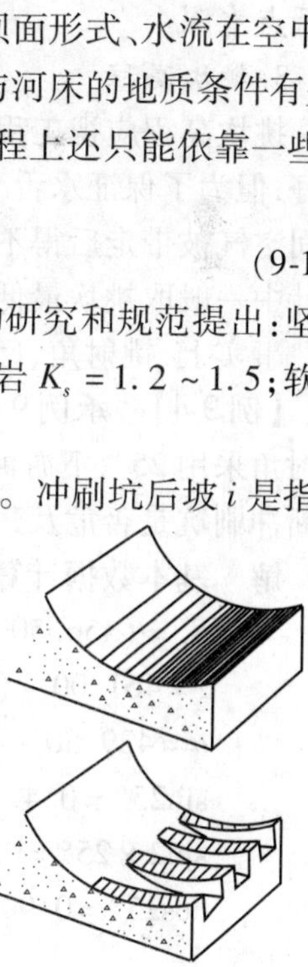

图 9-20

三、连续式挑坎尺寸的拟定

(一)挑坎型式

常用的挑坎型式有连续式和差动式两种,如图 9-20 所示。连续式沿整个挑坎宽度上具有同一反弧半径 R 和挑射角 θ。其优点是施工简便,不易气蚀,比相同条件下的差动式挑坎挑射距

离远；缺点是水舌比较集中，冲坑较深。差动式挑坎由具有不同反弧半径 R 和挑射角 θ 的高齿和低槽构成，高齿和低槽错落布置。优点是使水流通过挑坎时被分成两层，垂直方向有较大扩散，下游形成的冲坑深度较小；缺点是流速较高时，差动坎处易产生气蚀。

除上述两种挑坎型式外，实际应用中还有一些异型挑坎，如窄缝挑坎、扭曲挑坎、高低挑坎等，但目前应用较多的是连续式挑坎。

（二）挑坎尺寸拟定

挑坎尺寸拟定的原则是使同样水力条件下得到的挑距最大，冲坑深度较浅。下面简略介绍连续式挑坎的尺寸选择。

1. 挑射角

根据质点抛射运动原理，当挑射角 $\theta<45°$ 时，θ 值愈大，空中挑距 L_0 愈大，但入水角 β 也相应增大，水下挑距 L_1 减小，冲坑深度增加，而总挑距基本不变。此外，随着挑射角的增大，开始形成挑流的流量，即所谓起挑流量也增大。当下泄流量小于起挑流量时，水流挑射不出去，必在反弧段内形成旋滚，然后沿挑坎漫溢而下，冲刷坝址，危及建筑物的安全。所以，挑射角不宜选得过大，实践证明，较适当的挑射角 $\theta=15°\sim30°$。

2. 反弧半径

反弧半径 R 的大小直接影响着水舌挑距。因为水流在反弧段内作曲线运动时，将受到离心惯性力的作用，从而使反弧段内动水压强加大，流速降低。反弧半径愈小，反弧段曲率愈大，下泄水流在反弧段受到的离心惯性力就愈大，动水压强也就愈大，流速就愈低，挑距必然愈短。因此，为保证有较远的挑距，反弧半径多采用 $R=(4\sim10)h_c$，h_c 为反弧段最低点水深。

3. 挑坎高程

挑坎高程应视工程布置而定。从增加挑距、减小混凝土方量的角度讲，挑坎高程愈低愈好，但为了保证水舌下缘与坝址附近的下游水面间有足够的空间，避免因水舌运动使该空间空气被带走后得不到补充，形成真空，压低水舌，减小挑距，甚至形成贴流冲刷坝址，设计中一般取挑坎最低高程等于或略高于最高下游水位。

事实上，挑射角、反弧半径、挑坎高程三者是彼此相关的，应统一考虑，选择最优组合。

【例 9-4】 承例 9-3 的水力条件，溢流坝下游改为挑流消能，鼻坎高程为 429.50 m，挑射角采用 25°，下游河床基岩软弱破碎、裂隙发育。试计算水舌挑距及冲刷坑深度，并判断冲刷坑是否危及建筑物的安全。

解 基本数据计算：

$$S_1=(456.50+4.50)-429.50=461.00-429.50=31.50(\text{m})$$

$$z=461.00-(420.00+8.30)=461.00-428.30=32.70(\text{m})$$

$$a=429.50-420.00=9.50(\text{m})$$

$$\sin25°=0.4226$$

$$\sin2\times25°=0.766$$

$$\cos25°=0.9063$$

流能比
$$K=\frac{q}{\sqrt{g}S_1^{1.5}}=\frac{20}{\sqrt{9.8}\times31.5^{1.5}}=0.036$$

流速系数 $\varphi_1 = \sqrt[3]{1 - \frac{0.055}{K^{0.5}}} = \sqrt[3]{1 - \frac{0.055}{0.036^{0.5}}} = 0.892$

入水角 β $\cos\beta = \sqrt{\frac{\varphi_1^2 S_1}{\varphi_1^2 S_1 + z - S_1}}\cos\theta$

$$= \sqrt{\frac{0.892^2 \times 31.50}{0.892^2 \times 31.50 + 32.70 - 31.50}} \times 0.906\ 3 = 0.885$$

故 $\beta = 27.75°$ $\tan\beta = 0.526\ 1$

(1)空中挑距 $L_0 = \varphi_1^2 S_1 \sin 2\theta\left[1 + \sqrt{1 + \frac{(a - h_t)}{\varphi_1^2 S_1 \sin^2\theta}}\right]$

$$= 0.892^2 \times 31.50 \times 0.766 \times \left[1 + \sqrt{1 + \frac{(9.50 - 8.30)}{0.892^2 \times 31.50 \times 0.422\ 6^2}}\right]$$

$$= 40.81(\text{m})$$

(2)冲刷坑深度

因基岩软弱破碎、裂隙发育,故取 $K_s = 1.6$

$$T = K_s q^{0.5} z^{0.25} - h_t = 1.60 \times 20.00^{0.5} \times 32.70^{0.25} - 8.30 = 8.81(\text{m})$$

(3)水下挑距 $L_1 = \frac{T + h_t}{\tan\beta} = \frac{8.81 + 8.30}{0.526\ 1} = 32.52(\text{m})$

(4)总挑距 $L = L_0 + L_1 = 40.81 + 32.52 = 73.33(\text{m})$

冲刷坑后坡 $i = \frac{T}{L} = \frac{8.81}{73.33} = 0.12 < i_c = \frac{1}{5} = 0.2$

故不会危及建筑物的安全。

本章小结

一、常见的水流衔接和消能形式

常见的水流衔接和消能形式为底流式、挑流式、面流式。

二、底流式衔接与消能的水力计算

(一)衔接计算与衔接形式判别

1. 计算步骤

由 $E_0 = h_c + \frac{Q^2}{2g\varphi^2 A_c^2}$(矩形断面:$E_0 = h_c + \frac{q^2}{2g\varphi^2 h_c^2}$)求出 h_c;计算与 h_c 相应的 h_c''。

2. 衔接形式判别

泄水建筑物下游的水跃衔接形式:
- 需建消能工:
  - $h_c'' > h_t$ 远离式
  - $h_c'' = h_t$ 临界式
- 不需建消能工:$h_c'' < h_t$ 淹没式

(二)消能设计

1. 修建消力池的目的

增大下游水深,使之产生稍有淹没的水跃。

2. 消力池的类型

挖深式、消力坎式、综合式消力池。

3. 消能计算

(1)挖深式消力池池深

池深公式:

$$S=\sigma h_c''-(h_t+\Delta z)\quad \Delta z=\frac{q^2}{2g}\left[\frac{1}{(\varphi' h_t)^2}-\frac{1}{(\sigma h_c'')^2}\right]$$

计算步骤:据建池前的 h_c'' 估算池深 S;据估算池深再算建池后的 h_c 及 h_c'';计算 Δz;计算 σ,若 $\sigma=1.05\sim1.10$,则池深 S 满足要求,否则重设池深,直到满足要求为止。

(2)消力坎式消力池坎高

坎高公式:

$$C=\sigma h_c''+\frac{q^2}{2g(\sigma h_c'')^2}-\left(\frac{q}{\sigma_s m_1\sqrt{2g}}\right)^{2/3}$$

计算步骤:取 $\sigma=1.05$、$m_1=0.42$,假定 $\sigma_s=1$,计算 C、h_s 和 $\frac{h_s}{H_{10}}$,若 $\frac{h_s}{H_{10}}\leqslant0.45$,为非淹没堰,$\sigma_s=1$,$C$ 计算正确,但需校核坎后出流状态,直至发生淹没水跃衔接为止;若 $\frac{h_s}{H_{10}}>0.45$,为淹没堰,$\sigma_s<1$,需重算坎高,σ_s 值可据相对淹没度 $\frac{h_s}{H_{10}}$ 查表 9-2 确定。

(3)曲线型实用堰下消力池长的确定

$$L_k=(0.7\sim0.8)L_j$$

三、挑流式衔接与消能的水力计算

(1)挑距计算:

$$L=L_0+L_1=\varphi_1^2 S_1\sin2\theta\left[1+\sqrt{1+\frac{(a-h_t)}{\varphi_1^2 S_1\sin^2\theta}}\right]+\frac{T+h_t}{\tan\beta}$$

(2)冲刷坑深度估算:

$$T=K_s q^{0.5}z^{0.25}-h_t$$

(3)冲刷坑后坡:$i=T/L$,当 $i<i_c$ 时冲刷坑不会危及建筑物的安全。

(4)拟定挑坎尺寸:挑射角、反弧半径、挑坎高程。

习　题

9-1　自闸、坝下泄的水流有何特点,对枢纽有什么影响?

9-2　工程中常见的水流衔接和消能措施有哪些,其消能原理是什么,如何防止冲刷破坏的发生?

9-3　底流式消能要求泄水建筑物下游的水流衔接形式是什么,如不满足可采取哪些工程措施?

9-4　计算 h_c 的目的是什么?简介常用的计算方法。

9-5 简述挖深式消力池池内水流及出池水流的特征。

9-6 简述消力坎式消力池池内水流及出池水流的特征。

9-7 在挖深式消力池和消力坎式消力池中池深和坎高对收缩水深 h_c 的影响是否相同,为什么?

9-8 底流式消能工的作用是什么?

9-9 跌水的作用是什么,什么是单级跌水,它由哪几部分组成?

9-10 挑流消能的水力计算包含哪些内容,连续式挑坎的挑射角、反弧半径、挑坎高程选择应考虑哪些因素?

9-11 某矩形单孔引水闸,闸门宽等于河底宽,闸前水深 $H=8$ m。闸门开度 $e=2.5$ m 时,下泄单宽流量 $q=12\ \mathrm{m^3/(s\cdot m)}$,下游水深 $h_t=3.5$ m,闸下出流的流速系数 $\varphi=0.97$。要求判明下游水流的衔接情况。

9-12 通过单宽流量 $q=8\ \mathrm{m^3/(s\cdot m)}$、堰高 $P_1=13$ m 的溢流坝(曲线型实用堰),其流量系数 $m=0.45$,下游河槽与溢流坝同宽且为矩形,试判别堰下游水深分别为 $h_t=7$ m、$h_t=4$ m、$h_t=3$ m、$h_t=1$ m 时水流的衔接形式(取 $\varphi=0.9$)。

9-13 承例 9-1 的条件,当下游发生远离式水跃时,请按挖深式设计消力池尺寸。

9-14 在矩形河槽中筑一曲线型溢流坝,下游坝高 $P_1=12.5$ m,流量系数 $m=0.502$,侧收缩系数 $\varepsilon=0.95$,溢流时坝上水头 $H=3.5$ m,下游水深 $h_t=5$ m,坝的流速系数 $\varphi=0.95$,试判别是否需建消力池,如需要请按消力坎式设计消力池尺寸。

9-15 某溢流坝下游采用挑流消能,其挑射角 $\theta=25°$,鼻坎高程 $Z_{鼻坎}=678$ m,鼻坎处溢流宽度 $B=40$ m,下游河床底高程 $Z_{河底}=675$ m,当通过设计流量 $Q_p=800\ \mathrm{m^3/s}$ 时,对应的上游水位 $Z_{上}=714.4$ m,堰顶水头 $H=4.4$ m,下游水位 $Z_{下}=677$ m,下游河床基岩坚硬,但完整性较差。试计算水舌挑距,估算冲刷坑深度,并校核建筑物是否安全。

第十章　高速水流简介*

大中型水利水电工程泄水建筑物的上、下游水位差一般都比较大，水头往往有几十米，甚至高达百米以上。通过泄水建筑物的水流流速有时高达每秒几十米，这种水流称为高速水流。高速水流通常会产生以下一些特殊的水力学问题：

(1)产生强烈的压强脉动。强烈的压强脉动引起脉动压力的加大，有可能导致水工建筑物的振动。

(2)出现掺气和气穴现象。当水流流速达到一定程度时，水流掺气，水流的连续性被破坏，从而形成包括液相和气相的两相流，引起水体的体积膨胀，导致建筑物表面发生破坏。

(3)发生特殊波动。当渠槽侧壁的几何条件有变化时，高速水流中还会发生冲击波和滚波等特殊波动现象。一方面增加渠槽中的局部水深，使得渠槽侧壁的设计高度增加；另一方面会增加下游消能的难度。

(4)形成雾化水流。当水流高速下泄时，由于水流与空气或水流与边界的相互作用，一般都会形成雾化水流。雾化水流有时会因建筑物布置不当而影响电站的正常运行；有时会给库区的交通或居民生活造成严重的影响。严重的雾化水流还有可能导致泄水建筑物两岸的山坡因雾化水流的侵蚀而失稳。

应当指出的是，对于高速水流问题，目前理论研究尚不完善，还没有总结出比较成熟的经验，现有的研究成果，距解决工程实际问题还存在一定的差距。下面我们仅就此作一些简单的介绍。

第一节　高速水流的压强脉动对建筑物的影响

一、高速水流的脉动压强

我们已经知道，水流基本流态的形成与水流运动的速度有着密切的联系，高速运动的水流必然会产生高度紊流，液流内部各点的流速和压强，就必然会随时间发生忽大忽小变化的脉动现象。对于高速水流，这种脉动特性尤为突出。在一般紊流的水力计算中，对压强通常只考虑时均压强，而不考虑脉动压强的影响；但在高速水流中，压强脉动十分剧烈，脉动压强则不可忽视。

脉动压强的成因，主要是由于紊流的内部充满了无数大小不等的旋涡，因高速水流的流速很大，使得旋涡产生高速的旋转和震荡，液体质点产生强烈的横向运动，导致水流发生高度的紊动，从而使动水压强出现频率较低且振幅较大的脉动。

二、压强脉动对水工建筑物的影响

动水压强脉动对建筑物的不利影响，概括起来，主要有以下 3 个方面：

(1)增大建筑物的瞬时荷载。在正脉动压强的作用下,建筑物所受的瞬时荷载高于时均荷载,增加了对建筑物的强度要求。也就是说,在高速水流情况下,若设计时只考虑时均压强而不考虑脉动压强对建筑物的影响,建筑物就有破坏的可能。

(2)周期性往复作用在建筑物上的脉动压强可能引起建筑物的振动。当压强的脉动频率与建筑物的自振频率相近时,可引起建筑物的强迫振动,特别是对轻型结构如护坦、溢流的水电站顶面、闸门、压力钢管等,设计时必须考虑是否会因振动而引起破坏。

(3)增加了气蚀发生的可能性。在负脉动压强的作用下,建筑物上所受的瞬时压强大大降低,增大了建筑物发生气蚀破坏的可能性。

三、减轻脉动压强的措施

减轻脉动压强,主要应注意合理地设计泄水建筑物的边界线型,尽可能避免水流突然转折。在高压闸门后应安设足够大的通气孔,以避免产生高度真空和振动。在泄水隧洞中,还应避免因明、满交替而产生的不稳定现象。

第二节　水工建筑物的气蚀问题

一、水工建筑物的气蚀现象

在高速水流的情况下,泄水建筑物的某些部位如泄洪隧洞进口的收缩部分及转弯段、闸门槽附近、溢流坝顶部或坝面不平整处等,常发生建筑物表面被严重剥蚀和破坏现象,这种现象称为气蚀现象。国内外由于气蚀而引起泄水建筑物破坏的例子不少,所以对于高速水流中的气蚀现象应予以高度重视。

二、气蚀的成因

要了解气蚀的成因,我们有必要先说明一下气穴现象中气泡形成的过程。当水流压强迅速降低时,液体内部原本含有的大量微小气泡(气核),便开始游离出来。当水流压强降低时,游离的气核就膨胀起来,形成大量的气泡。当液体的压强降低至相应温度的蒸汽压强时,液体开始汽化,生成更多的小气泡。由于高速水流的高度紊动,将低压区放出来的气泡带到下游的高压区。在内外压差的作用下,迫使气泡突然破灭,气泡的溃灭过程,时间极短,一般只有几百分之一秒,四周的水流质点以极快的速度去填充气泡空间,会聚的这些水流质点的动量瞬间发生剧变,从而产生了巨大的冲击力。这种冲击力的大小可达到几个甚至几十个大气压。由于低压区的气泡不断产生、发展、溃灭,冲击力不断产生并不停地连续冲击着固体边界,使固体表面造成严重的剥蚀,这就是气蚀产生的根本原因。可见,低压区发生气穴是产生气蚀的前提;气蚀则是随后在高压区内气泡溃灭时,破坏固体边界表面材料的结果。

三、避免或减轻气蚀的措施

根据气蚀产生的成因,目前在工程上要避免或减轻气蚀,主要采取以下几个方面的措施：

（1）尽可能将边界轮廓设计成流线型，避免在水流中出现过低的低压区。

（2）在建筑物施工时，尽可能提高建筑物表面的平整、光洁度。局部凸起处必须做成具有一定坡度的平面，以减少气蚀发生的可能性。

（3）对低压区进行人工通气，以减轻负压作用和缓冲气穴溃灭时的冲击作用。

（4）对于难于完全避免气穴的部位，选用高标号混凝土、环氧树脂加填料或合成塑胶等抗气蚀能力较强的材料进行护面，可以减轻气蚀的危害并延长建筑物的使用寿命。

第三节 明渠高速水流掺气

一、水流的掺气现象

当陡槽、高水头明流隧洞或较高的溢流坝泄水时，水流流速很高，当流速达到一定程度（如陡槽中流速大于7～8 m/s）时，空气就会大量掺入水流中，形成乳白色的水汽混合物，这种现象称为水流的掺气现象。

掺气水流从上至下可分为如图10-1所示的三个区域：上部为水点跃移区，中部为气泡悬移区，底部为清水区。当水流高度掺气时，清水区就不存在了。

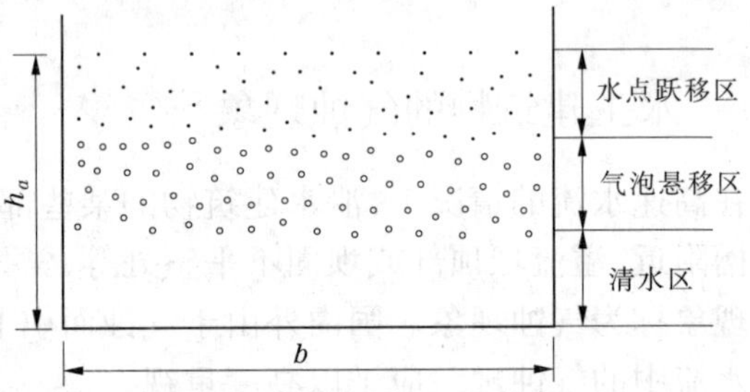

图10-1

二、水流掺气对水工建筑物的影响

高速水流掺气后对水工建筑物的影响主要有以下几个方面：

（1）水流掺气后造成水体膨胀，使得水深加大，导致陡槽的边墙要加高或泄水隧洞的开挖断面要加大。

（2）对无压泄水隧洞，如果对掺气的估计不足、洞顶余幅预留太小时，有可能造成明、满交替的水流现象，使得水流不断冲击边界，威胁洞身的安全。

（3）水流的紊动掺气加大了脉动压力，增大了建筑物的瞬时荷载，从而提高了对建筑物的强度要求。

（4）掺气水流可以加强消能效果，减轻水流对下游的冲击作用，从而减小水流对下游河床的冲刷坑深度。

（5）掺气水流可以减轻或消除气蚀。

从以上几个方面可以看出，掺气对水工建筑物的作用是利弊兼有的，只有很好地认识了这些规律，扬利去弊，才能保证水工建筑物的设计达到既安全又合理的要求。

第四节　明渠急流冲击波现象

一、冲击波现象

对于具有收缩段、扩散段以及弯道的溢洪道或陡槽，槽中水流往往属急流。此时渠槽侧壁的偏转对水流有扰动作用，使下游形成一系列呈菱形状的扰动波，这种现象称为冲击波现象。图 10-2 为底坡一致的明渠在对称收缩段中产生冲击波的情形。

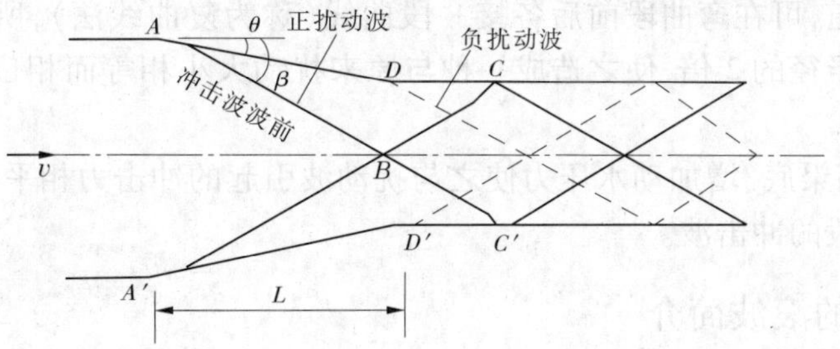

图 10-2

冲击波的产生，对于水利工程主要有两个方面的影响：一是使水流局部壅高，增加了边墙的高度，从而提高了工程造价；二是当冲击波传到下游出口处时，使水流部分集中，增加了下游消能的难度。

在实际工程中，一般应尽量避免产生冲击波。但有时因为地形限制或工程实际需要而难以避免冲击波的发生时，设计时则应预估其水位的壅高值，以确保建筑物的安全运行。

二、冲击波的成因

如图 10-2 所示，当具有巨大惯性的急流遇到内偏折点为 A 及 A' 的内偏折（凹弯）边墙（AD 及 $A'D'$）阻碍时，水流对边墙产生冲击，而边墙迫使水流转向，水面局部壅高，在内偏折点处形成两个正扰动波，各自斜向冲击对岸边墙，并不断斜向朝下游反射和传播，如图 10-2 中实线所示。当急流遇到边墙的外偏折（凸弯）时，水流突然失去依托，水面局部降落，在外偏折点 D 及 D' 处产生两个负扰动波，也各自斜向冲击对岸边墙且不断斜向朝下游反射和传播，如图 10-2 中虚线所示。显然，扰动波之所以斜向朝下游反射和传播，其一是因为急流的流速大于波速，扰动波不可能向上游传播，只能向下游传播；其二是当扰动波横向朝对岸传播时，与急流合成后，使得扰动线（波前）呈一向下游倾斜的斜线。由于在偏折点产生的扰动波不断穿梭似的向对岸传播和反射，从而便形成了有规律的冲击波现象。

由以上分析可见，边界的偏折是产生冲击波的外因，急流的巨大惯性是产生冲击波的内因。如果水流是缓流，无论边界怎么偏折，也不会产生冲击波。

三、避免和减轻冲击波的措施

冲击波对实际工程的影响，主要是增高了渠槽的边墙高度，加大了工程造价，故在设计有偏折的急流渠槽和急流弯道时，应采取措施，尽量避免或减轻冲击波现象的发生。下面介绍一些具体措施：

(1)因为边界偏折是产生冲击波的外因，故设计时应尽量减小偏折角。

(2)采取正负扰动波互相干扰抵消的措施，也能达到减免冲击波的目的。如图 10-2 所示的收缩段，只要适当选择偏折角 θ 或收缩段长度 L 值，使 C 与 D 或 C' 与 D' 互相重合，正负扰动即可相互抵消。

对于急流弯道，可在弯曲段前后各接一段曲线（称为复曲线法），所接曲线的曲率半径为原曲线曲率半径的 2 倍，使之造成一种与原来扰动大小相等而相位相反的扰动来抵消原来的扰动。

(3)局部抬高渠底、增加动水压力使之与扰动波引起的冲击力相平衡，也能减轻或避免收缩段或扩散段的冲击波。

四、陡槽中的滚波简介

(一)滚波的概念

在平直的陡槽中，若槽身较宽，水深较浅，且坡度较大时，将会产生一种横贯整个渠槽，波速大于流速，并出现大波追及小波，聚叠而成更大的波，不断以滚雪球的方式向前传播的现象，这种波浪称为滚波，如图 10-3 所示。

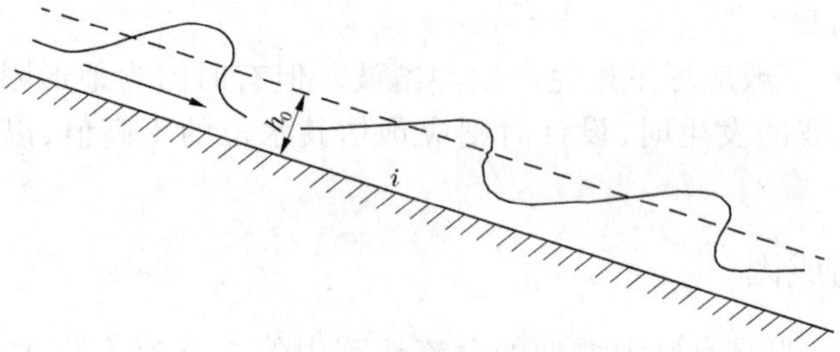

图 10-3

滚波发生后，陡槽中的水流由原来的恒定流变成了非恒定流，减小了渠道的输水能力，并在陡槽出口处形成不稳定的周期性冲击，对消能设施构成很大的威胁。

(二)产生滚波的判别条件

滚波的成因及产生条件，至今尚无完整的理论分析结论和较为可靠的研究成果。

曾有人通过试验和实测资料分析指出：坡度较大，槽宽且水浅的陡槽容易发生滚波，并提出发生滚波的判别条件为：

当 $0.02 < i < 0.3$，$h_0/\chi_0 < 0.1$ 时，将发生滚波。这里 h_0、χ_0 为陡槽中均匀流时的水深及湿周，i 为陡槽的底坡。

在陡槽设计时，应注意校核槽内是否会发生滚波，如果发生滚波，则应采取措施如减小陡槽宽度或人工加糙增加水深等办法来避免滚波的发生。

本章小结

1. 高速水流的压强脉动对水工建筑物的影响

压强脉动对建筑物的影响：

(1)增大建筑物的瞬时荷载；

(2)可能引起建筑物的振动；

(3)增大气蚀发生的可能性。

2. 气蚀现象

在高速水流条件下，泄水建筑物某些特殊部位的表面所发生的严重剥蚀和破坏的现象，称为气蚀现象。

3. 掺气现象

当水流的流速达到一定程度时，空气就会大量掺入水流中，形成乳白色的水汽混合物，这种现象称为水流的掺气现象。

4. 冲击波现象

在急流收缩段、扩散段以及弯道或陡槽中，其槽侧壁的偏转对水流有扰动作用，使下游形成一系列呈菱形状的扰动波，这种现象叫冲击波现象。

5. 滚波的概念及发生滚波的判别条件

(1)滚波的概念：在槽身较宽、水深较浅且坡度较大的陡槽中，所产生的一种横贯整个渠槽，波速大于流速，大波追及小波且聚叠而成更大的波，并不断以滚雪球的方式向前传播的现象，称为滚波。

(2)发生滚波的判别条件为 $0.02 < i < 0.3$，$h_0/\chi_0 < 0.1$。

习　题

10-1　试阐述什么是气蚀现象，并说明气蚀形成的原因是什么？过水建筑物的哪些部位容易发生气蚀，避免或减轻气蚀的措施有哪些？

10-2　为何会产生掺气现象，掺气水流对水工建筑物有哪些影响？

10-3　什么是冲击波现象，冲击波的成因是什么，实际工程中怎样避免或减轻冲击波？

10-4　什么叫做滚波，避免发生滚波的措施是什么？

第十一章　相似原理与水工模型试验简介*

第一节　概　述

一、水工模型试验的任务和意义

实际水流运动规律、水流对边界的作用都是复杂的，人们至今还没有很好了解掌握。水力学许多理论和计算仍停留在经验和半经验阶段，应用时就有一定的局限性。通常在进行水利工程的设计中，由于水工建筑物的工作条件比较复杂，影响因素较多，给分析和计算带来了一定困难，不得不需要做一些简化，然后进行设计。所以，往往在设计完成后，就对设计结果进行检验，以便及早发现设计中存在的问题及时修改，从而定出安全、经济、合理的工程设计，这就需要进行水工模型试验。

所谓水工模型试验，是在水利科学研究和工程设计中经常采用的一种方法，一般是按水工模型试验的任务，利用相似原理和比尺将水工建筑物缩制成一个模型。在模型中重演或预演天然状态下的水流现象，对流态、流量、流速、水深、压力和消能等要素进行观测，取得数据，然后按照一定的相似准则换算到原实体（原型）中去。通过对试验模型的物理过程的研究，从而对实际水工建筑物在各种水流条件下的定量特性和定性特性有所了解，对设计进行检验和判断，寻求最合理的设计方案和解决措施，同时为水利科学的发展积累资料。

二、水工模型试验的研究范围及分类

（一）水工模型试验的研究范围

水工模型试验的范围，是根据模型试验所解决的生产问题来划分的，大体有以下几个方面：

（1）水工建筑物模型试验。水利工程中水工建筑物的流量系数；水流作用于建筑物上的压力及脉动荷载；建筑物上、下游的水流衔接形式及消能工的作用；水流对建筑物下游的局部冲刷及包括岸坡保护在内的消能防冲措施。

（2）船闸模型试验。包括输水廊道流量系数，船闸充水、放水时间，闸室水流情况及对船舶的作用力，引航道的水流冲淤情况。

（3）鱼道模型试验。包括鱼道在枢纽中的合理布置和鱼道内隔板布置型式。

（4）水电站水力学模型试验。主要研究调压井水力特性，水击压力，水轮机机组性能，水电站及引水渠中的非恒定流，沉沙池的工况。

（5）核电、火电站水力模型试验。主要研究电站冷却水的紊动混掺、扩散、稀释和热传递规律。

（6）港口河道模型试验。主要内容是治河工程对防洪、航运的影响；河道的冲淤变化

规律，以及防波堤的消浪、防浪作用；波浪对港工建筑物的作用力以及港口、河口减淤防淤措施等。

(7)其他专题研究。包括水利枢纽合理布置研究；施工导流截流泄洪洞水力学研究，紊流边界层，空化与空蚀，水流脉动与振动，明渠非恒定流，地下水渗流及环境流体力学等方面的研究。

(二)水工模型试验的分类

水工模型试验的分类主要是根据试验任务而定的。

(1)从三度空间相似性讲，可分为正态模型与变态模型两大类。

所谓正态模型就是原型的三个空间几何尺度，都按同一比例缩制模型。有时因其他条件限制，使水平和铅直方向不按同一比例缩制模型，便称之为变态模型。

(2)按照河床边界的模拟情况，又可分为定床模型与动床模型。

将模型的床面做成不可冲动的固定河床，称为定床模型，多用于研究河床变化很小的河流水力枢纽。动床模型的床面，则是可冲动的，多用于研究水工建筑物下游局部冲刷问题，以及河道、港口冲淤演变问题。

(3)从对水工建筑物的研究范围分，又可分为研究水利枢纽总体布置的总体模型和研究局部水工建筑物问题的单体或断面模型。

(4)另外，在专门研究河道、水库、水利枢纽附近冲淤状况时，还要做挟沙水流模型(或者说是针对不挟沙的清水模型而言的浑水模型)。

第二节　量纲分析

一、量纲

在水力学的研究中，需要许多来描述水流现象及其规律的物理量，这些物理量都具有各自的性质。表征这些物理量的性质与类别的，称为这些物理量的量纲。表示量纲的符号是[ ]，如长度 L 的量纲是 $[L]$，密度 ρ 的量纲是 $[\rho]$。量纲又可分为基本量纲和诱导量纲两类。

(一)基本量纲

基本量纲是独立存在的，它是不依赖于其他量纲的量纲。基本量纲既不能从其他基本量纲推导出来，又不能用其他量纲来替代。基本量纲之间是彼此独立不能相互表示的。通常是在几何学量、运动学量和动力学量中各任取一个，来组成基本量纲。因为它们是性质完全不同的独立量纲，而且常用长度 L、时间 T、质量 M 这三个量纲组成基本量纲，分别以 $[L]$、$[T]$、$[M]$ 来表示。

(二)诱导量纲

诱导量纲又叫导出量纲，导出量纲是由基本量纲导出的物理量的量纲。导出物理量可通过人为的定义或物理定律推导而得，最终化为基本物理量的幂次式乘积。如速度，定义为单位时间内的位移，即 $v = \mathrm{d}l/\mathrm{d}t$。据此定义，得速度的导出量纲为 $[v] = [L]/[T] = [LT^{-1}]$。又如加速度，定义为单位时间内速度的变化，即 $a = \mathrm{d}u/\mathrm{d}t$，据此定义，得加速度的导出量纲$[a]=[v]/[T]=[LT^{-1}]/[T]=[LT^{-2}]$。力学中任何一个物理量的量纲，一般可用三个基本量纲的指数乘积形式来表示。如 X 为任一物理量，其量纲可以用下式表示：

$$[X]=[L^{\alpha}T^{\beta}M^{\gamma}] \tag{11-1}$$

该式称为量纲公式。

二、单位

一般物理量的量纲只反映了物理量的性质，不能体现出量的概念。人们常用这样的办法来反映数量：在同一物理量中，规定某一固定量为基值（或为标准量），用这个基值来量度该物理量，量度取得的此基值的倍数便是“数”，而此基值则定义为该物理量的“单位”。用“数”和“单位”，便可充分表达出该物理量的数量概念。

例如，定义一种标准长度叫“米”，量度某桌子的长度是 1.5 倍这样的“米”，得“1.5 米”。根据“米”的长度概念和 1.5 的倍数概念，便反映该桌子的长度。“米”就是长度的单位。

单位是对各物理量的数值经过量测用以度量其大小的标准，同一量纲的量可采用不同的单位来度量，而且随着所选单位的不同，其数值也不同。

相应于基本量纲和导出量纲，有基本单位和导出单位。国际单位制中的基本单位是：长度的单位是“米”，时间的单位是“秒”，质量的单位是“千克”，分别用符号 m、s、kg 表示，并用以表示相应的导出单位，例如速度为 m/s、加速度为 m/s^2 等。

我国推行的是法定计量单位，它的计量单位，主要是国际单位制。同时，除了国际单位制中所施行的单位外，考虑到我国的具体情况和使用方面的习惯，还容许了一些非国际单位的一些单位存在和使用，例如水力学中常用的吨、公斤、升、小时、分、天、度、分、秒等。

需要注意的是，物理量的量纲与其单位是两个不同的概念，前者是物理量“质”的表征；后者则是物理量“量”的表征，是人为规定的度量标准。

三、有量纲数和无量纲数

物理学中所含的数大体有以下几种：纯数、有量纲数和无量纲数。

（一）纯数

自然数 1，2，3，…，100，…又叫纯数，它既无量纲又无单位，同时不具有一定的物理意义。

（二）有量纲数

量 X 的性质可由量纲指数（α、β、γ）来反映，如 α、β、γ 指数有一个不等于零时，就可以说 X 为一有量纲的数。

从式（11-1）可得水力学中常见的有量纲量：

（1）如 $\alpha\neq0$、$\beta=0$、$\gamma=0$，为一几何学的量；

（2）如 $\alpha\neq0$、$\beta\neq0$、$\gamma=0$，为一运动学的量；

（3）如 $\alpha\neq0$、$\beta\neq0$、$\gamma\neq0$，为一动力学的量。

例如，面积 A 是由两个长度的乘积组成，则它的量纲为长度量纲的平方，即$[A]=$

$[L^2T^0M^0]=[L^2]$；速度 v 的量纲为 $[v]=[LT^{-1}M^0]=[LT^{-1}]$；加速度 a 的量纲为 $[a]=[LT^{-2}M^0]=[LT^{-2}]$；由牛顿定律 $F=ma$ 可知力 F 的量纲为质量 m 和加速度 a 的量纲乘积，即 $[F]=[MLT^{-2}]$。

有量纲量又可分为有量纲常量和有量纲变量。例如重力加速度 g 为有量纲常量，力 F、加速度 a、流速 v……都是有量纲变量。

(三)无量纲数

量纲表达式中包含的各基本物理量的指数均为零($\alpha=\beta=\gamma=0$)的量称之为无量纲数，它具有数值的特性。无量纲数不同于一般纯数，因为无量纲数表示一定的物理含义。例如，圆周率 π 表示为周长与直径的比值，无量纲数又分为无量纲常量(例如 π)和无量纲变量(例如 Re、Fr 等)。

无量纲数也可以由几个有量纲量，通过乘除组合而成，即组合结果各个基本量纲的指数为零。如水力学中的雷诺数 Re 和弗汝德数 Fr，即为无量纲数。以 $Re=\frac{vd}{\nu}$为例说明，已知 $[v]=[LT^{-1}]$，$[d]=[L]$，$[\nu]=[L^2T^{-1}]$，则 $[Re]=\frac{[LT^{-1}][L]}{[L^2T^{-1}]}=[L^0T^0]=[1]$，同理 $[Fr]=\frac{[v]}{[gh]^{1/2}}=\frac{[LT^{-1}]}{[LT^{-2}]^{1/2}[L]^{1/2}}=[L^0T^0]=[1]$，所以 Re、Fr 均为无量纲数。

无量纲数具有如下特点：

(1)无量纲数既无量纲又无单位，它的数值大小与所选用的单位无关。如一流动状态的雷诺数 $Re=2\ 000$，无论是采用公制还是英制单位，其数值均保持不变，如在原型和在模型两种规模大小不同的流态中，其无量纲数是不变的。在模型试验中，为了模拟与原型流态相似的模型流态，常用同一个无量纲数(Fr 数或 Re 数等)作为相似判据。无量纲数在模型水流和原型水流中应保持不变，这就是相似原理的基础之一，将在后面介绍。

(2)一切有量纲的物理量都将因选取不同单位制而有不同的数值，只有无量纲量不随所选用单位的不同而改变其数值。所以，要正确反映客观规律，最好将其物理量组合成用无量纲数表示的形式。

四、量纲和谐原理

一个正确反映客观规律的物理方程，其各项的量纲都必须是一致的，物理方程的这种性质称之为量纲和谐性或量纲一致原则。因为不同性质的物理量，是不可能直接进行加减运算的。例如，把速度和质量加在一起是完全没有意义的，只有相同量纲的量才可以相加减。

但不同类型的物理量却可以相乘除，从而得到诱导量纲的另一个物理量，如流速和质量相乘可得动量 $[MLT^{-1}]$。

如果一个方程式在量纲上是不和谐的，那就要检查一下方程式是不是完整，所用单位是不是一致，在数学分析中是不是有错误。例如能量方程：$z_1+\frac{p_1}{\gamma}+\frac{\alpha_1v_1^2}{2g}=z_2+\frac{p_2}{\gamma}+\frac{\alpha_2v_2^2}{2g}+h_{w1-2}$可推出各项的量纲均为 $[L]$(如 $[\frac{\alpha v^2}{2g}]=[\frac{(LT^{-1})^2}{LT^{-2}}]=[\frac{L^2T^{-2}}{LT^{-2}}]=[L]$；$[\frac{p}{\gamma}]=$

$[\frac{ML^{-1}T^{-2}}{ML^{-2}T^{-2}}]=[L]$),因而该式是量纲和谐的。这一原理对代数方程、微分方程和积分方程均可应用。但也有一些方程式,它们是由单纯试验得来的一些经验关系式,它们的量纲是不和谐的,因而在应用上受到一些局限。

由量纲和谐原理可以得到这样的推论:任一有量纲的物理方程都可以改写成无量纲方程形式。这种无量纲形式的方程,并没有改变物理过程的规律性,而只是使方程在表达上更具普遍性,如均匀流边壁切应力分式 $\tau_0=\gamma RJ$,就可以改写成无量纲方程:

$$\frac{[\tau_0]}{[\gamma RJ]}=\frac{[ML^{-1}T^{-2}]}{[ML^{-2}T^{-2}]\cdot[L][1]}=[1]$$

量纲分析的基础,就是量纲和谐原理。通过量纲分析可以帮助我们认识物理过程的内在规律,探求模型相似准则。在确定试验资料主要影响因素、寻求物理规律方面,量纲分析具有十分重要的作用。

第三节　相似理论

模型中的水力现象能正确反映实际工程的水力现象,是水工模型试验的基本要求。要保证模型与原型的流动相似,就必须使二者的边界条件及受力状况均相似,即必须在模型试验中遵循一定的相似条件和相似准则。

一、相似条件

在两个几何相似的图形里,它们的相应长度都保持固定的比例关系,把一个图形的任一长度乘上它们之间的固定比例关系,就能得到另一个图形里的相应长度。

把几何相似的概念推广到流动相似,是把静态的相似推广到动态的相似,即除要求流动形式相似外,还要求流动的内容相似。所以说,流动相似的概念是几何形状相似的推广和发展。

一般表征液体运动的物理量,主要有表征流场几何形状、表征运动状态以及表征动力特征的三类物理量。那么要使两个流动系统(原型和模型)相似,就必须满足几何相似、运动相似、动力相似这三个基本条件。即两个流动系统的相应部位上所有表征边界与流动状况的相应物理量,都维持各自的固定比例关系。这种比例关系用原型与模型各相应物理量间的比值 λ 表示,λ 又称为比尺。原型和模型的各物理量符号的下角标,分别为"p"和"m"。例如流速比尺:$\lambda_v=\frac{v_p}{v_m}$。

(一)几何相似

几何相似是指原型和模型的几何形态相似。原型与模型中的任何线性长度,必然具有同一比例。

对任一线性长度都应满足长度比尺。如设原型的线性长度为 L_p,模型的线性长度为 L_m,二者的比值用 λ_L 表示,称为几何相似的长度比尺,即

$$\lambda_L=\frac{L_p}{L_m} \tag{11-2}$$

相应的面积比尺 $$\lambda_A=\frac{A_p}{A_m}=\frac{L_p^2}{L_m^2}=\lambda_L^2$$

体积比尺 $$\lambda_V=\frac{V_p}{V_m}=\frac{L_p^3}{L_m^3}=\lambda_L^3$$

(二)运动相似

运动相似指的是原型与模型的运动状态相似,即原型与模型中任何相应点的速度、加速度矢量必然相互平行,且具有同一比例。

如设时间比尺为 $\lambda_t=\frac{t_p}{t_m}$,对流场中任一点,运动相似要求:

速度比尺 $$\lambda_v=\frac{v_p}{v_m}=\frac{L_p/t_p}{L_m/t_m}=\frac{\lambda_L}{\lambda_t}$$

加速度比尺 $$\lambda_a=\frac{a_p}{a_m}=\frac{L_p/t_p^2}{L_m/t_m^2}=\frac{\lambda_L}{\lambda_t^2}$$

由此可见,运动相似时流速比尺和加速度的比尺,都不是任意定的,它们与时间比尺、长度比尺都是相互关联的。

(三)动力相似

动力相似是指模型与原型的作用力相似,即原型和模型中作用于任何相应点的力,都是相同性质的力,且方向相同,大小保持同一比例。

动力相似比尺:

$$\lambda_F=\frac{F_p}{F_m} \tag{11-3}$$

以上三个相似是模型和原型保持完全相似的重要特征。它们互相联系,互为条件,几何相似是运动相似和动力相似的前提条件,动力相似是决定流动相似的主导因素,运动相似是几何相似和动力相似的具体表现。

二、相似准则

上述三个相似条件反映了流动相似的特征。但要真正进行模型设计和试验,还要对其中占主导因素的动力相似作进一步分析,找出实现动力相似的具体条件,即相似准则。

(一)牛顿普遍相似准则

牛顿第二定律 $F=ma$ 是力学现象中最普遍的规律(式中 $m=\rho V$ 为流体质量),任何水流运动都必须遵循该定律。由牛顿第二定律所确定的相似准则,显然是动力相似的普遍准则,即

$$\lambda_F=\frac{F_p}{F_m}=\frac{m_pa_p}{m_ma_m}=\frac{\rho_pV_pa_p}{\rho_mV_ma_m}=\lambda_\rho\lambda_L^3\lambda_a$$

因 $$\lambda_a=\lambda_L/\lambda_t^2,\lambda_v=\lambda_L/\lambda_t$$

则 $$\lambda_F=\lambda_\rho\lambda_L^2\lambda_v^2 \tag{11-4}$$

注意:在推导上述动力相似比尺时,已引用了几何相似与运动相似条件。

由式(11-4)可得 $$\frac{F_p}{F_m}=\frac{\rho_pL_p^2v_p^2}{\rho_mL_m^2v_m^2}$$

亦即
$$\frac{F_p}{\rho_p L_p^2 v_p^2}=\frac{F_m}{\rho_m L_m^2 v_m^2} \tag{11-5}$$

上式为一无量纲方程，$\frac{F}{\rho L^2 v^2}$是无量纲数，称为牛顿数，以 $N_e=\frac{F}{\rho L^2 v^2}$表示。这样，式(11-5)即为

$$N_{ep}=N_{em} \tag{11-6}$$

这就是说，只要使原型与模型的牛顿数相等，就可以满足液流的动力相似，同时也满足了几何相似与运动相似。这个流动相似的重要判据，称之为牛顿普遍相似准则。牛顿数中所指的力是表示作用于液体上各种性质的力的合力。因此，牛顿相似准则对作用于液体的各种不同性质的力是普遍适用的。

实际水流所受的作用力是多种多样的，如重力、压力、黏滞力、紊动阻力、表面张力等，各自都遵守自己特殊的规律。要使原型与模型的水流相似，一般地要满足二者的牛顿数相等，就意味着必须满足所有作用力所遵循的许多特殊规律。这通常是很困难的，甚至是做不到的。

但对于某一具体水流，总有一种或两种力居支配地位，决定水流的运动状态。在水工模型试验中，只要使主导力满足相似条件（忽略其他次要力的影响），便可以基本正确反映水流运动状态及其运动规律。也就是说，在解决具体模型试验比尺关系时，只需根据描述特定水流运动现象的物理方程，导出特定相似准则。

（二）重力相似准则（Fr 准则）

如果两相似水流中起主导作用的是重力，这种流动是非常多见的，如过闸或过坝水流，那么只需将牛顿普遍相似准则中的 F 换成重力 G，即可满足力学相似：

$$\lambda_F=\lambda_G=\lambda_m\lambda_g=\lambda_\rho\lambda_L^3\lambda_g$$

将上式代入牛顿普遍相似准则式(11-4)，则

$$\lambda_\rho\lambda_L^3\lambda_g=\lambda_\rho\lambda_L^2\lambda_v^2$$

一般模型与原型都属于同一液体，故 $\lambda_\rho=1$，即可得

$$\frac{\lambda_v^2}{\lambda_g\lambda_L}=1 \tag{11-7}$$

这个相似准则，就称为重力相似准则。

上式还可转换成：

$$\frac{v_p^2}{g_p L_p}=\frac{v_m^2}{g_m L_m} \tag{11-8}$$

由 Fr 的定义，可推得：$Fr_p=Fr_m$

由此可知，在重力起主导作用的两个相似系统中，必须保证原型和模型的弗汝德数相等。因此，重力相似准则，又常称之为弗汝德准则。所以，要做到重力作用相似，模型与原型之间各物理量的比尺不能任意选择，必须遵循弗汝德准则。现将各种物理量的比尺与模型比尺 λ_L 的关系推导如下：

(1)流速比尺：

在式(11-8)中，因 $g_p=g_m$，故

$$\lambda_v = \frac{v_p}{v_m} = \sqrt{\frac{L_p}{L_m}} = \lambda_L^{0.5}$$

(2)流量比尺：

$$\lambda_Q = \frac{Q_p}{Q_m} = \frac{A_p v_p}{A_m v_m} = \lambda_A \lambda_v = \lambda_L^2 \lambda_L^{0.5} = \lambda_L^{2.5}$$

(3)时间比尺：

因

$$\lambda_Q \lambda_t = \lambda_V$$

式中 λ_V 为原型和模型的体积比，故

$$\lambda_t = \frac{\lambda_V}{\lambda_Q} = \frac{\lambda_L^3}{\lambda_L^{2.5}} = \lambda_L^{0.5}$$

(4)力的比尺：

$$\text{由于 } \lambda_t = \lambda_L^{0.5},\ \lambda_v = \lambda_L^{0.5}$$

故

$$\lambda_F = \frac{m_p a_p}{m_m a_m} = \frac{\rho_p V_p \left(\frac{\mathrm{d}v}{\mathrm{d}t}\right)_p}{\rho_m V_m \left(\frac{\mathrm{d}v}{\mathrm{d}t}\right)_m} = \lambda_\rho \lambda_L^3$$

若模型与原型液体一样，$\lambda_\rho = 1$，则

$$\lambda_F = \lambda_L^3$$

(5)压强比尺：

$$\lambda_p = \frac{\lambda_F}{\lambda_A} = \frac{\lambda_\rho \lambda_L^3}{\lambda_L^2} = \lambda_\rho \lambda_L$$

当 $\lambda_\rho = 1$ 时

$$\lambda_p = \lambda_L$$

(6)功的比尺：

$$\lambda_w = \lambda_F \lambda_L = \lambda_\rho \lambda_L^4$$

当 $\lambda_\rho = 1$ 时，$\lambda_w = \lambda_L^4$，各物理量比尺关系见表 11-1。要做到重力作用相似，各个比尺之间就必须满足上列关系，不能任意选取。

表 11-1　各物理量比尺关系

名称	符号	相似准则		
		重力	阻力	
			紊动阻力(紊流粗糙区)	黏滞阻力(层流)
长度	λ_L	λ_L	在满足糙率相似 $\lambda_n = \lambda_L^{1/6}$ 的条件下均同重力相似比尺关系	λ_L
流速	λ_v	$\lambda_L^{1/2}$		λ_L^{-1}
流量	λ_Q	$\lambda_L^{5/2}$		λ_L
时间	λ_t	$\lambda_L^{1/2}$		λ_L^2
力	λ_F 或 λ_G	λ_L^3		1
压强	λ_p	λ_L		λ_L^{-2}
加速度	λ_a	1		λ_L^{-3}
功	λ_w	λ_L^4		λ_L

(三)阻力相似准则

如果两个相似水流中起主导作用的是阻力,那么就需要满足阻力相似,阻力的量纲可表示为

$$[T]=[\tau_0\chi L]$$

代入牛顿相似准则式(11-5),得

$$\frac{T_p}{T_m}=\frac{\tau_{0p}\chi_p L_p}{\tau_{0m}\chi_m L_m}=\frac{\rho_p L_p^2 v_p^2}{\rho_m L_m^2 v_m^2}$$

因 $\tau_0=\gamma RJ, A=R\chi$,可得$[T]=[\gamma RJ\cdot\chi\cdot L]=[\gamma AJL]$,则

$$\frac{T_p}{T_m}=\frac{\gamma_p J_p A_p L_p}{\gamma_m J_m A_m L_m}=\frac{\rho_p L_p^2 v_p^2}{\rho_m L_m^2 v_m^2}$$

即 $$\lambda_\gamma\lambda_J\lambda_L^3=\lambda_\rho\lambda_v^2\lambda_L^2$$

化简得 $$\lambda_\gamma\lambda_J\lambda_L=\lambda_\rho\lambda_v^2$$

因为 $\gamma=\rho g$

故 $$\lambda_\rho\lambda_g\lambda_J\lambda_L=\lambda_\rho\lambda_v^2$$

或 $$\frac{\lambda_v^2}{\lambda_g\lambda_L\lambda_J}=1 \tag{11-9}$$

亦可写成 $$\frac{Fr_p}{J_p}=\frac{Fr_m}{J_m} \tag{11-10}$$

上式为阻力相似准则。由此可看出,要阻力相似,除保证重力相似所要求的 Fr 相等外,还必须保证模型与原型中水力坡度相等。由此可得出,如果 $J_p=J_m$,则可用重力准则设计阻力相似的模型。也就是说,可以按重力准则中的各种比尺关系来确定原型与模型中各种物理量的比尺关系。

什么情况下才能满足式(11-10)呢? 这就要根据水流的流态来研究。

1. 紊流阻力相似准则——水流在阻力平方区

当水流处于阻力平方区时可用谢才公式计算 J 值:$J=\frac{v^2}{C^2R}$。

若要求 $J_p=J_m$,则 $$\frac{v_p^2}{C_p^2R_p}=\frac{v_m^2}{C_m^2R_m}$$

即 $$\frac{\lambda_v^2}{\lambda_C^2\lambda_R}=1$$

若按弗汝德准则设计模型比尺,则由 $\lambda_v=\lambda_L^{0.5}$ 可知,$\lambda_v^2=\lambda_L$,又因 $\lambda_R=\lambda_L$,代入上式得

$$\lambda_C^2=1$$

或 $\lambda_C=1$ $$C_p=C_m \tag{11-11}$$

又因 $$C=\sqrt{\frac{8g}{\lambda}}$$

故 $\lambda_p=\lambda_m$ (此处 λ 为沿程阻力系数) (11-12)

在阻力平方区,$\lambda=f(\frac{\Delta}{R})$

$$\frac{\Delta_p}{R_p}=\frac{\Delta_m}{R_m} \tag{11-13}$$

这就是说，水流在阻力平方区时，只要模型与原型的相对粗糙度相等，就可做到模型与原型流动的阻力相似，就可用弗汝德准则进行紊流阻力相似模型设计。

如用曼宁公式 $C=\frac{1}{n}R^{1/6}$

则由式(11-11)知 $\lambda_C=1$，$C_p=C_m$。

$$\frac{1}{n_p}R_p^{1/6}=\frac{1}{n_m}R_m^{1/6}$$

$$\frac{n_p}{n_m}=(\frac{R_p}{R_m})^{1/6}$$

$$\lambda_n=\lambda_R^{1/6}\quad \lambda_R=\lambda_L$$

得

$$\lambda_n=\lambda_L^{1/6} \tag{11-14}$$

由此可以看出，紊流阻力相似实际上和重力相似区别不大，只不过是在重力相似的条件下又附加了一个糙率相似的条件。这样模型粗糙系数，按式(11-14)缩小后，就可用弗汝德准则设计阻力相似模型。

例如，在某水闸的整体模型试验中，原型河道的糙率 $n=0.027$，长度比尺 $\lambda_L=100$，为了达到紊流阻力相似，$n_m=\frac{n_p}{\lambda_L^{1/6}}=\frac{0.027}{(100)^{1/6}}=0.0125$，若模型中采用水泥砂浆抹面，糙率 $n=0.012\sim0.013$ 之间，故上述对模型糙率的要求在模型施工和制作时是可以达到的。

2. 层流阻力相似准则——水流在层流区

层流时，水流的阻力主要是黏滞阻力，水流在黏滞阻力作用下，水流的水力坡降用下式表示：

因 $$\tau=\mu\frac{\mathrm{d}u}{\mathrm{d}y}$$

又因 $$\tau=\gamma RJ$$

故 $$J=\frac{\tau}{\gamma R}=\frac{\mu}{\gamma R}\cdot\frac{\mathrm{d}u}{\mathrm{d}y}=\frac{\mu}{\rho gR}\cdot\frac{\mathrm{d}u}{\mathrm{d}y}=\frac{\nu}{gR}\cdot\frac{\mathrm{d}u}{\mathrm{d}y}$$

若要求 $J_p=J_m$，则有

$$\frac{\nu_p}{g_pR_p}(\frac{\mathrm{d}u}{\mathrm{d}y})_p=\frac{\nu_m}{g_mR_m}(\frac{\mathrm{d}u}{\mathrm{d}y})_m$$

$$\frac{\lambda_\nu\lambda_u}{\lambda_g\lambda_R\lambda_L}=1$$

因 $$\lambda_g=1\qquad \lambda_R=\lambda_L$$

上式可记为

$$\frac{\lambda_\nu\lambda_u}{\lambda_L^{2}}=1$$

若模型按弗汝德准则设计，$\lambda_u=\lambda_L^{0.5}$，则 $\lambda_u^2=\lambda_L$，有

$$\frac{\lambda_\nu \lambda_u}{\lambda_u{}^2 \lambda_L} = 1$$

或

$$\frac{\lambda_\nu}{\lambda_u \lambda_L} = 1$$

或写成

$$\frac{\lambda_u \lambda_L}{\lambda_\nu} = 1 \tag{11-15}$$

亦即

$$Re_p = Re_m \tag{11-16}$$

要黏滞力作用相似,则模型与原型的雷诺数必须相等,这叫雷诺准则。由雷诺准则推导模型与原型各物理量的比尺与模型比尺 λ_L 的关系如下:

若模型与原型用同一种液体,则 $\lambda_\nu = 1$,由式(11-15)可得

(1)流速比尺:

$$\lambda_u = \frac{1}{\lambda_L} = \lambda_L{}^{-1}$$

(2)流量比尺:

$$\lambda_Q = \lambda_u \cdot \lambda_A = \frac{\lambda_L^2}{\lambda_L} = \lambda_L$$

(3)时间比尺:

$$\lambda_t = \frac{\lambda_V}{\lambda_Q} = \frac{\lambda_L^3}{\lambda_L} = \lambda_L^2$$

(4)力的比尺:

$$\lambda_F = \frac{m_p a_p}{m_m a_m} = \frac{\rho_p V_p a_p}{\rho_m V_m a_m} = \frac{\rho_p L_p^3 (\frac{\mathrm{d}u}{\mathrm{d}t})_p}{\rho_m L_m^3 (\frac{\mathrm{d}u}{\mathrm{d}t})_m} = \frac{\rho_p L_p^3 L_m^3}{\rho_m L_m^3 L_p^3} = \frac{\rho_p}{\rho_m} = \lambda_\rho$$

当 $\lambda_\rho = 1$ 时

$$\lambda_F = 1$$

(5)压强比尺:

$$\lambda_p = \frac{\lambda_F}{\lambda_A} = \frac{\lambda_\rho}{\lambda_L^2} = \lambda_\rho \lambda_L{}^{-2}$$

当 $\lambda_\rho = 1$ 时

$$\lambda_p = \lambda_L^{-2}$$

(6)功的比尺:

$$\lambda_w = \lambda_L$$

各物理量比尺见表 11-1。

【例 11-1】 有一直径为 15 cm 的输油管,管长 5 m,管中流量为 0. 18 m^3/s,现用水来做模型试验,模型管径和原型一样,水温为 10 ℃(原型中油的运动黏滞系数 $\nu_p = 0.13$ cm^2/s),问水的模型流量应为多少才能达到相似?

解 因为圆管中流动主要受黏滞力作用,所以相似条件应满足雷诺准则,即

$$\frac{v_p d_p}{\nu_p} = \frac{v_m d_m}{\nu_m}$$

由 $d_p = d_m$,有

$$A_p = A_m \qquad \frac{v_p A_p}{\nu_p} = \frac{v_m A_m}{\nu_m}$$

即得

$$\frac{Q_p}{\nu_p} = \frac{Q_m}{\nu_m}$$

已知油的 $\nu_p=0.13\ \mathrm{cm^2/s}$，当水温为 10 ℃时，查表 1-1 得水的 $\nu_m=0.013\ 06\ \mathrm{cm^2/s}$，将 ν_p 及 ν_m 代入上式，可得水的模型流量为

$$Q_m=Q_p\frac{\nu_m}{\nu_p}=0.18\times\frac{0.013\ 06}{0.13}=0.018\ 1(\mathrm{m^3/s})$$

由以上举例可知，若模型按雷诺准则设计是可以满足黏滞阻力相似要求的，但是天然状态下的明渠水流一般多为紊流，且重力往往占主导地位，而水工建筑物中以黏滞力为主的层流问题不多，少数的具有自由表面的低速层流或渗流问题，在进行模型设计时，比尺往往又很大，要使模型与原型水流阻力相似，二者的弗汝德数、雷诺数必须都相等，也就是说，既要满足重力相似，同时又要满足黏滞力相似，这是很难做到的，因为要同时满足式(11-7)和式(11-15)，即$\frac{\lambda_v\lambda_L}{\lambda_\nu}=\frac{\lambda_v^2}{\lambda_g\lambda_L}$。在重力相似准则中 $\lambda_v=\lambda_L^{0.5}$，由此得

$$\lambda_L^{3/2}=\frac{\lambda_\nu}{\lambda_g}$$

而在地球的重力场中 $g_m=g_p$，$\lambda_g=1$，模型与原型若同时使用水，$\nu_p=\nu_m$，$\lambda_\nu=1$，代入上式，$\lambda_L^{3/2}=1$，$\lambda_L=1$，这样就要 $L_p=L_m$，即原型和模型一样大，这就使模型试验失去意义。

而若在水工模型试验中取 $\lambda_g=1$，则 $\lambda_L^{3/2}=\lambda_\nu$，$\frac{\nu_p}{\nu_m}=\lambda_L^{3/2}$，$\nu_m=\frac{\nu_p}{\lambda_L^{3/2}}$，而 $\lambda_L\gg1$，$\nu_m\ll1$，即要寻找一个运动黏滞系数为$\frac{\nu_p}{\lambda_L^{3/2}}$的液体也是几乎不可能的。例如取 $\lambda_L=100$，原型水的 $\nu_p=0.010\ 1\ \mathrm{cm^2/s}$，则 $\nu_m=\frac{\nu_p}{\lambda_L^{3/2}}=\frac{0.010\ 1}{(100)^{3/2}}=0.000\ 010\ 1(\mathrm{cm^2/s})$，则找不到一种可代替水做试验的 $\nu_m=0.000\ 010\ 1\ \mathrm{cm^2/s}$ 的液体。所以，在水工模型试验中，雷诺相似准则的应用受到了局限，一般水工模型试验中雷诺相似准则很少应用。

但在水工模型试验中，经常遇到的是主要受重力和紊动阻力作用的紊流，故重力相似准则和紊动阻力相似准则是我们经常用到的水流相似准则。

关于弹性力和表面张力等相似准则，因在一般水流运动中很少涉及，故在此不予讨论。

【例 11-2】 某大坝溢洪道为调节泄洪流量，设闸门进行控制。为此，进行了水工模型试验。已知设计洪水流量 $Q_p=800\ \mathrm{m^3/s}$，3 月洪水总量 $V_p=20\ 736\times10^4\ \mathrm{m^3}$，试将有关模型与原型物理量进行转换。

解 过闸水流主要受重力控制，故按重力相似准则设计成正态模型。根据模型场地限制，选取 $\lambda_L=20$。

(1)求模型流量 Q_m：

已知设计洪水流量 $Q_p=800\ \mathrm{m^3/s}$

因为 $\lambda_Q=\lambda_L^{2.5}=1\ 788.85$

所以模型流量 $Q_m = \frac{Q_p}{\lambda_Q} = \frac{800}{1\ 788.85} = 0.447(m^3/s)$

(2)原型闸下护坦中部流速 v_p：

测得该处模型流速 $v_m = 2.1$ m/s

因为 $\lambda_v = \lambda_L^{1/2} = 4.47$

所以 $v_p = \lambda_L^{1/2} v_m = 4.47 \times 2.1 = 9.39(m/s)$

(3)原型闸下游水跃高度 h_p：

测得该处模型水跃高度 $h_m = 6.5$ cm

因为正态模型 $\lambda_h = \lambda_L = 20$

所以 $h_p = \lambda_h \times h_m = 6.5 \times 20 = 130(cm)$

(4)模型闸门开启时间 t_m：

原型闸门开启时间 $t_p = 20$ s

因为 $\lambda_t = \lambda_L^{1/2} = 4.47$

所以模型开启时间

$$t_m = \frac{t_p}{\lambda_t} = \frac{20}{4.47} = 4.47(s)$$

(5)模型洪水周期 T_m 和洪量 V_m：

据水文分析，原型洪水周期为 $T_p = 3$ 天，洪量 $V_p = 20\ 736 \times 10^4\ m^3$

所以 $T_m = \frac{T_p}{\lambda_t} = \frac{3}{4.47} = 0.671(天) = 16.1\ h$

因为 $\lambda_V = \lambda_L^3 = 8\ 000$

$$V_m = \frac{V_p}{\lambda_V} = \frac{20\ 736 \times 10^4}{8\ 000} = 25\ 920(m^3)$$

(6)模型下游河道糙率：

已知原型河道糙率 $n_p = 0.025$

$$\lambda_n = \lambda_L^{1/6} = (20)^{1/6} = 1.65$$

$$n_m = \frac{n_p}{\lambda_n} = \frac{0.025}{1.65} = 0.015$$

第四节　水工模型试验基础

一、比尺影响

以上讲述了模型试验的一般原理和水流现象相似的基本条件，即两物理系统相似，必须保持某几个相似准数相等，按照相似准数推出各物理量的模型比尺。但我们不能把设计模型和原型相似这一课题看成是简单的数字折算。在实际试验设计中，会遇到很多具体困难，无法满足全部相似条件，所以必须略去一些影响较小的因素而设法满足最主要、最基本的相似条件。即使相似准数保持不变，模型中的物理现象也只在一定的范围以内才与原型相似。因此，除了保持相似准数相等以外，模型中的各物理量的大小还应保持在一定范围以内，而不超过某些界限，才不致产生过分反常的现象，而得出错误的结果。

例如，孔口出流主要作用力显然为重力，故应用弗汝德准则自属合理，但当模型孔口甚小时，则流速系数 μ_0 将随孔口改变而有显著的变化，此时必须考虑液体黏滞性的影响。即当孔口甚小时，孔口水流受黏滞力影响，则须按雷诺准则进行校正。

上述的模型与原型水流运动的关系，决定于水力相似性定律。由于模型水流不可能同时满足所有的相似性定律，故不能达到完全的动力相似。根据水力相似定律设计的模型，当模型测得的数据推演至原型数据时，由于次要作用力的影响，误差是不可避免的，此即比尺影响，且模型比尺（λ_L）愈大，误差愈大。

为了减小比尺影响，大模型固然受到欢迎，但是随着模型尺寸的加大，在模型制作及试验操作等方面，时间、人力及物质的耗费是不容忽视的。从经济上考虑，模型愈大，则愈不经济，故在试验选用模型比例时，应对试验场地的面积、能供给的试验流量、所需时间和费用等因素，结合试验精度要求进行综合考虑、全面比较，选定合适的比尺。

二、模型相似定律应用的几个限制条件

（一）层流和紊流的界限

层流运动和紊流运动有质的差别，即使对试验只要求定性的相似，模型中基本流态也必须和原型一致，即原型为层流，模型中的水流也应是层流；原型是紊流，模型中的水流也一定是紊流。我们知道，当水流的雷诺数小于临界值（Re_k）时，水流为层流状态；当雷诺数大于临界值（Re_k）时，则水流为紊流状态。由于在水工试验中研究的多是紊流，因此模型水流中相当于最小水深（或水力半径）和最小流速时的雷诺数应大于临界值 Re_k，这就对模型设计增加了限制条件。

一般可取 Re_k 为2 320。

因为在通常温度下，水的黏滞系数变化很小，可大致视为一常数，所以模型中水流雷诺数应大于临界值，即$\frac{v_m R_m}{\nu} \geqslant Re_k$。

在紊流状态时，由于模型按弗汝德准则设计，推导可得

$$\lambda_L \leqslant (30 \sim 50)(vR)^{2/3}$$

（二）缓流和急流的界限

我们知道，如 $Fr > 1$，水流在急流状态；如 $Fr < 1$，水流在缓流状态；如 $Fr = 1$，水流在临界状态。

对一般水工水力学问题，多按弗汝德准则设计模型。模型中水流的 Fr 数本应与原型水流的 Fr 数相等，因此水流状态（缓流或急流）也自然应该是相同的，即原型是缓流，模型中的水流一定是缓流；原型是急流，模型中的水流也一定是急流。但有时由于各种外界影响因素如扰动程度、边壁粗糙程度等都不能完全相似，也使水流状态有所改变，这就要求我们注意满足原型和模型流态的一致。

（三）模型中糙率制作的限制条件

边壁表面凹凸不平，如果模型和原型严格地几何相似也应把各个凹凸的大小、位置和

形态都复制得相似。但这是不可能的，而且即使这些凹凸被准确地缩小若干倍以后，它们对水流摩擦阻滞的影响也不会与原型相似。因此，模型的糙率不能用使壁面的粗细起伏与原型几何相似的办法，而只能使模型边界对水流阻滞的影响相似，造成的水头损失相似，在明渠中也就是模型的水力坡降与原型的水力坡降相等。

有时，在模型比尺较大，而原型糙率又较小的情况下，所需之模型糙率往往很小。用糙率太小的材料制作模型，可能导致模型造价过于昂贵，亦可能使模型水流处于光滑区，而不像原型水流那样处于阻力平方区，甚至根本找不到要求的那么小的糙率材料。相反，有时如果为了满足模型与原型糙率相似，不得不对初选的模型材料进行人工加糙。

上述表明，要做到原型与模型的糙率相似，难度是很大的，要受到客观条件的限制。

（四）真空和空蚀的限制条件

通常我们以测压管中的水柱高度量测水流压力。在静水或流速小时，测压管高度与水面基本齐平；如流速较大，则产生动水压力，使固体边界上所受压力增加或减小。除了由于流速的变化以外，还由于固体边界表面曲率变化或表面局部粗糙，水流离开表面而引起压力减小。若当压强小于大气压时，则出现负压，也就容易产生空化和空蚀现象。

当原型出现真空和空蚀时，模型中如何量测真空和空蚀，并把量测的结果换算到原型，至今没有一个好的办法，这就使模型试验的范围受到了限制。

（五）水流掺气的限制条件

水工建筑物中有时水流速度较高导致水流掺有大量空气，成为掺气水流，致使其特性和运动规律发生变化。在模型内虽然各水力要素与原型相似，但流速小了若干倍，因此不能产生掺气现象。对这种情况，模型和原型液流的相似就受到限制。

（六）由于表面张力影响要注意的限制条件

表面张力在原型液流中影响很小，往往可以忽略。但在缩小的模型中，水流表面张力作用相对加大，能使水流现象发生变化。例如，当表面流速小于 23 cm/s 时（小于一般风速，水面不起波澜），在模型中就不能反映原型中的波浪现象。因此，在设计模型时，应使流速、水深大于这些界限，即模型中水深应大于 3 cm，模型中流速不能太小。

（七）泥沙运动的限制条件

挟沙水流或河床海岸演变的试验研究，不仅要求水流现象相似，而且还要求水流与河床互相作用的情况相似，因此模型设计和试验的限制条件就更复杂。本书不作专门讨论。

第五节　水工模型设计

一、所需资料和图纸

水工模型的设计制造需有模拟原型的足够资料，如水库或上游及下游河床地形资料、水工建筑物设计详图、管道的沿程阻力系数 λ_p 和粗糙系数 n_p 资料。另外，还需有充分的水文资料才可将原型中的水力现象全部复演于模型上。不同的试验要求需提供不同的资料与提交资料的精度范围。一般情况下，所需资料是：

（1）工程布置图。包括建筑物上、下游2 000 m 以内的地形图，比例尺为 1∶1 000 ~

1∶5 000，等高线间距为 1～2 m；建筑物上、下游 300 m 以内的地形图，比例尺为 1∶500～1∶1 000，等高线间距为 0.5～1.0 m。

（2）建筑物结构详图。包括平面及剖面图，比例尺为 1∶100～1∶500；局部结构大样图，如坝面曲线等。

（3）建筑物基础地质与河床地质资料及对其允许冲刷流速估计的资料。

（4）上、下游水位～流量关系曲线及其他与试验有关的水文资料。

（5）水力计算书。

（6）工程规划设计任务书。

二、模型类别的确定

根据水工模型试验的目的与任务，以及各个水工建筑物特点的不同，我们有时需要做一个整体模型才能解决问题，有时只要做一个半整体模型，或做一个断面模型就够了。而有时除了整体模型外，还需要配合再做若干个局部或断面模型；甚至需要做数个整体模型与局部（断面）模型才能全部解决问题。因此，我们在制作模型之前，应当根据水工模型试验的目的与任务以及试验场馆的能力来决定模型类别。一般来说，做断面模型是比较经济的，其所需要的时间、人力、物力都比整体模型少，模型比例尺可以放大而增加试验精度；但有些问题并非断面模型所能解决，必须做整体或半整体模型来解决。在水工模型试验中最常用的是整体模型与断面模型，或二者互相配合进行；半整体模型有时也有应用，因为有些水工建筑物是左右对称的。一般在进行枢纽布置方案比较，以及整个下游流态、下游消能与冲刷、溢洪道、泄洪洞和施工导流等模型试验时，需建造整体模型；但在进行流量系数、压力分布以及其他结构物细部尺寸的修改等模型试验时，要求精度较高，需要大比例尺的模型，故一般做断面模型来解决。如只涉及过水宽度较大的泄水闸或溢流坝工程过流能力问题，可考虑做断面模型，而管道的进口或出口模型则可考虑做局部模型。

三、模型边界的确定

在任何水工模型试验中，我们总要考虑在有限的空间范围内进行试验，这有限的空间范围即是我们的试验研究对象。我们不能任意割离和忽视这个范围和其周围环境的联系及相互作用，因此在进行模型设计时应该全面完善地考虑确定模型的边界。模型截取的范围过大，需用较多的材料、场地和时间，不够经济；反之，如截取的范围过小，又会影响模型与原型水流的相似，或不能满足试验的目的和要求。确定模型的边界在模型设计中虽然关系重要，但又无一定的成规。一般而言，模型的边界应根据实际的可能性（如材料、场地及设备等）与试验研究的目的、要求而定。平面边界一般是沿最高水面的水边线即最高水位的等高线截取模型范围。如为水库库区，水面宽阔，在不影响流态的前提下，可只部分截取库区。纵向边界则主要考虑保证水流流态在原型和模型间不发生较大偏差为度，必须在模型首部和尾部多截一段非工作段，非工作段的长度等于模型水深的 25～50 倍，模型出口处可稍短一些。一般模型的进、出口非工作段由于场地面积或其他原因不可能设计为适宜的长度时，则必须采取专门的稳流措施，如在进口段设置栅网以扩散与缓和水流，在出口段设置可调节堰顶高度的尾部溢水堰等，以保证上、下游进出口流态的相似性，这是目前通常采用的比较经济简单的方法。

四、模型比尺的选择

从试验的精度要求来说，模型的比尺越小越好。因为比尺越小，模型也就越大，比尺的影响也越小，越容易保证相似性，所得结果愈精确。因此，如试验场地及相关条件有可能，不妨使比尺稍小一些。但是模型比尺也不能过小，过小所需费用大，不经济，还受场地、流量、材料、时间等条件的限制。比尺也不宜太大，必须保证模型中的流态和原型中的流态相似，以达到试验要求。这个要求是根据试验的任务与目的来确定的，如进行总体布置方案比较试验时，对建筑物的模拟精度要求相对就低一些，因此模型的比尺就可以大一些。但在进行建筑物体型选择及具体尺寸确定试验时，模型试验精度的要求就高一些，模型比尺就要小一些。所以，在选择模型比尺 λ_L 时，首先应根据试验场地、流量、材料、时间、经济条件的可能性，以及能够满足相似性要求的界限经验，初步确定一个或数个比尺数值，然后再根据相似条件与保证测量的足够精度来进行校核、比较决定。

在选择模型比尺时，还必须考虑第四节中所叙述的模型试验的几个限制条件，即在保持相似判据相等以外，还应满足层流和紊流的限制条件、缓流和急流的限制条件、模型中糙率制作的限制条件、真空和空蚀的限制条件、水流掺气的限制条件、由于表面张力影响的限制条件、泥沙运动的限制条件和有关对流速、水深等的具体规定，从而选用适当比例。一般闸、坝、溢洪道模型比尺 λ_L 多在 20 ~ 100 之间，常用的比尺为 $\lambda_L = 40 \sim 60$；管道模型的常用比尺为 $\lambda_L = 15 \sim 20$。

模型的设计步骤，各个环节相互影响，没有统一之法，不能生搬硬套，必须结合具体条件灵活运用。欲使模型既有足够的精度，又要经济，必须做多种方案的比较选择，才能得到合理的设计。

本章小结

(1) 水工模型试验是人们研究水流运动的一个重要手段。水利水电工程在设计、施工以及运用管理过程中，由于自然情况的错综复杂，很多问题尚需借助于模型试验来解决。它对水力学的发展起着重要的作用。

(2) 模型试验的基本依据是水流相似原理。用模型来研究原型水流运动，最重要的是保证模型水流与原型水流相似，即几何相似、运动相似和动力相似。

(3) 由于作用于水流运动的力很多，使模型和原型各种相对应的力都保持固定比例，事实上是达不到的。工程实践中是根据作用于水流的主要作用力保持相似，即运用相似准则来设计模型的。当重力起主要作用时，按重力相似准则——弗汝德准则设计模型。当黏滞阻力起主要作用时，按阻力相似准则——雷诺准则设计模型。当紊流混掺阻力起主要作用时，要求模型糙率为：$n_m = \dfrac{n_p}{\lambda_L^{1/6}}$。当重力和阻力作用同时都须考虑时，一般按重力相似准则设计，同时使模型糙率也满足相似要求。

(4)水流相似原理表明,原型和模型各个物理量的比尺(包括流速、流量、压强、时间等)都和长度比尺有一定关系,但对不同的相似准则,这种关系是不同的。当确定了相似准则和比尺后,从模型中测得的水力要素就可按一定比尺关系,换算出原型相应的数值。

习 题

11-1 既然作用于水流上的力有重力、黏滞力等,为什么有时仅考虑重力,有时仅考虑黏滞力,这对水流相似能保证吗?

11-2 什么情况下使用断面模型,有哪些好处?如果所有模型试验都只做断面模型是否可以?

11-3 变态模型与正态模型有什么不同?

11-4 举例说明哪些是重力起主要作用的水流,哪些是阻力起主要作用的?在模型试验中,哪些是应同时考虑重力作用和阻力作用的?

11-5 有一灌溉隧洞,用不平整的喷浆护面,其糙率 $n=0.018$,长度比尺 $\lambda_L=30$,试求模型糙率 n_m 应为多少,选什么模型材料较合适?

11-6 有一溢洪道,进口闸室净过水宽 50 m,共分 5 孔,每孔 10 m,闸墩厚 3 m,进口段长 60 m,闸室段长 40 m,陡槽段长 100 m,尾水段(包括下游河道 400 m)长 460 m,最大泄洪流量3 000 m^3/s。现有一试验场地,宽 20 m,长 30 m,供水量 80 L/s。若选用 $\lambda_L=100$,试校核场地和供水量能否满足要求。

11-7 有一溢流坝,单孔泄量6 000 m^3/s,闸孔净宽 12 m,堰上最大水头 9.5 m,坝高 60 m。若在宽 40 cm、深 80 cm、长1 000 cm 的玻璃水槽内进行断面模型试验,采用多大的比尺较为合适?

11-8 某一正态的截流模型,$Q_p=4\ 800\ m^3/s$,当 $\lambda_L=40$ 时,试求模型流量为多少?

第十二章　渗流基础*

本章主要研究重力水在均质各向同性土壤中的地下水渗流运动规律——达西定律和杜比公式。探讨棱柱体地下河槽中恒定非均匀渐变渗流的浸润曲线、井的渗流计算、水平不透水层上均质土坝的渗流计算和平面有压渗流的计算。

第一节　渗流的基本概念

许多水工建筑物的地基以及某些建筑物本身(如土坝)是由颗粒状或破碎块状固体材料组成的,其内部包含着许多互相连通的孔隙或裂隙,称为孔隙介质。例如,各种土壤(如黏土、砂土、卵石层)及裂隙较多的岩层等。

流体在孔隙介质中的流动称为渗流。在水利工程中,水在土壤或岩层中的流动就是渗流,又称为地下水运动。

渗流理论广泛应用于水利、土木、地质、采矿、化工、土建等各项工程中。如地基处理、建筑物稳定、渗漏损失、给水排水、灌溉排涝、地下水资源的合理开采利用及环境治理等。

本章重点讨论水在土壤孔隙中的渗流问题。在讨论渗流运动规律之前,先了解渗流问题中水及土壤的有关性质和渗流模型的概念。

一、水在土壤中的存在形式

水在土壤中有汽态水、附着水、薄膜水、毛细水和重力水等存在形式。汽态水以水蒸气的形式悬浮于土壤孔隙中,数量很少;附着水和薄膜水统称为结合水,均是以分子力的作用将土壤颗粒和水分子结合在一起,其数量少且很难移动;毛细水是靠毛细管作用存在于土壤最细小的孔隙中。当土壤中含水量很大时,除少量结合在土壤颗粒四周和存在于毛细孔隙中外,大部分水体将在重力及动水压力作用下运动,称为重力水。但在研究极细颗粒土中的渗流或者在室内模型上进行渗流观测时,一定要考虑毛细水的作用。如图 12-1 所示,在无压渗流中,由于毛细现象,毛细水区的液面比重力水液面要高,且土颗粒越细,毛细水上升的高度越高。

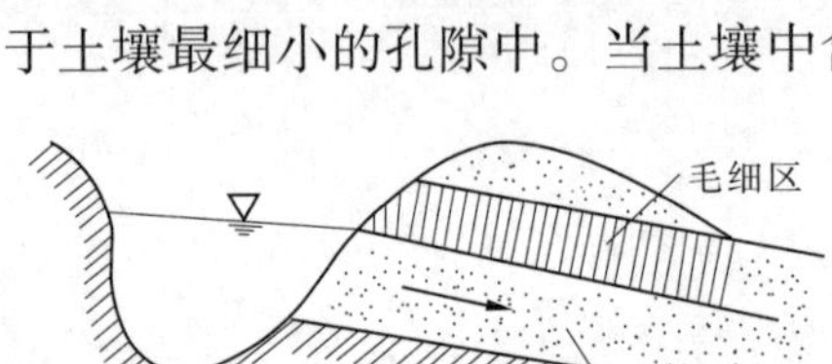

图 12-1

二、土壤的渗流特性

所有的土壤和岩层均能透水,但由于不同土壤和岩层组成不同,其透水能力是不同的。因此,根据土壤的组成和渗透能力不同,将土壤分为均质土和非均质土。均质土的渗透性质与点的位置无关,反之是非均质土。另外,土壤又可以分为各向同性土和各向异性土。当点的渗透性质与渗透的方向无关时,称为各向同性土;反之为各向异性土。有时渗流区中包括若干透水能力各不相同的土层,称为层状土壤,但就层状土壤中的每一层来说可以当做均质各向同性土壤。有时透水能力大的土壤位于透水能力很小的土壤之上,由于两层土壤的透水能力相差很大,可以近似地把透水能力很小的土层看做为不透水层。

三、渗流模型

自然土壤颗粒无论形状还是大小都相差悬殊,造成了颗粒间孔隙所组成的渗流路径迂回复杂。因此,渗流时水质点的运动轨迹也很不规则。若按渗流实际的运动状态进行研究,如图 12-2(a)所示,给试验观测和理论分析带来很大的困难。在工程实际中,注重的是一定渗流区域宏观的平均效果,而非微观情况,例如过水断面上的平均流速、平均压强等。

为了研究问题的方便,将实际的渗流用"渗流模型"代替。所谓渗流模型就是一种假想的渗流,即认为渗流是水质点充满整个渗流区域的连续流动,认为整个区域没有土颗粒骨架,这样就将实际并不充满整个渗流区域的水流运动,看成了连续介质在连续流场空间中的运动,如图 12-2(b)所示。这样就可以将以前研究水力学的一般概念和研究方法引申到渗流的研究中来,如流线、流束、等势线、过水断面、断面平均流速、恒定流、均匀流等。渗流模型的主要特点是抽去介质,充满液体,将整个渗流区域作为研究对象,将渗流的运动要素作为该渗流空间内点坐标的连续函数,因此可以用前述水力学的有关概念与理论来分析和研究渗流问题。

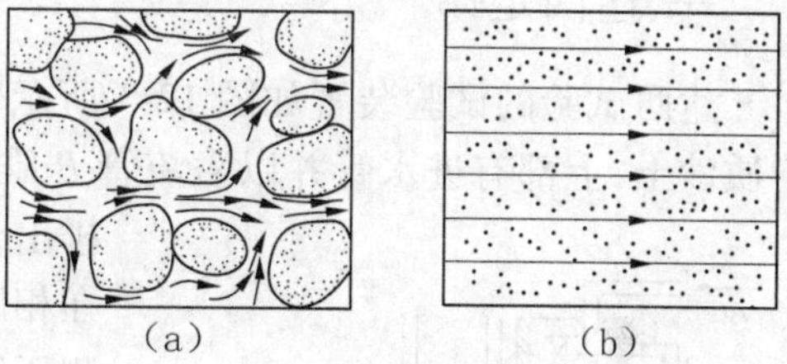

图 12-2

为了使渗流模型与实际渗流的水力特性完全相同,必须保持渗流模型中任一断面的渗流量等于该断面的真实渗流量;作用于任意面积上的渗流压力等于真实渗流的压力;任意体积内所受的阻力和同体积真实渗流所受的阻力相等。渗流模型对这些水力要素只进行宏观的控制。渗流模型中的各点渗流流速与实际渗流的流速是不相等的。在渗流模型中,若通过过水断面面积 ΔA 的流量为 ΔQ,则该过水断面上的平均流速为

$$v = \frac{\Delta Q}{\Delta A} \tag{12-1}$$

对于实际渗流,ΔA 内有一部分面积被土壤颗粒所占据,实际的过水断面面积即 ΔA 中所包含的孔隙面积 $\Delta A'$要比 ΔA 小,则实际渗流流速为

$$v' = \frac{\Delta Q}{\Delta A'} \tag{12-2}$$

比较以上两式得

$$v = \frac{\Delta A'}{\Delta A} v' = nv' \tag{12-3}$$

式中,n 为土壤的孔隙率,它表示土壤中孔隙的体积与土壤整个体积(包括土体和孔隙的体积)之比,反映了土壤的密实程度。若假定孔隙在土壤中均匀分布,它在数值上就等于孔隙横断面所占的面积与整个土体所占的面积(包括土体和孔隙的面积)之比,显

然,$n<1.0$。所以,实际渗流的流速 v' 大于模型的流速 v。本章所研究的渗流流速就是指模型流速。由于渗流流速很小,通常不超过每秒几毫米,因而其动能可以忽略不计,这样渗流的机械能就近似等于它的势能。

第二节　渗流的基本定律——达西定律

由于液体的黏滞性和边界条件的复杂性,液体在孔隙介质中流动时的能量损失对渗流运动有十分重要的影响。达西(Henri Darcy)在 1852~1855 年间通过大量的试验研究,得出了渗流的能量损失和渗流流速之间的基本关系式,即达西定律。

一、达西定律

达西试验的试验装置如图 12-3 所示,横断面面积为 A 的直立圆筒上端开口,内装有均质沙土,上部有进水管并以溢流管 B 维持筒内恒定的水位,水经沙土渗透后经滤水板 C 排出,再由短管 T 流入容器 V,由此计算渗流流量 Q。在相距为 l 的两断面 1—1 和 2—2 的侧壁上装有两支测压管,并测出两断面间的水头损失为 h_w。经过大量的试验,总结出以下规律,即达西定律:

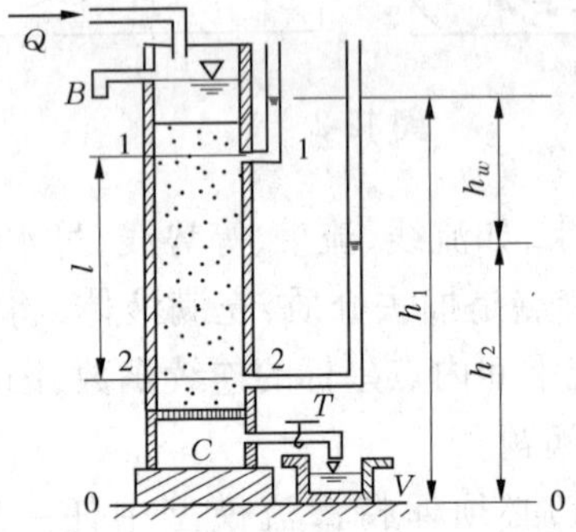

图 12-3

$$Q = kA\frac{h_w}{l} = kAJ \tag{12-4}$$

或

$$v = \frac{Q}{A} = kJ \tag{12-5}$$

式中 v——渗流模型的断面平均流速;

k——渗透系数,反映孔隙介质透水性能的综合系数,它具有流速的量纲;

J——水力坡度。

上述试验中的渗流为均匀渗流,可以认为渗流区中各点的流速是相同的,即任一点的渗流流速等于渗流断面平均流速,由式(12-5)得点流速的达西定律为

$$u = kJ \tag{12-6}$$

如两断面间距为 $\mathrm{d}l$,其间的总水头损失为 $\mathrm{d}h_w$,总水头差为 $\mathrm{d}H$,则 $J=\frac{\mathrm{d}h_w}{\mathrm{d}l}=-\frac{\mathrm{d}H}{\mathrm{d}l}$,于是式(12-6)又可写为

$$u = \frac{\mathrm{d}Q}{\mathrm{d}A} = kJ = -k\frac{\mathrm{d}H}{\mathrm{d}l} \tag{12-7}$$

二、达西定律的适用条件

达西定律表明了渗流的水头损失和流速的一次方成正比,它只适用于层流渗流。后人在达西定律的基础上,进行试验研究指出:随着渗流流速的增加,水头损失将与流速水头的 1~2 次方成比例。在水利工程中,除了堆石坝、堆石排水体等大孔隙介质中的渗流

为紊流外，绝大多数属于层流渗流，可运用达西定律进行分析和计算。

如何进行渗流流态的判别，不同的学者提出了不同的方法。大多数学者的研究表明，用临界雷诺数的判定更为适当，且临界雷诺数不是一个常数，与渗流介质颗粒直径、孔隙率等因素有关。

巴甫洛夫斯基指出，当 $Re < Re_k$ 时渗流为层流，Re 为渗流的实际雷诺数，Re_k 为渗流的临界雷诺数。Re 的表达式为

$$Re = \frac{1}{0.75n + 0.23}\frac{vd}{\nu} \tag{12-8}$$

式中　n——土的孔隙率；

d——土的有效粒径，cm，一般用 d_{10}（占土样10%的土粒过筛直径）来代表有效粒径。

$$Re_k = 7 \sim 9 \tag{12-9}$$

对于非层流渗流，可用下列形式的公式描述其流动规律：

$$v = kJ^{\frac{1}{m}} \tag{12-10}$$

式中，当 $m=1$ 时，为层流渗流；当 $m=2$ 时，为紊流渗流；当 $1<m<2$ 时，为过渡区的渗流。

值得注意的是，上述的渗流规律适用于土体结构不因渗透作用遭受破坏的情况。对于遭受如流土、管涌等严重渗流破坏的流动问题，将在土力学中专门研究。

三、渗透系数

渗透系数是反映孔隙介质渗透能力的综合系数。渗透系数值的大小与土壤和水的性质有关，如土颗粒的形状、大小、组成和孔隙的分布状况以及水的黏滞性、容重等。目前，k 值尚无理论计算公式，往往是借助于经验或试验方法确定。

（一）经验法

在初步估算或没有可靠的实际资料时，可参照有关规范和已建工程选定 k 值。

（二）室内测定法

为了能真实反映土的透水性质，从工程现场取得不加扰动的土样，到实验室利用达西试验装置进行实测，将实测的流量、水头损失和试验装置的有关参数代入式(12-4)就可以求出 k 值。这种方法操作简单，比经验法准确，但很难保证土样完全不受扰动且需取足够多的土样进行统计确定。

（三）现场测定法

在工程现场，采用钻井或挖试坑，进行灌水和抽水试验以获取有关数据，再运用有关公式计算能获取较为符合实际的大面积的平均渗透系数值。但这种方法规模大，投入多，一般仅在大型工程中采用。

第三节　地下河槽中无压恒定均匀渗流

位于不透水基底上孔隙介质中的渗流称为地下河槽渗流。此时的渗流区域称为地下河槽。地下河槽中的渗流具有自由水面，属于无压渗流。地下河槽渗流的自由表面称为浸润面，其水面曲线称为浸润曲线。

自然界中,地下河槽的基底是不规则的,为简便计算,一般假定不透水基底为平面,以 i 表示其基底的坡度。

同明渠一样,根据过水断面形状、尺寸沿流程是否变化,将地下河槽分为棱柱体地下河槽和非棱柱体地下河槽;按渗流的运动要素随时间是否变化分为恒定渗流和非恒定渗流;渗流的水力要素沿程没有变化时为均匀渗流,反之为非均匀渗流。在非均匀渗流中,若流线近似平行直线时为渐变渗流,否则为急变渗流。

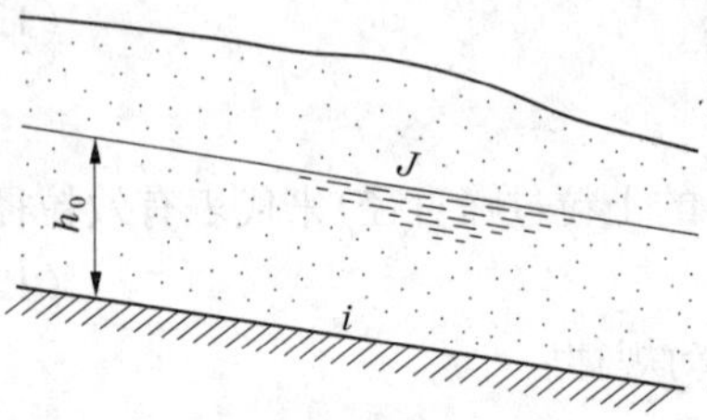

图 12-4

如图 12-4 所示,在底坡为 i 的地下河槽中发生恒定均匀渗流,由均匀流的特性知 $J=i$,根据达西定律可得:

断面平均流速 $$v = ki \tag{12-11}$$

渗流流量 $$Q = kiA_0 \tag{12-12}$$

式中 A_0——均匀渗流时地下河槽的过水断面面积。

当地下河槽较宽时,可视为宽浅矩形断面。以 b 表示地下河槽底宽,h_0 表示均匀渗流时水深,q 为单宽流量,则式(12-12)可表示为

$$q = kih_0 \tag{12-13}$$

第四节　地下河槽中无压恒定非均匀渐变渗流

达西定律给出了恒定均匀渗流断面平均流速及渗流区域内任意点的渗流流速的计算公式。在工程实际中,像打井汲水、基坑排水等渗流问题只能简化为恒定渐变渗流,故必须研究恒定渐变渗流的运动规律。

一、地下河槽中渐变渗流的基本公式——杜比(J. Dupuit)公式

如图 12-5 所示,在底坡为 i 的地下河槽中发生渐变流。在相距 $\mathrm{d}l$ 的断面 1—1 和断面 2—2 之间取微小流束 AB,A、B 两点的测压管水头分别为 H_1、H_2,则两点的测压管水头差为 $\mathrm{d}H = H_2 - H_1$。

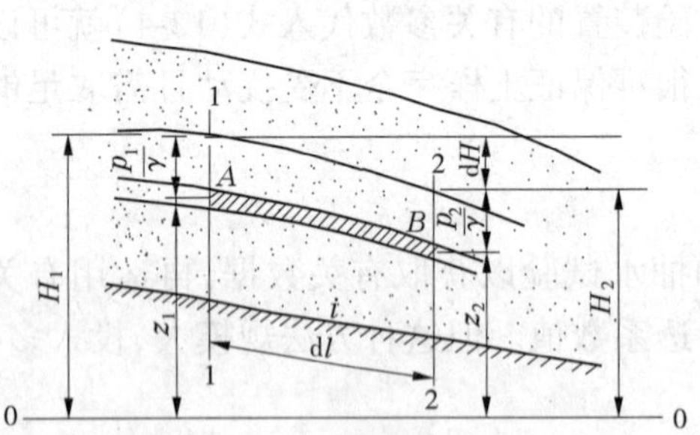

图 12-5

根据式(12-7)得 A 点的渗流流速

$$u = -k\frac{\mathrm{d}H}{\mathrm{d}l}$$

则断面 1—1 的平均流速

$$v = \frac{1}{A}\int_A u\mathrm{d}A = \frac{1}{A}\int_A -k\frac{\mathrm{d}H}{\mathrm{d}l}\mathrm{d}A \tag{12-14}$$

根据该渗流为渐变流可得出以下两个结论:

(1)断面 1—1 各点的测压管水头均等于 H_1,断面 2—2 各点的测压管水头均等于 H_2,两断面间各微小流束的测压管水头差均为 $\mathrm{d}H$。

(2)断面 1—1、断面 2—2 之间各流线的长度也近似相等,均等于 $\mathrm{d}l$。

显然两断面之间任意微小流束的水力坡度 $-\frac{dH}{dl}$ 也可视为常数,故式(12-14)即为

$$v=-k\frac{dH}{dl} \tag{12-15}$$

上式就是地下河槽中恒定渐变渗流的基本公式,即著名的杜比(J. Dupuit)公式,它表明:渐变渗流同一过水断面上各点的流速均等于断面的平均流速,沿垂线流速分布图为矩形。还必须强调,不同的过水断面上的流速大小是不相等的。

二、棱柱体地下河槽中渐变渗流的基本微分方程

在底坡为 i 的地下河槽中发生渐变渗流,如图 12-6 所示。渗流场中相距 dl 的断面 1—1 和断面 2—2 的水深分别为 h、$h+dh$;测压管水头分别为 H、$H+dH$。

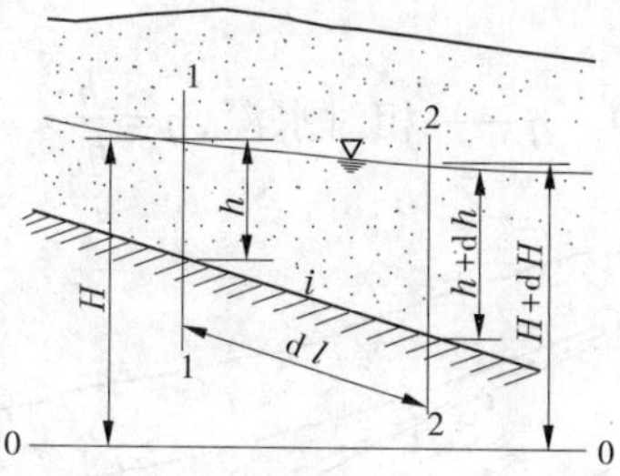

图 12-6

由图中的几何关系可得

$$dH=dh-idl$$

则 dl 流段的平均水力坡度

$$J=-\frac{dH}{dl}=i-\frac{dh}{dl} \tag{12-16}$$

由杜比公式可得

$$v=-k\frac{dH}{dl}=k\left(i-\frac{dh}{dl}\right) \tag{12-17}$$

$$Q=v\cdot A=kA\left(i-\frac{dh}{dl}\right) \tag{12-18}$$

在实际工程中当渗流范围较大时,过水断面可视为宽浅矩形。若用 b、h 分别表示地下河槽的宽度和水深,则式(12-18)可写为

$$Q=kbh\left(i-\frac{dh}{dl}\right) \tag{12-19}$$

上式就是棱柱体地下河槽渐变渗流的基本微分方程式,利用该式可以分析和计算地下河槽中恒定无压渐变渗流的浸润曲线。

第五节　棱柱体地下河槽中恒定渐变渗流的浸润曲线

通过明渠水流的学习,我们知道棱柱体明渠恒定渐变流的水面曲线的型式与明渠的底坡、正常水深、临界水深等因素有关。考虑到实际工程中渗流的范围一般较大,可视为矩形断面地下河槽。现对矩形断面棱柱体地下河槽中恒定渐变渗流浸润线的分析与计算问题讨论如下。

因渗流流速很小,流速水头和水深相比可以忽略不计,可得 $E_s=H$,即断面比能曲线变成直线,临界水深和临界底坡失去意义,水流只有缓流,水深也只有正常水深,故地下河槽只有正坡、平坡和逆坡三种底坡,同时正坡上渗流的水深仅仅和正常水深有关,仅仅有 N—N 线,而无 K—K 线。用三种底坡两种水深(正常水深和实际水深)进行地下河槽中浸

润线的分析，要比明渠的水面线分析简单得多。

一、正坡($i>0$)地下河槽中的浸润曲线

正坡地下河槽中有产生恒定均匀渗流的可能，相应的正常水深为 h_0，正常水深线 $N—N$，如图 12-7 所示，渗流区域被 $N—N$ 线分为 a 区($h>h_0$)和 b 区($h<h_0$)。

对于矩形断面棱柱体地下河槽作均匀渗流时，$Q=kibh_0$。将其代入式(12-19)得

$$kibh_0=kbh(i-\frac{\mathrm{d}h}{\mathrm{d}l})$$

整理得

$$\frac{\mathrm{d}h}{\mathrm{d}l}=i(1-\frac{h_0}{h})=i(1-\frac{1}{\eta}) \tag{12-20}$$

式中 η——相对水深，$\eta=\frac{h}{h_0}$。

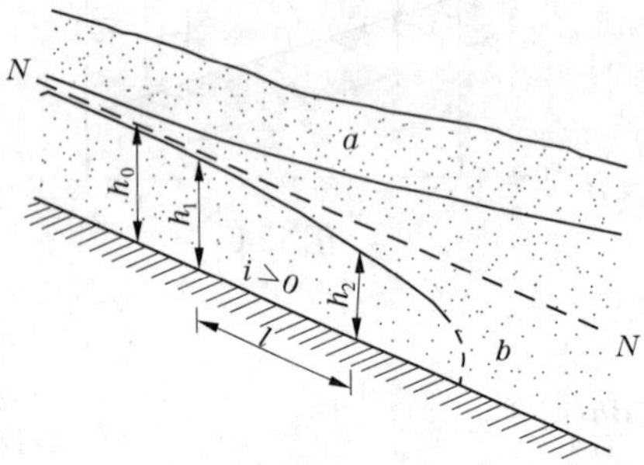

图 12-7

下面利用式(12-20)分析和计算浸润曲线。

a 区：$h>h_0$，$\eta>1$，由式(12-20)可知$\frac{\mathrm{d}h}{\mathrm{d}l}>0$，即浸润曲线为壅水曲线。浸润曲线的上游端 $h\to h_0$，则$\frac{\mathrm{d}h}{\mathrm{d}l}\to 0$，即浸润线上游以 $N—N$ 线为渐近线；下游端 $h\to\infty$，则$\frac{\mathrm{d}h}{\mathrm{d}l}\to i$，即浸润线下游以水平线为渐近线。所以，$a$ 区的浸润线为具有凹形的壅水曲线，如图 12-7 所示。

b 区：$h<h_0$，$\eta<1$，由式(12-20)分析可知$\frac{\mathrm{d}h}{\mathrm{d}l}<0$，即浸润曲线为降水曲线。浸润曲线的上游端 $h\to h_0$，则$\frac{\mathrm{d}h}{\mathrm{d}l}\to 0$，即浸润线上游以 $N—N$ 线为渐近线；下游端 $h\to 0$，则$\frac{\mathrm{d}h}{\mathrm{d}l}\to -\infty$，即浸润线向下游与槽底有正交趋势。所以，$b$ 区的浸润线是具有凸形的降水曲线。

二、平坡($i=0$)地下河槽中的浸润曲线

在平坡的地下河槽上没有正常水深线，可以认为 $h_0\to\infty$，所以只存在 b 区。对于平坡，式(12-18)可写为

$$Q=-kA\frac{\mathrm{d}h}{\mathrm{d}l} \tag{12-21}$$

对于矩形断面地下河槽，上式可表示为

$$\frac{\mathrm{d}h}{\mathrm{d}l}=-\frac{q}{kh} \tag{12-22}$$

从上式可知$\frac{dh}{dl}<0$,即浸润曲线为 b_0 降水曲线,如图 12-8 所示。

三、逆坡($i<0$)地下河槽中的浸润曲线

对于逆坡我们略去分析和推导过程直接给出结论:逆坡上只有一条 b′型降水浸润线,如图 12-9所示。

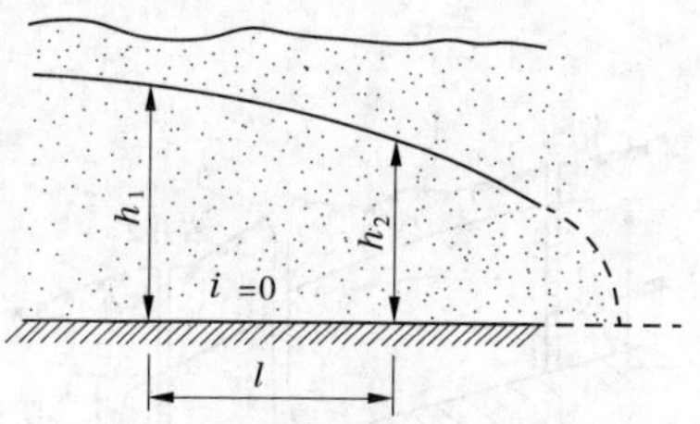

图 12-8

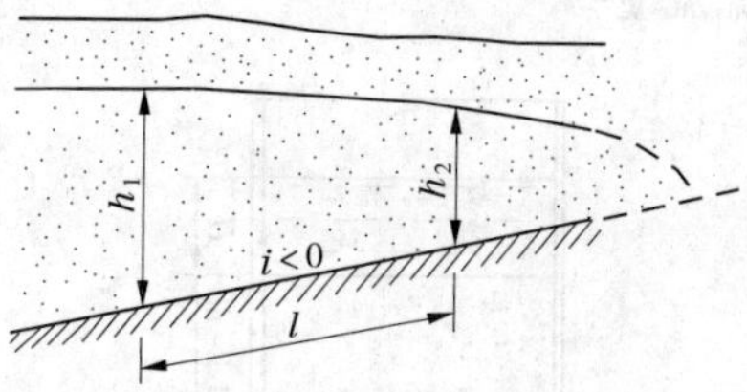

图 12-9

以上介绍了矩形断面棱柱体地下河槽恒定渐变流浸润线的 4 种形式,应用渗流的达西定律和基本微分方程就可以对井的渗流、均质土坝的渗流、水闸和重力坝等建筑物透水地基中的渗流进行计算。具体计算方法请参阅其他书籍和文献。

本章小结

(1)渗流的概念:流体在孔隙介质中的流动称为渗流。土壤的性质直接影响地下水的渗流运动。水在土壤中有汽态水、附着水、薄膜水、毛细水和重力水等存在形式。本章主要研究重力水在均质等向土壤中的地下水渗流运动。

(2)渗流模型概念的引入:渗流模型概念就是忽略土壤颗粒骨架的存在,认为渗流连续地充满整个渗流区域,从而将渗流的运动要素看做为渗流空间的连续函数。达西定律的表达式为$v=kJ$,达西定律适用于均质的孔隙介质的层流运动($Re<Re_k$)。

(3)计算均匀渗流断面平均流速的公式为 $v=ki$ 或 $q=kih_0$。

(4)地下河槽恒定非均匀渐变流断面平均流速的基本公式——杜比公式,即$v=-k\frac{dH}{dl}$,不同的断面 $J=-\frac{dH}{dl}$具有不同的量值,故不同的断面具有不同的断面平均渗透流速值。

(5)地下河槽中的渗流和浸润线:在地下河槽的渗流中因流速很小,断面比能 $E_s=h$,E_s 无最小值存在,也就不存在临界水深 h_k 和临界底坡 i_k,故地下河槽只有 $i>0$、$i=0$ 和 $i<0$ 三种底坡。$i>0$ 时有壅水曲线 a 和降水曲线 b,$i=0$ 和 $i<0$ 时只存在降水曲线 b_0 和 b′。

习　题

12-1　利用实验室中的达西试验装置(见图 12-3)测定土样的渗透系数 k。已知圆筒的直径 $D=20$ cm,两测压管的间距 $l=40$ cm,试验测得两测压管的水头差 $h_1-h_2=20$

cm,渗透流量 $Q=100$ mL/min。

12-2　如图 12-10 所示直径 $d=1.2$ m 的圆柱形滤水器,滤层由均匀沙组成,厚 1.2 m,渗透系数 $k=0.01$ cm/s,试求 $H=0.6$ m 时的渗透流量 Q。

12-3　如图 12-11 所示一河流由地下水补给水量,在河岸的渗流方向布置两钻井 1 和 2。今测得不透水基底的坡度 $i=0.0025$,钻井 1 测得含水层厚度 $h_1=3$ m,钻井 2 测得含水层厚度 $h_2=4$ m,两断面间距 $L=500$ m,土的渗透系数 $k=0.05$ cm/s,试计算地下水单宽渗流流量。

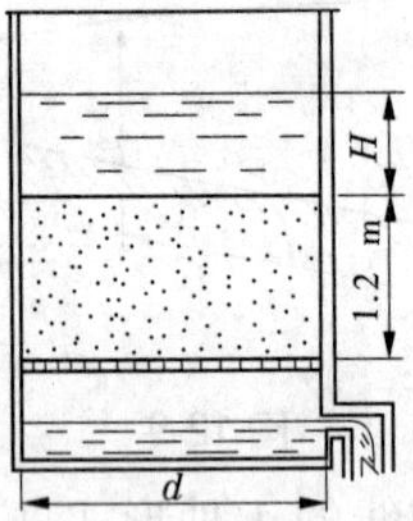

图 12-10

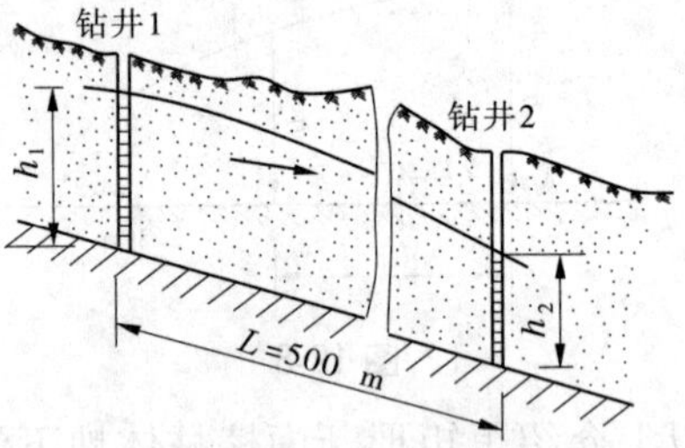

图 12-11

附表 1　国际单位与工程单位换算表

<table>
<tr><th rowspan="2">物理量</th><th colspan="2">国际单位制(SI)</th><th colspan="2">工程单位制</th></tr>
<tr><th>量纲</th><th>单位中文名(符号)及换算关系</th><th>量纲</th><th>单位中文名(符号)及换算关系</th></tr>
<tr><td>长度</td><td>L</td><td>米(m)　厘米(cm)
1 m = 100 cm</td><td>L</td><td>米(m)　厘米(cm)
1 m = 100 cm</td></tr>
<tr><td>时间</td><td>T</td><td>秒(s)　小时(h)
1 h = 3 600 s</td><td>T</td><td>秒(s)　小时(h)
1 h = 3 600 s</td></tr>
<tr><td>质量</td><td>M</td><td>千克(kg)
1 kg = 0.102 工程单位</td><td>$FL^{-1}T^2$</td><td>工程单位
1 工程单位 = 9.8 kg</td></tr>
<tr><td>力</td><td>MLT^{-2}</td><td>牛[顿](N)
1 N = 0.102 kgf</td><td>F</td><td>千克力(kgf)
1 kgf = 9.8 N</td></tr>
<tr><td>压强应力</td><td>$ML^{-1}T^{-2}$</td><td>帕[斯卡](Pa)
1 Pa = 1 N/m^2 = 0.102 kgf/m^2
巴(bar)
1 巴 = 10^3 毫巴
= 1.02 kgf/cm^2 = 10^5 Pa
1 个标准大气压(atm)
= 1.033 工程大气压(at)
= 101 325 Pa
= 760 mm 汞柱
= 10.33 m 水柱</td><td>FL^{-2}</td><td>千克力/米²(kgf/m^2)
千克力/厘米²(kgf/cm^2)
1 kgf/m^2 = 9.8 Pa
1 kgf/cm^2 = 0.98 bar
1 个工程大气压
= 0.967 8 标准大气压
= 980 67 Pa
= 735.6 mm 汞柱
= 10 m 水柱
= 1.0 kgf/m^2</td></tr>
<tr><td>功能热</td><td>ML^2T^{-2}</td><td>焦[耳](J)
1 J = 1 N · m = 1 W · s
1 J = 0.238 8 cal(卡)
1 千卡(kcal) = 4 187 J</td><td>FL</td><td>千克力 · 米(kgf · m)
卡(cal)　千卡(kcal)
1 cal = 4.187 J
1 kgf · m = 9.8 J</td></tr>
<tr><td>功率</td><td>ML^2T^{-3}</td><td>瓦(W)
1 W = 1 J/s(焦/秒)
1 W = 0.102 kgf · m/s
= 0.238 8 cal/s</td><td>FLT^{-1}</td><td>千克力 · 米/秒(kgf · m/s)
1 马力(HP) = 735.5 W
1 kgf · m/s = 9.8 J/s = 9.8 W</td></tr>
<tr><td>粘度(动力粘度或粘性系数)</td><td>$ML^{-1}T^{-1}$</td><td>帕 · 秒(Pa · s)
1 Pa · s = 10 泊(Poise)
1 Pa · s = 0.102 kgf · s/m^2</td><td>$FL^{-2}T$</td><td>千克力 · 米/秒²(kgf · s/m^2)
1 kgf · s/m^2 = 9.8 Pa · s
= 98 泊(Poise)</td></tr>
<tr><td>运动粘度(运动粘性系数)</td><td>L^2T^{-1}</td><td>米²/秒(m^2/s)
1 m^2/s = 10^4 斯(Stokes)</td><td>L^2T^{-1}</td><td>米²/秒(m^2/s)</td></tr>
</table>

附表 2　希腊字母读音表

序号	大写	小写	英文注音	国际音标注音	中文注音
1	Α	α	alpha	a: lf	阿尔法
2	Β	β	beta	bet	贝塔
3	Γ	γ	gamma	ga: m	伽马
4	Δ	δ	delta	delt	德尔塔
5	Ε	ε	epsilon	ep`silon	伊普西龙
6	Ζ	ζ	zeta	zat	截塔
7	Η	η	eta	eit	艾塔
8	Θ	θ	thet	θit	西塔
9	Ι	ι	iot	aiot	约塔
10	Κ	κ	kappa	kap	卡帕
11	Λ	λ	lambda	lambd	兰布达
12	Μ	μ	mu	mju	缪
13	Ν	ν	nu	nju	纽
14	Ξ	ξ	xi	ksi	克西
15	Ο	ο	omicron	omik`ron	奥密克戎
16	Π	π	pi	pai	派
17	Ρ	ρ	rho	rou	柔
18	Σ	σ	sigma	`sigma	西格马
19	Τ	τ	tau	tau	套
20	Υ	υ	upsilon	jup`silon	宇普西龙
21	Φ	φ	phi	fai	佛爱
22	Χ	χ	chi	phai	西
23	Ψ	ψ	psi	psai	普西
24	Ω	ω	omega	o`miga	欧米伽

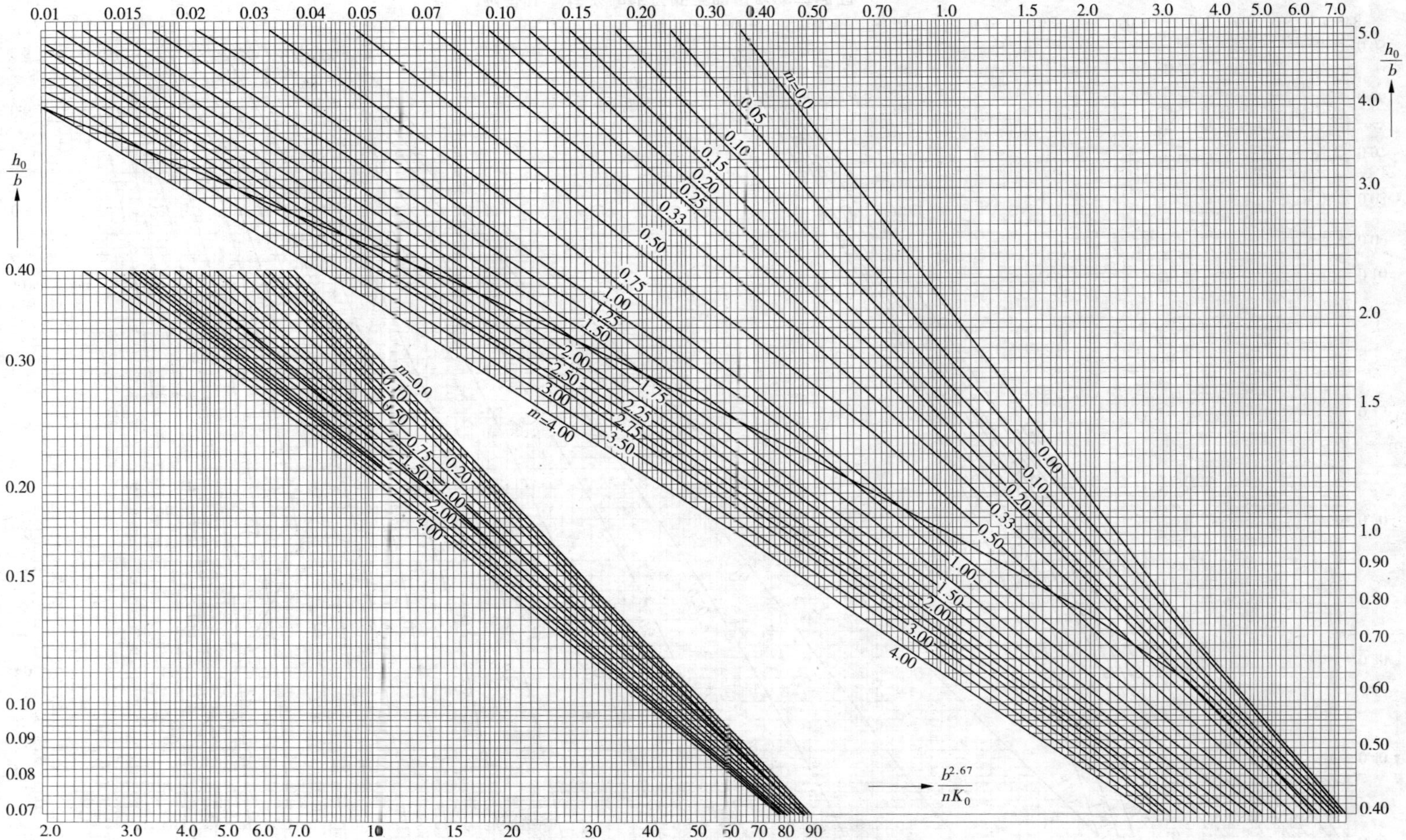

附录 I　梯形和矩形断面明渠正常水深求解图

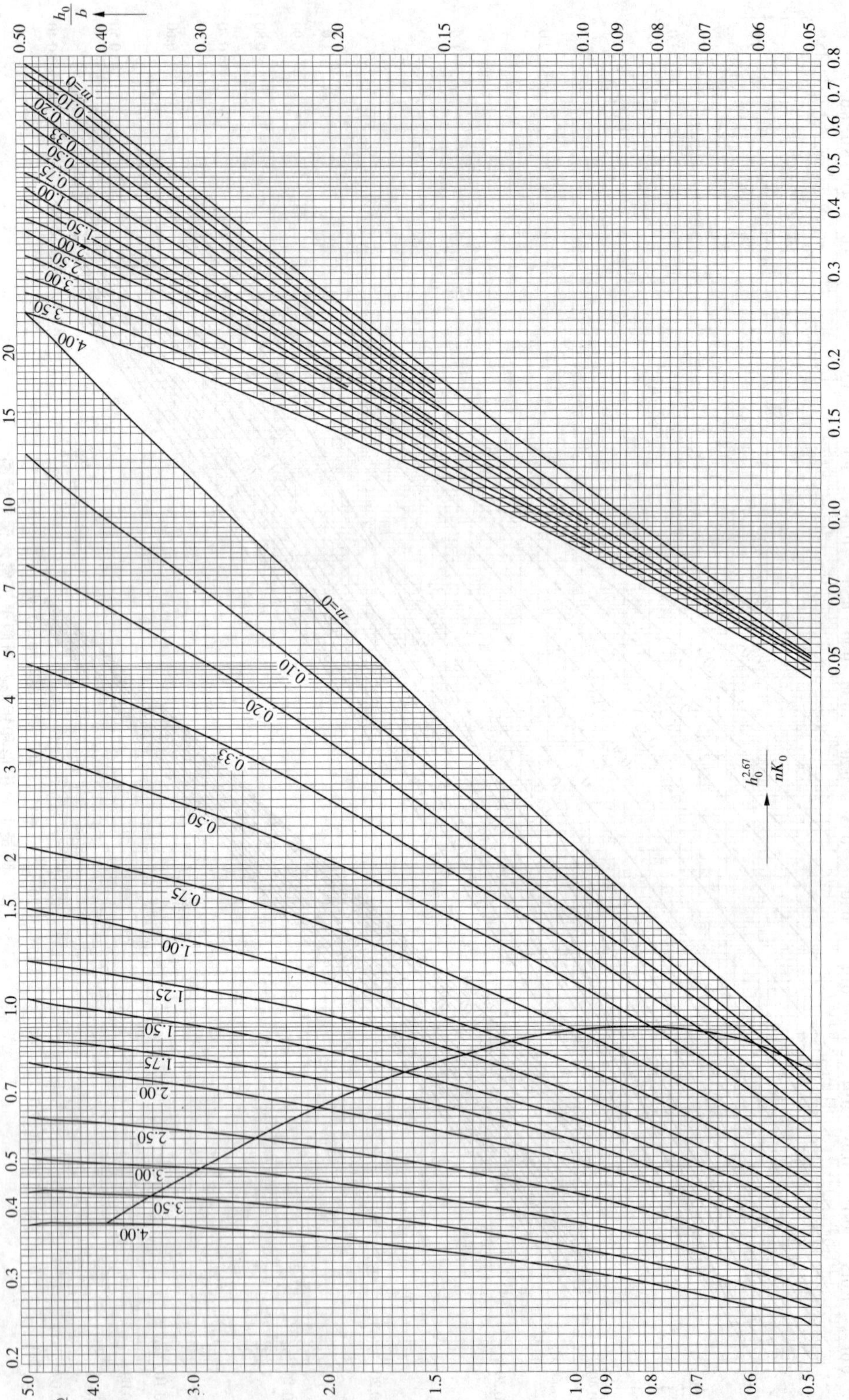

附录 II　梯形和矩形断面明渠底宽求解图

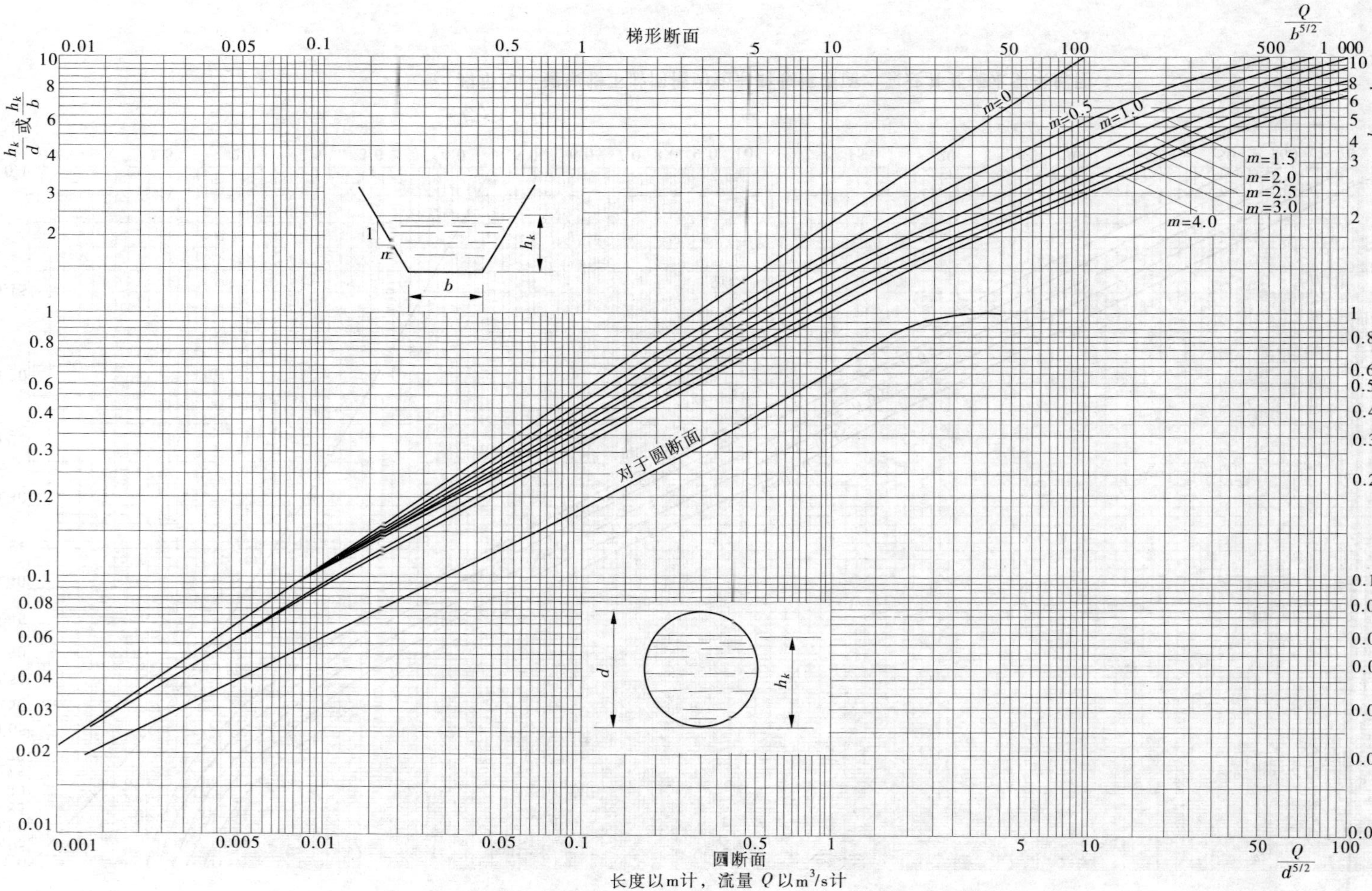

附录III　梯形、矩形、圆形断面明槽临界水深求解图

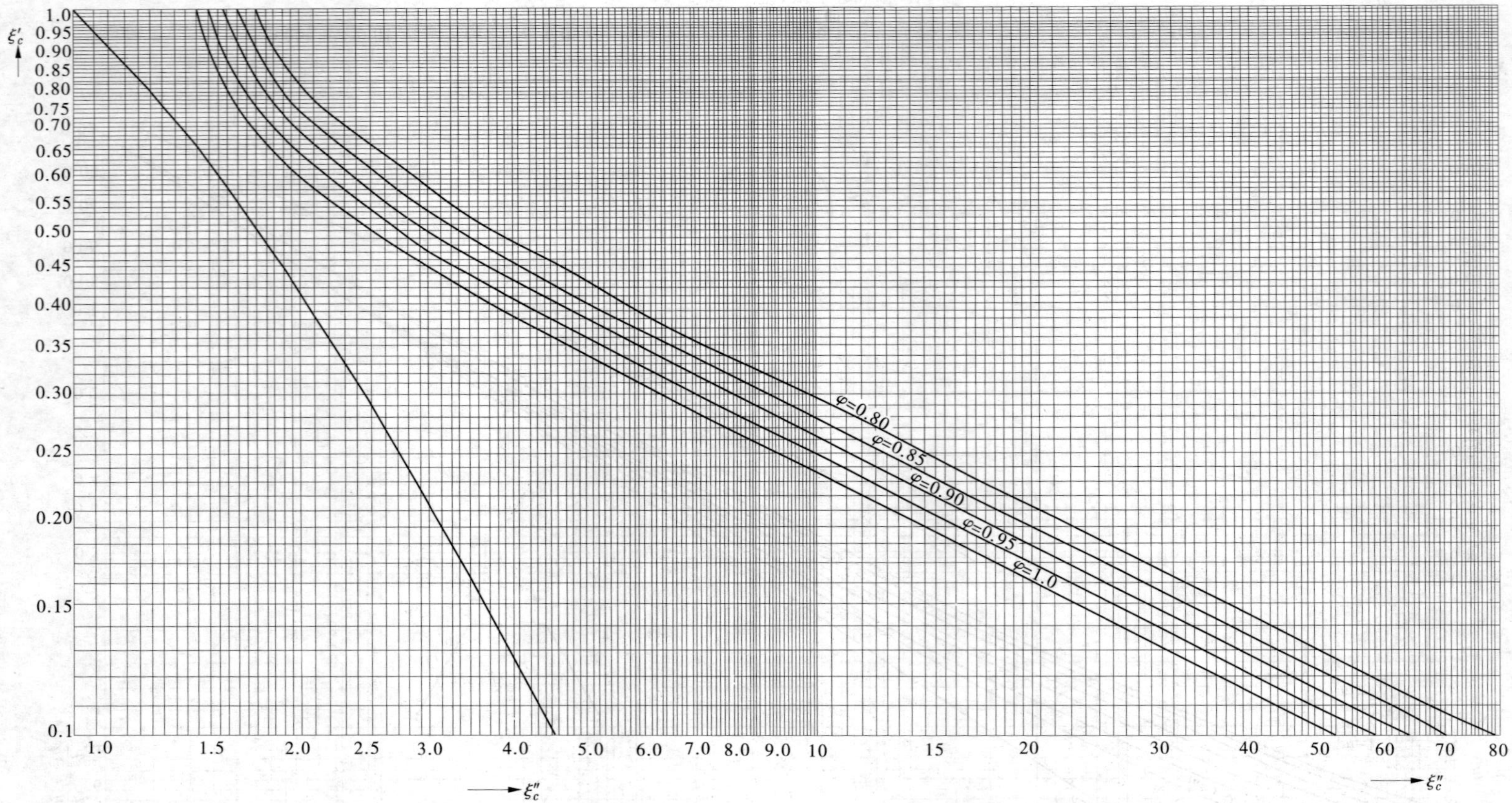

附录Ⅳ　建筑物下游河槽为矩形时收缩断面水深及其共轭水深求解图

各章习题部分参考答案

1-4　$G = 199.95(\text{kN})$

　　$\rho_m = 13.6(\text{kg/m}^3)$

1-5　$\gamma = 9\ 770(\text{N/m}^3)$

　　$\nu = 8.93 \times 10^{-7}(\text{m}^2/\text{s})$

1-6　$\mu = 5.25 \times 10^{-3}(\text{N} \cdot \text{s/m}^2)$

　　$\nu = 7 \times 10^{-5}(\text{m}^2/\text{s})$

2-11　$p = 9.8(\text{kPa})$

　　$P = 19.6(\text{kN})$

2-12　$p_1 = 58.8(\text{kPa})$

　　$p_2 = 88.2(\text{kPa})$

2-13　$p_1 = 4.9(\text{kPa}) = 0.05$ 个工程大气压,相当于 0.5 m 水柱,相当于 36.79 mm 汞柱

　　$p_2 = 0$

　　p_3 的真空压强为 4.9 kPa

　　$p_4 = 9.8(\text{kPa}) = 0.1$ 个工程大气压,相当于 1 m 水柱,又相当于 73.6 mm 汞柱

　　$p_5 - 24.5(\text{kPa}) = 0.25$ 个工程大气压,相当于 2.5 m 水柱,又相当于 183.93 mm 汞柱

2-14　$p_{绝} = 26.66(\text{kPa})$

　　$p_{相} = -71.34(\text{kPa})$

　　$p_{真} = 71.34(\text{kPa})$

2-15　需大于 8 m 长玻璃管,$h_p = 0.603(\text{m})$

2-16　$p_A = -9.8(\text{kN/m}^2)$

　　$p_{A绝} = 88.2(\text{kPa})$

　　$h_{真} = 1$(m 水柱)

2-17　$p_1 - p_2 = 43.23(\text{kPa})$

2-18　$p_B - p_A = 0.245(\text{kPa})$

　　$\Delta h = 0.025(\text{m})$(直立时)

2-20　$P = 2\ 822.4(\text{kN})$

　　$e = 8(\text{m})$

2-21　$P = 141.45(\text{kN})$　　$e = 0.96(\text{m})$

　　$P_{直} = 122.5(\text{kN})$　　$e = 0.833(\text{m})$

2-22　$F = 362.12(\text{kN})$

2-23　$P = 4.33(\text{kN})$

　　$y_D = 2.257(\text{m})$

2-25　$P_x = 78.4(\text{kN})$

　　$P_z = 123.1(\text{kN})$

　　$P = 145.94(\text{kN})$

$\alpha = 57.5°$

$z_D = 1.69(\text{m})$

2-26 $P_x = 44.1(\text{kN})$

$P_z = 11.38(\text{kN})$

$P = 45.54(\text{kN})$

$\alpha = 14.47°$

$z_D = 1.06(\text{m})$

2-27 $P_x = 39.2(\text{kN})$

$P_z = 22.34(\text{kN})$

$P = 45.12(\text{kN})$

$\alpha = 29.68°$

$z_D = 0.99(\text{m})$

2-28 $G = 0.164(\text{kN})$

3-14 $Q = 0.212(\text{L/s})$

$v = 7.5(\text{cm/s})$

3-15 $v_1 = 0.5(\text{m/s})$

$v_2 = 0.89(\text{m/s})$

$Q = 0.0157(\text{m}^3/\text{s})$

3-16 $A_2 = 1\,482.36(\text{m}^2)$

$A_3 = 370.59(\text{m}^2)$

3-17 $h_w = -0.8(\text{m})$

$B \to A$

3-18 $Q = 0.097(\text{m}^3/\text{s})$

3-19 $v = 4.43(\text{m/s})$

$Q = 0.035(\text{m}^3/\text{s})$

3-20 $Q = 59.6(\text{m}^3/\text{s})$

3-21 $p_A = 43.8(\text{kN/m}^2)$

$p_B = 82.5(\text{kN/m}^2)$

$p_C = 0$

3-22 $\mu = 0.974$

3-23 $R = 12.08(\text{kN})$

$\alpha = 33°28'$

3-24 $F = -R_x = 97.9(\text{kN})$

3-25 $R_x = 23.93(\text{kN})$(拉力)

3-26 $F = 38.22(\text{kN})$

$\alpha = 73.04°$

4-10 $\tau_0 = 0.037(\text{kN/m}^2)$

4-11 $\tau_0 = 0.004(\text{kN/m}^2)$

4-12 $Re=3.78\times10^5>580$,紊流

4-13 ①$Re=4.99\times10^4>2\ 320$,紊流

②$Re=333<2\ 320$,层流

4-14 $Re=52\ 833.1>2\ 320$,紊流

$v_{下}=0.02(m/s)$

$Q=0.35(L/s)$

4-15 流量为4.0 L/s时,$h_f=0.123(m)$,紊流过渡区

流量为12 L/s时,$h_f=1.075(m)$,阻力平方区

流量为40 L/s时,$h_f=11.78(m)$,阻力平方区

4-16 ①$v=2.55(m/s)$

②$\lambda=0.024$

③$J=0.031\ 7$

4-17 $h_f=0.117(m)$

4-18 $h_f=2.27(m)$

4-19 ①$\lambda=0.039$

②$h_f=11.85(m)$

4-20 $\zeta=0.715$

4-21 $H=10.93(m)$

4-22 $Q=14.73(m^3/s)$

4-23 $F_D=3.4(kN)$

5-9 $Q=2.71(m^3/s)$

$v=9.58(m/s)$

$\frac{p}{\gamma}=2.39(m)$

5-10 $Q=0.274(m^3/s)$

$h_s=3.39(m)$

5-11 ①$z=24.55(m)$

②$\frac{p_A}{\gamma}=8.42(m)$

5-12 ①$d_1=500$ mm; ②$z_3=4.28$ m; ③$H=23.03$ m

5-13 $d=150(mm)$

5-14 $Q=0.204(m^3/s)$

5-15 99.06(m)

5-16 $Q=53.66(L/s)$

5-17 $Q=2.36(m^3/s)$

5-19 最不利管路01234,$d_{0-1}=250(mm)$,$d_{1-2}=200(mm)$,$d_{2-3}=175(mm)$,$d_{3-4}=150(mm)$,$d_{1-5}=175(mm)$,$d_{5-6}=150(mm)$,$H=39.59(m)$

5-20 ① $Q=0.105(\text{m}^3/\text{s})$

② 计算得 $d_1=285$ mm，选 $d=300$ mm

6-7 $Q=9.11(\text{m}^3/\text{s})$

$v=2.37(\text{m/s})$

6-8 $Q=0.744(\text{m}^3/\text{s})$

6-9 $h_m=3.89$

$b_m=2.37(\text{m})$

6-10 $Q=5.65(\text{m}^3/\text{s})$

6-11 $Q_1=210.22(\text{m}^3/\text{s})$

$Q_2=3\,100.34(\text{m}^3/\text{s})$

$Q_3=316.4(\text{m}^3/\text{s})$

$Q=3\,626.96(\text{m}^3/\text{s})$

6-12 $n=0.014$

6-13 $h_0=0.574(\text{m})$

$v=1.83(\text{m/s})>v_{不冲}$

不满足要求

6-14 $b=2.66(\text{m})$

6-15 $h=1.62(\text{m})$

$b=2.59(\text{m})$

6-16 $i=0.000\,04$

7-8 $c=7.5(\text{m/s})$

$v=2.5(\text{m/s})$

$h=5.74(\text{m})$

$A=80.36(\text{m}^2)$

$Q=200.9(\text{m}^3/\text{s})$

7-9 (1) $h_0=1.27(\text{m})>h_k=0.742(\text{m})$，缓流

(2) $Fr=0.45<1$，缓流

(3) $c=3.51(\text{m/s})$，$v=1.57(\text{m/s})$，$v<c$，缓流

(4) $i=0.001<i_k=0.005$，缓坡上均匀流为缓流

7-10 (1) $h_0=0.757(\text{m})>h_k=0.708(\text{m})$，缓流

(2) $c=2.72(\text{m/s})>v=2.31(\text{m/s})$，缓流

(3) $Fr=0.85<1$，缓流

(4) $i=0.006<i_k=0.007\,5$，缓流

7-12 (1) $i=0.000\,7<i_k=0.007\,3$，缓坡、缓流

(2) $h_0=2.73(\text{m})>h_k=1.07(\text{m})$，缓流

(3) $c=5.17(\text{m/s})>v=1.26(\text{m/s})$，缓流

(4) $Fr=0.24<1$，缓流

7-13 ① $h''=2.33(\text{m})$

②$L_j = 14$(m)

7-17 ①b_1 型

②$Q = 35.4$(m^3/s)

③$n = 0.005\,4$

④$\sum L = 11\,096$(m)

7-18 a_1 型壅水曲线

$\sum \Delta L = 4\,268$(m)

7-19 b_2 型降水

$h_{末} = 0.82$ m

$v = 10.16$(m/s) $> v_{允} = 10$(m/s)

不满足要求

8-6 $Q = 64.49$(m^3/s)

8-7 $H = 4.123$ m

8-8 $Q = 22.27$(m^3/s)

8-9 ①$Q = 412.52$(m^3/s)

②$Q = 348.7$(m^3/s)

8-10 $Q = 0.276$(m^3/s)

8-11 $H = 0.144$(m)

8-12 $Q = 491.25$(m^3/s)

8-13 $B = 53.55$(m)

8-14 坝顶高程为 114.9 m

8-15 $Q = 327.89$(m^3/s)

8-16 $b = 7.89$(m)

$n = 2$

9-11 $h_c'' = 4.788\ \text{m} > h_t = 3.5$ m

下游为远离式水跃

9-12 $h_t = 7$ m 时下游发生淹没式水跃,$S = 1.57$(m),$\sigma = 1.07$,$L_k = 20.17 \sim 23.06$(m)

$h_t = 4$ m 时下游发生远离式水跃,$S = 1.247$(m),$L_k = 21.87 \sim 25$(m)

$h_t = 3$ m 时下游发生远离式水跃,$S = 2.145$(m),$L_k = 22.28 \sim 25.46$(m)

$h_t = 1$ m 时下游发生远离式水跃,$S = 0.82$(m),$L_k = 21.68 \sim 24.78$(m)

9-13 下游发生远离式水跃,$S = 1.6$(m),$L_k = 20.22 \sim 23.10$(m)

9-14 $h_c'' = 6.39\ \text{m} > h_t = 5$ m

下游为远离式水跃,需修消力池

$c = 3.475$ m

$L_k = 26.775 \sim 30.6$(m)

9-15 $L_0 = 45.03$(m),$L_1 = 28.15$(m)

$L = L_0 + L_1 = 73.18$(m)

$T = 12.39$(m)

$i = 0.2$,安全

参考文献

[1] 吴持恭. 水力学[M]. 3 版. 北京:高等教育出版社,2003.
[2] 清华大学水力学教研组. 水力学[M]. 北京:人民教育出版社,1980.
[3] 吴桢祥,杨玲霞,李国庆,等. 水力学[M]. 北京:气象出版社,1994.
[4] 张耀先. 水力学[M]. 北京:化学工业出版社,2005.
[5] 徐正凡. 水力学[M]. 北京:高等教育出版社,1986.
[6] 许荫椿,胡德保,薛朝阳. 水力学[M]. 3 版. 北京:科学出版社,1990.
[7] 华东水利学院. 水力学[M]. 北京:科学出版社,1983.
[8] 大连工学院水力学教研室. 水力学[M]. 北京:高等教育出版社,1985.
[9] 武汉大学水利水电学院. 水力计算手册[M]. 北京:中国水利水电出版社,2006.
[10] 李序量. 水力学[M]. 北京:中国水利水电出版社,1999.
[11] 大连工学院水力学教研室. 水力学解题指导及习题集[M]. 2 版. 北京:高等教育出版社,1984.
[12] 孙道宗. 水力学[M]. 北京:水利电力出版社,1992.
[13] 刘润生. 水力学[M]. 南京:河海大学出版社,1992.
[14] 吴国钏. 串列叶栅理论[M]. 北京:国防工业出版社,1996.
[15] 武汉水利电力学院,华东水利学院. 水力学[M]. 北京:人民教育出版社,1980.
[16] 张耀先,夏于廉. 水力学水文学[M]. 南京:河海大学出版社,1995.
[17] 刘智均. 水力学[M]. 北京:水利电力出版社,1993.
[18] 罗全胜,张耀先. 水力计算[M]. 北京:中国水利水电出版社,2001.
[19] 南京水利科学研究院,水利水电科学研究院. 水工模型试验[M]. 2 版. 北京:水利电力出版社,1984.
[20] 丁新求. 水力学习题集[M]. 北京:中国水利水电出版社,1995.
[21] 张耀先,游玉萍. 水力学[M]. 北京:科学出版社,2005.
[22] 赵振兴,何建京. 水力学[M]. 北京:清华大学出版社,2005.
[23] 邓小玲. 水力学[M]. 北京:科学出版社,2005.